힘의 원천: 근육의 과학과 문화

힘의 원천: 근육의 과학과 문화

힘의 원천 : 근육의 과학과 문화

찍은 날 2008년 4월 25일
펴낸 날 2008년 4월 30일

저　자 / 스티븐 보걸
옮긴이 / 한국동물학회
펴낸이 / 손　영　일

펴낸곳 / 전파과학사
서울 서대문구 연희2동 92-18
전화 02-333-8877 · 8855
팩스 02-334-8092
출판등록 1956. 7. 23(제10-89호)

PRIME MOVER

ISBN 978-89-7044-262-4 93470

홈페이지 : www.S-wave.co.kr
E-mail : chonpa2@hanmail.net

힘의 원천: 근육의 과학과 문화

스티븐 보걸 지음
한국동물학회 역

전파과학사

PRIME MOVER

번역서에 부쳐서

한국동물학회가 총서 제7권으로 내 놓은 이 책은 생물학을 전공하는 사람은 물론 일반 독자들이 근육의 중요성과 그 작동 원리, 그리고 근육에 얽힌 재미있는 생각들을 이해하는데 큰 도움을 주리라 생각 된다. 한국동물학회 총서 출판 사업은 동물학의 저변을 넓히는데 큰 역힐을 하고 있으며 미래의 생물학자를 꿈꾸는 학생들로부터 좋은 반응을 얻고 있다. 그 좋은 예로 제3권 '40억 년 간의 시나리오'는 대한민국학술원 2002년도 우수 학술도서에, 그리고 제4권 '생존의 한계'는 문화관광부 2002년도 우수 학술도서에 선정될 정도로 그 권위와 가치를 인정받고 있다.

이 책의 번역에 수고하여 주신 동물학회 회원 역자 분들께 깊이 감사드리고 특히 대구대학교 자연과학대학 양재섭 교수가 출간 초기에 출판위원장으로 수고하셨으며 운영위원을 맡아 고생하신 한림대 의과대학 허성오 교수, 아주대 의과의대 이명애 교수께 감사드린다. 끝으로 출판을 위해 애쓰신 전파과학사 여러분과 손영일 사장님께도 사의를 표한다.

2008. 3. 30.
한국동물학회 회장
서울대학교 자연과학대학 생명과학부 교수 안 태 인

원저에 대해서

스티븐 보걸 박사의 저서 '힘의 원천: 근육의 과학과 문화'를 오랜 각고 끝에 출판하게 되어 매우 기쁘게 생각합니다. 인류 역사를 통하여 모든 움직임과 힘의 원천이 된 동물의 근육에 대한 심오한 고찰은 생물학적 견지에서 인류의 역사와 사회문화를 이해하는 좋은 기회를 제공해 주고 있습니다.

다만 심도 있는 내용으로 번역에 많은 어려움이 있었고 또한 학회의 출판위원회의 사정으로 예정보다 지연되어 발간되게 된 점을 죄송스럽게 생각합니다.

한국 동물학회 총서 제7권으로 발간되는 이 책의 번역에 수고하여주신 동물학회 회원 역자 분들께 특히 감사드리고 운영위원을 맡아 고생하신 한림대 허성오 교수, 아주대 이명애 교수님께 감사드립니다. 생물학 용어는 한국생물과학협회에서 2005년 출판한 「생물학용어집」 제2판에 따랐다.

끝으로 원고 수정과 마무리에 힘써주신 오정숙, 이유미 양과 출판을 위해 애쓰신 전파과학사에 감사드립니다.

2008. 3. 30.

한국동물학회 출판위원장
한양대학교 자연과학대학 생명과학과 교수   안 주 홍

번역하신 분들(가나다순)

서문, 제1장 신체의 운동
하두봉 명예교수 (서울대학교)

제2장 근육 작동의 원리
김도한 교수(광주과학기술원 생명과학과)
안주홍 교수(한양대학교 자연과학대학 생명과학과)

제3장 근육 연구의 역사
김철근 교수(한양대학교 자연과학대학 생명과학과)
유영준 교수(광주과학기술원 생명과학과)

제4장 높이 날고, 소리 지르고 입 꼭 다물기
박우진 교수(광주과학기술원 생명과학과)
송우근 교수(광주과학기술원 생명과학과)

제5장 우리의 운동에 대해 알아보기
강신성 교수(경북대학교 자연과학대학 생물학과)
전성호 교수(한림대학교 자연과학대학 생명과학과)

제6장 근육과 운동의 조화
계명찬 교수(한양대학교 자연과학대학 생명과학과)
윤지희 교수(한양대학교 의과대학 해부·세포생물학교실)
최인호 교수(영남대학교 생명공학부)

제7장 도구의 사용
김현섭 교수(공주대학교 사범대학 생물교육과)
김희백 교수(서울대학교 사범대학 생물교육과)

정영란 교수(이화여자대학교 사범대학 과학교육학과)

제8장 열심히 일하기
강호성 교수(부산대학교 자연과학대학 분자생물학과)
손종경 교수(경북대학교 자연과학대학 생물학과)
임욱빈 교수(전남대학교 생명과학기술학부)

제9장 좀 더 어려운 일
김일회 교수(강릉대학교 자연과학대학 생물학과)
박인국 교수(동국대학교 자연과학대학 생물학과)
허성오 교수(한림대학교 의과대학 약리학교실)

제10장 사역동물
박정희 교수(수원대학교 자연과학대학 생명과학과)
송은숙 교수(숙명여자대학교 자연과학대학 생명과학과)
정희경 교수(한양대학교 의과대학 병리학교실)

제11장 소와 말
김　욱 교수(단국대학교 첨단과학대학 기초과학부)
오문유 명예교수(제주대학교)
이명애 교수(아주대학교 의과대학 의과학연구소)

제12장 살상무기
김경진 교수(서울대학교 자연과학대학 생명과학부)
안태인 교수(서울대학교 자연과학대학 생명과학부)
조철오 교수(한국과학기술원 생물과학과)

제13장 무기의 사용
성노현 교수(서울대학교 자연과학대학 생명과학부)

홍승환 교수(서울대학교 자연과학대학 생명과학부)

제14장 고기로 먹는 근육
김재범 교수(서울대학교 자연과학대학 생명과학부)
안주홍 교수(한양대학교 자연과학대학 생명과학과)

제15장 함께 끌어당기기
양재섭 교수(대구대학교 자연과학대학 유전공학과)

차례

서문

　우리들 인간은 누가 뭐래도 동물이다. 동물이라는 표현이 거북하게 들릴 수 있겠지만 생물학적으로 보아 그렇다. 인간을 동물과 동일시 하는 것이 인간이라고 하는 우월감에 찬물을 끼얹는 셈이어서, 사람마다 받아늘이는 정도가 다르겠지만 어쨌든 기분 좋은 일은 아닐 것이다. 사람은 유전자가 자신의 전 생애를 어떻게 지배하는가에 큰 관심을 갖고, 또 반면에 동물을 질병연구에 실험동물로 쓰고도 있다. 생물학자에게 있어서 인간의 동물성은 제2의 자연이고 활동무대이기도 하다. 이 무대는 우리가 하는 일을 우리는 어떻게 하는가라고 하는 문제를 밝히는 토론의 장을 마련해 준다. 여기서 "우리"라는 단어는 인간이라는 종을 초월한 뜻을 지니고 있다.

　이 책의 목적은 바로 이것이다. 여기서 독자는 인간의 편견이라는 것이 얼마나 모순투성인가를 깨닫게 될 것이다. 그러나 저자가 의도하는 것은 "살과 피"라는 말의 생물학적 "살"에 대해 그것이 작동하는 원리와 우리가 그것을 움직이는 원리에 대해 설명하려는 것 뿐이다. 인간은 동물이기 때문에 생물학적 비탕에 기초를 둔 관점이 인간세계를 이해하는데 도움이 된다는 것을 말하고 싶은 것이다. 나의 전 저 *Cats Paws and Catapults*에서 나는 이것을 다른 관점에서 다룬 바 있다. 즉 생물동력학적 견지에서 인간의 행동을 설명하려 한 것이다. 필자는 이 책에서 근육생리학이 인간의 역사와 문화의 발달에 어떻게 기여하였는가를 살펴보려 한다.

　근육은 인류가 태어나면서부터 사람을 움직이는 사실상 유일한 엔진이었다. 사람의 근육은 다른 모든 동물의 근육과 크게 다르지 않다. 사람이나 물벼룩이나 고래나 근육으로 움직이는 것은 똑같은 것이다. 우리가 걷고 뛰고 기어오르고 헤엄치는 것은 모두 근육을 이용해서 하는 행동이고, 무거운 물건을 들어올리는 것이나 작은 나사를 조작하는 것, 무엇을 꺾고 비틀고 차고 물어뜯는 것, 이 모두가 근육을 써서 하는 행동이다. 하지만 사람은 특별한 보조 장치 없이는 날지 못한다. 사람뿐만 아니라 사람만큼 무거운 동물들은 대개 다 날지 못한다. 또 사람은 근육이 상당히 발달되어 있다고는 해도 날지도 못할 뿐만 아니라 지렁이처럼 흙 속을 파지도 못하고, 또 오징어나 해파리처럼 물을 쏘지도 못한다.

사람의 근육은 그다지 강력하지는 못하지만 자연계에서는 그래도 최상급에 속한다. 그래서 근육은 우리 몸의 무게의 약 절반을 차지할 만도 한 것이다. 사람은 이 근육으로 배의 노를 젓고, 짐수레를 끌거나 밀며, 자전거의 페달을 밟고, 가마를 메기도 한다. 때로는 소나 말 또는 낙타 등을 사육하면서 그들의 힘을 빌려 힘든 작업을 하기도 한다. 이집트의 피라미드나 중국의 만리장성은 당시의 사회상이나 기술의 상징이기도 하지만 그 대부부이 인간의 근육으로 이루어진 업적이라 할 수 있다.

이와 같이 근육에 얽힌 이야기는 많고 또 다양하다. 이 책에서는 근육이 어떻게 운동을 하며 또 우리는 그것을 어떻게 연구하여 알아냈는가에서 부터 시작하기로 한다. 그리고 이 원초적인 엔진이 뼈에 붙어서 여러 가지 일을 하는 현상을 살펴보면서 근육의 작동과 그가 하는 일과의 관계를 알아보기로 한다. 다음으로는 좀 더 깊이 들어가서 인류가 도구를 개발한 일, 가축을 동력에 이용하게 된 일, 사람의 근육의 한계, 또 근육을 고기로서 즐겨 먹는 일 등에 관해 서술하려 한다. 나는 이런 서술들을 내가 전공하는 생물학, 생리학, 생물동력학 등의 영역을 훨씬 넘어선 보다 넓은 범위로 전개하려 한다. 앞서의 나의 저서를 쓰면서 나는 이런 유혹을 강하게 받았던 것이다. 그렇게 함으로써 아마 독자들에게 흥미와 즐거움을 가져다 줄 것으로 믿는다.

근육의 비밀을 벗기는 연구는 그렇게 쉬운 일은 아니었다. 지난 몇 년 동안 내가 만난 근육학자는 분자 수준에서 연구 하는 사람부터 개체 수준에서 연구 하는 사람까지 다 통틀어도 몇 되지 않았다. 그러나 그들은 그 지적 수준이나 연구에 임하는 태도에서나 하나같이 과학세계에 있어서 최고의 위치에 있는 분들이다. 그들은 몇가지 부류로 분류될 수 있을 것 같은데, 이론의 여지없이 명확하게 분류할 수 있는 것은 첫째로 화려한 타입(Szent Gyorgyi)이고, 다음으로는 약간 요란스런 타입(Dick Taylor)이며, 그리고 조용한 타입(Tom McMahon) 등이다. 이런 분류에서 우리가 얻는 교훈은 무엇일까? 과학자 개개인에 대한 관심, 그리고 과학의 대중화 등에 있어서 우리는 과학자들 사이의 논쟁이나 경쟁의식, 그리고 당대 유행 분야 등에 지나치게 많은 관심을 쏟고 있는 것은 아닐까? 과학자로서의 나의 40년 동안의 경험에서 볼 때 위의 근육학자들은 묵묵히 일만 하는 가장 모범적인 학자들이라고 생각한다.

이 책을 쓰는데 있어서 많은 사람들이 여러 모로 도와 주셨다. 이 가운데 존 그래그, 다니엘 리빙스톤, 그레드 니하우트, 스미트 닐슨 등은 오후의 티타임 등에서 이 작업을 도와 주신 분들이다. 마이크 리디는 근육과 심장순환계에 관해 주기적으로 그의 회사에 가서 연구하는 나에게 근육의 미세구조와 그 방면의 연구자들에 관한 반복되는 나의 질문에 인내심있게 대해 주었다. 또 알 부흘러, 피터 부리안, 마조리 도식, 밥 풀, 제프 골드맨, 루 그린월드, 바바라 그룹, 빌 홀리, 압둘 래티프, 죠지 뉴튼, 레드 레드학니스난, 칼맨 스찰개서, 앤 스카트, 로이 트래프튼, 스티브 웨인 라이트, 마샤 웨이스 등은 보다 세부적인 내용들에 관해 설명해 주신 분들이다. 이 가운데는 내가 책을 쓰고 있다는 것은 모르고 조언을 해주신 분들도 있다.

특히 원고 전체를 검토해 주신 인류학자 스티브 쳐칠 과 인내심 깊은 나의 아내 제인에게 감사드린다. 아울러 W. W. Norton사의 담당 편집인 에드윈 바버에게도 감사드린다. 이 분은 나에게 집필을 권유하였고 친절한 조언을 아끼지 않은 분으로서 집필에 있어서의 나의 스승 세 사람 가운데 한분이기도 하다. 그도 말하고 있지만, 이 책이 나의 최종 원고보다 더 명확하고 세련되어 나왔다면 그 공의 많은 부분, 아니 대부분이 그의 몫일 것이다.

그림 3.2는 보엘리의 것인데, Duke Medical Center Library의 Trent Collection에서 빌렸다. 그림 6.12는 윌리암 카이어의 Duke 대학 동물학과에서의 박사학위 논문에서 그의 허락을 받아 베낀 것이다. 그림 4.2의 자료는 Journal of Experimental Biology(1954)에서, 그리고 그림 9.1은 Nature(1986, Macmillan Magazines Limited)의 승낙을 받아 작성하였다. 끝으로 이 책의 모든 전자현미경사진을 챙겨주신 메리 리디에게 진심으로 감사드린다.

스티븐 보걸

제 1 장
신체의 운동

적당한 체격을 가진 사람의 경우 그 몸무게의 40%는 근육이다. 혈액, 뼈, 뇌, 또는 간도 상당한 무게를 갖는 것 같지만 사실은 이들의 무게를 전부 합쳐야 겨우 근육 무게만큼이 되는 정도이다. 이렇게 양적으로 많은 근육이지만 그 하는 일은 딱 한가지뿐이다. 음식물의 형태로 우리 몸에 들어온 화학연료를 태워서 힘을 내는 일뿐인 것이다. 그 하는 일은 자동차나 비행기의 엔진과 같고, 그 이상도 이하도 아니다. 그리고 또 엔진과 같은 원리로 그 불완전한 열효율성으로 말미암아 일을 하면 온도가 올라간다. 우리가 운동을 하면 우리 몸이 더워지는 것은 이 때문이다.

　힘의 효율성, 즉 일정량의 연료에서 얻을 수 있는 일의 양으로 보면 근육은 엔진과 크게 다르지 않나. 반면, 무게당 효율성, 즉 일정 무게의 근육이 일정 시간동안 할 수 있는 일의 양으로 보면 자동차의 엔진과는 비슷하지만 성능 좋은 제트 터빈에 비하면 많이 떨어진다. 그렇더라도 근육이라는 것은 대단한 장치이다. 자연은 이런 장치를 수십억 년 전 다세포생물의 출현과 더불어 만들어 내었다. 이 근육은 개미의 것이나 코끼리의 것이나 거의 같아서 전문가가 현미경 아래에서 관찰하여 겨우 그 차이를 알아볼 수 있을 정도이다. 파리가 나는 것도 근육의 힘이고, 조개가 그 껍질을 굳게 닫는 것도 근육의 힘이다.

인류는 수백만 년 전부터 나무 막대나 돌 또는 동물의 뼈나 금속 토막 등을 다듬어서 근육의 보조수단으로 사용해 왔다. 돌도끼, 창, 활과 화살, 불을 일으키는 도구, 칼, 톱, 줄(鑢), atlatls, 부메랑 등; 또 배 젖는 노, 자전거 따위; 또는 수동 원심분리기, 수동 믹서, 깡통따개 등등. 이들은 모두 사람의 근육의 보조수단이었던 것이다. 또 약 만 년 전부터 인류는 자신의 근육을 사용하여 일을 하는 대신에 동물을 이용해 왔었다. 소, 말, 낙타 등을 이용하여 초지를 갈아엎어 밭을 일구었던 것이다.

이들 가축은 노동력을 제공한 뿐만 아니라 일상 시나 축제 때에 훌륭한 음식으로 식탁에 오른다. 간, 콩팥, 달걀 등에 비하면 근육은 엄청난 양의 칼로리를 제공한다. 대개의 사회에서 동물의 근육은 고기라고 하여 비싼 음식물에 속하고, 부자들은 이 고기를 먹기 위하여 가축을 기르기도 한다. 또 우리는 우리 자신의 근육, 즉 고기를 먹기도 한다. 식인종 이야기가 아니라, 우리가 몹시 굶주려서 몸 안의 지방이 다 고갈되었을 때는 우리 자신의 근육이 영양공급원으로 쓰인다는 것이다.

영어에서는 부엌에서 요리하는 고기와 목장에서 기르는 가축을 직결시키지 않기 위하여 돼지고기를 포크, 송아지 고기를 빌, 암소 고기를 비프 등으로 점잖게 부르는 말장난을 하고 있다. 대체로 농가에서는 그들이 먹는 고기라는 것이 무엇인지를 잘 알고 있다. 하지만 많은 사람들은 이 사실은 크게 인식하지 못하고 고기를 먹고 있다.

나는 한 10년 전에 비과학전공의 성인반에서 생체의 여러 가지 물리적 운동에 관하여 강의를 한 적이 있다. 그 때 나는 가까운 시장에서 사간 염소의 뒷다리를 해부하면서 염소의 운동에서 여러 가지 뼈, 근육, 힘줄, 관절 등이 어떻게 작용하는가를 설명하였다. 이렇게 실물을 보이면서 강의를 하니 그 지방 컴퓨터회사의 요직에 있는 수강생 한 사람이 정말 실감난다는 듯 눈을 반짝이며 탄복하고 있었다. 강의하는 사람으로서는 참으로 신나는 광경이 아닐 수 없었다. 그러다가 슬개골(膝蓋骨, 무릎의 덮개뼈)의 기능을 이야기하면서 잠깐 말을 멈추었을 때 내 귀에 들리는 말이 있었다. "근육이라니—그 살덩어리 말이야?"

이 책은 바로 이런 내용의 책이다. 인류의 역사를 만들어 온 가장 원시적인 동력인 근육, 즉 보통 우리가 말하는 "고기"는 어떻게 움직이며, 우리는 이것을 어떻게 사용하고, 또 이 근육이 인류의 역사, 문화, 기술을 어떻게 변화시켜 왔는지에 대하여 살펴보려는 것이 이 책의 목적이다. 사람은 근본적으로는 동물이다. 사람이 동물과 다르다고 생각하는 것은 각자의 자유이고 또 그 사람의 신앙에 관한 문제이지만, 어쨌든 사람은 근본적으로는 동물과 다르지 않다. 그리고 이 동물적 특성이 인류의 역사, 문화, 그리고 기술을 발달시켜 왔다. 동물의 특성은 움직인다는 것, 즉 운동이고, 이 운동을 가능하게 하는 것이 바로 우리의 근육이다.

이제 근육에 대하여 살펴 보기로 하자. 근육을 구성하고 있는 물질이 어떻고 하는 것이 아니라, 일반적인 의미의 전형적인 근육을 예로 들어 살펴 보자는 것이다. 동물체에서 근육을 떼어내 보면, 그림 1.1에서 보는 것처럼 가운데가 볼록한 방추형의 물렁물렁한 살덩어리를 볼 수 있다. 이 근육은 그 끝이 가늘어지면서 인대에 결부되어 있다. 만약 학부 생리학 실험시간에 이와 같은 실험을 한다면 그 근육은 대개 개구리의 장딴지근육(비장근)일 것이다. 개구리의 다리를 급히 잡아늘이면 뛰어 오르거나 물 속에서 개구리헤엄을 칠 수 있는 것, 개구리의 다리에 이 장딴지근육이 있기 때문이다. 식용개구리의 다리는 요리에 쓰이기도 하기 때문에 애써 푸줏간까지 가지 않아도 이 근육을 구경할 기회는 있을 것이다.

근육의 운동이라는 것은 단순하다. 신경에 의하여 자극받으면 근육은 짧아지면서 양 끝이 가까워진다.

개구리나 사람이나 장딴지근육의 아랫쪽 끝은 뒤꿈치의 힘줄(건, 腱)에 붙어 있어서 다리를 내밀게 한다. 그래서 개구리는 뛰어오르고, 뒤꿈치를 들고 발끝으로 땅을 짚을 수 있게 된다. 근육은 길이가 짧아진다고 해도 고작 그 길이의 20% 정도가 짧아지는 것이 보

그림 1.1. 개구리와 사람의 장딴지근육. 사람의 근육에서는 섬유들이 비스듬히 배열되어 있는데, 이것은 앞으로의 이야기에 중요한 의미를 갖는다.

통이고, 아주 드물게 30 또는 40% 정도 짧아지는 것이 고작이다. 어떤 근육은 거의 짧아지지 않는데, 예컨대 곤충의 근육은 효율성이 극히 높은 근육이지만 고작 그 길이의 5% 정도 짧아지는 데 불과하다. 그래서 근육이라는 것은 극히 짧은 반복운동을 하는 엔진과 같은 것이어서 레버(지렛대)와 같은 어떤 보조장치가 있어야 대개 일을 할 수가 있다. 또 근육은 혼자서는 늘어나지도 않는다. 따라서 근육은 스프링처럼 다른 근육이나 장치의 도움을 받지 않으면 수축을 계속할 수가 없다. 이것은 비단 근육에 한한 이야기가 아니다. 자동차의 엔진에서 연료를 태우면 피스톤은 한 방향으로 극히 짧은 길이를 움직이는 데 불과하다. 그래서 차를 움직이려면 이 피스톤은 플라이휘일(flywheel; 관성을 이용하여 기계의 회전을 원활히 하는 바퀴—역자 주)이나 다른 피스톤의 힘을 빌려야 하고 또 트랜스밋쏜(동력전달 장치)에 의하여 차바퀴를 돌려야 하는 것이다.

 레버와 같은 보조장치들이 있다해도 근육의 운동에는 한계가 있다. 당신이 주먹으로 친다 해도 얼마나 세게 칠 수 있는가? 맨주먹보다는 햄머라도 쥐고 있으면 더 세게 칠 수 있을 것이다. 또 당신은 공을 얼마나 빠른 속도로 던질 수 있는가? 맨손 대신 골프채나 야구배트를 쓰면 더 빨리 보낼 수 있을 것이다. 이러한 근육보조장치는 사람만이 발달시켜온 것은 아니다. 갈리레오(Galileo)는 만일 공기저항이 없다면 벼룩이든 메뚜기든 갈라고(galago; 열대 아프리카의 원숭이의 일종— 역자 주)든 또는 가젤(gazelle; 아프리카 및 서부아시아에 서식하는 사슴의 일종)이든, 근육으로 운동하는 모든 동물은 같은 높이, 약 1미터까지 점프할 수 있다는 것을 최초로 발표한 사람이다. 그러나 실제로는 벼룩은 그 작은 몸집으로 말미암아 공기저항을 엄청나게 받아서 그 높이가 80%나 줄어든다는 것이다. 공기저항이 없다면 벼룩은 높이뛰기의 챔피온임에 틀림없을 것이다. 벼룩이 공기 저항을 극복하는 것을 보면, 근육을 최대한으로 수축시켜 근에너지를 축적했다가 일시에 방아쇠를 당겨 그 에너지를 방출시킨다. 마치 고대 선원들이 석궁을 쏘는 방법이나 높이뛰기 선수가 장대를 이용하는 것과 비슷하다.

레버나 스프링이나 방아쇠 같은 보조 장치를 쓴다 해도 역시 한계가 있다. 가령 어떤 물건을 들어올리는 경우를 생각해 보자. 물건을 들어올리면 우리는 그 물건의 무게에 들어올린 높이를 곱한 양만큼의 "일"을 하게 된다. 물리학자들이 말하는 "일"이 바로 이것인데, 가령 이 물건을 높이 든 채 가만히 있다면 우리는 아무 일도 하지 않는 것이 된다. 그리고 아무 일도 하지 않고 있다면 아무런 에너지도 소비하고 있지 않다는 뜻이 된다. 에너지는 일을 할 수 있는 능력이라고 정의되고 있기 때문이다. 그렇다면 이상하지 않은가? 물건을 높이 들고 가만히 있으면 곧 피로하게 되는데 그것은 에너지가 소모되었다는 것을 의미한다. 물리학적으로는 아무런 일도 하지 않고 있다고 하여도 우리의 근육은 분명히 일을 하고 있는 것이 아닌가. 이런 모순은 "일"에 대한 정의의 차이에서 오는 것이 아니고, 근육의 근본적 성질에서 오는 현상이다. 가령 밧줄에 물건을 매달아 놓으면 그 물건은 아무런 에너지의 소비 없이 공중에 매달려 있을 수 있다. 그러나 근육은 수십억 년 동안의 진화의 과정에서도 어떤 일정한 길이로 수축한 채 에너지의 소비 없이 그 길이대로 가만히 있을 수 있는 지혜를 개발하지 못하였다. 물리학자들의 일이라고 하는 용어의 정의는 사실은 우리의 근육이 물건을 높이 들고만 있어도 에너지가 소비된다는 사실에서 온 것이다.

　여기 습관적으로 사용되는 언어에서 볼 수 있는 기묘한 현상이 또 하나 있다. 우리는 근육이 "수축"한다고 하는데, 실제로 근육은 수축하는 것일까? 대답은 그렇지 않다이다. 가령 물 속에 들어가서 몸을 물에 띄우고 있어보자. 그런 상태에서 힘껏 근육에 힘을 주어 본다. 근육이 실제로 수축하는 것이라면 우리의 몸은 약간 작아질 것이고, 또 몸의 질량은 변하지 않을 것이니까 몸이 무거워졌을 것이다. 그리고 몸이 무거워졌다면 가라앉을 것이다. 그러나 몸이 물 속으로 가라앉지 않는 것을 보면 근육은 실제로는 수축하지 않은 것이다. 근육은 짧아지지만 동시에 굵어져서 그 부피는 변하지 않기 때문이다. 심지어 어떤 때는 근육의 길이가 변하지 않을 뿐더러 아예 짧아지지도 않는 경우가 있다. 아주 무거운 물건을 들어올리려 한다든지 또는 벽을 힘껏 미는 경우 등이 그 예이다. 뿐만 아니라 근육은 길이가 늘어나는 경우도 있다. 야구에서 높이 오는 공을 팔을 길게 뻗어 잡는 경우 근육은 신장한다.

　본론으로 들어가지 전에 몇가지 지적해 두어야 할 것이 있다.

• 최근 나는 한 회사에서 수영보조장구의 개발을 위한 프로젝트에 참여하여 여러 사람들과 토의를 하면서 며칠을 보낸 적이 있다. 사람도 헤엄은 친다. 그러나 연어나 물개의 기준에서 볼 때는 아무리 뛰어난 수영선수라 해도 헤엄치는 모습이 어설프기 짝이 없어 보일 것이다. 심장과 혈관계를 비교해 볼 때 사람도 다른 포유류에 별로 뒤떨어지지 않고, 또 근육의 양이 적은 것도 아니다. 문제는 사람 몸이 물고기와 같은 유선형이 아니고, 또 근육의 분포상태가 다르기 때문이다. 근본적으로 사람은 육상동물이어서 물 속에서 사는 것이 아니기 때문이

다. 그렇다면 우리는 어떻게 하면 헤엄을 잘 칠 수 있을 것인가? 헤엄을 잘 치기 위해서는 어떤 수영복을 입고 또 우리의 근육을 어떻게 이용하면 좋은가?

이 질문에 대한 해답은 당장 상업적으로도 이용될 수 있을 테지만 사실은 이것은 유사(有史)이전의 옛날부터 인류가 추구해 온 문제이기도 하다. 인류는 손으로 움켜쥐고, 당기고, 이로 물고, 달리고, 또 들고 하는 등의 일을 좀더 크게 강하게 그리고 쉽게 하기 위하여 각종 도구를 개발해 왔다. 지렛대, 크랭크(바퀴 따위의 손잡이), 장대, 미세조작장치 등이 그것인데, 이들은 사람의 근육이라는 엔진과 더불어 유효적절하게 사용할 수 있도록 고안된 것이다. 또 쟁기, 연자방아, 수레 등을 개발하여 동물의 힘을 이용하기도 한다. 사람의 근육에 곁들인 이러한 도구의 이용과 그 개량이 인류역사를 크게 변화시킨 원동력이 되었다는 것은 역사학자들이 다같이 인정하는 바이다.

• 보통 생물학은 물리학에 의존하는 바가 크지만, 때로는 물리학이 생물학으로부터 얻는 바도 있다. 근육도 그 중의 하나인데, 생물학은 물리학에 적어도 두가지 기여를 한 바가 있다. 그 하나는 19세기 중엽, 에너지 보존의 원리를 발전시킨 핵심적인 물리학자들 가운데 두 명이 생물학 출신이었다는 사실이다. 메이어(Julius Robert von Mayer; 1814~1878. 독일 태생의 의사로서, 열과 운동과의 상호관계를 고찰하고, 에너지 보존의 법칙의 기초를 마련하였다.—역자 주)는 의사출신이었고, 헬름홀츠(Hermann von Helmholtz; 1821~1894. 독일 태생의 생리학자로서, 근육의 열발생에 관한 연구, 에너지 보존의 법칙의 기초연구, 신경흥분의 전도에 관한 연구 등에서 전기역학의 이론으로 발전하여 맥스웰 이론의 기초를 만들었다. 또한 열역학의 이론을 열화학 및 전기화학에 도입하였으며, 지각인상에 관한 연구를 통하여 소위 헬름홀츠의 3원색 이론을 수립하였다.— 역자 주)는 생리학자였던 것이다. 메이어는 근육을 통하

여 에너지 보존의 법칙을 물리학으로 전진해 갔고, 헬름헬츠는 근육의 열발생과 물질대사 쪽으로 연구를 진행시켜 갔다. 오늘날 우리는 열역학 제1법칙이라고 불리우는 에너지 보존의 원리를 빼고는 물리학을 생각할 수 없다. 또 하나의 예는 이보다 앞선 18세기 후엽의 일인데, 갈바니(Luigi Galvani; 1737~1798. 이태리 출신의 생리학자로서, 동물전기의 발견을 기초로 하여 전기생리학의 발전에 크게 기여하였다.— 역자 주)가 개구리의 노출된 근육의 경련을 이용하여 전기를 탐지할 수 있다는 것을 알고 현재 우리가 알고 있는 검류계(檢流計, galvanometer)를 개발한 것 이다. 그러나 개구리 입장에서는 다행이도 이 생체를 이용한 전기의 측정은 곧 학계에서 사라졌으니, 그것은 갈바니와 동시대의 학자였던 알레싼드로 볼타(Alessandro Volta; 1745~1827) 등에 의해 전압 등 여러 전기현상이 체계화되어 갔기 때문이다. 앞에서 잠깐 나왔던 갈바니가 개구리의 장딴지 근육을 실험에 쓴 것은 순전히 우연이었다. 그런데 이 장딴지 근육은 지금도 실험에 흔히 쓰이고 있다.

실험에 쓴다고 하여 근육을 반드시 몸에서 떼어내어 노출시킬 필요는 없다. 나는 종종 생물학 실험에서 학생들에게 두 개의 작은 전극을 팔의 이곳 저곳에 대어서 약한 전기자극을 주어 어느 손가락이 움직이는 데 어느 부위의 근육이 작용하는지를 알아보게 하곤 한다. 인내심있게 이 실험을 꾸준히 해 보면 팔의 근육의 작용을 소상히 알 수 있게 된다. 실험결과는 해부학의 대부(代父)인 베살리우스의 해부도와 대조해 보면 그 정확성을 알 수 있다.

• 근육이 당기는 힘은 얼마나 될까? 말을 바꾸면 근육이 수축하는 힘과 맞먹는 힘으로 근육을 잡아당기려면 얼마만한 힘이 필요한가? 물론 근육에 따라 달라서 평방인치당 15 파운드에서 140 파운드(100~1,000 킬로파스칼, kPa)정도인데 보통 30 파운드로 보면 되겠다. 이 정도의 강도를 가진 근육을 밧줄로 사용

하기엔 너무 약하다. 단면적이 1 평방인치인 강철줄은 50,000 파운드(350 메가파스칼, MPa)의 무게를 지탱할 수 있으니 근육의 약 천배에 달한다. 그러나 강철은 근육처럼 수축할 수 없고, 따라서 엔진의 역할은 하지 못한다. 보다 적절한 비교로서 근육의 끝에 붙어 있는 힘줄(腱)과 근육의 장력을 비교해 보자. 이 힘줄은 근육보다 수 백배 강해서 1 평방인치 당 15,000 파운드(100 MPa)의 무게를 감당할 수 있다. 그림 1.2를 보면, 근육은 힘줄에 붙는 부분도 힘줄보다 수 백 배 굵으면서도 그 장력은 힘줄보다 훨씬 작은 것을 볼 수 있다. 그래서 이 볼록한 근육의 뭉치는 그 모든 힘을 그 끝에 달려있는 힘줄에 모아 줌으로써 힘줄로 하여금 효과적인 일을 할 수 있도록 하고 있다. 우리 몸의 구조는 대개 이런 식으로 되어 있다. 마치 햄릿이 "인간은 허술하게 만들었으나 신이 나중에 이를 매끈하게 다듬어 주셨다" 라고 말했듯이.

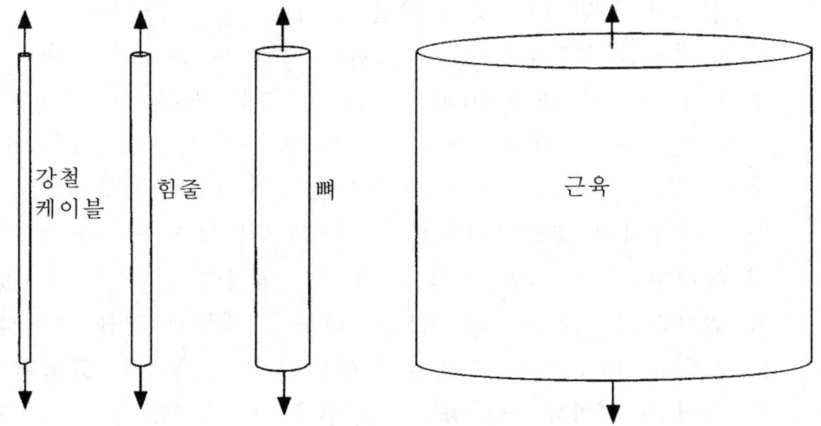

그림 1.2. 같은 무게를 지탱할 수 있는 강철 케이블, 힘줄, 뼈, 및 근육의 단면적의 비교.

• 근육이 수축하는 속도는 얼마나 될까? 물론 근육의 성질이나 크기에 따라 속도의 차이가 날 것이다. 크기에 따라 다르다는

것은 근육을 마치 여러 사람이 손에 손을 잡고 늘어서 있는 광경과 같이 생각하면 쉽게 이해할 수 있을 것이다(예컨대 빙상 스케이트 선수들이 손을 잡고 늘어서 있는 광경. 단, 빙상에서는 마찰이 전혀 없는 것으로 가정한다). 이들이 일제히 팔을 오므리면 줄은 순식간에 짧아질 것이다. 이번에는 사람의 수를 2배로 하여 늘어세운 다음 역시 일제히 팔을 굽히게 하면 줄의 길이는 2배의 속도로 짧아질 것이다. 여기서 우리는 이 길이를 짧게 하는 데 필요한 최소한의 시간을 알 수 있을 것이다. 근육의 경우 그 길이가 약 10% 줄어드는 데 소요되는 시간은 대개 1/10 초 내지 1/100 초이다. 그래서 약 30 cm 길이의 근육은 1초에 약 3~30 미터의 속도, 즉 한시간에 11~110 km의 속도로 수축한다. 대체로 빨리 수축하는 근육일수록 수축하는 힘은 약하다.

• 근육이 수축하면서 얼마만큼의 일을 할 수 있는가? 그 일의 양은 시간에 따라 다르다. 따라서 이 질문은 근육이 낼 수 있는 힘으로 표현하는 것이 좋을 것이다. 이 때의 힘은 일정시간에 행해진 일의 양으로 정의한다. 그래서 튼튼한 근육의 경우 1파운드 당 대략 90 와트 정도의 힘을 낸다(200 W/kg). 이것을 환산하면, 체중 150 파운드의 포유류(사람도 이 정도이다.)에서 근육이 40%를 차지하고 있다면 5,000 와트의 힘, 또는 7.5 마력의 힘을 낸다는 계산이 된다! 그러나 사실은 그렇지 못하다. 우리 몸은 이렇게 이론과 똑같이 일을 할 수 있도록 연료와 산소를 공급하지도 못하고 노폐물과 열을 제거하지도 못하기 때문이다. 그래서 얼마만한 힘을 낼 수 있느냐 하는 문제는 얼마나 오랫동안 그 힘을 유지할 수 있느냐 하는 문제에 달려 있다. 물론 연령과 신체조건도 무시 못할 요인이다. 그래서 예컨대 오래 달릴수록 평균속도는 줄어든다. 이것은 최소의 힘으로 날 수 있는 인력비행기를 설계하는 데 있어서 대단히 중요한 문제이다.

　　육상 포유류들 중에서 사람도 개나 말보다는 못해도 제법 잘 걷는 편이다. 사람이나 개나 말이 고양이나 젖소보다 잘 걷는 것은 근육에도 원인이 있지만 그 보다는 혈관순환계에 관계가 더 깊다. 즉 산소의 공급이 결정적인 요인이 되는 것이다. 이런 점에서는 사람도 제법 우수한 편이다. 그러나 육상을 걷는 동물들은 공중을 나는 새나 박쥐 또는 곤충에 비하면, 또 물 속을 헤엄치는 물고기나 바다표범 또는 고래에 비하면 아무것도 아니다. 이 차이는 역시 근육에 있는 것 같다. 달린다고 하는 복잡한 운동을 하는 근육은 그 목적 이외의 운동에는 적합하지 않는 것이다.

• 근육은 인류의 기술이 만들어낸 엔진과는 그 모양이나 기능이 전혀 닮지 않았지만 이제 우리는 이 양자를 비교해 보자. 여기서 먼저 고려해야 할 요인은 무엇인가? 연료의 효율성을 비교하는 것도 좋은 일이지만, 양자간에 너무 다르기 때문에 분석 과정이 매우 복잡해져서 적절치 못하다. 그것보다는 아래의 표처럼 무게 당 힘의 방출량으로 비교하는 것이 좋을 것이다.

엔진	힘, 왓트/파운드
근육	90
초기 증기 펌프	50
전기 모터	100
자동차 엔진	200
모터 사이클 엔진	500
항공기 엔진, 피스톤식	700
항공기 엔진, 터빈식	2,500

• 주먹을 꼭 쥐고 팔꿈치를 고정한 채 팔을 굽혀본다. 어깨 아래의 이두근(二頭筋)이 불룩 솟아오를 것이다. 이 혹같이 생긴 근육은 팔을 굽혔다 폈다 함에 따라 솟았다 가라앉았다 한다. 그래서 옛날 사람들은 이 혹을 근육 속에 생쥐(mouse)가 들어

있는 것이라고 생각했다. 멋슬(muscle; 근육)이라는 말은 마우스(mouse; 생쥐)에서 왔다는 말도 있다. 희랍어로 mys라는 말은 생쥐와 근육이라는 두 개의 의미를 갖는다. 현재 우리가 쓰고 있는 단어, 미오신(myosin), 미오로지(myology; 근학, 筋學), 미오글로빈(myoglobin), 미오카르디움(myocardium; 심장근육층) 등의 단어도 여기에서 유래되었다. 라틴어도 이와 비슷한데, 한술 더 떠서 보통쥐를 mus라 하고 작은 쥐를 musculus라 하여 구별하고 있다. 여기서 musculus는 근육이라는 뜻도 되는데 이 양자가 문장 속에서 혼동될 리는 거의 없을 것이다. 린네는 위의 두 가지를 속명과 종명으로 써서 집쥐를 *Mus musculus* 라고 명명하였다.

제 2 장
근육 작동의 원리

그림 2.9에서 보는 바와 같이 두 대의 자전거를 서로 마주보게 하여 하나의 체인으로 연결하였다; 그 중 왼편에 앉은 남자(A)는 일반적으로 자전거를 타는 것과 같이 페달을 앞쪽으로 밟았고, 반면에 오른 편에 앉은 여자(B)는 뒤로 돌아가려는 체인의 동작을 막기 위해 페달에 반대되는 힘을 가하였다. 체인의 속도와 페달에 가해진 힘의 양은 거의 같았으며, 이러한 일련의 실험은 A에 의해 행해진 일이 B에 의해 흡수되는 결과를 가져 왔다. 그 운동의 가시적인 결과는 명확히 대조적이었는데, A는 기진맥진한 반면, B는 생생하였다. 이 실험의 결과는 1952년 런던에서 개최되었던 왕립학회의 한 세미나에서 발표되었는데 그 반응이 상당히 좋았던 것 같다. 특히 별로 많은 일을 한 것 같지 않았던 젊은 여자가 적극적으로 일을 한 남자를 기진맥진하게 만들었다는 것은 충분한 흥미거리였다.
— 힐(A.V. Hill), 근육생리학자

앞장에서 우리는 근육이라는 살덩어리에 관한 연구 과정의 길에 있었다. 이제 우리는 근육을 다시 화두에 올려놓고 근육이 연료를 어떻게 사용하여 장력, 수축, 일 등의 활동으로 전환시키는가에 대한 논의를 하고자 한다. 이제 추상적인 면을 뛰어 넘어 실질적으로, 어떻게 근육의 단편들이 모여 수축을 유도하는가에 대한 이야기를 하겠으며, 현재 알려진 근육에 관한 지식의 축적과정에 대해서는 다음 장에서 언급하겠다.

우선 우리는 근육들을 서로 묶고, 그것의 끝을 뼈에 부착시키는 데 필요한 재료인 결합조직(connective tissue)을 적절히 배치하여야 한다. 힘줄은 이러한 결합조직으로 대부분 이루어져 있지만, 결합조직은 그 이외에도 수축 재료 전반에 골고루 퍼져 있다. 이러한 결합조직은 단지 그것을 설명하는 사람에게 뿐 아니라, 그것을 연구하는 사람들에게도 성가신 것이다. 그러나 그러한 문제점들은 가급적 결합조직이 적은 근육을 선택함으로써 최소화 할 수 있다. 그것은 전혀 새로운 사실은 아니고 실제로 우리가 알고 있는 생물학적 지식의 많은 부분들이 현명하게 실험재료를 선택함으로써 얻어졌다. 가령, 유전학에 있어서의 초파리의 기여와 일반인에게는 덜 알려졌지만 신경생물학에 있어서의 오징어의 기여가 좋은 예일 것이다.

여기에 회자되는 고 알버트 센트-죠지(Albert Szent-Gjyorgyi)의 선택의 일화를 소개한다. 때는 1930대 말 서광이 비치는 부다페스트의 한 고급식당에서이다:

실험에 적합한 근육은 가능하다면 거의 결합조직을 가지지 않은 평행선상의 긴 섬유를 가진 근육이다. 결합조직을 거의 갖지 않은 근육을 찾는 것은 쉬운 일이다. 왜냐하면 결합조직의 양에 반비례하여 근육의 요리가치가 결정되어지기 때문이다. 음식의 맛은 메뉴의 오른 쪽에 적혀있는 음식값에 비례한다. 메뉴의 음식값을 관찰해 보면, 피레미뇽(과학적 용어: 소애스근, Musculus psoas)에서 값의 차이를 발견한다. 그 이유는 자명한 것이다. 그 수축성 물질은 기계적으로 쉽게 손상이 되어질 수 있는 반고체의 겔이다. 수축성 물질이 필요로 하는 보호 기전은 위치에 따라 달라진다. 신체의 말단부와 같이 노출이 많다면 그것은 근막(fasciae)이라는 결합조직의 두꺼운 벽 속에 묻혀 있다. 신체에서 가장 많은 보호를 받는 주 근육은 소애스근으로 복강의 깊은 곳에 자리 잡아 척추골에 의해 뒤쪽을 보호 받고 또한 각종 내장에 의해 앞쪽의 보호 받는다. 따라서 결합조직을 비교적 덜 함유한 소애스근은 다른 부위의 고기들에 비해 육질이 부드럽고 값도 비싼 것이다.

근육연구의 역사는 센트-죠지[1893∼1986]를 떼어 놓고 생각할 수 없을 정도로 그의 기여는 대단하다. 그는 아스코르브산(ascorbic acid)을 비타민C라 밝혔고 또한 그것의 대사 작용을 규명함으로써 노벨상을 받았으며, 그 후 근육연구에 발을 들여 놓았다. 동작이 동물의 삶에 결정적 역할을 하고, 동작은 근육에 의해 수행되는 것이기 때문에 그는 근육에 대한 연구를 통해 삶의 본질에 보다 가까이 가고자 하였다. 그는 과학자들을 아포로니언(Apollonians)과 디오니시언(Dionysians)-이상주의자와 낭만주의자의 스펙트럼으로 분류하였고 주저함이 없이 그 자신을 낭만주의자의 전형으로 표현하였다. 그는 처음 헝가리에 있으면서 권력과 타협하지 않았고, 따라서 이차대전 중과 직후에는 독일인들과 러시아인들에게 기피의 대상이 되었다. 전쟁 후 그는 마사추세츠 주 우즈홀에서, 주의 탁월한 외국태생 시민으로 표창을 받았으나, 같은 해 그의 연구소 운영과 관련된 세금 포탈 혐의로 고발되었다. 그의 강의는 언제나 쇼였고, 한번은 그의 강의 끝에, 아무 것도 숨긴 것이 없다는 것을 입증하기 위해 그의 소매를 걷어붙인 것이 생각난다.)

그래서 피레미농-소애스근은 레스토랑 뿐만 아니라 근육 연구에 있어서도 중요한 역할을 해오고 있다. 물론 우리는 연구를 위한 1온스의 근육을 얻기 위해 커다란 소를 죽이지는 않는다. 그 외에도 소처럼 큰 동물은 지방의 많은 부분을 근섬유들 사이에 두고 있다. 반면에 작은 동물들은 지방을 피하에 저장하며 그들의 근육을 홀쭉하게 유지한다. 따라서 실험에 필요한 것은 소애스근이 비교적 잘 발달되고 실험실 동물로 유지하기도 용이한 작은 포유류이다. 그러한 이유로 토끼의 소애스근이 실험의 표준적 재료가 되었다. 부수적인 혜택으로는 남은 근육들을 먹을 수도 있겠지만, 물론 동물보호규정이 그 합리적인 듯한 리사이클링 방법을 더 이상 못하게 할 수도 있다.

기본적 기계

근육은 서로 평행으로 달리는 근섬유들(muscle fibers)로 이루어져 있다. 사람의 장딴지근(gastrocnemius)은 백만 개 정도의 근섬유를 지니며, 각 근섬유는 천 개 정도의 평행의 근원섬유들(myofibrils)로 구성 된다(Figure 2.1). 따라서 각 근원섬유들에서 생성되는 힘과 근육의 근원섬유수를 곱하면 그 근육에서 생성되는 힘의 합이 나온다. 그것은 여러 갈래의 밧줄을 여러 사람들이 붙잡고 당길 때 합쳐지는 힘의 양에 비유될 수 있다.

각 근원섬유에는 더 작은 단위들이 있는데, 그들은 서로 끝과 끝이 이어져 있다. 이러한 것들을 근절(sarcomere)이라 부른다. 우리의 장단지근에는 약 15,000개의 근절이 모여 각각의 사슬을 이룬다. 그들은 서로 직렬로 연결되어 있으므로 근수축시 서로 잡아 다니게 된다. 근원섬유의 끝에 있는 근절들만이 하중에 직접적으로 노출되지만, 하나의 근원섬유에 의해 산출되는 힘은 소속된 각 근절들의 장력과 연관되어진다. 한 사슬에 있는 근절의 수가 증가하면 두 가지 값에 영향을 주는데, 그 두 값은 그 사슬이 소속된 근육의 말단이 움직이는 거리와 속도이다. 거리와 속도는 마치 한 무리의 사람들이 서로 손을 잡고 양 팔꿈치를 동시에 굽혔을 때처럼(앞서 언급한 마찰이 없는 아이스스케이팅에서와 같이) 영향 받는다.

(용어정리: "myo-" 와 "sarco-"는 거듭 반복되어 나오는 접두어이다. 전자는 근육과 생쥐의 그리스어이고 후자는 살의 그리스어이다. 그 두 가지는 사용에 있어서 커다란 차이를 보이지 않는다. 그 두 가지가 다 어느 정도의 오용을 내포하기는 하지만, 둘 다 근육에 대한 의미를 제공하는 것은 사실이다. 적어도 우리는 대형정육업자들이 그 자신들을 사르코포리아(sarcoporia)라고 부르는 것을 용인한다.)

근절 수준에서, 우리는 기본적인 근수축의 기전을 살펴 볼 수 있다. 근육 내의 근절 구조는 일반적인 광학현미경으로 어렴풋이

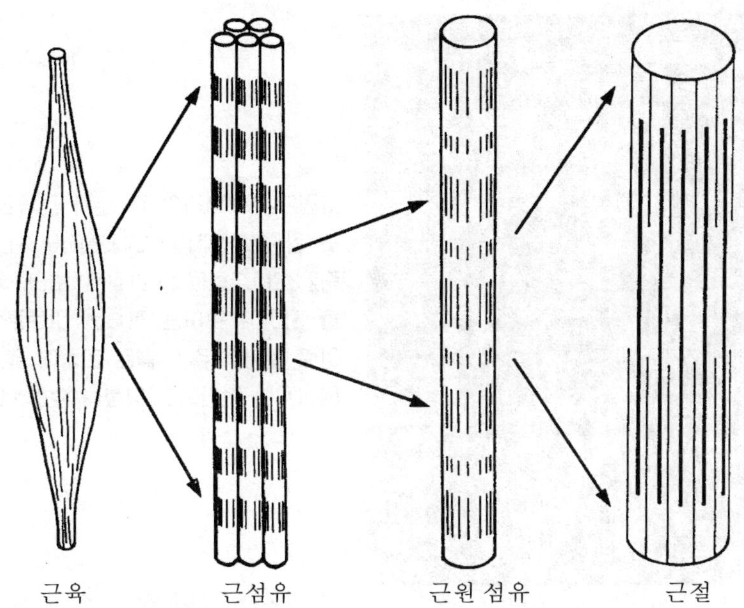

그림2.1. 근육은 근섬유들로 구성되었고, 근섬유들은 근원섬유로 구성되었으며, 그들은 직렬로 연결된 근절들과 연합된 기구들로 구성된다.

관찰된다. 1세기 이상 사용되어진 광학현미경을 이용하여 근육의 보존, 절단, 염색 수준의 실험을 할 수 있다. 또는 근육을 재빨리 냉동하여 얇게 절편을 만들고 한 쌍의 편광필터를 사용하여 그 절편들을 관찰할 수 있다. 하지만 구성성분을 분석할 수 있는 수준까지는 근접하지는 못한다. 만일 전자현미경을 해상력의 한계점 수준에서 사용한다면, 기본 구성요소노 볼 수 있다. 단백질분자들이 크기가 크고, 세포 속에 용해되어 있지 않다면. 그림 2.2에서 보는 바와 같이 관찰할 수 있는 것이다.

근절에 존재하는 몇몇 단백질들 중에서 미오신과 액틴은 주 단백질이고, 그 기능 또한 중요하다. 그들의 근육 내 배치는 타 종들 간에 큰 차이가 없으며, 그림 2.3에서와 같이 배열되어 있다. 미오신은 각 근절의 중앙에 있는 두꺼운 섬유를 형성하며, 각 미오신분자는 수소원자의 50만 배 정도의 무게를 지닌 큰 단백질이다. 액

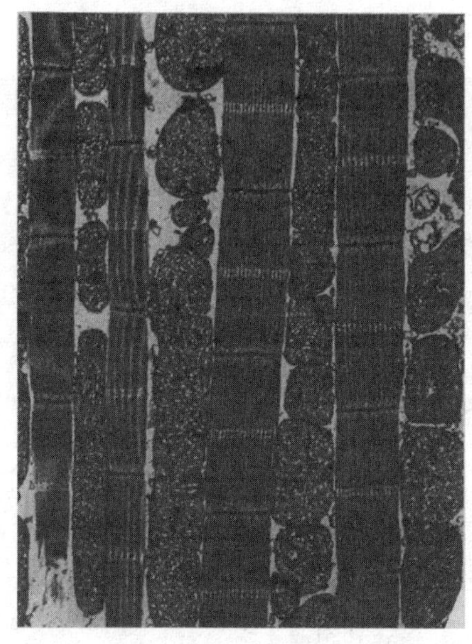

그림2.2. 초파리의 주 날개 근육의 세포 절편의 전자현미경사진. 이것과 그림2.3의 그림들과 비교해 보라. 섬유들 사이에 보이는 형체는 미토콘드리아로 날기와 같은 힘든 운동에 필요한 에너지의 전환기의 역할을 수행한다.

틴 분자는 미오신분자량의 10분의 1이하 정도로 작다. 하지만, 근육 내에서 그들은 근절을 구성하는 다른 한 요소로서 하나에 붙어서 길게 두 나선형의 사슬로 되어 있다. 그들은 세섬유(thin filament)의 주 구성요소이며 근절의 가장자리에서 안쪽으로 배열되어져 있다.

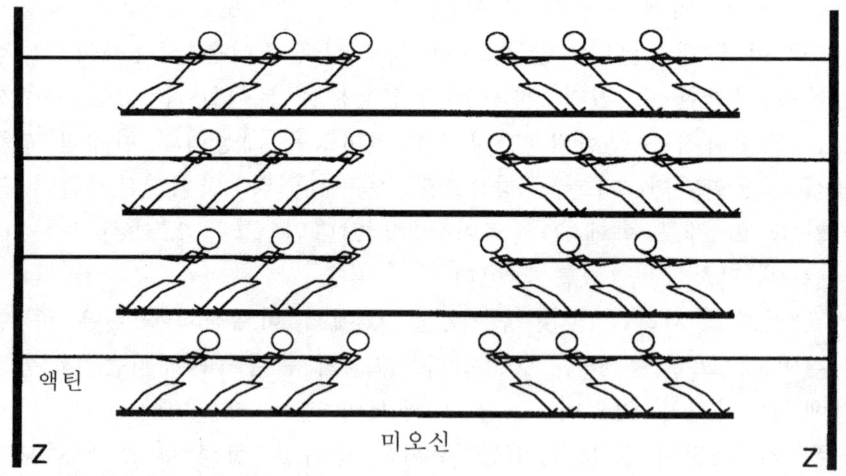

그림2.3. 그림2.2와 같은 많은 사진들을 기반으로 하여 이상적으로 도식화된 근절의 구조

미오신이나 액틴 섬유들 자체가 일정하게 수축하는 것은 아니다. 대신에 근수축은 마치 두 손을 깍지 끼는 것처럼 액틴-미오신 분자들 간의 미끄러짐에 의한 것이라 할 수 있다. "활주섬유(sliding filament)"라는 용어는 이제 근수축의 기본적인 모델로 간주되고 있으며, 근수축은 연관된 분자들 간의 부착의 결과이다. 미오신과 액틴 간의 상호작용의 기작은 근육의 생리학에서 정설로 받아들여진다. 따라서 그림 2.4에서 보는 바와 같이 근육이 산출하는 힘은 후섬유(thick filament)와 세섬유들 간의 교차의 정도와 비례한다. 만일 근육을 인위적으로 잡아당겨 서로 접촉하는 부분을 줄인 후, 전기 자극을 주어 움직이지 않는 물체를 대상으로 장력을 측정하였을 경우, 장력은 줄어든다. 만일 더 잡아 당겨 접촉부위를 제거했을 때,

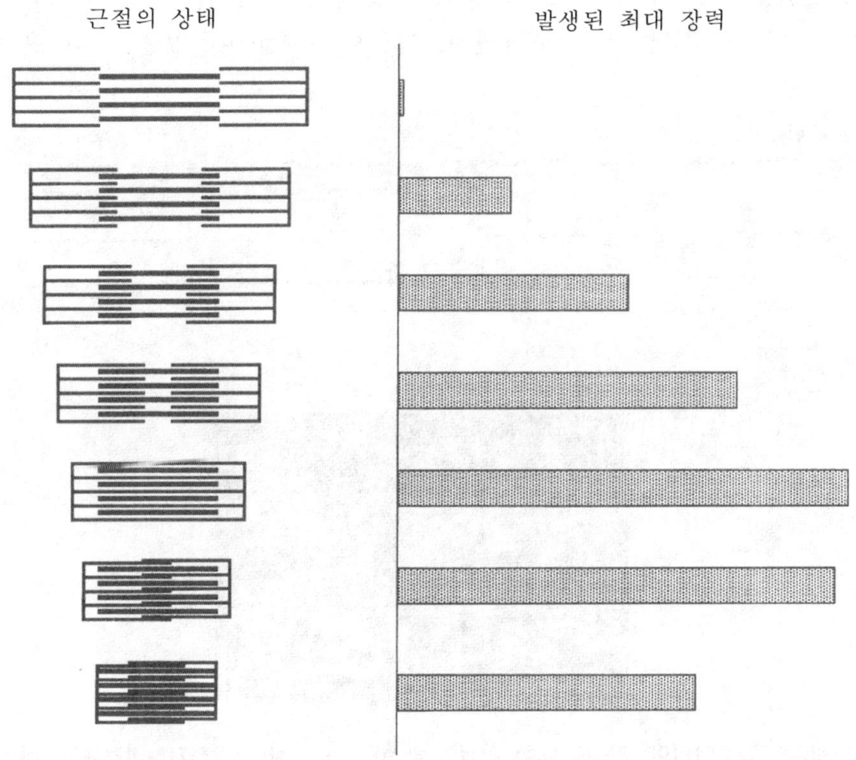

그림2.4. 근육이 근절들의 필라멘트들 간의 상호결합과 연관되어 산출한 힘

장력은 영이 된다. 만일 반대로 근절을 짧게 하여, 세섬유가 서로 부딪치게 하였을 때는 서로의 간섭으로 인해 장력은 떨어지기 시작한다. 그러나 아주 감소한 수준이지만 세섬유가 서로 활주하는 동안에도 어느 정도의 장력은 유지된다. 세섬유가 근절의 반대 끝에 닿았을 때 장력은 다시 영이 된다.

결합운동(ratcheting)에 대한 정확한 기전은 아직 확실히 알려지지 않았지만, 기본적인 기전에 대한 이해는 충분하다. 줄다리기시 긴 밧줄에 팔과 팔을 교차하여 당기는 것과 같은 것이다. 근육에 있어서의 "팔들(arms)"이라는 것은 후섬유로부터의 돌출물들이다. 각 미오신 분자는 그 끝에 팔 하나를 가지고 있고 후섬유에 있는 몇 백 개의 미오신 분자들에서 돌출한 팔들이 세섬유를 붙들고 있다. 그림 2.5에서 보는 바와 같이 이러한 섬유들 간의 교차다리(cross bridge)는 서로 부착한 후 궁형으로 움직이고, 떨어진 후 세섬유의 보다 더 앞 쪽에 다시 부착한다. 그들이 부착되어 있을 때의 운동

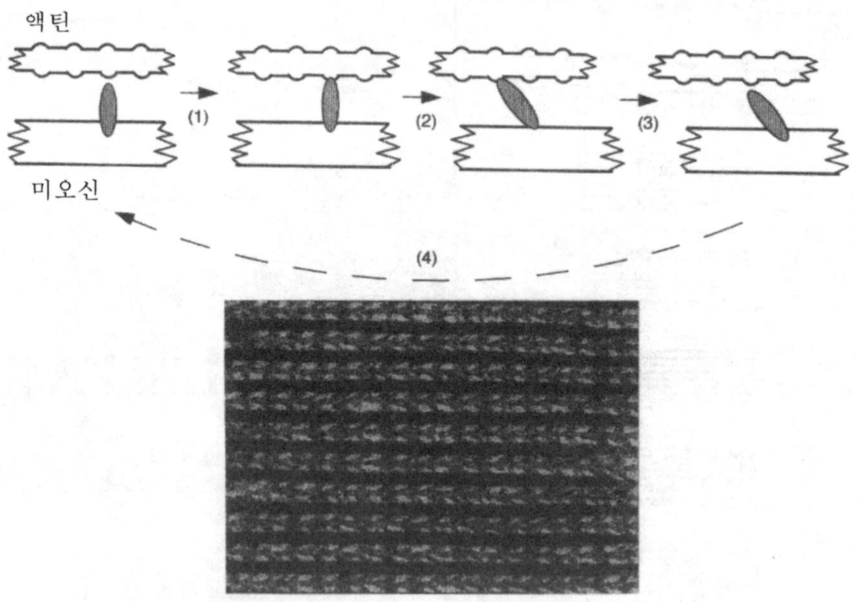

그림2.5. 교차다리의 기능에 대한 현재의 해석과 아주 확대된 전자현미경에서 보여주는 거인물벌레 비행근육의 필라멘트와 다리들의 사진

이 근수축을 유발한다. 이렇게 몇 마디로 요약해서 말한다고 그 기전이 완전히 이해된 것은 아닐 것이다. 이러한 서술에서 교차다리들이 수행하는 작용들에 대한 기전의 이해는 열정적으로 연구하는 과학자들과 우수한 실험실들을 보유한 앞서나가는 과학자들의 노력 덕분이다.

결합작용의 또 다른 부분은 근수축에서도 볼 수 있다. 언제 그리고 어디에 그 에너지가 사용되겠는가? 하나의 엔진처럼 근육은 정지하여 있거나, 혹은 적어도 어떤 쪽으로 가려고 하는 물체를 움직이게 한다. 흡수된 에너지는 속도조절바퀴 안에서처럼 동력학적인 것, 배터리의 선으로부터 오는 전기적인 것, 혹은 뜨거운 기체의 팽창처럼 열적인 것도 아니다. 다른 유형의 에너지 개입 없이 화학적 에너지가 직접적으로 근육을 움직이게 된다. 그러나 "직접적으로"라는 말에는 적어도 어느 정도의 오류가 있다. 램프에서 올리브유을 태워 에너지를 얻을 수 있지만, 에너지가 근육을 움직이기 위해서는 일련의 에너지 전환이 필요하다. 그들의 다양한 변화들 내 그 전환의 끝에서 아데노신삼인산이라 불리는 ATP(adenosine triphosphate) 분자가 근육 내에서가 생성된다. 그들이 처음부터 그 형태로 생성되는 것이 아니라, 세 번째 인이 ADP(adenosine diphosphate)에 부착됨으로써 생성된다. 그 과정에서 에너지의 유입이 있어야 하며, 그렇지 않으면 마지막 인이 ADP에 부착할 수 없다. 세섬유와 후섬유가 서로 결합할 때 ATP는 ADP와 인으로 쪼개진다. 이러한 현상은 재충전되는 배터리에 비유될 수 있다.

이상스럽게도 근육은 많은 ATP를 저장하고 있지 않다. 사람이 달리기를 한다면 그 속력이 최고조에 이르렀을 때, 거의 모든 ATP는 2~4초 내에 ADP로 변환되어진다. 그래서 우리는 ADP로부터 ATP로의 재충전 없이는 더 이상 달릴 수 없다. 또 다른 화합물인 크레아틴인산(creatine phosphate)이 에너지와 인을 보충시켜준다. 크레아틴으로부터의 인의 탈착은 ADP로부터 ATP로의 전환을 유발시킨다. 그러나 체내의 크레아틴인산의 양도 충분치 않다. 겨우 20초의 힘찬 질주를 유지시킬 수 있는 정도일 뿐이다. 결국에는 근육에 있는 지방과 본질적으로 당의 사슬이 있는 글리코겐과 같은 녹말류를 사용하게 된다. 그것은 대략 1시간 정도를 더 달릴 수 있게 한다. 더 많은 운동을 위해서는 지방과 탄수화물이 간과 체지방 조직으로부터 근육으로 이동하여야 한다.

근육의 일을 위한 체계적인 에너지 공급에 대한 한 유추로서 당신이 얼마나 빵을 먹고 만드는지에 대해서 고려해보자. 때때로 몇 조각의 빵(ATP)을 먹는다. 빵이 점차 줄어들었을 때 밀가루(글리코겐)를 꺼내어 빵을 만들어 대부분(크레아틴인산)은 갑작스럽게 집에 손님들이 방문하였을 때를 대비해 냉장고 속에 보관한다. 그러나 자주는 아니더라도 종종 밀가루(간과 체지방으로부터)를 시장에서 구입한다. 빵의 고갈은 빵 굽는 일을 자극할 것이고 그것은 시장을 가게 만든다. 반면 갑작스러운 필요에 대비해 예비 품목을 냉장고에 보관하기도 한다.

자연엔진의 특성

ATP를 ADP와 인으로 변환시키는 데는 과학적 용어로 인산가수분해효소(phosphatase)라 불리는 효소가 사용된다. 근육이 수축할 때 미오신 단백질은 인산가수분해효소로서 작용하게 된다. ATP의 공급이 없을 때에는 그 섬유들 서로 간에 접촉은 없다. 그러므로 근육은 기계적인 형태가 아닌 화학결합(chemical bonds)의 형태로 에너지를 받아들이는 엔진이다. 그러나 결국 기계적 에너지를 산출하게 되는데, 따라서 효소와 엔진의 역할을 겸하는 것이라고 볼 수 있다. 어떤 면에서 보면 근육은 효율성과 힘으로 무게를 움직이는 평범한 것이지만, 반면에 그것은 부드러우면서도 촉촉한 그리고 수축할 수 있는 아주 특별한 엔진이다.

근육은 전기모터나 터보제트기와는 대조적으로 분자 모터를 기반으로 한다. 그러나 생명체에서는 이와 같은 방법이 별난 것은 아니며, 오히려 모든 세포에서 자주 일어나는 작은 변이일 뿐인 것이다. 한 분자는 다른 분자에 부착하여 자신의 형태를 변환시킴으로써 다른 분자에게 힘을 가한다. 그러한 결과는 다른 분자의 형태변환, 분해 또는 타 분자와의 결합을 유도한다. 첫 번째 분자는 두 번째 분자로부터 떨어지고 본래의 형태로 돌아가 새로운 반복을 거치게 된다. 그 과정은 가끔 다른 분자의 형태를 바꾸게 되고, 그러한 변환은 에너지를 시스템 속에 집어넣는 역할을 한다. 과거 몇십 년 사이에 생물학 과목을 수강한 사람이라면 우리가 효소의 작용기전에 대해 이야기하고 있다는 것을 간파했을 것이다. 큰 분자는 한 형태에서 다른 형태로 변환될 수 있으며 그러한 과정 중에 다른 분자들에게 한 차례에 한번씩 영향을 준다. 가령 우리는 우리가 먹은 어떤 것을 이용해 우리 몸의 어떤 부분을 구성하는데, 그것을 전환시키는 각각의 과정에 대부분의 효소들이 화학적 반응을 매개한다. 모든 효소들은 섭취한 영양분으로부터 몸을 형성하는 과정에서 보는 바와 같이 각 과정들에 국한된 특수한 화학적 반응을 매개한다. 반면에 근육은 이러한 변환들을 하나의 형태로 만들어 큰 규모의 기계적인 일을 하게 한다. 그 분자들은 비록 작다고 할지라도 서로 열을 지어, 근절들의 끝과 끝을 연결하여서 거리와 속도의 변화를 산출한다. 근절들은 서로 이웃하여 평행으로 배치되어져 그들이 산출한 힘들은 합쳐진다. 이렇게 서로 아주 밀접한 상호작용을 하면서, 분자수준의 가역적 효소학적 작용은 결국 개체수준의 동작을 원활히 하는 원동력이 되는 것이다.

분자수준으로 시야를 좁히면, 그 엔진은 기계적 기구로 남는다. 우리의 기술학적인 관점으로 본나면, 그러한 단백질들 간의 교차다리는 아주 기막힌 작은 엔진이다. 자연적 관점에서 본다면, 터무니 없는 그 무엇이 이 엔진들이 놀라운 방법으로 작은 단위가 길고 넓게 배열되어짐을 이용하여 보다 큰 수준의 힘찬 동작을 산출했다는 것이다. 그렇지 않았다면, 그들은 다른 효소들처럼 화학기계장치들로 남을 뿐이다. 사람들은 몇몇 화학기계 엔진을 개발하였지만, 그 어떤 것도 우리의 일상생활에 커다란 영향을 주는 것 같지 않다. 그런 면에서 화학기계 모터는 우리에게 보다 친근한 전기기계적이거나 열기계적인 장치들에 비해 명백한 이점이 없어 보인다.

몇 가지 다른 중요한 문제들

당신의 차 엔진을 보라. 피스톤들과 실린더들 이외에도 더 많은
부분들이 발견될 것이다. 같은 맥락으로 액틴, 미오신, 그리고 ATP
가 근육의 전체 이야기를 구성하지는 않는다. 더욱 많은 기계적인
부분들이 그 기능적 운동근육의 부분들을 구성하고 있다. 그림 2.6
과 같이 근육의 한 조각에 대한 전자현미경 사진은 많은 다른 구조
를 보여 주고, 화학적인 분석은 그 그림에서 보여 주는 것보다도
더 많은 것들을 규명하였다. 대체로 오늘날에는 그러한 여러 구성
요소들이 근육의 전체적인 기능에 끼치는 역할에 대해 많은 부분들
이 밝혀져 왔다.

근육연구에 대해 제기할 수 있는 의문 중 하나가 후섬유들이 어
떻게 근절의 한 끝이나 다른 끝을 향해 기어가거나 미끄러지지 않
고 제자리에 있는 것인가이다. 타이틴(titin)이라고 불리는 또 다른

그림2.6. 생쥐 대퇴사두근의 전자현미
경사진이며, 그림2.2에서 보는 사진보
다는 배율이 낮다. 근원섬유들 사이로
미토콘드리아와 다른 막들의 조각들을
볼 수 있다. 세포의 가장자리가 좌 상
단에 위치한다. 어떤 근원섬유는 불연
속적으로 보이는데 그것은 편편하고
얇은 절편화 동안에 일어난 사고에 의
한 것이다.

한 단백질이 그러한 일을 담당한다. 타이틴의 아주 가는 섬유는 후 섬유로부터 각 근절까지 늘어져 있다. 타이틴은 근절이 수축할 때 같이 접혀 지거나 수축하는 것으로 여겨지는데 그 자신은 그 과정 에서 발생하는 힘의 산출에는 거의 관여하지 않는다. 부가하여 적 어도 6개 이상의 다른 단백질이 각자의 역할을 하면서 액틴과 마이 오신과 연결되어 있다.

그렇다면 이웃한 근절들을 붙들면서, 또한 액틴과, 타이틴의 얇 은 섬유를 부착시키는 판들(plates)은 무엇일까? 지-디스크들(Z-discs) 은 적어도 4가지의 다른 단백질들로 구성된 복잡한 구조를 지닌다. 그들은 근섬유의 가닥들이 서로 이웃하여 평행으로 달리게 하고, 이웃한 근절들이 일렬로 배열할 수 있게 하며, 또한 근섬유의 세포 막에 부착하게 한다.

더욱이, 근원섬유들 사이의 특별한 구조는 근수축을 가능하게 하는 ATP의 대부분을 산출할 수 있게 한다. 실제로 ATP가 아니고 탄수화물, 당, 지방을 근수축시스템에 넣어 주기 때문에 근육은 고 압 송전선으로부터 가정의 전기로 변환시키는 변압기의 존재와 같 은 것이 필요하다. 미토콘드리아는 이러한 과정에 있어서 필수적인 역할을 담당한다. 그것들은 전자현미경사진에서 둥글거나 계란의 형태로 보여지며 교과서에 자주 소개된다. 그러나 전자현미경사진 의 준비를 위해서 근육은 가는 절편으로 잘라져야 하기에 결과적으 로 2차원적인 관찰은 혼동을 준다. 요리된 스파게티의 얇은 절편의 단면은 둥글거나 계란형의 모습을 보이지만 길거나 꾸불꾸불한 원 기둥의 형태는 보여주지 않는다. 조직의 보다 굵은 절편을 사용하 여, 옛 현미경학자들은 섬유체(filamentous bodies)를 의미하는 미토콘 드리아라는 이름을 잘 지어 내었다.

근섬유는 동물이 원할 때 수축을 하여야 하는데 한 줄에 있는 모든 근절들이 동시에 수축할 수 있어야 한다. 그것을 위해서는 초 기 자동차에서 볼 수 있는 비교적 간단한 점화시스템, 즉 코일, 배 전기, 점화선 등과 같은 유발시스템이 필요하다. 세포는 대개 세포 막을 중심으로 전위차를 유지하는데 세포내 쪽에는 음전하, 바깥쪽에는 양전하를 가진다. 이것은 전지와 유사하다. 이러한 면에서 근육섬유는 다른 세포와 아주 유사하다. 간단히 말하면, 신경전도가 근육의 세포막에 도달하면 그것의 막을 넘어 단회로(short circuit)를 형성하게 된다. 그것은 신경이 접촉하는 부위에 있는 막에 존재하는 전위차를 없애 버린다. 그러한 무전위차 부위는 근섬유의 표면을 타고 신속히 퍼진다. 신경전도는 이러한 단회로의 원리로써 전파된다.

그림 2.7에서 보여 주는 것 같이 근육은 좀 더 복잡한 과정을 거친다. 그 표면은 파이프와 같은 형태로 깊은 골을 형성하며 섬유 속으로 들어가는데 이것은 섬유의 어떠한 부분도 세포막과 격리되

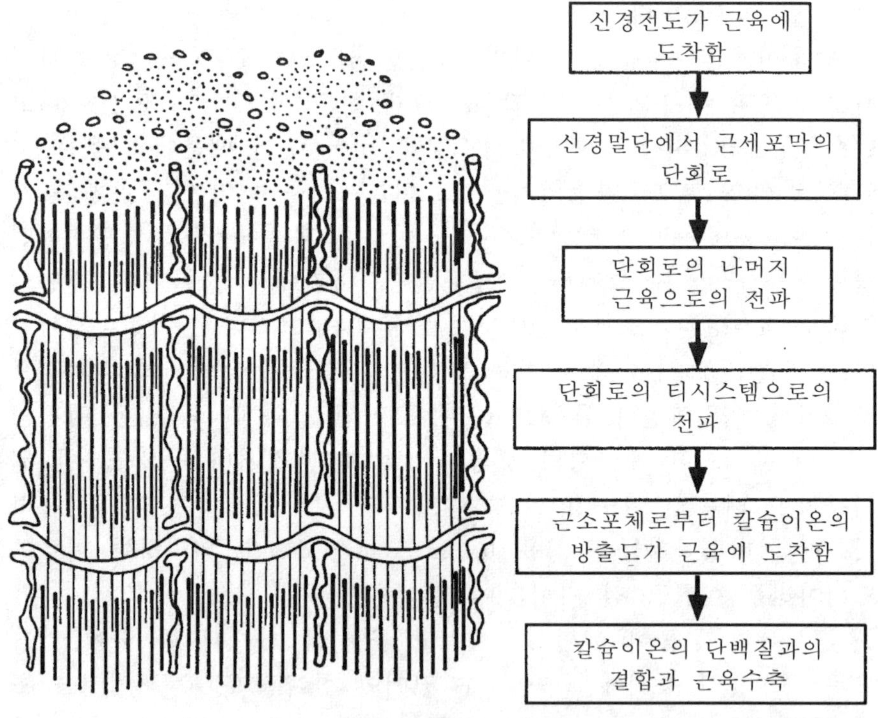

그림2.7. 근수축의 발단. 왼쪽 그림에서 티-시스템이 근원섬유 사이를 가로질러 근육 속으로 침투해 있고 근소포체는 티-시스템의 구성요소 사이에서 길이로 배열해 있는 것을 주시하라. 오른쪽에는 신경전도에서부터 근수축까지의 과정동안 일어나는 경과를 보여 주고 있다.

어 있지 않다는 것을 나타낸다. 이러한 속으로 들어가는 파이프들의 위치는 동물의 종에 따라 차이가 있다. 티-시스템(transverse tubule-system)은 세포막의 연장인데, 그것은 세포막을 통과하지 못하는 비교적 큰 물질이 시스템 속에서 발견된 결과로 확인되었다.

세포표면의 전하차 감소(단회로)가 근육의 수축을 유발하지는 않는다. 반면, 그것은 근육의 완전히 다른 막 시스템인 근소포체(sarcoplasmic reticulum)에 영향을 준다. 전하가 감소했을 때 근소포체에서 칼슘이온(양전하를 띠는 칼슘원자)을 방출시키고 그것은 근절 속으로 확산되어 나간다. 칼슘의 도착은 또 다른 부속 단백질들의 모양을 변환시키고 수축을 유도한다. 결국 분자도 아닌 확산되어질 수 있는 원자가 그러한 중요한 일의 결발을 유도시키는 것이다. 확산의 속도는 사이즈에 영향을 받는다. 작은 원자나 분자들은 더 빨리 확산한다. 근섬유들 주위의 거리는 비록 작다지만 모든 근절들의 수축은 완벽한 동시성을 요구한다. 좀 더 큰 분자가 그러한 일을 수행하기 위해서도 근섬유들과의 긴밀한 접촉은 필수적이다.

(용어에 대한 언급: 우리는 기계의 부속품들의 이름을 기능, 논리와 편리함을 기준으로 만든다. 그러나 우리가 지금 다루고 있는 것은 어떠한가? 근절, 미토콘드리아, 근소포체, 티-시스템, 후섬유, 세섬유-어떠한 것도 직접적으로 기능과는 연관이 없다. 그러한 이유로, 미토콘드리아는 근육에서 사르코좀즈(sarcosomes)로도 불리었는데 그것은 "근육과 함께하는 몸체"라는 뜻으로 1940년대후반까지 불리었다. 이때 이미 다른 조직이 미토콘드리아라는 이름으로 불려지고 있었다. 생물시스템과 과학사의 관계에 대해 한번 논해 보자. 생물학자들은 관찰대상의 크기와 구조의 복잡함에 접하여 왔고, 구조의 기술은 항상 기능의 분석을 앞서 왔다. 그래서 우리는 기능을 기반으로 하기보다는 그 모습에 따라 이름을 지었고 그 후에도 그것으로 고정되었다. 때때로 우리는 그 시스템이 어떻게 작동하는지를 알고, 그 구성요소가 어떤 것인지도 알지만 그 두 가지를 같이 결부시킬 수 없는 기이한 경우에 접하기도 한다. 섬모(cilia)의 운동법, 세포의 분열방법, 물고기의 수영법 등이 그러한 예일 것이다.)

조각을 함께 붙이기

지금까지는 근원섬유(myofibrils), 근절(sarcomeres)처럼 작은 조각에 관하여 살펴보았다. 그렇다면 어떻게 이러한 부품들을 조립해서 기능적인 근육을 만들 수 있을까? 아니면 근육을 처음 발견했을 때 해부학자들이 달려들어서 해부하면서 지은 이름들만 가지고 기능적인 단위라고 착각하는 것은 아닌가? 그렇지 않고 근육은 실제로 기능적 단위로 작동하고 있으며 아마 해부학자들은 깨닫지 못했겠지만 작은 조각이 기본이 되어 운동단위를 형성한다.

사람의 장딴지 근육은 앞에서도 언급한 것처럼 백 만개 정도의 근육섬유로 구성된다. 하지만 여기에 연결되는 신경은 백 만개가 아니고 겨우 오백 개 정도이다. 따라서 한 개의 신경세포가 근육에 도달하면 약 이천 개에 달하는 근육세포와 연결되게 되어 반드시 운동단위를 형성해서 기능을 해야만 한다. 다시 말하면 장딴지 근육은 오백 개 이상의 운동단위가 모여서 형성된 것이라 할 수 있다. 사람의 경우 이처럼 수백 개 또는 수천 개의 근육섬유로 구성된 운동단위를 형성하는 것은 그리 드문 일은 아니다(갑각류나 곤충류 같은 무척추동물의 경우 근육의 겉모양은 비슷하지만 작동 방법이 다르기 때문에 비교할 수 없다). 해부학자들이 해부하면서 이러한 운동단위를 알아내지 못 했다고 인상을 찌푸릴 필요는 없다. 왜냐하면 신경세포가 근육에 연결될 때 해부적으로 보기 좋게 구분이 되어 있는 것이 아니고 전체 근육에 퍼져있기 때문이다.

다시 말하면, 해부학자들이 장딴지 근육에서 본 신경세포는 오백 개가 서로 엉겨 나란히 근육에 연결되어있는 모습이었다. 한 개의 신경세포에 도달하는 충격은 그 신경세포에 연결된 근육섬유만을 수축시킨다. 이때 근육수축의 강도를 변화시키는 방법은 두 가지다. 하나는 충격이 도달하는 속도를 변화시키는 것과 한 번에 수축시키는 운동단위의 수를 변화시키는 것이다. 따라서 근육의 각각 다른 운동단위를 각각 다른 때에 수축시키면 전체적인 수축정도를 줄일 수도 있다. 더 정교한 조절도 가능한데 이는 한 근육에 있는 운동단위(주로 근 섬유의 숫자)가 다양하기 때문이다. 부하가 적게 걸리는 아주 섬세한 수축에는 아주 적은 수로 구성된 운동단위를 쓴다. 반면에 큰 힘을 오래 써야 하는 경우는 운동단위에 보내는 신경의 충격을 일초에 사오십 번 이상 빈번하게 주어서 근육이 계속 수축하게 한다. 이렇게 해서 운동단위간에 수축이 합쳐져서 지속적으로 유지하게 한다. 아주 심한 부하가 걸리는 경우, 예를 들어 간신히 들어 올릴 수 있는 물건을 들어 올릴 때 근육이 부들부들 떨리는 것을 느끼는 경우, 운동단위들이 동시에 수축을 한다.

마지막으로 이러한 근육의 기본단위와 세포와의 관계는 어떤 것인가? 우리가 배운 바로는 세포가 생물학의 기본단위이고 구조와 기능을 갖춘 최소단위 인데 과연 근육의 기본단위는 세포의 어디에서 설명되는 것인가? 이 문제는 그렇게 간단한 것은 아니다. 비록 세포분열이 잘 일어나지 않는 조직에서도 세포는 세포로써의 기능을 수행해야 한다. 특히 가끔씩은 세포 내 단백질들을 새로 만들어야 할 필요가 있는데 이를 위해서는 단백질을 만드는 기계들뿐만 아니라 핵 속의 DNA로부터 모든 것이 다 필요하게 된다. 포유류의 경우 적혈구만 핵이 없어 이러한 기능을 잃어버리는데 이는 몇 달 후에 폐기되는 운명 때문에 그런 것이다.

비록 이상하게는 생겼지만 근육도 세포들로 이루어진다. 한 개의 근육 섬유가 하나의 세포에 해당된다. 바깥을 둘러싼 근막섬유가 세포막에 해당되고 내부에 근형질이라 불리는 세포질이 존재한다. 하지만 보통 두께가 수십 마이크로미터 되는 일반적 세포와 크기는 아주 많이 차이가 난다. 신경세포도 세포의 크기에 있어서는 예외이기는 마찬가지인데 그 길이가 척수에서 엄지발가락까지 가는 신경세포의 경우 일 미터에 가까운 경우도 있다. 하지만 신경세포는 가늘고 길기 때문에 질량이 많이 나가는 것은 아니다. 이에 반해 근육세포는 두께가 수십에서 수백 마이크로미터가 되기 때문에 신경세포보다 열 배에서 백 배까지 두껍고 길이는 신경세포만큼이나 길어서 큰 동물의 경우 수 십 센티미터나 된다. 따라서 근육세포가 가장 질량이 많이 나가는 세포인 것이다. 이런 거대한 세포는 한 개의 핵으로는 감당하지 못하기 때문에 근육세포는 종종 여러 개의 핵을 가진다. 그리고 이러한 핵들은 근섬유의 주변에 위치해서 세포내의 기계들을 이용해 단백질들을 교체하거나 근 섬유를 크게 만드는 일을 한다. 하지만 곤충들의 근육에서는 핵들이 근육들의 가운데 위치해서 중심을 이루는 경우도 있다. 어찌되었든지 근육이 커질 때는 세포들이 분열을 하는 것이 아니고 단지 수축에 관여하는 단백질들을 더 많이 만드는 것이다.

다음으로 근육 작동시키기

앞장에서도 언급했듯이 근육이 힘과 운동력(일률)을 어떻게 극대화하는지 알아보자. 우선 두 가지 조건을 전제로 하는데 그 첫 번째는 근육이 가장 큰 힘을 낼 때 가장 운동력이 크지 않다는 것이다. 두 번째는 근육의 힘과 운동력은 각각 다른 조건에서 최대점이 된다는 것이다. 따라서 두 가지를 동시에 최대화할 수 없다는 것이다. 위에서도 살펴본 것처럼 근육이 최대의 힘을 발휘하는 것은 그 길이가 보통 수축하기 전의 길이일 때이다. 우리가 동력기관을 사용하듯이 근육을 다루기 위해서는 몇 가지 사항들을 근육 수축 기전과 연결해야 된다. 1920년대 초반에 근육 생리학자들은 근육이 가장 큰 힘을 발휘할 때 근육의 길이는 변하지 않는다는 것을 발견했다. 다시 말해 물체가 너무 무거워 전혀 움직일 수 없을 때인 것이다. 반대로 물건이 아주 가벼우면 근육수축이 최대한 빨리 일어난다는 것이다. 이런 점은 구식인 증기기관이 작동하는 것과 비슷하며 자동차나 전기동력이 작용하는 것과는 다르다. 자동차 엔진의 경우 돌지 않으면 힘을 발생시키지 않고 시동을 걸기 위해서는 다른 동력을 필요로 한다. 전기 모터는 자신이 작동을 시작할 수 있지만 대개 다른 부품이 필요하기도 하다. 근육의 수축 속도가 영(zero)일 때 힘이 최대가 되는 것은 일반적인 특성이고 근육에 따라 최대 힘과 최대 수축 속도가 다를 뿐이다. 이러한 근육의 특성은 바로 우리 동물들이 움직이는 방법이므로 놀랄 일은 아니다. 실제로 움직이지 않는 아주 무거운 물체를 당기거나 끌어올리려고 할 때 가장 큰 힘이 들어가고 가벼운 물건을 들거나 움직일 때 가장 빠른 근육 수축이 일어난다. 그림 2.8에서 보는 것이 전형적인 힘과 속도의 관계이다. 이 결과는 추출된 한 가닥의 근육에서 얻어진 것이 아니고 사람의 전체 근육을 이용해 실험한 결과이다(아마도 생리학자 더글러스 윌키의 결과일 것이다). 이 실험에서는 팔꿈치를 구부리거나 두 팔을 꼬는 동작 등을 조사하여 근육생리와 실제로 사람이나 동물이 힘을 쓰는 것을 직접 연결하여 강조하였다. 이러한 곡선은 힘과 속도에 관해서 잘 드러나는 정점을 그리는데 수학을 좀 아는 사람이라면 금방 이 곡선이 겉으로 보기에만 쌍곡선으로 보인다는 것을 눈치 챘을 것이다.

이제 일률(또는 운동력)은 힘에다 속도를 곱한 것으로 계산할 수 있다. 따라서 이 결과는 어떤 근육이 얼마만큼의 운동력을 낼 수

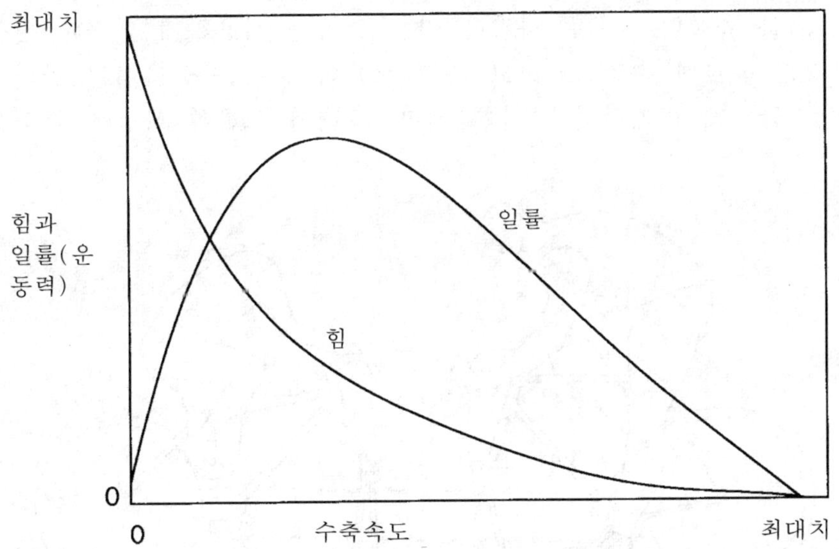

그림 2.8 근육이 생성하는 힘과 운동력(일률)이 수축속도에 따라 어떻게 변화하는지 보여주는 그림.

있는지 알려준다. 흥미롭게도 이로부터 최대 운동력을 낼 수 있는 속도와 부하(물건의 무게)의 관계를 알 수도 있다. 그림에서 보듯이 속도나 힘이 영(zero)이 되면 이를 곱한 일률로 영이므로 일률의 최대치는 힘과 속도의 중간 수치에서 나오게 된다. 이런 점도 근육의 일반적인 성질이며 특정 수치는 근육에 따라 다르고 동물에 따라 다르다.

마지막 생리학적 이모저모

1950년대 초반 영국 왕립학회에서 있었던 일로 다시 돌아가 보도록 하자. 앞에서 잠시 언급한 바가 있는 실험, 두 대의 자전거의 체인을 각각의 크랭크와 페달에 연결한 힐박사의 실험이 그것이다. 그림 2.9에서 보듯이 왼쪽의 자전거를 탄 사람이 정상적으로 페달을 밟으면 오른쪽 자전거를 탄 사람은 페달이 거꾸로 돌아가게 되어있다. 이때 오른쪽 사람은 페달을 밟아 거꾸로 돌아가는 것을 막도록 한 것이다. 이 두 사람은 같은 근육을 사용하게 되는데 왼쪽 사람은 빠르게 수축시키려고 하고 오른쪽 사람은 근육이 이완되는 것을 급하게 방지하려고 하게 된다. 그래서 오른쪽 사람은 근육을

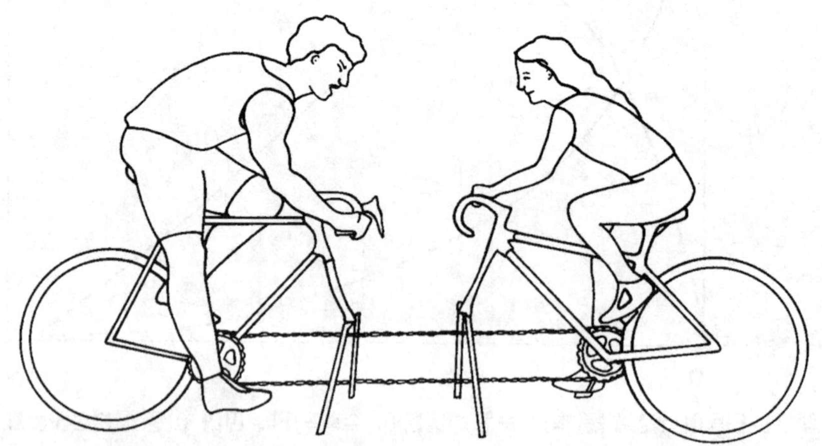

그림 2.9

수축하면서 힘을 쓰는 것이 아니고 쭉 뻗으면서 힘을 쓰게 되는 것이다. 다시 말하면 이 경우는 근육이 힘을 발생시키는 것이 아니라 자동차의 브레이크처럼 운동을 저지하는 작용을 하게 된다.

그래서 어떤 일이 일어나나? 오른쪽 사람이 아주 쉽게 왼쪽 사람을 지치게 만든다. 좀더 정확하게 이야기하면 왼쪽 사람은 혼자서 힘만 쓰다가 지쳐버린다. 왼쪽 사람은 이 실험에서 오른쪽 사람의 3.7배나 되는 산소를 소모하였다. 이 것은 확실히 이상한 것으로 이것을 설명하면 근육이 하는 일을 이해하는데 도움이 될 것이다.

먼저 물리학적으로 보면, 일이란 힘이 작용되는 방향으로 움직인 거리와 힘의 곱으로 나타난다. 왼쪽 사람은 페달을 밟아 앞으로 밀었기 때문에 비록 저항을 받았지만 일을 한 것이다. 하지만 오른쪽 사람은 페달이 움직이는 반대 방향으로 힘을 준 것이다. 물리학적 정의를 적용한다면 이 사람은 영보다 적은 마이너스의 일을 한 것이다. 이상하게 들릴지 모르지만 다시 말하면 오른쪽 사람의 근육은 일을 한 것이 아니고 일을 흡수한 것이 된다. 일이 기계에서 생성되기 보다는 기계에 흡수되었다고 보는 것도 물리적으로 틀린 것은 아니다.

전기모터를 사용해서도 똑같은 실험을 할 수 있다. 첫 번째 모터로 두 번째 모터를 돌리면 두 번째 모터로 전기를 발생시킬 수 있다. 한번은 이 현상을 이용해 모터 축이 도는 속도를 측정했고 이를 전기적으로 연결하여 생성되는 전기의 전압을 측정 할 수도 있었다. 하지만 오른쪽 자전거 탄 사람의 경우 흡수한 에너지를 열로 빙출해서 전기나 그 밖의 유용한 에너지가 생긴 것이 아니다. 근육은 이처럼 쓸 수 있는 에너지로 역 전환하지 못 한다. 이점은 자동차 엔진도 마찬가진데, 예를 들면 언덕을 내려가면서 엔진 동력을 브레이크로 사용한다고 해서(수동 기어조작의 경우) 절약된 에너지가 연료로 바뀌어 탱크를 채우지는 못하는 것과 같은 이치이다.

특히 흥미로운 것은 마이너스 일에 대한 근육의 상대적인 세기와 효율에 관한 것이다. 근육을 사용하는 세 가지 경우를 생각해 보도록 하자. 첫 번째는 근육이 수축을 하면서 힘을 받는 경우일 것이다. 혹은 두 번째로 움직이지 않는 물체에 힘을 줄 때 물체가 너무 무거워서 전혀 움직이지 않아 근육이 수축하지 않는 상황에서 힘을 쓰는 경우이다. 세 번째는 좀 이상한 경우이지만 어떤 무게에 의해서 근육이 늘어나면서 힘을 받는 경우이다. 이 경우가 바로 앞 그림에서 본 오른쪽 자전거에 탄 사람의 경우 인 것이다. 이전에 살펴본 바는 근육이 수축하면서 힘을 발휘하는 것보다 수축하지 않으면서 더 큰 힘을 발휘한다는 것이었다. 그러나 지금 이야기하는 것은 근육이 길어지는 상황에서 수축하려고 할 때 더욱 더 큰 힘을 발휘한다는 것이다. 이 때 발생한 에너지(흡수되는 마이너스 일률)는 별 쓸모가 없지만 큰 대사의 소모 없이 일어난다. 이런 관점에서 보면 근육이 마이너스의 일을 하는 경우가 가장 효율적인 것이다.

이렇게 보면 근육의 작용기전을 바꾸어 수축할 때 이용할 것이 아니라 늘어날 때 이용해야 될 것 같다. 하지만 그렇지 않다. 효율을 비교하면 그렇지만 마이너스 일은 일을 하는 것이 아니라 소모하는 것이 된다. 만일 언덕을 오를 때의 효율이 25% 라고 하면 언덕을 오를 때 소모한 에너지의 4분지 1에 해당되는 것을 중력에 의한 위치 에너지로 돌려 받는 것을 말한다. 하지만 언덕을 내려올 때 효율이 -118% 라고 하자. 절대적 수치는 커 보이지만 결국은 에너지를 흡수하는 것에도 18%에 해당되는 에너지를 소모한 것이라는 뜻이다. 에너지를 흡수하는데도 여전히 돌려주는 것 없이 또 다른 에너지를 소모하는 것이다. 이 면에서는 자전거나 자동차의 브레이크가 인력을 이용하는 것보다 효율적이다. 그러나 동력 브레이크가 개발되기 이전에도 사람은 손쉽게 무게가 1~2톤이 되는 차를 세울 수 있었다. 전기 발생장치나 에너지 재사용이 가능한 브레이크가 근육보다는 더 효율적이긴 하지만 말이다.

이러한 마이너스 일에 관한 것이 학구적인 관심에서만 다루어지는 주제가 아닌가 할지 모르지만 여러분의 일상생활에도 관계가 있다. 우리가 걷거나 뛸 때 다리가 움직이는 것은 엉덩이 근육이 수축되면서 다리 근육이 늘어나는 것을 제어하는 역할 한다. 언덕을 올라가는 것은 전적으로 플러스가 되는 일을 하는 것이고, 언덕을 내려가는 것은 전적으로 마이너스 일을 하는 것이다. 평지에서는 둘 다 하는 것이다. 이두근은 역기를 들 때뿐만 아니라 내려놓을 때도 쓴다. 보통 때는 잘 생각해 보지 않지만 들어 올릴 때보다는 내려놓을 때가 더 수월하다는 것은 잘 알고 있다. 올리는 것과 내리는 것을 같은 속도로 한다면 들어가는 힘은 같지만 내려놓는 일, 즉 마이너스 일이 쉽게 느껴진다. 왜냐하면 앞에서 본 것처럼 에너지도 적게 들고 생리학적으로도 쉽기 때문이다. 이러한 두 가지는 아주 일반화 된 것이다. 근육의 한 부분이 수축을 하면 여기에 반해서 다른 근육은 늘어나며 힘을 받게 된다. 그래서 길게 또는 짧게라도 항상 근육은 마이너스 일을 하고 있는 것이다.

그러나 아직 주의해서 생각해야 할 부분이 있다 근육이 늘어날 때 큰 힘을 받게 해서 에너지 소모를 줄이는 데는 위험이 따르게 된다. 만일 이러한 수축이 계속해서 반복된다면 근육섬유에 해를 줄 수 있다. 더 나쁜 것은 이러한 상처는 - 염증이 생기고 근 섬유가 퇴행하는- 하루쯤 지나서 그 증상이 나타난다. 이렇게 뒤늦게 근육이 뻐근한 증상은 근육이 늘어날 때 힘을 가하는 동작을 다시 할 때 또 나타나게 된다. 예전에 한번은 아주 가파른 경사가 있는 산길을 체중이 좀 많이 나가는 동료와 함께 내려온 적이 있다. 그때 배낭을 등에 지고 있었는데 약 14 킬로그램 정도 되는 무게였다. 내려 올 때는 쉽다고 생각했지만 다음날 아주 심한 근육통으로 고생했다. 그 때 함께 내려온 동료는 근육을 크게 다쳐서 다른 움직임에는 문제가 없었지만 계단을 내려 올 때는 심한 통증으로 고생을 했다고 한다. 다행히 운동을 계속하면 이러한 문제를 최소화 할 수 있고 다친 근육도 완전하게 나을 수 있다.

제 3 장

근육 연구의 역사

여러 사람들이 수많은 근수축 이론을 발표하고 있다. 이들 스스로도 자신들의 이론이 확실한 것이라고 믿지는 않는다. 이러한 이론의 대부분은 물리, 화학, 생리학, 전자현미경학적 연구 결과 중에서 저자가 필요한 것들만 골라 짜 맞춘 것이기 때문에 치명적인 결함이 있을 뿐 아니라 다른 이론과 모순되기도 한다. 이러한 상황은 아흔 아홉 가지 이름을 가진 성스러운 코끼리의 진짜 이름은 코끼리 자신만 알고 있는 100번째 이름인 경우와 유사하다.

—근육 생화학자 젠트-게오르기(Albert Szent-Györgyi)

위의 글은 토끼의 허리 근육(psoas muscle)에 대한 지도를 완성한 젠트-게오르기가 1957년 발간한 책의 삽화 설명에서 묘사한 내용이다. 다행이 지금의 상황은 이 당시보다는 진전되었다. 1954년 발표된 두 편의 짧은 논문과 그 직후에 밝혀진 증거들은 연구의 경향을 완전히 바꾸어 놓았다. 따라서 위의 글이 쓰인 당시에는 그의 연구논문은 최신의 내용이었을 것이다. 하지만, 우리는 이것보다 더 많은 것을 알아가는 중이다.

현미경이 널리 이용되기 전

자주 듣는 말 중 하나는 서양 과학이 아리스토텔레스(384~322 B.C.E.)에 의해 시작되었다는 것이다. 내 자신의 관점, 즉 생물학자로서의 시각에서 보면 서양 과학은 아리스토텔레스의 이론에 대한 반발이다. 생물학에 한정지어 생각해 볼 때, 그는 그의 주장을 뒷받침할만한 충분한 사실증거를 가지지 못했다. 불행히도 아리스토텔레스의 저서는 그가 믿고 있던 것 이상으로, 마치 종교와도 같은 굳건한 믿음을 가지고 읽혀왔으며 약 2천년동안 건드릴 수 없는 경전의 위치를 지켜왔다. 그의 저서인 "동물론(De motu animalium)"에서는 근육의 활동을 아래와 같이 설명했다.

그리고 그것(근육)이 움직임과 힘을 낼 수 있도록 자연적으로 잘 배치되었음은 명백하다. 움직임의 기능은 미는 것과 당기는 것이며, 따라서 움직임의 도구는 수축과 확장이 가능해야 한다. 이것은 바로 생기(pneuma)의 특성이다. 생기는 아무런 제한 없이 수축하고 확장되기 때문에, 마찬가지로 밀고 당기는 것이 가능해진다. 즉, 이것은 불에 비하면 무거우며, 그 반대의 것에 비해서는 가볍다. 어떠한 변형 없이 움직임이 지속되는 것은 그것이 무엇이든 간에 이 부류에 들어간다. 자연적인 물체는 그 성질에 따라 다른 것을 덮는다. 가벼운 것은 무거운 것의 위로 퍼져나가고 무거운 것은 가벼운 것의 아래에 위치한다.

아리스토텔레스는 모든 것에 힘이 깃들어 있다는 자신의 패러다임에 집착한 것으로 보인다. 모든 것은 흙, 불, 공기, 그리고 물(단단함, 뜨거움, 공허함, 그리고 축축함)로 이루어져 있으며 공기는 생기, 즉 "생명의 호흡"이다. 그가 꽉막힌 패러다임에 가로막힌 유일한 과학자나 철학자는 아니지만, 그 시대에는 그를 막다른 길에서 구해줄만한 위치의 학자가 없었다. 마찬가지로, 우리는 여전히 잘못된 패러다임의 늪에 빠져 있지만 누군가가 확실한 전후관계와 인과 관계를 밝혀낸다면 더 나은 상황이 만들어질 것이다. 가까운 과거를 살펴보면 잘못된 선입관을 없앨 수 있다. 1940년대에 단백질이 유전 정보를 암호화할 것이라는 이론은 핵산이 유전정보를 암호화한다는 증명에 의해 통렬하게 깨어졌다. 1960년대의 지리학과 고생물학은 대륙이동설을 정설화 하는데 영향을 줄 수 있는 몇 가지 독특한 개념을 제공했다. 박테리아가 어떻게 편모를 이용해 앞으로 나아갈 수 있는가에 대해 1970년대에 제시된 초기의 이론은 편모가 회전식 엔진과 동일한 구조를 가지고 있다는 발견에서 중요한 영감을 얻었다.

　아리스토텔레스의 생기 모델과 근육이 확장과 수축능력 모두를 가지고 있어야 한다는 생각에는 두 가지 잘못된 점이 있다. 첫 번째는 근육에는 실제로 기체가 존재하지 않는다는 명백한 사실에 정면으로 배치된다는 점이며, 두 번째는 근육이 다른 근육의 활동에 반대로 작용하기도 한다는 점을 무시했다는 것이다. 밧줄을 밀어냄으로써 더 멀게 잡을 수 있는 사람은 없다. 이러한 불일치는 실제로 실험을 하지 않았다는 점과 심지어는 관찰하는 습관조차 없었다는 점을 반영하는 것이다. 젠트-게오르기는 아리스토텔레스가 과학 시대 이전의 사상가 중 가장 위대한 사람 중 하나라고 말한다. 그는 "아리스토텔레스는 큰 돌이 작은 것보다 빨리 떨어진다고 말했다. 이 진술에 있어서 흥미로운 점은 이것이 잘못되었다는 것이 아니라, 아리스토텔레스가 그의 생각을 검증하기 위한 실험을 시도한 적이 없었다는 점이다."라고 기록했다.

　나는 이와 동등한 오류를 가지고 있으며 일반적인 면에서 의미성이 더 큰, 중세 시대의 꾸준한 기술적 진보(농업, 광업, 건축, 조선, 시간 계측, 전쟁 및 또 다른 시도)와 뒤쳐진 과학 발전 사이의 격차를 발견했다. 과학의 탄생, 심지어는 공학과 인간 건강에 걸치는 여러 분야에서, 실험과학은 르네상스 시대까지 정체되었다. 몇 가지 이유로 인해 실험과 시행착오라는 기술 발전의 전통은 절차상의 모델을 갖지 못했다. 과학이 유년기인 채로 정체된 것은 아마도 과학이 그 기원을 공학보다는 철학에 두고 있기 때문일 것이며, 이 때문에 우리는 아리스토텔레스가 아르키메데스보다 위에 있다고 말하는 것이다.

한 세기를 떨어져 살았던 두 사람에 의해 아리스토텔레스의 지적 계승자인 로마 시대의 해부학자 갈렌(129~199 C.E.)으로 이어지는 오랜 전통적 사고방식이 깨어졌다. 그 중의 한 사람인 안드레스 베살리우스(Andreas Vesalius, 1514~1564)는 이전까지의 해부학자 중 최고의 자리에 올랐다. 플랑드르 사람으로 태어나 현재 벨기에의 대학에 이름이 남아있는 그는 루바인, 파리, 파두아, 볼로냐, 베니스, 마인츠, 브뤼셀, 그리고 마드리드를 떠돌아다니며 연구와 생업을 수행했으며, 예루살렘으로의 성지 순례에서 돌아오는 중에 얻은 병으로 세상을 떠났다. 28세 되던 1543년에 스위스 바젤에서 총 일곱 권의 인체 해부학 개론을 출판했다(그림 3.1). 이 수많은 글과 위대한 르네상스 화가인 티션(Titian)의 화실에서 그린 그림은 인간이 아닌 포유동물에 바탕을 둔 갈렌의 해부학과 생기설 같은 엉터리 개념 모두를 깨뜨렸다. 베살리우스가 과학의 역사속의 잘못된 조각을 제자리에 끼운 유일한 사람은 아니지만, 근육에 대한 그의 견해는 거의 500여 년간 수정할 필요가 없었다.

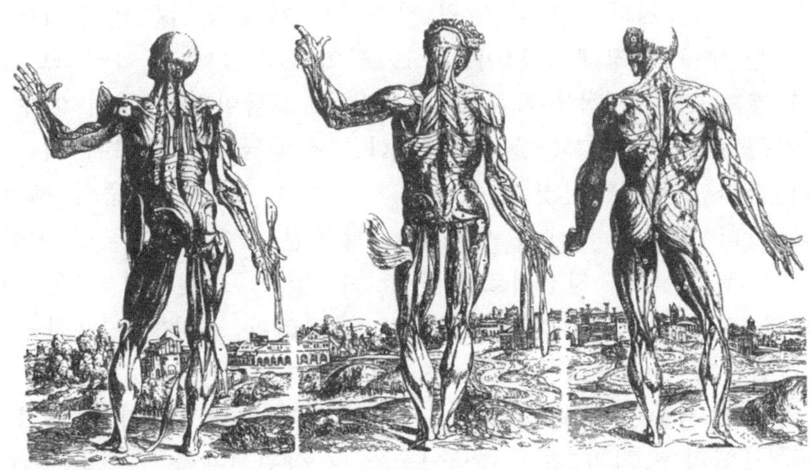

그림 3.1

나는 근육의 성질에 대해 전혀 이해하지 못했던 플라톤과 아리스토텔레스처럼 근육이 여름의 더위와 겨울의 추위를 막기 위해 몸에 바르는 지방이나 기름, 또는 의복과 같은 정도의 사소한 기능을 하는 것으로 생각하지는 않는다. 이와는 반대로, 나는 근육이 동물의 생기를 전달하는 신경의 작용으로 더 두껍고 짧아지며, 한데 모여 자기 자신을 끌어당기고, 또다시 풀어지고 늘어남으로써 근육이 붙어 있는 부분을 움직여 원래 상태로 돌아가게 하는 주된 매개자임을 확신한다.

그의 생각은 옳았다. 근육은 능동적인 엔진으로, 수축은 능동적인 반면, 이완은 수동적이고 수축은 신경에 의해 직접적으로 일어난다. 페브리커스(1537~1619, 윌리엄 하베이의 스승)가 근육이 아닌 힘줄이 능동적으로 수축한다고 주장하여 약간의 퇴보가 발생했음에도 불구하고, 베살리우스의 견해는 여전히 건재했다.

두 번째 인물은 모든 공식 문서에서 언급되었음에도 불구하고 조금 덜 유명하다. 베살리우스의 훌륭한 저술은 번역되고 재출판되어 지속적으로 그 가치를 인정받았다. 반면 보렐리(1608~1679)의 위대한 저술 대부분은 그가 죽은 뒤인 1680년과 1681년에서야 출판되었으며, 1989년까지는 라틴어에서 영어로 번역되지도 않았다. 그의 저술 내용 중에서는 새의 비행에 관한 부분이 약점일 것이다. 보르눌리가 유체의 속도와 압력 사이의 관계를 정립하기 전에는 수십 년간 누구도 땅에서 날아오르는 것이 불가능했다. 아리스토텔레스의 것과 같은 제목(동물론)을 붙였음에도, 남아있는 책이 아주 적기 때문에 생체공학자들을 제외한 다른 사람들에게는 귀에 익은 이름이 되지 못했다. 이것은 아마도 생리학이 조잡한 수준의 해부학보다는 더 빠르게 시대를 대표했기 때문일 것이다. 아직도 베살리우스의 책을 해부 지침서로 이용할 수 있다. 보렐리의 저술 역시 현대의 프랑스를 여행하는데 캐사르의 갈리아 전기를 이용하는 것과 마찬가지로 교재로 이용할 수 있다.

위대한 저술인 프린키피아가 1687년까지는 출판되지 않았기 때문에, 보렐리는 힘과 속력, 가속도, 일의 상관관계를 해결하기 위해 뉴튼의 연구 성과를 이용할 수 없었다. 그럼에도 불구하고, 그는 많은 사실을 알고 있었다. 그는 통계를 이해하였으며 그것을 효과적으로 법칙에 적용했다. 보렐리는 손잡이를 가지고 하는 행동에서 당기는 것과 미는 것 각각에 대해서와 그것들의 조합에 대해 조사했다. 결론적으로 그는 베살리우스와 다른 연구자들이 지적한 근육 운동의 핵심인 근육과 뼈의 복합 작용에 대한 원리를 밝혀냈고, 어떻게 인간과 다른 동물들이 움직일 수 있는가에 대한 모든 잘못된 개념들을 정리했다. 그는 어떻게 근육이 우리의 사지가 가진 것 보다 더 큰 힘을 낼 수 있는지, 어떻게 뼈에 붙어 있는 근육들이 자신의 강하고 짧은 운동을 덜 강하고 더 긴 운동으로 바꿀 수 있는지를 설명했다. 동시대 사람들은 이것이 대부분의 수공구가 작동하는 원리와 상반되기 때문에, 거리에 대한 힘의 교환을 일종의 모순으로 받아들였다. 그는 이것이 단지 평범한 지레를 뒤집어 놓은 것임을 보여주었으며, 근육을 가로로 자른 단면에서 두꺼운 부분이 힘을 만들어내는 부분임을 밝혔다. 또한 사선모양의 섬유를 가진 근육(깃털근육)이 작은 움직임으로 큰 힘을 만들어내는 방법을 설명

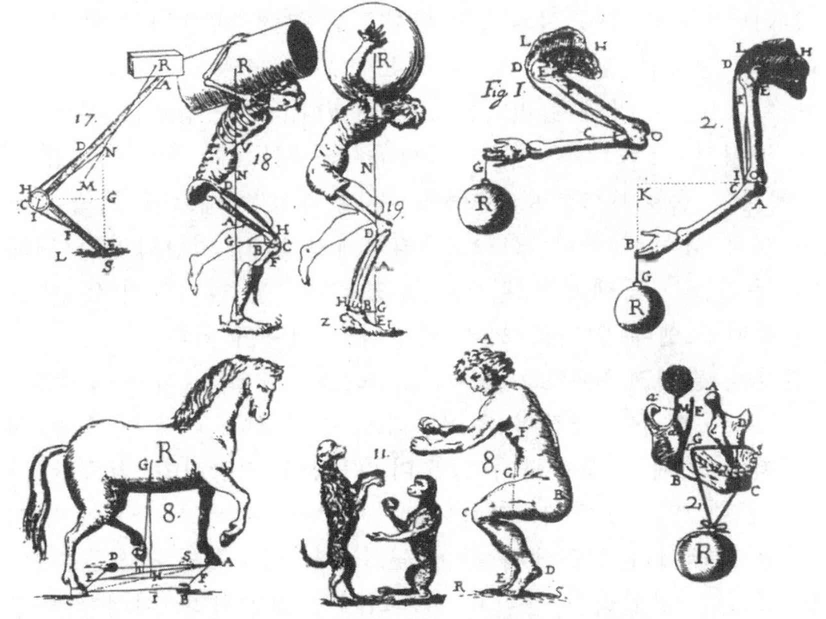

그림 3.2

했다. 보렐리는 근육과 지지, 운동에 대한 이론을 일반화하기 위해 새와 물고기, 곤충과 지렁이 등 포유동물이 아닌 동물의 그림을 그렸다. 그의 동물론에서 발췌한 그림 3.2는 그가 어떻게 자신의 견해를 표현했는지 보여준다.

하지만 그는 근육의 동작 원리에 대해서는 제대로 이해하지 못했다. 그는 음경의 발기는 혈압에 의해 이루어지지만, 근육의 수축은 혈액의 강제적인 주입에 의한 것이 아니라는 정확한 주장을 펼쳤으며, 근육의 경화와 수축에 대해 정확하게 설명하였다. 하지만, 그는 혈액이 하나의 물질을 가져다주고, 신경이 다른 물질을 공급하면 이 두 가지, 즉 산과 알칼리가 섞여 발효와 비슷한 격발 반응을 일으킬 때 근수축이 일어난다는 잘못된 가설을 세웠다. 보렐리의 견해를 따르면, 근육의 둘레가 커지면 길이는 줄어든다.

이런 사소한 오류보다 더 심각한 것은, 그 시대의 과학계가 근육이 짧아지면서 전체 부피가 증가한다는 그의 주장을 반문하지 않고 순순히 받아들였다는 것이다. 이러한 체계가 전적으로 불가능한 것만은 아니다. 예를 들어, 만약 우리가 늘어나지 않는 끈 한 묶음을 늘어날 수 있는 풍선의 길이방향으로 붙여주면, 결국 풍선은 보렐리의 주장처럼 짧아질 것이다. 또 하나의 잘못된 가설을 기반으로한 이 이론은 억지 합리화를 이끌어냈다. 이런 경우는 과학의 역사에 있어서 매우 자주 있는 일이다. 심장의 다공성 심실 중격설, 연소에서의 플로지스톤설, 우주에 광 투과성 에테르가 가득 차 있다는 생각 등이 생물학, 화학, 물리학에서 널리 비난받았던 전례가 있다. 우리들 모두에게는 겉으로 보았을 때 잘 들어맞지 않는 증거를 확립된 모델에 억지로 끼워 맞추려는 경향이 있다.

진실이 밝혀졌음에도 불구하고, 그는 근육의 길이가 수축할 때 순간적으로 부피의 확장이 일어난다고 주장했다. 근육은 수축 직후에 어떠한 기체도 포함하지 않으며, 근육이 긴장하고 있으면 사람은 물 위로 뜨지 못한다. 그럼에도 불구하고 어쩌면 수축이 일어나는 동안 혈액이나 림프에서 물이 근육으로 이동할지도 모른다는 주장도 있었다. 보렐리의 생각과 일치하지는 않았지만, 이러한 주장도 마찬가지로 배제되었다. 또한, 보렐리가 그의 도표에서 이용한 것처럼 대각선으로 교차하는 일정 길이의 성분으로 구성되는 기계적 모델(팬토그래프)은 그것의 길이와 폭이 서로 바뀌는 것처럼 부피가 변화한다.

근육의 부피가 일정함을 보여주는 실험이 보렐리의 책보다 17년 앞서서 네덜란드의 발명가인 스와머담(Jan Swammerdam, 1637~1680)에 의해 수행되었다. 곤충해부에 대한 광범위한 연구로 더 잘 알려진 스와머담은 물이 채워진 용기에 개구리의 비복근을 담근 뒤 자극을 주었다. 용기의 꼭대기에는 모세관이 돌출되어 있어서 부피가 아주 조금만 변하더라도 모세관의 수위가 위로 올라가게 되어 있었다. 하지만, 근육이 수축해도 수위는 변하지 않았고, 심지어 조금 낮아지기도 했다. 이 실험이 약 6년간 제대로 발표되지 않는 동안에, 그 결과가 스와머담의 동시대 사람들 중 일부에게 알려졌던 것으로 보인다.

보렐리의 세기에는 하베이의 순환에 대한 연구(1628년), 말피기의 모세관 발견(1661년), 훅이 그의 저서 현미경론에서 소개한 현미경학(1665년), 그리고 르윈후크에 의해 살아있는 생물을 보기 위한 현미경의 활용법(약 1675년경부터) 등이 확립되었다. 17세기의 생명과학자들은 하베이의 발자취를 따라 실험을 수행하고 정량적으로 추론했다. 보렐리는 이러한 정량적 연구 말고도 여러 가지 다른 실험들을 수행했다. 그는 후기 르네상스 시대의 사람으로서 수학자이며 천문학자였고, 뉴튼의 법칙을 알지 못한 상황에서 혜성이 포물선 궤도를 그리며 움직인다고 처음으로 제안했다. 하베이와 말피기는 물리학자로서의 관점을 계속 유지하고 있었다. 보렐리는 생리학과 동물 역학을 의학의 한 분야가 아닌, 과학의 핵심 분야로 다루었다.

현미경이 도입된 후

말피기, 후크, 르윈후크와 스와머담은 현미경을 적절히 활용했으며, 보렐리도 근육을 관찰하는데 이것을 이용했다. 그럼에도 불구하고 17세기의 현미경은 근육 연구에 큰 공헌을 하지 못했다. 당시 현미경은 조잡하고 다루기 어려웠지만, 진짜 문제는 다른 데 있었다. 내가 아버지의 오래된 현미경을 사용해 보고 발견한 것이 있는데, 이 당시의 광학현미경은 원래 아주 작거나 얇은 물체가 아니면 관찰하기에 적절치 못한 장비였다. 빛은 물체를 통과해서 관찰자의 눈에 도달해야만 한다. 물체가 매우 얇지 않다면 이것은 단지 그림자로만 보인다. 빛을 더 밝게 해서 관찰한다고 하여도 단지 산란되는 빛으로 흐려진 상을 보여준다. 다행스럽게도, 혈구 세포, 폐의 막, 개구리 발가락 사이의 물갈퀴 같은 여러 가지 작은 유기체들은 현미경 관찰에 충분할 만큼 얇았지만, 근육은 빛이 통과할 수 없을 정도로 두껍다. 누군가가 매우 작은 동물의 근육이나 느슨하게 결합된 근육(요근이나 곤충의 날개 근육)에서 삐져나온 섬유를 관찰하려 한다면, 노출된 섬유는 길고 가는 섬유 이상으로는 보이지 않을 것이다. 섬유가 매우 길다는 것은 도축업자나 요리사도 잘 알고 있을 정도로 단순한 사실이므로, 이런 관찰 결과는 무의미하다.

생물학적으로 의미 있는 정보를 제공하는 현미경학은 17세기가 아닌, 19세기에 이르러서야 보편화되었다. 장비의 질이 개선되어 19세기 말에는 가시광선 파장에서 이론적인 분해능 한계에 도달했다. 하지만, 더 중요한 것은 정교한 시료 준비 기술의 혁명이다. 현미경학자는 현미경적 구조를 가진 재료의 전반적인 형태를 손상시키지 않으면서 보존하는 방법을 배울 뿐 아니라, 재료를 빛이 산란되지 않고 투과하기에 충분한 두께로 자르는 방법도 배우게 된다. 조직을 칼날로 자르는 동안에 재료가 파손되지 않고 보존되도록 하기 위해 왁스와 같은 소재의 발명이 필요했다. 약 100분의 1 밀리미터 두께(이 두께의 종이로 만든 1인치 두께의 책은 약 5천 페이지를 갖게 된다)의 절편은 왁스를 제거한 뒤 유리에 부착된다. 그러나 이렇게 얇은 절편은 현미경하에서는 거의 보이지 않는다. 따라서 다양한 염색 재료들이 이용되기 시작했으며, 이들 중 일부는 자연에서 얻은 것이었고, 다른 것들은 섬유나 도료 산업에서 이용되는 인공 염료였다. 고정-포매-절단-염색의 단계가 알려짐에 따라 실험복의 얼룩덜룩한 자국은 조직학자의 상징이 되었다.

광학기술에 기초한 복잡하고 정교한 분석 기술이 현미경학에 추가되었다. 염색을 통해 색의 차이를 나타낼 뿐만 아니라, 절편 내의 각기 다른 구조물에 특이적으로 결합함으로써 그 구조의 화학적 정보도 제공할 수 있게 되었다. 붙여놓은 절편에 용매를 사용한 뒤, 조사를 통해 어떤 물질이 용출되어 사라졌는가를 알 수 있다. 만일 같은 성분으로 구성된 물체의 큰 덩어리들에서 화학물질을 추출하기 위해 같은 용매를 이용한다면, 이러한 변화의 전체적인 효과를 판단할 수 있게 된다. 이러한 간접적 접근에 의해서 현미경의 분해능 한계보다 아래에 있는 구조적 요소에 대한 정보를 조금씩 모을 수 있다.

19세기 중반에 이용되었던 기술 중 하나는 편광현미경법이다. 빛이 편광 필터(그 당시에는 니콜 프리즘이라고 불렀음)를 통과하게 되면 한 방향으로 정렬되고, 또 다른 필터가 처음 것의 오른쪽 방향으로 배치되면 빛이 차단되어 시야가 어두워진다. 만일 두 필터 사이의 재료가 첫 번째 필터를 통과한 빛의 편광을 변화시킨다면 빛의 일부가 두 번째 필터를 통과할 수 있게 되고, 관찰자는 어두운 배경에서 재료의 밝은 상을 관찰하게 될 것이다. 편광현미경에서는 재물대 위의 시료를 기준으로 첫 번째 필터는 아래에, 두 번째 필터는 위쪽에 위치한다. 생물학적 재료에서 편광이 변화한다는 것은 보통 현미경의 분해능 한계보다 얇은 섬유 또는 박편이 나란한 방향으로 달리며 묶여있는 다발을 의미한다. 이러한 섬유의 다발은 물론 근육을 말한다.

르윈후크는 근육이 연속된 근세포를 나누는, 오늘날 Z 라인 또는 Z-디스크라고 불리는(Z는 "사이"를 의미하는 zwischen에서 유래)

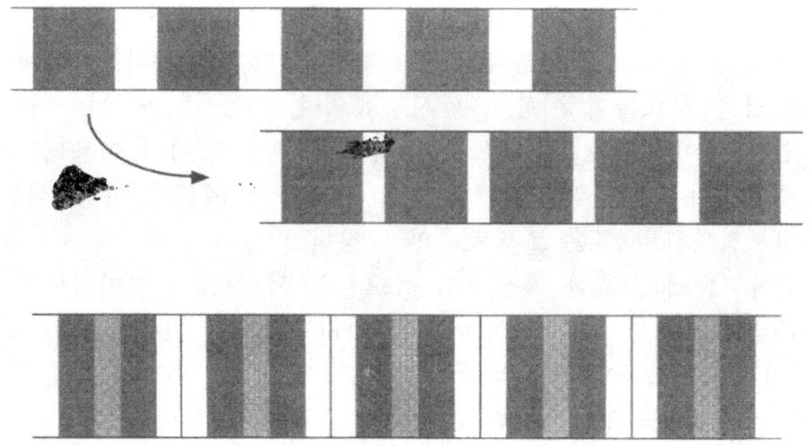

그림 3.3

가로줄무늬를 가지고 있다는 점에 착안하였다. 편광현미경은 더 자세한 구조를 보여주었다. 몇몇 사람들, 특히 부르케(Ernst Wilhelm von Brücke)는 1857년 Z 라인사이의 중간쯤에서 밝게 빛나는 넓은 띠를 보았고, 이것을 세로로 배열된 작은 막대 모양의 묶음으로 해석했다(그림 3.3). 이 영역은 현재 A 밴드(방향이 다르다는 뜻인 "anisotropic"에서 유래)라고 불리고 있으며, 근육이 자극을 받아 늘어나거나 수축되었을 때에 흥미로운 반응 양상을 나타낸다. 이것은 길어지지도 않았고 더 밝아지지도 않았는데, 이것은 이러한 작은 막대들이 그 스스로는 늘어나거나 수축하지 않는다는 것을 의미한다. 또한 이 부분은 더 어두워지지도 않았는데, 이것은 이 막대들이 굽혀지지도 않는다는 것을 말한다. 어떤 변화가 지금은 I 밴드(같은 방향이라는 뜻의 "isotropic")라고 부르는 A 밴드와 Z 라인사이의 상대적으로 어두운 영역에서 일어났고, 이것은 근육이 늘어날 때에는 넓어지고 근육이 짧아질 때에는 좁아지거나 거의 사라졌다. 나중에 알게 된 것이지만(다음 장에서 다시 살펴볼 것임), 이들 연구자들이 관찰한 것은 미오신과 액틴 섬유의 상호 맞물림이었고 미오신(A 밴드를 구성)은 액틴보다 더 많은 빛을 통과시킨다.

　　근육이라는 그림의 다른 조각은 이미 맞춰져 있었다. 1835년으로 되돌아가면, 스완(Theodor Schwann, 1810~1882)은 근육이 휴지상태의 길이 또는 그에 가깝게 수축했을 때 가장 큰 힘을 낸다는 것을 발견했다. 자석과 유사한 인력이 작용한다는 이론들은 모두 배제되었는데, 이 이론들에 따르면 최소의 길이에서 최대의 힘을 낼 수 있다. 재미있는 사실은 스완은 현미경을 이용한 연구분야에서 가장 잘 알려졌는데, 근육 연구에서는 현미경보다는 역학 연구로 업적을 남겼다는 점이다. 생물학 수업에서의 내용이 어렴풋이 기억 날지도 모르지만, 스완은 슐레이든(Matthias Schleiden)과 함께 세포의 근본적인 중요성을 인식했다. 그들은 세포가 곧바로 생물체를 구성하는 것이 아니라 세포가 기본적인 기능 단위를 구성한다고 주장했다. 스완의 생각은 생물학에 위대한 도약을 가져왔다. 슐레이든이 관찰한 식물 세포는 매우 커서 일반적인 세포에 비해 10배 정도 크고 1000배 이상의 부피를 갖고 있으며, 목질(셀룰로오스) 벽으로 둘러싸여 있어 관찰하기 용이하였다. 스완의 동물 세포에는 이러한 벽이 없어서 세포를 구분하는 세포막을 광학현미경으로 분해하기에는 너무 얇았다. 이 때문에 스완은 세포막을 실험준비과정에서 나타나는 인공요소로 생각했다. 불완전한 고정은 다른 것과 정상적으로 접촉하고 있는 세포를 당겨서 떼어낸다. 만약 이렇게 불완전하게 고정된 시료를 표준으로 삼게 된다면 인공적인 요인들은 잘못된 결과로서 교재나 수업 내용에 나타나게 될 것이다. 이러한 인공적인 요소는 힘들게 얻은 생물의 얇은 절편을 관찰할 때 새소가 침전된 죽은 부분과 조직부위를 혼동되게 한다.

　　근육으로 되돌아오자. 미오신 그 자체는 19세기 중반에 인식되었다. 이것은 온전한 근육에서 추출이 가능했으며, 용매를 통해 이것을 A 밴드에서 제거하여 편광필터 사이에서 관찰했다. 하지만, 어떤 이유 때문에 이 발견은 점차 잊혀 졌다가 1953년에서야 다시 발견되었다. 잊혀 졌다가 재발견된 것은 미오신 뿐만이 아니다. 앤드류 헉슬리는 19세기에서 20세기의 근육 연구의 역사에 재미있는 기록을 남겼다. 다윈의 가장 큰 옹호자였던 토마스 헨리 헉슬리의 손자인 헉슬리는 1953년에 근육의 활주 모델(sliding filament model)을 제안한 두 사람 중 한 사람이다. 그는 여전히 근육 연구에서 왜 다른 중요한 부분들이 설명되지 못하거나 중요하게 고려되지 않았는지 그 이유를 궁금해 했다. 그 이유는 앞에서 언급한 것처럼 무엇이 진짜고 어떤 것이 시료 준비과정에서 잘못된 것인지를 논하기 어렵다는 현미경학의 고질적인 문제점이었다. 흩어져 있는 수많은 사실의 조각들은 하나의 조립된 그림으로 맞추어져야 한다. 어떻게 무엇이 더 중요하고 그렇지 않은지를 알 수 있을까? 이것은 역사적인 우연일 수도 있다.

그러나, 우리는 앤드류 헉슬리와 마찬가지로 여전히 의아해 하고 있다. 어느 누군가는 지금까지 제시된 수많은 이론들을 가지고 정확히 추측해야만 한다. 아마도 우리는(특히 헉슬리) 지금까지 어느 누구도 정확하게 추측하지 못했다는 사실에 대해 기뻐하고 있을지도 모른다. 하지만 항상 추측의 기쁨만 있는 것은 아니다. 기념비적인 발견을 하였지만 운 좋게도 먼저 추론한 몇몇 선배들에게 최초라는 영예를 양보해야만 할 때보다 더 좌절되는 것이 있을까? 지금까지의 역사에 비추어 볼 때, 옹호하기 어려운 이유나 부적절한 증거를 가지고도 옳게 설명한 사례를 여러 번 보아왔다.

근수축 연구의 춘추전국시대

20세기 들어 약 50년 동안 근육수축에 대한 연구는 다양한 분야에서 괄목할만한 진전이 있었으나 아직도 누구에게나 인정 받을 수 있는 모델이 제시되지는 못하였다. 서로 모순된 많은 학설들을 접하면서 우리는 그 당시의 역사적 상황을 이해할 수 있다. 꾸준하게 발전적으로 진행되고 있던 연구도 지혜롭게 계획된 다른 실험으로 도전을 받을 수 있었고, 소수에게 지지를 받는 연구도 일련의 실험으로 훌륭하게 변호될 수 있었다. 과학 역사가는 입장에 따라 해석을 달리할 수 있듯이 수 많은 시나리오가 가능하였다. 문제는 잘못된 이론적 개념으로 인하여 실험의 해석도 왜곡될 수 있다는 것이다. 당시 생리학자와 생화학자의 연구가 점차 중요하게 인식되는 상황에서 해부학적 미세구조로부터 얻을 수 있는 중요한 정보들이 경시되는 경향이 있었다. 정보의 양과 다양성은 지적 세분화를 야기시키면서 종합적 통찰은 더욱 어렵게 하였다. 적어도 미래 지향적인 입장에서 걱정되는 바는 과도한 투자가 그 결과에 관계없이 개념적 진보를 방해하는 시점에 도달할 수도 있다는 것이다. 비슷한 예로 근육의 미세구조를 통하여 근육수축을 연구하는 한 친구의 경우 이 분야의 연구가 너무도 활발하게 진행되고 있어서 본인 분야와 관련되어 새롭게 발표되는 논문 중에서 자신이 접하고 있는 논문이 극히 일부분에 지나지 않는 다는 것이다.

20세기 초에는 근육과 신경 사이에 중요한 유사점을 깨닫게 되었다. 즉, 하나의 신경이 흥분을 전달하든지 아니하든지 하는 것과 같이 각각의 근섬유가 수축하든지 아니한다는 사실이다. 근수축의 빈도는 신경흥분의 빈도와 같이 조절될 수 있으나 수축의 강도는 근섬유 또는 운동단위에 가해진 하중에 의하여 전적으로 결정된다. 따라서 동물은 근육을 사용하여 힘을 증가시키기 위하여 다른 방법을 강구하여야 한다. 첫째, 더 많은 운동단위가 작용하게 하거나, 둘째, 근섬유들이 연축하는 빈도를 높이거나, 셋째, 근육의 연축(twitch)사이에 근섬유가 풀리지 않을 정도로 빠른 속도로 신경흥분을 전달시킴으로로써 힘을 증가시킬 수 있다.

근수축의 힘의 원천도 수많은 오류와 어려움을 극복해가며 점차 규명되고 있었다. 근육을 사용하면 젖산이 발생하는데, 이러한 젖산은 짧고 격렬한 운동 후에 찾아왔다가 짧은 시간의 심호흡으로 사라지는 느낌과 연관된다. 과연 젖산이 근수축에 반드시 필요한 물질인가? 1930년 들어 젖산 생산을 억제 시켜도 근수축은 여전히 일어난다는 연구결과로부터 젖산이 적어도 근수축에 직접적으로 중요한 역할을 하고 있는지는 않다는 결론에 도달하였다. 거의 같은 시기에 근육 내에서 ATP와 크레아틴인산이 발견 되었고, 근수축 과정에서 인이 생성됨이 밝혀졌다. 그 당시 근육 이외의 다양한 실험재료를 대상으로 대사경로에 대한 연구가 활발히 진행되고 있었다. 이 분야 연구는 세포가 녹말, 설탕, 지방 등의 큰 분자를 알코올, 젖산 등의 물질과 함께 이산화탄소와 ATP를 생산하는 일련의 화학적 반응 순서를 규명하고자 하였고 실제로 상당한 연구결과를 얻고 있었다. 대사경로의 생화학적 연구를 위해 사용되었던 최상의 실험재료가 바로 근육이었다. 특히 강한 힘을 낼 수 있는 근육에 관심을 갖게 되어 종래 근육생리학자가 선호하는 개구리 장딴지 근육이나 곤충의 다리근육보다 곤충의 날개근육과 비둘기의 가슴근육 등이 선호되었다.

에너지 보존의 법칙은 19세기 중반 경에 나왔는데 이 법칙을 이용하여 근수축의 원리를 이해하고자 하는 노력도 거의 같은 시기에 시도되었다. 에너지 보전법칙에 의하면 근수축시 발생하는 에너지는 수행한 일과 발생한 열의 합으로 나타나야 한다. 이동할 수 없는 하중에 대한 근육의 연축은 열만 발생할 것이며 이는 별로 놀랄만한 사실이 아닐 것이다. 그러나 1장에서 기술한 힘과 일 사이의 차이를 상기하면 근육이 수축하면서 일을 수행할 때 더 많은 열이 발생하는 사실은 역설적으로 들릴 것이다. 그러나 이러한 현상이 그 당시는 주목 받지 못하였고 1920년대 이르러서야 재발견되게 된다.

근육에서 열이 발생하는 과정 그리고 발생한 열, 수행된 일, 수축 속도 사이의 관계에 특별히 관심을 갖고 있던 과학자가 있었으니 그가 바로 영국인 힐(1886~1977) 이었다. 그가 계획하는 연구를 수행하기 위해서는 해결해야 할 만만치 않은 기술적 문제들이 놓여있었다. 첫째, 일반적으로 발생한 열 자체를 측정하는 것이 아니고 발생한 열로 인하여 증가된 온도를 측정하게 되는데 이때 온도를 다시 열로 환산하는 과정에서 몇 가지 실질적인 문제에 봉착하게 된다. 더욱이, 근육이 연축하면서 발생시키는 열은 0.1℃단위로 미비한 수준이어서 측정이 용이하지 않다. 마지막으로, 근수축의 모든 일이 순식간에 일어나는데 힐 박사는 발생한 열의 정도 뿐만 아니라 수축과정 중 열이 발생하는 시점을 정확하게 밝히고자 하였다.

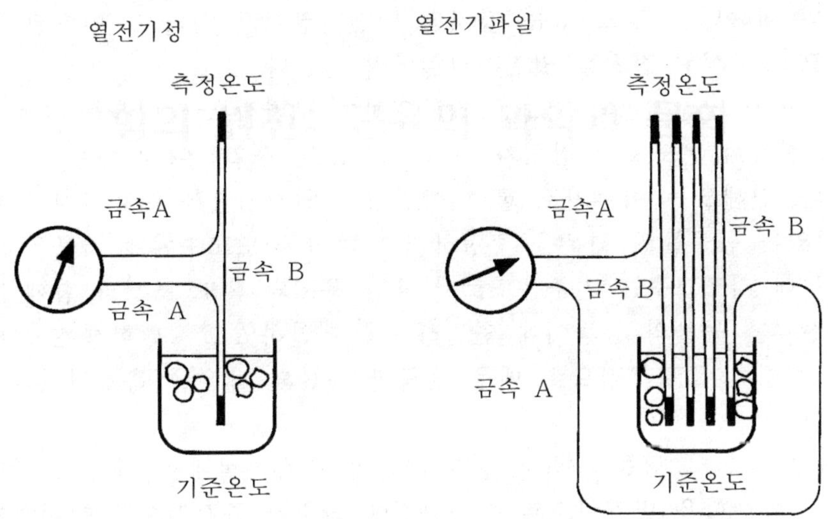

그림 3.4 열전기쌍과 열전기파일의 모식도

비록 일반 온도계로는 본 연구의 목적에 적합할 정도로 민감하고 신속하게 측정할 수는 없으나, 기발한 아이디어로 개선된 방법을 적용함으로써 의미 있는 결과를 도출할 수 있었다. 우리가 사용하고 있는 전지의 경우(좋은 예)나 바닷물에서 금속이 심하게 부식하는 경우(나쁜 예)와 같이 액체 또는 고체의 전도체를 여러 개 조합하여 사용함으로써 측정 가능한 전압을 발생시킬 수 있다. 이때 특별히 온도에 민감하게 반응을 보이는 조합도 알게 되었다. 이러한 현상을 활용하여 그림 3.4와 같이 서로 다른 금속선 사이에 한 쌍의 접속을 갖고 있는 장치를 고안하였다. 두 개의 접속이 같은 온도에 존재하면 나란히 연결된 접속 사이의 전압은 상쇄된다. 만일 전압이 측정되면 이는 두 접속간의 온도의 차이를 의미한다. 따라서 한 쪽의 접속을 설정된 온도에 담그고 전압을 측정하면 다른 쪽의 온도를 알 수 있게 된다. 비교적 간단한 장치로 각 접속을 소형화함으로써 발생한 열을 초 단위 이하로 측정할 수 있다. 열이 발생하는 쪽의 접속과 온도의 기준이 되는 접속이 그림3.4에서와 같이 반복되도록 설치함으로써 민감도를 높일 수도 있다. 이때 한 쌍의 접속만을 갖고 있는 장치를 열전기쌍이라 칭하고, 연속된 접속으로 구성된 장치를 열전기파일이라 칭한다.

(여담: 열전기쌍의 기준온도를 위하여 보편적으로 얼음물 사용하나, 전자적 온도조절 장치가 부착된 욕조를 구입하여 사용할 수 있었다. 전해오는 이야기로 한 대학원생이 열전기쌍을 이용하여 들판에 있는 동물들의 체온을 측정하기 위하여 지도교수에게 자문을 구했는데 지도교수는 기준온도로 사용할 욕조의 온도 조정과 함께 접속장치를 동물의 궁둥이에 연결하도록 제안하였고, 그 학생은 그대로 실행하여 결과적으로 매우 정확한 동물의 체온을 측정하였다고 한다.)

힐과 그의 공동 연구자들은 근육의 수축과정에서 산소 없이도 열이 발생함을 발견함으로 수축과정에 산소가 즉각적으로 관여하지 않고 간접적이면서 시간을 두고 관여되어 있다고 결론을 내렸다. 이와 일치되는 결과로 전지를 재충전하는 화학적 변환과 같이 수축 후 수 분 동안 계속하여 열이 발생한다는 사실도 발견하였다. 호흡은 유능한 달리기 선수가 100터 달리기를 시작할 때 초반의 짧은 호흡이 선수의 성적에 큰 영향을 주지 않는다는 우리의 상식과 일치한다. 즉, 그 짧은 호흡이 선수의 근력을 결정짓는 것이 아니라는 말이다. 또한 격렬한 운동 뒤에 몸이 계속해서 뜨거워지는 느낌과도 일맥상통한다.

또한, 힐의 연구실에서는 가해진 하중은 움직이지 않는 상태에서 힘만 가해질 때 보다 근육의 수축이 실질적으로 일어날 때 더 많은 열이 발생한다는 사실을 재발견하게 되었고 이를 수량적 개념을 도입하여 분석하였다. 발생한 열의 양은 수축의 정도와 근육에 가해진 하중에 비례하나 수축의 속도와는 무관하다. 따라서 실제 행하여진 일은 단순히 잡아당기는 이상으로 소요되고, 지금까지 오랫동안 중요하다고 여겼던 근육내부에서 점성에 의한 움직임의 저항은 별 상관이 없다. 근육의 작용에 대한 학설이 받아들여지기 위해서는 이러한 관찰을 포함한 수년간 조심스럽게 수행하여 온 많은 연구 결과들을 설명할 수 있어야 하였다.

이즈음 허리근육을 실험재료로 수행한 알버트 샹츠-지오르기의 연구가 주목을 받게 된다. 그는 동료들과 함께 1930년대 후반에서 1940년대에 걸쳐 근육을 구성하고 있는 단백질에 초점을 맞추어 연구를 진행하였다. 그들의 연구는 그때까지 수행되어오던 연구들, 즉 에너지 공급에 관련된 대사 연구, 현미경적 구조를 통한 연구, 수축의 열역학 측면과 근육작용에 대한 연구 등과는 성격이 사뭇 달랐다. 샹츠-지오르기와 같은 화학자는 연구대상을 분해하고, 각 구성요소를 동정하며, 다시 그것들을 조립하여 같은 기능을 수행할 수 있는가 실험을 통하여 증명하는 것이 실험목표로 설정하곤 한다. 따라서 화학자들에게 있어 복잡한 분자의 절대합성(definitive synthesis)이라 함은 초기에 시작한 물질과 동일한 특성을 갖는 물질을 완벽하게 재생하는 합성을 의미한다. 샹츠-지오르기는 이러한 절대합성으로 놀랄 정도의 수축기관을 재현하였다. 그는 먼저 근육을 낮은 온도의 글리세린에 담가 두면 액틴과 미오신을 제외한 대부분이 용해됨을 보여 주었다. 이렇게 액틴과 미오신만으로 구성된 근육도 ATP를 함유한 용액 내에서 수축하였다. 이러한 실험 결과는 근육수축에 대한 그때까지의 수많은 학설들을 배제시킬 수 있게 하였다.

ATP에 의한 흥미로운 연구 결과들이 보고되었다. ATP가 미오신 용액에 첨가되면 점성이 떨어져서 용액이 보다 쉽게 흐르게 되었다. 추출한 미오신 섬유는 ATP에 의하여 부드러워지고, 보다 쉽게 늘릴 수 있게 되었다. 무엇보다 흥미로운 점은 적당한 실험조건 하에서 액틴과 미오신이 조합을 이루어 하나의 필라멘트를 형성하며 여기에 ATP를 첨가하면 필라멘트의 길이가 짧아졌다는 것이다(1960년대 필자가 학부실험의 조교로 일할 때 실험학습의 과제로 애용하였다). 이 모든 마술같은 실험 결과들에 ATP가 필수적이었고 대부분에서 ADP가 방출되었다. 이렇게 시험관과 비이커에서 일어나는 일들이 앞으로 제안될 모델의 결정적인 증거로 사용되게 된다.

전환기

1950년 경 근육수축에 관한 연구는 세계적으로 저명한 과학자들의 연구대상이 되어 있었고, 그 중에는 노벨상을 수상하였거나 훗날 수상하게 될 세 명의 과학자가 포함되어 있었다. 힐은 독일의 마아어와 공동으로 근육에 대한 연구업적으로 이미 1922년 노벨상을 수상하였는데 그 후 상당한 세월이 흘렀어도 그의 기술 및 통찰력은 조금도 쇠하지 않고 있었다. 젠트-게오르기는 1937년에 비타민 C의 발견으로 노벨상을 받았는데 그 이후 전적으로 근육의 연구로 전환하였다. 세 번째 사람이 바로 앤드류 헉슬리인데 그는 알란 호킨과 함께 신경흥분의 전달 기작을 규명하였다. 그들의 연구결과는 20세기 신경생물학에서 가장 중요한 발견으로 간주되며 이러한 업적으로 존 에클즈와 공동으로 1963년 노벨상을 수상하게 되었다.

막대한 분량의 정보들이 축적되었으나 아직도 모든 현상을 설명할 수 있는 그럴듯한 모델이 제시되지 못하고 있는 상황에서 X선 굴절과 전자현미경과 같은 새롭고 강력한 기술들이 근수축 연구에 도입되기 시작하였다. 사실 이러한 언급은 너무도 조심스럽지만, 그 당시를 돌이켜보면 근육수축 연구의 전환기를 맞게 될 때가 무르익고 있었다고 생각된다. 나의 언급이 조심스러운 이유는 나의 대학원 시절에 발생학이 바로 이러한 전환기를 맞을 직전에 도달하였다고 하였지만 지금에 와서 볼 때 꼭 그런 것만은 아니라고 보기 때문이다. 물론 사실일 수도 있지만 말이다.

(혹자는 소위 전환기라는 용어에 의문을 던질 것이다. 특히 당대의 사건을 전환점이라고 칭할 때는 더욱 그러하다. 과학자들은 이러한 단어를 거의 사용하지 않는 반면 과학 저널리스트들은 이 단어에 거의 중독되어 있다고 할 수 있다. 그들의 사회적 사명(흥분의 상업화)과 기사거리의 부재 등을 고려하면 이해할 수 있을 것이다.)

회의적인 견해는 접어두고 근육수축에 대한 우리의 이해는 1950

년대 초에 이르러 최대의 전환기를 맞게 된다. 필자에게 명 강의로 기억되는 학부 생리학 강좌의 첫 시간에 다음과 같은 소개의 말이 생각난다. 교과서에 기록되거나 지금까지의 배웠던 근육수축에 대한 모든 학설들은 모두 혼란스러우며 잘못되었었는데, 올해 들어 여러분은 지금까지 연구에서 관찰된 모든 현상들을 일관되게 해석할 수 있는 새로운 모델을 배울 수 있게 될 것이다. 이러한 전환점에 핵심적 역할을 수행한 두 사람이 있는데, 이들은 약간의 견해 차이는 있으나 기본적으로 동일한 모델을 제시하였다. 두 사람 모두 영국인이었으나 연구는 독립적으로 수행되었다. 이들의 이름은 휴와 앤드류인데 우연히 같은 성을 가지고 있었다. 이러한 우연은 때론 역사의 장난처럼 보인다.

과학계에서 동시적 발견은 가끔 일어난다. 이는 연구결과와 생각을 자유롭게 토의 할 수 있는 열린 사회의 징표, 또는 중요한 발전이나 개념정립을 위한 시점에 도달한 징표로 생각된다. 독일의 라이프니츠와 영국의 뉴튼이 동시에 미적분을 발명하여 물리학의 발전에 획기적인 전환을 가져왔으나 둘 사이는 인간적으로 불편한 관계이었다. 반면, 알프레드 러셀 월러스와 찰스 다윈의 경우에는 진화의 기본 원리인 자연도태설을 거의 같은 시기에 정립하였으나 품위와 정중함으로 서로의 인간관계를 유지하였다.

그러나 같은 성을 가진 두 사람에 의한 동시대적 발견은 어떠할까? 적어도 어색하리라는 예상은 할 수 있으며, 이 경우에서는 몇 가지 사실이 그 어색함이 더욱 강조되었다. 월러스와 다윈의 경우 같이 두 헉슬리는 일단 경력상 차이가 있었고, 사회적으로나 과학계에서 인지도가 사뭇 달랐다. 1952년 휴는 그의 박사과정을 막 마친 시점인 반면 앤드류는 신경흥분전도에 관한 그 유명한 호킨-헉슬리 기작으로 이미 명성을 얻고 있었다. 앤드류는 과학계에 유명한 헉슬리 집안의 한 사람이었고, 휴는 지방의 노동자 출신 집안의 자손이었다. 들리는 얘기로 만일 앤드류가 신경에 대한 그의 선행업적으로 수상한 노벨상의 공동수상에서 빠졌던지, 한 사람이 두 번의 수상을 받는 점에 대하여 심사 위원들이 너그럽게 생각하였다면 그들의 모델은 공동으로 노벨상을 수상할 수도 있었다고 한다. 마지막 운명의 장난은 알파벳 순서의 저서목록에서 항상 앤드류의 A.F.가 휴의 H.E.를 앞서 나온다는 것이다. 물론 과학계에서는 두 사람과 그들의 업적에 대하여 동일하게 인정하고 있다고 확신한다. 그럼에도 불구하고 헉슬리-헉슬리 모델이라고 하지 않고 헉슬리 모델로 표현하고 있음은 묘한 여운을 남긴다.

그들이 제안한 것은 물론 지난 장에서 소개한 슬라이딩 필라멘트 모델(the sliding filament model)이다. 1954년 발간된 네이쳐잡지의 같은 호에 근육은 겹쳐있으면서 서로 깍지 낀 필라멘트로 구성되어 있다는 주장과 함께 증거를 제시하였다. 수축은 한 종류의 필라멘트가 다른 필라멘트사이로 미끄러져 들어가면서 일어나며, 이 과정에서 각 필라멘트의 길이는 변화가 없었다. 세 가지의 서로 다른 기술에 의하여 제공된 결과는 새로운 모델에 결정적 증거로 제공되었다.

휴 헉슬리는 살아있는 개구리의 안쪽 종아리로부터 얻은 근육에 새롭게 고안된 미세초점 X선 발생기를 적용하여 X선 회절상을 얻었고 이로부터 근육의 필라멘트가 육각형의 격자모양을 형성하고 있음을 알게 되었다. 샹츠-지오르기가 사용한 방법과 같이 글리세린을 이용하여 근육의 다른 성분을 제거하고 액틴과 미오신만으로 구성된 상태의 근육이 수축할 때에도 동일한 격자모양으로 해석되는 굴절상을 얻었고, 단지 농도의 차이만을 관찰하였는데 이는 구성 성분이 재배치되어도 형태는 동일하다는 것을 의미하였다. X선 회절상으로부터 상기와 같은 정보를 해석한다는 것이 쉽지 않지만 X선 회절의 기본 현상은 점과 같은 빛의 근원을 점차 줄어드는 원형의 구멍을 통하여 비칠 때 관찰할 수 있다. 종이 펀치 구멍과 같은 크기의 구멍은 명암이 뚜렷한 그림자를 만들지만 바늘구멍과 같이 작은 구멍을 통하여 빛이 지나갈 때는 그 빛이 퍼지면서 회절하게 된다. 기술 자체는 새로운 것이 아니었으나 지금까지는 건조된 크리스탈 시료에 적용하던 실험방법을 근육과 같은 물질에 적용하기 위해서는 해결되어야 할 문제점들이 있었다. 한편, 프랭클린과 윌킨

스에 의하여 얻어진 X선 회절 결과로 왓슨-크릭 모델인 DNA 이중 나선구조의 기본적인 증거가 제공된 것도 거의 같은 시기와 같은 지역에서 이루어졌다.

앤드류 헉슬리는 니더게르케와 공동으로 간접현미경법이라 불리는 기술을 활용하여 살아있는 근육의 수축 시 A-띠의 길이는 변하지 않는다는 사실을 보여주었다. 이는 100년 전부터 알고 있었으나 주목 받지 못하고 있던 사실이었다. 간접현미경법은 투명한 물질을 직접 관찰할 수 있는 방법으로 염색할 필요가 없으므로 실험재료를 살아있는 상태에서 관찰할 수 있다. 이는 빛 투과성의 차이를 현미경 학자들이 관찰할 수 있는 색상이나 광학밀도의 차이로 전환시킨다. 휴 헉슬리는 또 다른 기술로 이러한 발견들을 확인시켜주었다.

직접적인 상을 선호하는 우리들에게 전자현미경 사진은 가장 설득력이 있는 결과를 제공하였다. 그러나 전자현미경은 인위적인 상의 발생에 의하여 현혹될 수 있는 위험이 매우 높은 편이다. 비록 편광자를 이용하여 해상도 이하의 구조의 존재를 파악할 수 있지만 일반적으로 광학현미경의 해상도는 빛의 파장에 의하여 결정된다. 가시광선의 경우 실제 해상도는 약 0.1 마이크로미터로 이는 1밀리미터의 만분의 일 정도이다. 보다 짧은 파장의 빛을 이용한다면 그 한계를 줄일 수 있다. 예를 들어 육만 볼트의 전압으로 가속시키면 가시광선의 십만분의 일 정도 되는 전자의 파장을 얻을 수 있는데, 1930년대 초기에 이러한 전자를 이용하는 현미경이 고안되기 시작하였다. 이를 위해서 먼저 광학렌즈 대신 자석렌즈를 사용해야 하고, 시료를 투과하는 전자파는 진공상태에서 이동되어야 한다. 시료 자체도 광학현미경에 비하여 10배 이상 얇은 절편을 만들어야 하고, 납이나 오스미움과 같은 중금속으로 염색해야만 필요한 명암을 얻을 수 있게 된다. 밀랍을 이용한 고정은 불충분하고 적당한 강도의 플라스틱이 시료 안으로 침투되어 일종의 폴리머가 형성되어야 한다. 금속 칼로는 원하는 절편을 얻을 수 없고, 새로이 깨뜨린 유리의 날이나 다이아몬드 칼이 장착된 절단기를 이용하여 시료를 절단해야만 한다. 시료는 극히 얇게 격자망에 펼쳐서 설치되면서 높은 진공 상태에서 견딜 수 있어야만 한다. 근육 조직을 단순하게 전자현미경에 끼워 넣을 수는 있는 문제가 아니다.

1953년 당시 이 모든 숙제들이 결코 쉬운 일이 아니었으나 휴 혁슬리는(현재 MIT에 재직 중인 한슨과 함께) 놀랄만한 전자현미경 사진을 찍을 수 있었다. 그것도 1,000배(광학현미경 수준)나 10,000 배(그 당시 생물학에 이용된 전자현미경의 수준)가 아니고 100,000 배 정도의 배율을 실현하였다. 세로로 길게 절단한 경우 미오신으로 알려진 굵은 필라멘트가 근절(sarcomere)의 가운데 위치함을 볼 수 있게 되었다. 동시에 액틴으로 알려진 가는 필라멘트는 Z-선으로부터 나와서 굵은 필라멘트 사이로 거의 중앙까지 뻗어있으나 근절의 정중앙에는 미치지 않음도 관찰할 수 있었다. 가로로 절단한 경우 X선 굴절에서 해석된 필라멘트의 육각형의 격자모양을 볼 수 있었다. 근절의 정중앙을 가로질러 절편을 얻으면 굵은 필라멘트만이 관찰되었고, 다른 A-띠 부분을 절단하면 굵은 필라멘트와 가는 필라멘트를 둘 다 관찰할 수 있었으며, Z-선 근처에서는 가는 필라멘트만 관찰되었다(그림3.5). Z-선과 H-역 사이의 길이가 변하지 않

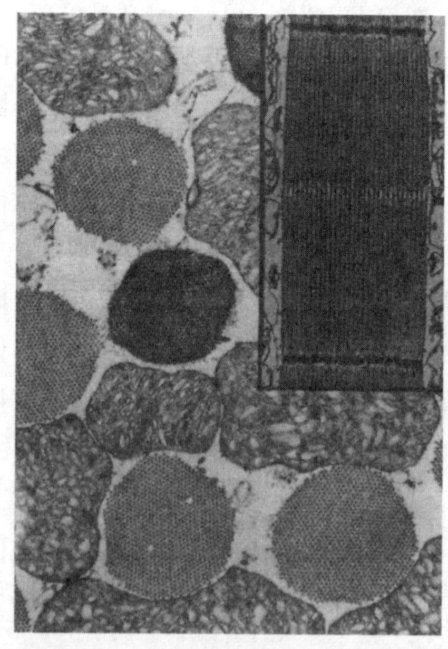

그림 3.5. 초파리 날개 근육의 전자현미경 사진 – 세로(삽입)와 가로 절편. 가로절편 사진에서 미오신과 액틴 필라멘트가 각자 굵거나 가는 점으로 육각형의 격자모양을 형성하고 있다. 중간에 Z선을 가로지른 절편이 보이는데 다른 상보다 짙게 보인다. 근원섬유들 사이에 보이는 것은 물론 미토콘드리아이다. 3~4% 만이 수축된 상태로 존재하는 곤충의 날개근육에서 굵은 필라멘트와 가는 필라멘트가 겹치는 부분이 특별히 많은 편이다.

는 사실로부터 가는 필라멘트 자체가 수축하는 것이 아님을 확실히 증명할 수 있었다.

슬라이딩 필라멘트 모델을 위한 또 다른 증거가 앤드류 헉슬리와 그의 공동 연구자들에 의하여 제시되었다. 그들은 같은 근육이 정상길이에서 늘어나거나 수축된 상태에서 발휘할 수 있는 힘은 굵은 미오신과 가는 액틴 필라멘트가 겹쳐있는 정도에 비례함을 보여주었다. 반면 근육이 수축하는 속도는 겹쳐있는 정도와 아무런 관계가 없었다. 이러한 새로운 결과들과 종래의 결과들로부터 내릴 수 있는 결론은 굵은 필라멘트와 가는 필라멘트 사이에 접촉이 이루어지고 있고, 이 접촉점에서 에너지가 소비되며, 동시에 ATP가 ADP로 분해된다는 섯이었다.

필라멘트 사이의 연결다리(cross-bridges)를 볼 수 있을 정도로 향상된 전자현미경 사진과 관련 분자들의 면밀한 분석으로부터 미오신 분자에서 요동머리(swinging head)가 돌출되어 있다는 현재의 모델이 제시되었다. 요동머리가 앞으로 뻗어서 액틴에 붙고, 뒤로 움직이면서 필라멘트를 밀어낸 후 떨어져 나온다. 물체를 가만히 들고 있는 상태에서도(움직이지 않는 하중에 대하여 잡아당김) 머리는 계속해서 붙었다 떨어지면서 힘을 발휘하고 있으므로 여전히 에너지가 필요하다. 그러나 필라멘트가 움직이기 위해서는 보다 활발한 머리의 움직임(bridge action)이 필요하게 되며 이를 위하여 더 많은 에너지가 소비되게 된다. 이는 앞서 힐의 연구에서 측정된 결과와도 부합된다. 각 미오신 머리의 독립적인 움직임이 각 근육의 부드리운 움직임으로 나타남은 마치 자동차 엔진의 각 기통이 제각기 폭발하지만 부드러운 회전을 일으키는 것과 같은 원리로 해석된다. 연결다리는 마치 노와 같이 기능을 수행하나 경주에서와 같이 동시에 박자를 맞추어 움직이는 것은 아니다.

슬라이딩 필라멘트 모델은 지금까지의 연구 결과들을 해석하는데 조금도 부족함이 없는 만족할 만한 모델로서 반세기 만에 처음으로 그 동안의 연구 결과들이 서로 이해될 수 있게 되었다. 그러나 한편으로 생각해보면 우리의 미지의 영역을 다른 차원으로 옮겨

놓은 결과에 불과하였다. 최근 들어 많은 과학자들이 연결다리의 작용 기작에 대한 연구를 수행하고 있다. 미오신 머리의 특성, 미오신과 액틴의 접촉방법, ATP의 정확한 역할 및 근수축 유발에 칼슘의 역할 등은 아직도 불분명한 상태로 남아있다. 이러한 숙제들을 해결하기 위하여 또 다른 전환점을 필요로 할 것인지 아니면 꾸준히 진행되는 연구의 진전으로 점차 해결될 수 있는지는 앞으로 지켜보아야 할 것이다.

근육 연구의 역사는 다른 생물학 분야 뿐만아니라 나아가서 과학전반의 역사와 병행하여 발전하여 오고 있다. 16세기와 17세기에는 이탈리아, 특별히 북부 이탈리아가 모든 연구활동의 중심이었다. 이탈리아인 뿐만 아니라 벨기에 출신의 베잘리우스와 하비 같은 사람들이 이 곳에서 교육 받았다. 18세기는 특별히 중심이 되는 지역이 없었고, 모든 서유럽 국가가 비슷하게 기여하였다. 19세기에는 독일의 과학자들이 두각을 나타냈으나 20세기 들어와서 그들의 역할은 점차 줄어들게 되었다. 20세기에는 영국과 북유럽 과학자들이 비교적 많은 분야에서 주된 역할을 수행하였다. 현 시점에서는 북미가 많은 분야에서 선두를 달리고 있다고 생각된다. 이는 단순히 과학사회 전반의 크기에 비례하여 유추한 것이다. 필자의 경우 북미에서 태어나고 교육을 받았으나 나에게 가장 큰 영향을 주었던 4명의 과학자 중 2명은 유럽에서 태어나고 교육을 받은 과학자이다.

역사적 관점에서 또 하나 언급할 것은 근수축의 메카니즘을 규명하는 것이 왜 그렇게도 어려웠는가 하는 점이다. 이미 하나의 가능성을 제시하였으나 여기서 다시 한번 설명할 필요가 있다고 생각된다. 메카니즘을 규명하기 위해서는 구조, 힘과 운동, 열역학과 에너지학, 생화학 등의 분야에서 연구결과가 총체적으로 해석되어야 한다. 그러나 각 분야의 연구는 서로 다른 기술과 전문용어를 사용하고 있다. 더욱이 이렇게 다양한 분야의 과학자들은 교육과정, 경험, 습관 심지어는 사고하는 방법 자체에서 차이가 있다. 형태를 전공으로 하는 일부 생물학자들은 구조가 생물체에 어떠한 기능 수행을 가능하게 하는가 등에는 별로 관심 없이 구조 그 자체에만 관심이 있다. 물론 구조 자체로부터 조상에 대한 중요한 정보를 얻거나, 구조가 생물의 동정 및 명명에 도움을 주며, 기학학적 구조와 복잡성이 형태학자들을 매료시킬 수도 있다. 한편, 생리학자와 같은 생물학자들은 생물의 각 기관이 어떻게 기능을 수행하는가에 관심이 있고, 그 모양에는 별 관심이 없다. 생화학자는 또 다른 관심사를 지니고 있다.

유사한 총체적 분석으로 유전학과 DNA 구조를 연결시켰으나 근육구조의 복잡한 정도는 DNA 경우와는 비교가 안 된다. DNA의 경우 하나의 기술 즉 X선 회절기술이 결정적인 역할을 수행하였으나 근육의 경우에는 중요한 역할을 한 전자현미경 이외에도 몇 가지 기술이 병행되었다. 결코 쉽지는 않았지만 두 경우 모두 새로운 기술의 활용과 동시에 핵심 구성성분이 밝혀졌다. 더욱이, DNA와 근육의 경우 모두 구조의 규명이 각 기능을 이해하는데 결정적 역할을 하였다. 힐이나 젠트-게오르기는 각각 저명한 생리학자와 생화학자였고, 전환기 시점에서 활발하게 연구활동을 하고 있었으며, 이미 수년동안 근육연구를 수행하고 있었다. 그러나 둘 다 구조학적 연구는 전혀 신경을 쓰지 않았고, 이 점이 결정적으로 그들 연구의 한계로 나타났다. 필자는 궁극적인 모델을 제시하지 못하였다고 지적하고 있으나 결코 두 사람 어느 누구의 과학적 업적을 부정하는 것은 결코 아니다. 사실 헉슬리모델이 가장 큰 설득력을 얻게 된 것은 이 모델이 두 사람의 연구 결과를 훌륭하게 해석할 수 있었기 때문이다.

분자에서 시작된 근육 전체의 움직임

역사적 배경은 잠시 접어두고 지난 장에서 살펴본 바와는 약간 다른 관점에서 근육이라는 독특한 엔진을 살펴보고자 한다. 먼저, 근육은 효소 엔진이라 할 수 있다. 어떤 물건을 잡아당길 수 있는 힘은 그 물건을 붙잡고 있는 힘 정도는 되어야 하는데 이는 근육의 분자수준의 크기에 비하여 비교적 큰 힘이다. 그러나 앤드류 헉슬리가 언급했듯이 그 힘으로 물건을 신속하게 또는 멀리 움직일 수는 없다. 그렇다면 근육은 어떻게 이러한 문제를 해결하는가? 이러한 목적으로 근육은 몇 가지 묘책을 지니고 있다.

연결다리는 배의 노와 같이 작용한다. 긴 노를 가정해보면, 노 젓는 사람의 팔의 움직임은 작고 느리지만 힘이 있는데 노의 끝에서는 그 움직임이 크고 빠르면서 힘은 약하게 전환된다. 이와 같이 화학반응의 결과가 돌출되어 있는 연결다리에서 속도와 거리면에서 증폭될 수 있게 되는 것이다.

근절이 나란히 연결됨으로써 속도는 더욱 증가된다. 만일 10 인치 길이의 근육이 1초당 10배 길이의 속도로 움직인다면, 100분의 1초에 전체 길이의 10%가 줄어들거나 1초에 100 인치 줄어들 수 있다. 전체 근육과 이를 구성하고 있는 각 근절이 길이에 비례하여 수축될 수 있다. 그러나 시간당 거리로 측정되는 실질 속도는 상당히 다르다. 인간의 근절 하나의 길이는 약 0.00025 밀리미터이고 전체 근육의 길이는 250 밀리미터이다. 달리 표현하면 근육은 십만 개의 근절이 나란히 연결되어 있다(물론, 많은 근절들은 서로 엇갈려서 존재하나 여기서는 일단 배제하도록 하자). 따라서 초당 100 인치를 수축하는 근육은 각 근절보다 십만 배 빠르게 수축하므로 실제로 각 근절은 초 당 0.001 인치로 움직이면 된다. 만일 각 근절이 힘줄의 한쪽 끝에서 다른 힘줄까지 이동하여야 한다면 당신이 물 한 잔 마시기 위하여 탁자에서 입술까지 잔을 드는데도 30시간의 시간이 걸릴 것이다.

근육이 골격에 연결되는 방법에 따라 속도와 거리를 더욱 증가시킬 수 있는데 이에 대한 자세한 이야기는 다른 장에서 설명할 것이다. 여기서는 보렐리가 처음으로 인식하였듯이 근육이 지레장치로 생각되는 것과 반대로 작용하도록 연결되어 있음을 언급하고 넘어가도록 하자. 당신은 펜치나 깡통따개를 사용할 때 손가락이 적은 힘으로 상대적으로 먼 거리를 움직이지만 그 끝에서는 짧고 빠르면서 보다 강력한 힘이 작용하게 된다. 대조적으로 팔 윗부분의

이두박근은 일 인치정도 수축하면서 손은 일 미터정도를 회전시킬
수 있다. 이는 느리면서 짧은 거리의 분자적 움직임을 빠르고 먼
거리의 움직임으로 단계적으로 변화시키는 것이다.

제 4 장
높이 날고, 소리 지르고 입 꼭 다물기

오늘 실험은 완전 실패였네. 얼마전 윌리암이 아프리카 개구리를 가지고 있으니 실험에 사용할 생각이 있으면 쓰라고 해서 실험을 해보기로 했다네. 자네 혹시 이 개구리들에 대해 아는가? 먼저 실험하려면 이 너석들을 잡아야 하는데 미끈 거리고 끈적끈적한데다 물속에서 물고기처럼 빨라서 실험에 적당한 크기의 개구 리를 잡는데 만 15분을 소비했네. 잡는다 해도 붙잡고 있기가 여간 힘든 것이 아니지. ……이 편지를 쓰는 이유는 자네에게 미리 경고를 해 두려고 하는 것 이지. 생긴 것도 특이하게 납작한 머리에 사악하게 작은 눈들이 붙어서 물속에서 대부분의 시간을 보내지. … 다시는 보고 싶지 않은 놈들이지.

— 기술자 하트리가 힐에게 보낸 편지에서

동물들에게 흔하게 있는 횡무늬 근육은 동물들이 뛰거나, 헤엄 치거나, 걸어 다니는데 쓰인다. 아주 소수의 동물들, 해면동물 이나 단세포 생물들만이 이러한 동력원인 근육을 가지지 못하는데, 이는 아마도 진화단계에서 일정한 기간동안 한번에 만들어낸 것 같 다. 인간이 만들어낸 동력기관들은 자연이 만들어낸 동력기관인 근 육과 유사한 점이 많다. 자동차 엔진과 잔디 깍는 기계는 휘발유를 쓰는 4개의 단계를 거치는 점화식 엔진을 사용하지만 엔진의 크기 와 실린더의 수에서 많이 다르다. 하지만 원리 면에서는 같은 엔진 에 속한다. 우리가 아는 근육은 이런 엔진처럼 세부적인 것은 다르지만 모두 비슷하다고 할 수 있다.

척추동물은 비교적 잘 보존된 계보를 가진 동물들인데 예를 들면 수족의 수가 4개로 일정하다. 또한 날개나 팔을 만들려면 다리를 대신해서 만들어 진다. 같은 단백질로 껍질과 뿔, 그리고 머리카락도 만든다. 척추동물 사이에는 여러 기관들 즉, 간, 콩팥, 심장, 눈, 뇌 등이 기능뿐만 아니라 보기에도 유사하게 만들어 졌다. 골격근의 경우 더 유사하다. 골격근육의 기본인 싸코미어는 기본적인 크기와 구조로 만들어지는데 그 길이는 2.5 마이크로미터로 1 센티미터에 400개, 1 인치에는 1000개가 들어간다. 무척추동물(곤충, 연체동물, 선충)의 경우는 훨씬 변화가 많다. 같은 동물에서도 길이가 나른 싸코미어를 다른 근육에 사용한다. 척추동물의 경우도 근육이 하는 일에 따라 다른 경우가 있다.

색깔이 중요한 이유

척추동물의 근육의 특징 중에서 길이와 싸코미어 구조 외의 다른 면모를 살펴보자. 알고 있는 것처럼 척추동물의 근육은 다양한데 근육의 색도 여러 가지가 있다. 정육점의 전시된 고기들을 살펴보면 소고기는 붉은색, 송아지고기와 돼지고기는 핑크색, 껍질을 벗긴 닭고기도 엷은 핑크색이다. 말고기를 파는 곳은 드물지만 찾아보면 가장 붉은색을 띤다.

이러한 색깔의 차이는 기능의 차이를 반영한다. 두 종류의 근육이 극과 극을 이루는데 하나는 트위치 섬유로 색깔이 엷고 많은 신경세포가 연결되어 있어서 순식간에 수축하고 큰 근력을 낼 수 있다. 빨리 반응을 하기 때문에 초당 여러 번 수축을 할 수 있지만 수초 밖에 지탱을 못한다. 한편 더 얇고 느린 신경으로 연결된 토닉 섬유가 있는데 더 짙은 색깔을 띤다. 이들은 천천히 수축하지만 여러 번의 신경자극에 수축을 더 할 수 있고 자극 사이에 완전히 이완하지 않는다. 그래서 쉽게 지치지 않는 근육이다. 개구리에서

이 두 가지 근육이 존재한다는 사실이 처음 발견되었는데 트위치 섬유는 개구리가 뛸 때 사용되고 토닉 섬유는 다른 자세를 유지하는데 이용된다. 트위치 섬유는 토닉 섬유에 비해 열배에 가까운 큰 힘을 낸다. 하지만 금방 지치게 된다.

여러 종류의 근육이 몸의 각각 다른 부분에서 작용을 하는데 이를 설명하는 데는 물고기가 좋은 예이다. 물고기들은 좀 더 붉은 색을 띠는 토닉 근육을 이용해 헤엄을 친다. 이 근육은 껍질 밑에서부터 뼈까지 연결되어 있고 등에서부터 배에 이르는 부분에 위치한다. 다른 밝은색의 근육은 물고기의 몸의 대부분을 차지하는데 이 근육은 먹이를 잡아먹기 위해, 또는 포식자로부터 도망가기 위해 갑자기 빠르게 헤엄칠 때 쓰인다. 이 두 근육은 보기에도 달라 보이고 근육질도 다르며 맛도 다르다. 광어처럼 바닥에 살기 때문에 헤엄을 많이 치지 않는 물고기는 대부분 밝은 근육으로 되어있고 반면에 헤엄을 많이 치는 고등어는 고기가 많이 붉은 색이다. 그래서 참치도 비교적 붉은색 살이 많다.

조류도 비슷한 경우이다. 새들에게 가슴근육은 날개를 내리쳐서 새들이 날 수 있도록 하는 가장 큰 근육이다. 천둥오리나 기러기처럼 멀리 나는 새들의 경우 가슴근육의 색이 아주 검은데 이러한 근육들 때문에 산을 넘어서 나는대도 지치지 않는다. 내가 실험한 바에 의하면 갈매기의 경우 바람을 피해 잠깐 물 마시는 시간을 빼고는 12시간이나 연속적으로 날 수 있다는 것이다. 12시간 이상 날아 더 이상 날 수 없는 한계에 도달한 새에서는 날 수 있는 연료를 다 써버려서 지방이 하나도 발견되지 않았다. 이는 우리가 생각하는 근육의 피곤한 상태와는 다른 것이다. 반면에 사육하는 닭이나 칠면조의 경우 잘 날지 못하며 가슴근육은 연한 색을 띤다. 따라서 음식점에서 비싼 비둘기 요리인지 아니면 비둘기 요리라고 메뉴에 써 있지만 실제론 병아리요리인지 구별하기 위해서는 근육의 색깔을 보면 알 수 있다.

어떤 경우에는 이러한 두 종류의 근육이 한 근육에 섞여있으며 근육에 따라 섞여 있는 비율이 다르다. 또는 앞에서 말한 것처럼 두 종류로만 나누어지는 것이 아니라 같은 종류의 근육이 다른 특징을 보일 때도 있다. 예를 들면 어떤 트위치 섬유는 쉽게 지치지 않는 것도 있다. 한 근육에서도 수축에 걸리는 시간이 천차만별일 수 있다. 복숭아 뼈 앞에 있는 근육은 엄지발가락을 들어 올리는데 쓰이는데 그 중 어떤 근섬유는 수축하는데 50분의 일초가 걸리는 것이 있는가 하면 10분의 1초가 걸리는 것도 있다. 우리는 서 있을 때 다리에 있는 soleus 근육을 사용하고 걷거나 뛸 때는 gastrocnemius 근육을 사용한다. Soleus 근육은 수축하는데 팔분의 일초가 걸리며 이 근육의 약 80 퍼센트가 검은 색 근육이며 쉽게 피로해지지 않는 근육이다. 반면에 우리 눈에서 눈망울을 움직이는 근육은 이보다 3배나 빠르게 수축하지만 약 15퍼센트만이 피로에 강한 근육으로 되어있다. 자연이 다양성과 기능성을 다 고려해서 한 가지 종류의 근육을 만들지 않은 좋은 예이다.

참, 다시 근육의 색깔로 돌아가서 왜 소고기 스테이크가 붉은 색을 띠는가? 만일 피 색깔 때문이라고 생각했다면 약간 틀린 생각이다. 소고기의 붉은 색깔은 헤모글로빈 때문이 아니라 마이오글로빈 때문이다. 마이오글로빈은 근육의 헤모글로빈이라고도 불리는데 정확하게 말하면 4개의 마이오글로빈이 모여서 헤모글로빈을 만든다. 잘 알려진 것처럼 헤모글로빈은 산소를 폐에서 몸의 다른 부분으로 옮겨준다. 이때 산소는 혈관을 빠져나와 세포에서 탄수화물과 지방을 산화시켜 에너지를 생성하는데 에티피라는 물질로 만든다. 마이오글로빈의 역할은 헤모글로빈으로부터 산소를 빼앗는 것인데 산소가 헤모글로빈보다 마이오글로빈에 더 잘 붙기 때문에 가능하다. 그래서 피 속의 산소가 근육에 있는 마이오글로빈으로 가서 근육에 산소가 공급되는 것이다.

따라서 근육에서는 마이오글로빈이 산소를 저장하는 저장소가 되고, 크레아틴 포스페이트가 에너지 저장소가 되어 ATP를 공급한다. 이러한 저장소가 있으면 에너지 소모가 많은 운동 상태에서 지속적인 운동 상태로의 전환이 쉽고 이러한 저장소가 많은 근육은 쉽게 지치지 않기 때문에 마이오글로빈이 많은 근육이 색깔이 검고 쉽게 피곤해 지지 않는 것이다. 물속에 잠수하는 새나 포유류의 근육이 마이오글로빈을 더 많이 가지고 있고 색깔이 검은 이유가 바로 이 것이다. 잠수를 하면 공기 중의 산소를 공급 받지 못하기 때문에 고래나 펭귄의 마이오글로빈 농도가 잠수하지 않는 동물의 30배가 넘는 것은 당연하다. 결과적으로 이들은 다른 동물에 비해 헤모글로빈의 농도가 높은데도 불구하고, 산소를 피 속의 헤모글로빈에 저장하지 않고 근육 속에 있는 마이오글로빈에 저장하는 것이다.

여러 형태의 헤모글로빈(마이오글로빈을 포함해서)이 존재하고 이들은 순환계나 산소 저장소 이외의 장소에서 발견된다. 어떤 경우에는 순환계가 없는 생물에서도 발견되며 산소가 거의 없는 경우, 또는 아주 소량의 산소만을 쓰는 경우라 산소 저장소가 필요 없는 경우에도 발견된다. 기생충의 경우나 식물의 뿌리혹, 호수의 바닥에 사는 벌레들에서도 헤모글로빈이 발견되는데 이는 단순히 진화 도중에 사고가 일어났다고만 설명할 수 없는 일이다. 1960년에 페르 쇼랜더라는 아주 창의적인 생리학자가 이러한 현상을 잘 설명하였는데 별로 다른 사람들의 관심을 끌지는 못한 것 같다.

산소가 혈관의 적혈구를 빠져 나와 근육세포의 미토콘드리아에서 소모되려면 확산이라는 과정을 거치게 된다. 산소가 확산되는 데는 거리가 매우 중요하다. 거리가 두 배로 늘어나면 두 배가 아닌 네 배의 시간이 걸린다. 만약 10배의 거리를 확산해야 하면 100배의 시간이 걸리게 된다. 이런 이유에서 근육의 수축에 관여하는 마지막 단계는 칼슘이 바로 옆에 있는 근섬유에 확산되는 것이다. 쇼랜더는 이런 현상을 '도움받은 확산'(facilitated diffusion)이라고 부르고 마이오글로빈이 산소의 확산을 돕는 것을 보여주었다. 정확하게 이 현상이 어떻게 일어나는지는 좀 더 연구되어야 하겠지만 마치 많은 사람들이 줄을 서서 물통을 옆 사람에게 전달하는 것 같이 일어난다고 할 수 있다. 이런 방법으로 확산이 약 8배나 빨라질 수 있다.

이러한 '도움받은 확산' 현상은 마이오글로빈과 헤모글로빈이 순환계가 없는 생물에게서 발견되는 이유를 설명할 수 있다. 아마도 마이오글로빈과 헤모글로빈이 원래는 산소를 운반하는 일을 하였을 것이고 그래서 식물의 뿌리혹이나 기생충에서 발견되는 것이다. 혈관에서 산소를 운반하는 기능은 이러한 원래의 역할이 진화단계에서 발전한 것으로 우리가 팔을 더 이상 걷는데 쓰지 않고 물건을 다루는데 쓰도록 진화한 것과 같다.

'도움받은 확산'에 관하여 처음으로 보여주고 아이디어를 제공한 쇼랜더(1905~1980)에 관하여 잠시 말해보면 그는 여러 가지 많은 업적을 남긴 생리학자중의 한명일 것이다. 노르웨이에서 의학과 식물학을 공부한 그는 미국에서 대부분의 연구 활동을 하였다. 미국에서 해양생물학으로 가장 유명한 우즈 홀과 스크립스 연구소에서 연구를 하였지만 해양생물학의 업적은 그의 업적 중 일부분에 지나지 않는다. 그가 만든 나무 수액의 높은 압력을 재는 연구기기는 오늘날까지도 쓰여지고 있다. 또한, 조류와 포유동물의 순환계에서 몸의 체온이 차가운 부분에서의 열교환 기작을 밝혀냈다. 유사하게 심해 물고기가 희박한 산소를 어떻게 헤엄치는 부레로 보내는가 하는 문제를 풀었고, 이와 유사한 생리학적 문제들의 답을 찾아냈다. 예를 들면 호주의 원주민들은 어떻게 추운 환경 속에서도 잘 수 있는가, 한국의 해녀들이 물속에서 체온을 보존 할 수 있는 이유 등을 알아내었다. 또한 어떻게 심해의 고기가 해수의 빙점보다 더 낮은 온도에서 살 수 있는가를 보여 주었다. 그래서 물속에 잠수하는 포유동물의 기본적인 호흡계와 순환계의 적응 방법을 찾아내었다.

쇼랜더는 우리가 알고 있는 것보다 더 훌륭하지만 아마도 너무 넓은 분야의 일에 관심을 두었는지 모른다. 어떤 분야에서 그를 알고 있는 사람도 다른 분야의 업적은 전혀 모르고 있기 때문이다. 하지만 이렇게 사람들이 알아주는 것이 중요한 것이 아니라 어떤 업적을 이루었는가가 중요하다면 그는 단지 여러 분야의 애호가 정도의 수준이 아니라 그의 논문의 우수성은 단연 뛰어나다고 할 수 있다. 그가 모든 분야의 최고 전문가가 될 수는 없었지만 많은 분야의 연구자들과 교류를 하였고 그들에게 많은 영향을 주었다. 또한 그는 그의 생각을 실험에 옮기면서 호주, 뉴기니아, 북극 등의 장소를 찾아서 실험을 했고 그 자신의 실험을 낙으로 살았다. 내 기억에도 함께 식사를 할 때면 여러 가지 실험 이야기로 많은 사람들을 재미있게 하곤 하였다.

우리는 마이오글로빈의 구조를 밝힌 캔드류는(이 업적으로 1962년 노벨상을 받은) 기억하지만 이 마이오글로빈의 기능을 밝힌 쇼랜드는 기억을 하지 못한다. 내 대학원 지도교수인 윌리암의 말을 빌리면 처음 호르몬을 찾아내서 어떻게 분리하는지를 밝히면 단지 교과서의 밑부분에 조그맣게 소개되고 그 호르몬의 화학적 구조를 밝히면 영웅이 된다. 아마도 상업적 가치와 연관이 있어서 사람의 호르몬이나 곤충의 호르몬이면 구충이나 치료를 위하여 관심을 가지게 되는 것이다. 상업적으로 화학이 생리학보다 돈이 되기 때문이다.

다시 근육의 색깔로 돌아가서, 근육이 얼마나 큰 힘(power)을 발휘 하는가 그리고 얼마나 지속적인 근력(force)을 내는가에 대해 말한 적이 있다. 한 가지 근육이 두 가지를 다 잘 할 수는 없다. 붉은 근육은 힘을 내고 흰 근육은 근력을 낸다. 힘을 내는데는 많은 에너지가 필요하고 산소 공급이 더 필요하고 마이오글로빈과 미토콘드리아가 더 필요하다. 근력은 수축력의 단면에 비례하기 때문에 실핏줄과 미토콘드리아 없이 더 잘 할 수가 있으므로 흰 근육이 근력이 세다. 어떤 일에는 힘이 필요하고 또 다른 일에는 근력이 필요하다. 활을 쏘는 궁수는 근력이 발달하고 조정경기 선수는 힘이 필요하다. 고양이가 먹이를 잡기 위해 쏜살같이 움직일 때 근력이 필요하지만 개처럼 오래 달리기를 할 때는 힘이 필요하다. 말고기가 소고기보다 더 붉은 빛을 띠는 것처럼 동물의 활동에 따라 또 근육에 따라 여러 종류의 색깔을 가지게 된다. 환경이 생물에게 주문을 하면 생리학이 이에 적응하도록 필요한 것을 만들어 낸다.

비행하는 곤충의 동력 제공

곤충은 석탄기부터 날기 시작하였는데, 이들은 자신의 힘으로 지상을 떠난 첫 번째 동물이 되었다. 대부분의 곤충들은 한 번 비행한 후로는 다시는 육상생활로 돌아오지 않았다. 물론, 책이나 벽지를 갉아먹는 서양좀(silverfish)과 같은 일부 곤충들은 비행하지 않고도 번성을 누리고 있다. 또 섬에 거주하는 일부 곤충들도 잡아먹히거나 바닷 바람에 날려가는 것을 두려워하여 육상생활에 만족하며 살아가는 것도 있다. 바퀴벌레와 같은 것들도 비행하지 않고도 살 살아가고 있다. 그러나 대부분의 곤충은 근육을 이용하여 비행하는 생물체들을 대표하고 있다. 곤충이 박쥐나 새보다 크기가 작다는 것이 한편으로는 유리하게 작용한다. 예를 들면 곤충들은 아무리 높은 곳에서 추락하더라도 자신을 손상시킬 정도로 빠른 속도로 추락하지는 않는다. 이 경우에는 갈릴레오 법칙은 잊어야 한다. 실제 상황에서는 공기 저항이 문제가 되기 때문에 무거운 것이 빨리 추락하게 마련이다. 그러나 공기 저항이 크면 빠른 속도로 비행하기 힘들어 지고, 그 결과 약한 바람에도 휩쓸리게 된다. 따라서, 크기가 크던 작던, 능동적으로 비행한다는 것은 강력한 엔진을 필요로 한다.

대부분의 동물의 진화를 살펴보면, 선조(ancestror)들은 상대적으로 크기가 작았다. 초기의 공룡이나, 표유동물 및 영장류들은 그기가 눈에 띄게 크지 않았다. 물론 우리는 맥시아(Dan McShea)가 지적하듯이 진화의 기록을 편견을 가지고 보고 있는 지도 모른다. 그는 만약 선조가 평균 크기라면 그 후손들은 더 커질 수도 작아질 수도 있다고 말한다. 만약 좀더 큰 후손들이 잘 화석화되거나 잘 발굴되어진다면, 우리들은 시간이 지나면서 그 동물의 크기가 점점 커졌다고 생각할 것이다. 맥시아의 지적이 사실일 수도 있지만, 대부분의 비행동물들은 크기가 점점 더 작아진 것이 확실하다. 새, 박쥐, 비행 곤충들의 선조들은 크기가 컸었다. 어떤 것들은 현재까지도 비교적 몸집이 크지만, 작은 것들이 속속 등장하고 있다. 새들 중에서는 몸집이 작은 연작류(perchers) 와 벌새(hummingbird) 들이 상대적으로 새롭게 등장한 것들이다. 박쥐들 중에서는 과일을 먹는 몸집이 큰 큰박쥐(flying fox)가 아니라, 곤충을 먹는 몸집이 작은 박쥐들이 새로이 등장한 것이다. 또한, 곤충들 중에서는 파리, 말벌(wasp)이나 딱정벌레(beetles)들이 가장 최근에 등장한 것들이다.

작은 비행 동물들은 큰 비행 동물들과 어떻게 달라야 하는가? 작은 몸집은 여러 가지 문제를 내포하고 있다. 공기를 후방으로 불어서 전방으로 날아가는 비행기계는 불어내는 공기의 속도보다 더 빠른 속도로 날아갈 수 없다. 작은 비행 동물들은 작은 날개를 가지고 있고 날개의 끝이 움직이는 속도가 느리다. 따라서 작은 비행 동물들은 후방으로 불어내는 공기의 속도가 느리고 아울러 나는 속도도 느리게 마련이다. 그 결과로 작은 비행 동물들은 단위 시간에 갈 수 있는 거리가 짧고, 포식자에게 쉽게 노출되며, 가장 큰 문제로, 약한 바람에도 휩쓸려갈 수 있다. 이 문제를 해결할 수 있는 명백한 방법은 날개를 더 자주 움직이는 것이다. 작은 날개는 가볍기 때문에, 날갯짓을 더 자주 하는 것이 큰 문제 거리가 되지는 않을 것이다.

작은 비행 곤충의 정도로 작은 동물에 맞추려면 근육의 크기도 작아져야 하는데, 여기에 여러 가지 문제가 발생한다. 날개의 업스트로크와 다운스트로크에 각각 근육이 수축한다. 근 수축기라는 것은 근육이 수축을 시작하여 최대의 힘을 얻거나 혹은 최소의 길이에 이르기까지의 시간을 일컫는데, 대개 근수축기가 50분의 1초라면 매우 빠른 것으로 여겨진다. 따라서 근육이 이완하거나 회복되는 시간을 고려할 때, 날개 비팅(beating)의 빈도가 1초에 25 회 이상 되기에는 어려워 보인다. 그러나 작은 곤충들은 근육 생리학을 무시하는 듯이 1초에 천 번까지도 날개를 비팅할 수 있다. 모기가 소프라노음의 윙윙거리는 소리를 낼 때, 날개를 1 초에 300~400 회 비팅한다. 심지어는 베이스음을 내는 땅벌(bimblebee) 조차도 1초에 100 회 정도 날개를 비팅한다. 곤충의 날개는 다른 어떤 동물의 부속지보다도 빨리 비팅한다.

곤충은 어떻게 그렇게 높은 날개의 비팅 수와 높은 동력 수준을 동시에 유지할 수 있을까? 첫 번째로 곤충들은 근육을 약간만 수축한다. 다시 말하면, 대부분의 동물의 근육은 길이의 10~20% 정도를 수축하는 반면, 곤충의 근육은 2~5%만 수축한다. 이것으로 근수축 시간을 크게 낮출 수 있다. 또한 곤충의 근육은 다른 일반적인 근육과 조금 다른 구조를 가지고 있다. 곤충의 근육에서는 근절의 두꺼운 필라멘트와 얇은 필라멘트가 보다 많이 중첩되어 있는데, 보다 많은 교차 결합을 통하여 근육이 수축할 때 보다 많은 힘을 얻을 수 있다. 보다 짧아진 수축에는 단점도 있다. 일의 양은 힘의 크기에 그 힘이 작용한 거리를 곱한 값이다. 짧아진 수축은 주어진 힘이 한 일의 양이 줄어든 것을 의미한다. 따라서 짧아진 수축으로 인하여 날개 비팅의 빈도와 힘을 증가시킬 수 있지만, 그와 동시에 일의 양을 감소시키는 결과를 초래한다. 여기서 중요한 인자가 날개 비팅의 빈도이다. 빈도가 증가하면 동력(power)이 증가한다. 동력이란 일이 행해지는 속도, 다시 말하면 단위 시간에 행해지는 일의 양을 의미한다. 이런 모든 변수들을 종합하여보면, 비팅의 빈도가 증가할수록 동력이 증가한다는 결론을 얻을 수 있다.

날개를 1초에 100회 이상 비팅하는 대부분의 비행 곤충들(조금 느리게 비팅하는 많은 비행 곤충을 포함하여)은 또 하나의 매우 중요한 트릭을 사용한다. 그것은 우리가 지금까지 알고 있는 근육 구조 중에 가장 과감한 변형이다. 일반적으로 하나의 신경자극이 근육에 도달하여 하나의 근육수축을 유발한다. 많은 자극이 도달하면 근수축이 많이 일어나게 되거나 오래 지속되게 한다. 예를 들어 메뚜기가 비행할 때, 한 두 개의 자극이 날개를 위로 올리는 근육을 자극하고, 다시 한 두 개의 자극이 날개를 아래로 내리는 근육을 자극한다. 그러나 말벌이 비행할 때는 전혀 다른 일이 일어난다.

신경자극이 없을 때는, 당연히 말벌의 비행 엔진은 아무 일도 하지 않는다. 말벌의 경우에, 신경자극은 날개가 얼마나 자주 비팅하는 지를 결정하는 요소가 아니고, 다만 비행 엔진을 계속 켜 놓는 신호의 역할을 한다. 날개 비팅의 빈도를 결정하는 것은(거의 반사작용과 같이 단순하게) 비행 시스템의 무게와 탄성이다. 진자의 길이를 짧게 하면 자주 흔들리고, 기타의 줄을 조이면 진동 주파수가 증가하게 된다. 말벌은(다른 많은 곤충들이 그렇듯이) 발이 지면에서 떨어지면 자동적으로 날개의 비팅을 시작한다. 그리고, 스트로브를 이용하여 날개 비팅의 빈도를 손쉽게 알아낼 수 있다. 만약 날개의 끝을 조금 잘라내고(침에 쏘이는 것을 각오해야겠지요!), 발이 지면에서 떨어지게 하면, 우리는 날개 비팅의 빈도가 증가하는 것을 관찰할 수 있다. 여기서 날개를 조금 더 잘라내면, 빈도가 조금 더 증가한다. 이런 빈도의 증가는 잘라낸 조각의 무게와 날개 끝에서부터의 거리를 고려하여 정확하게 물리학적인 시스템으로 계산할 수 있다. 본인은 이런 실험을 학부 마지막 해에 수행해 보았는데, 이때가 처음으로 복잡한 실험을 시도해 본 것이 아닌가 생각한다.

신경자극을 관찰하는 것도 그리 어려운 일은 아닌데, 본인은 이것을 강의 시간에 보여주기도 한다. 먼저 곤충을 딱딱한 와이어의 끝에 붙여서(왁스를 녹여서 접착제로 사용할 수 있다) 발이 공중에 뜰 수 있도록 한다. 그런 다음 흉곽에 작은 구멍을 내고 그 속으로 한 쌍의 절연 와이어를 집어넣는다. 와이어의 다른 쪽은 적절한 앰프를 거쳐 스피커나(음악을 듣듯이 자극을 듣기 위해) 오실로스코프에(스크린에 나타난 세로선으로 자극을 보기위해) 연결한다. 곤충의 발을 지면에서 떨어지게 하면(아울러 때때로 머리에 약한 바람을 불어주면), 곤충은 몇 시간이고 날개를 비팅한다. 메뚜기와 말벌은 매우 다른 결과을 보여준다. 메뚜기나 잠자리는 일정한 낮은 소리의 신경 자극을(스피커에서) 보여주거나 규칙적인 일련의 세로선을(오실로스코프에서) 보여준다. 반면에, 말벌이나 파리는 매우 불쾌한 소음이나 불규칙적인 세로선을 보여준다.

신경이나 근육의 전기적인 활성은 위와 같이 관찰하고, 날개 비팅의 빈도를 측정하기 위해서는 또 다른 기계 장치가 필요하다. 이 예민한 측정을 위해서는 축음기의 카트리지를 이용할 수 있다. 카트리지를 곤충의 어느 부위에 접촉하던지 상관없다, 왜냐하면 모든 부위가 날개의 비팅과 일치하여 떨리기 때문이다. 이 신호들을 오실로스코프에서 관찰할 수 있다(그림 4.1).

근육이 신경자극과는 독립적으로(비동시적으로) 작동하도록 하기 위해서는 근육의 기본적인 시스템을 약간 수정할 필요가 있다. 칼슘은 주기적으로 순환하는 대신에 시스템을 자극하기 위해 계속 분비된 상태로 있다. 더욱 특이한 것은 기계적인 신장(stretch)에 의한 근육의 수축이다. 날개를 아래도 당기는 근육의 수축은 위로 올리는 근육을 신장시키고 이것은 이 근육이 수축하도록 하는 자극이 된다. 역으로 날개를 위로 올리는 근육의 수축은 아래로 당기는 근육을 신장하여 수축하도록 한다. 일반적으로 근육은 딱딱한 편인데, 곤충의 근육은 다른 척추동물의 근육보다 훨씬 딱딱하다. 또한 근육에 가해진 부하는 감폭이 없는 매우 큰 관성을 지녔음에 틀림이 없다. 예를 들어, 그네를 밀 때 손을 놓아도 그네는 한동안 계속 움직이는 것처럼 말이다.

파리, 모기, 딱정벌레, 말벌, 벌, 삽주벌레, 및 여러 곤충들이 이런 비동시적인 근육을 사용하고 있다. 그들이 이런 비슷한 근육시스템을 갖추고 있는 반면, 그들의 선조들은 같은 트릭을 사용하지

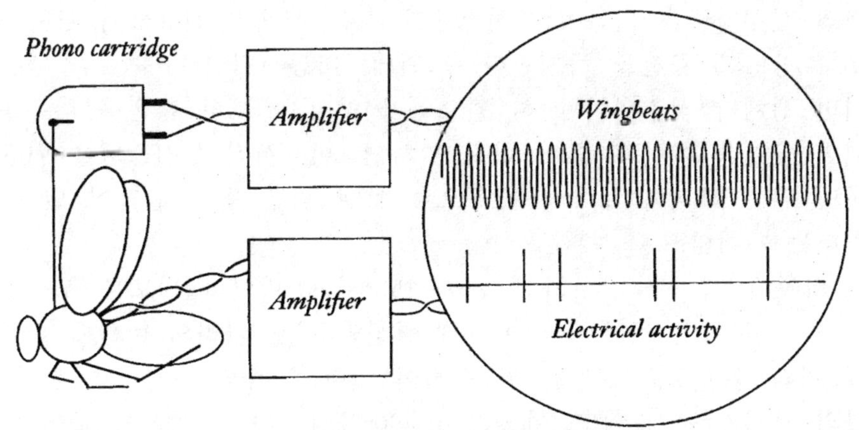

그림 4.1. 곤충의 날개 비팅은 축음기의 카트리지를 이용하고, 근육과 신경의 전기적 활성은 전극을 이용하여 오실로스코프로 관찰할 수 있다.

는 않은 것으로 보인다. 다시 말하면, 현재 우리가 알고 있는 곤충의 진화에 대한 지식에 의하면, 이런 특이한 근육 시스템은 여러 진화 계보에 독립적으로 등장했다는 것이다. 몸집이 작다는 것으로 말미암아 날개 비팅의 빈도를 증가시키는 대신에 빈도를 직접 조절하는 신경 기능을 잃어버리게 하였다. 이것은 다른 계보의 동물이 비슷한 진화의 압력을 받을 때 기존의 기능에 비슷한 변화를 준다는, 하나의 수렴진화(convergent evolution)로 볼 수 있다.

캘리포니아 대학의 Irvine에서 무척추동물의 근육을 연구하고 있는 조셉슨(Robert Josephson)에 의하면 비동시적인 시스템의 또 다른 장점이 있다고 한다. 조셉슨은 동시적인 시스템을 사용하면서도 1초에 수백번 수축할 수 있는 근육이 있다고 한다. 예를 들면, 알레이로디데(whitefly)는 정상적인 근육을 가지고 있으면서, 1 초 당 180번 정도 날개를 비팅할 수 있다. 따라서 높은 비팅 빈도를 얻는 것이 구태여 비동시적이지 않아도 가능하다는 것이다. 그러나, 조셉슨은 비행하는 동물들은 일반적으로 과도한 무게를 피하려고 하는데, 실제 곤충의 흉곽은 크기가 작다는 것을 지적한다. 곤충의 근육은 산소를 사용하여 지구상의 그 어떤 동물보다도 효율적으로 많은 양의 ATP를 생산한다. 이를 위해서 필연적으로 공간과 무게가 필요하다. 미토콘드리아는 근육의 30~40%의 공간을 차지한다. 또한, 정상적인 신경자극을 위하여 T-시스템과 같은 생체막 시스템이 근육의 20% 정도의 공간을 차지한다. 그런데, 비동시적인 근육 시스템은 이런 생체막 시스템이 전혀 필요하지 않아서, 보다 많은 근섬유를 위한 공간을 마련해 준다. 다시 말하면, 비동시적은 시스템을 이용하면 같은 부피와 무게의 근육으로 보다 많은 힘을 만들어 낼 수 있다는 것이다.

비동시적인 근육을 가진 곤충들도 날개 비팅의 빈도를 조절할 수 있는 능력이 있다. 본인이 대학원생인 시절 파리의 비행에 관한 몇 개의 흥미로운 논문을 읽은 적이 있다. 곤충의 흉곽에는 한 두 쌍의 날개가 붙어 있고, 아울러 6개의 다리가 모두 여기에 붙어 있다. 파리의 경우에, 가운데 다리와 흉곽을 이어 주는 근육은 단순히 흉곽의 바닥에 붙어있지 않고, 다리와 흉곽이 연결된 부분부터 흉곽의 꼭대기까지 넓게 이어져 있다. 이 근육은 파리가 점프할 수 있도록 하는 다리 근육으로서의 역할을 한다. 그런데, 본인은 파리가 날개짓을 막 시작하는 처음의 짧은 기간 동안 날개 비팅의 빈도가 비정상적으로 높다는 것을 발견하였다. 그런데 이런 비정상적으로 높은 초기 비팅 빈도는 가운데 다리를 절단하면 사라졌고, 앞다리나 뒷다리를 절단하였을 때는 아무 영향을 받지 않았다. 가운데 다리와 연결된 근육으로 흉곽을 조이는 것은 마치 기타줄을 조이는 것처럼 날개 비팅의 빈도를 증가시켜준다. 이것은 파리의 점프를 빠르게 해 줌으로써 파리의 생존에 매우 큰 도움이 될 것이다. 하나의 근육으로 점프도 하고, 날개 비팅의 빈도도 조절하는 것은 대단히 영리한 전략이다! 결론적으로 직접적인 신경 자극 없이도 빈도를 조절할 수 있다는 것이다. 일단 기계적으로 공진(resonance)을 결정해 놓고 흉곽의 강도를 조절함으로써 공진의 빈도수를 변화시킬 수 있다.

아마도 곤충의 비행 근육은 가장 짙은 어두운 색의 근육일 것으로 보인다. 그러나, 실제 검게 보이는 것은 껍질의 색깔일 뿐이고, 미오글로빈을 가지고 있어서 그런 것은 아니다. 대부분의 곤충은 헤모글로빈, 적혈구, 허파 등이 없고, 비교적 간단한 심장과 순환시스템을 가지고 있다. 산소를 공급하기 위해 헤모글로빈을 이용하는 대신, 곤충들은 전혀 다른 시스템을 가지고 있다. 기관이라고 불리는 작은 관들이 몸의 측면으로부터 공기를 받아들인 다음, 근섬유로까지 가시를 쳐서 세포 수준으로까지 공기를 전달한다. 분지된 기관을 통하여 공기는 미토콘드리아에서 불과 5 마이크로미터 떨어진 곳까지 전달된다. 가장 미세한 가지에서는 확산을 통하여 산소를 공급한다. 보다 큰 가지에서는 기관을 펌프하기도 하고, 아코디언같이 움직이게 하기도 하고, 근육 자체가 기관을 짜는 효과 등을 이용하기도 한다.

소음을 내는 것

많은 동물들은 소리를 내는데, 오케스트라의 악기보다 더 다양한 방법으로 소리를 낸다. 많은 경우에 그들의 작은 악기로 소리를 내기 위해 많은 에너지를 사용하기도 한다. 귀뚜라미나, 매미, 그리고 개구리가 만들어 내는 소음을 생각해보라. 상대적으로 새와 포유동물을 포함한 고등 척추동물은 소리를 쉽게 내는 편이다. 우리는 여러 가지 이유로 많은 양의 공기를 허파로 들이 마시기도 하고 내쉬기도 한다. 이 때 우리는 우리의 기관을 오르간, 플루트, 클라리넷 같은 악기와 유사한 도구로 사용한다. 또한, 소리를 내기 위해서는 몸을 따뜻하게 유지하는 정도의 적은 에너지만 사용하면 된다. 우리는 여러 가지 복잡한 소리를 낼 수 있지만, 낼 수 있는 소리의 크기에 관해서는 곤충과는 상대가 되지 않는다. 주기적으로 우는 매미의 소리를 생각해보면 이해가 될 것이다.

소리를 내는 것은 작은 날개를 비팅하는 것과 매우 유사한 문제를 가지고 있다. 진동수가 높은 소리를 내기 위해서는 상대적으로 적은 에너지만 있으면 된다. 우리는 하이파이 음향 시스템을 제작할 때 고음은 싸게 만들 수 있고, 저음을 만들기에는 비용이 많이 든다는 것을 알고 있다. 트위터는 작아도 되지만, 우퍼는 커질 수밖에 없다. 심지어는 서브우퍼만을 위해 앰프를 따로 달아주기도 한다. 만약 당신이 여성을 유혹하거나 당신의 존재를 상대방에게 알리고자 한다면 최소한 100Herz 정도의 주파수가 필요할 것이다. 그러나 곤충들이 소리를 내는 것은 작은 날개를 비팅하는 것만큼이나 힘든 일이다.

우리가 자연의 극한 상태를 귀중히 여기고 연구하는 데에는 2가지 이유가 있다. 먼저 이런 것들은 자연의 디자인이 어느 정도까지 극단적으로 변경될 수 있는지를 보여줌으로써, 어떤 특정 상황에 대응하기 위해서 무엇을 변경해야 하는지 알려준다. 이것은 다시 우리가 정상적인 디자인이 어떻게 작동하는지 이해하는데 큰 도움을 준다. 어떻게 온혈 동물인 오리가 발에 피를 공급하면서 차가운 물을 헤엄쳐 다닐 수 있는가? 이런 것들을 이해하면, 우리의 팔다리가 언제 그리고 왜 머리나 몸통보다 차가운지 이해할 수 있다. 스콜란더(Scholander)는 이런 접근 방식의 대가이다. 그렇지만, 그가 이런 방식을 처음 고안해낸 것은 아니다. 보렐리(Borelli)도 이런 방식을 확실히 사용하였었고, 하비(William Harvey)는 1628년에 혈액의 순환을 확립한 그의 저서에서 다음과 같은 글로 이런 비교학적 방법에 대해 언급한 바 있다. 그는 "만약 해부학자들이 사람의 몸을 아는 만큼 하등 동물에 대한 지식을 갖게 된다면 모든 복잡한 문제들이 깨끗이 해결될 것이라고 생각한다" 라고 하였다.

　20세기에 들어와서는 이런 접근법이 일련의 생리학자들에 의해 효과적으로 사용되었다. 이 접근법은 보어(Christain Bohr, 유명한 물리학자인 Niels Bohr의 아버지)가 시작하였고, 그의 학생이자 노벨상 수상자인 크로그(August Krogh), 크로그의 학생인 넛 닐슨(Knut Schmidt Nielsen)과 이 세 사람의 모든 학생들에 의해 사용되었었다.

　두 번째 이유는 때때로 서로 다른 계보에서 비슷한 극한 상태를 발견할 수 있다는 것이데, 이런 현상을 우리는 수렴(convergence)이라고 부른다. 키가 큰 목본식물들은 많은 경우에 키가 작은 초본식물들에서 진화되었다. 이 목본식물들이 공유하고 있는 특징들을 살펴보면 우리는 나무로 진화되기 위해서 필요한 조건들을 이해할 수 있다. 이를 달리 표현하면, 자연선택이 진화를 촉진한다는 전제하에, 수렴된 공통 특징은 그 생물이 성공적으로 살아가는데 필수적인 것으로 여겨진다는 것이나. 따라서 수렴된 특징들은 기능적으로 매우 중요한 것들이다. 이것은 자연이 어떤 생물을 디자인할 때 어떤 점들에 특별히 신경을 쓰는 지 알려주는 것이다.

　다시 "소리"로 돌아가자. 어떻게 작은 동물이 큰 소리를 낼 수 있을까? 그 한 방법은 충분히 높은 주파수로 수축할 수 있는 충분히 큰 근육을 만드는 것이다. 이것은 인간의 근육이 수행할 수 있는 것보다 적어도 열 배 이상 빨리 수축하는 것을 의미한다. 이것을 얻기 위하여 매우 빠른 신경자극과 칼슘의 순환이 필요하다. 다시 말하면, 칼슘은 몇 백분의 일초에 한번씩 순화되어야 한다. 이들 빠른 근육은 T-시스템과 근소포체라는 정교하고 매우 부피가 큰 내부 생체막 시스템을 가지고 있다. 1960년대에 빠른 근육에서 이런 생체막 시스템이 매우 정교하게 발달되어있다는 사실을 발견하였는데, 이것은 이 생체막 시스템의 정상적인 기능이 무엇인지 말해주고 있다.

자, 그럼 어떤 동물에 대해 이야기해 볼까? 케이티디드(katydid)라고 불리는 긴 수염 여치도 소리 내는 동물 중 하나이다. 케이티디드는 귀뚜라미처럼 그들의 앞날개를 서로 문질러서 노랫소리를 내는데, 그 때 사용되는 근육은 그들이 비행할 때 날개를 비팅하는데에 쓰는 근육과 같은 것이다. 신기하게도, 그들이 날 때에는 이 근육들을 일초당 대략 20번 정도 수축시키면서 날개를 비팅하는 반면에, 노래할 때에는 초당 무려 200번 까지도 근육의 수축이 일어난다. 게다가 초당 200회의 각각의 근수축들은, 같은 빈도로 근육에 전달되는 경이적인 신경자극에 의해 촉발되는 것이다.

랍스터(lobster; 바닷가재)가 소리를 내는 것을 들어본 사람은 거의 없겠지만, 이들도 역시 소리를 내는 동물이다. 메인 랍스터(Maine lobster; 미국 Maine 주에서 나는 바닷가재)를 괴롭혀보면, 그들이 물속에서 더듬이를 떨면서 웅웅거리는 큰 소리를 내어, 불쾌함을 나타내는 것을 볼 수 있다. 이 때 더듬이를 움직이는 근육은 굉장히 넓게 펼쳐진 근소포체(sarcoplasmic reticulum)를 갖고 있을 것이다. 이 근육에서는 근원섬유(myofibril)가 근육부피의 1/4 정도만을 차지하며 미토콘드리아는 거의 없지만, 대신 근소포체가 전체 근육부피의 반 이상을 차지하고 있다.

박쥐들은 초음파 파동을 발산하는데, 이것은 단 한 마리의 곤충에서 반사되어 오는 메아리를 추적해 낼 수 있을 정도로 강도가 세다. 초음파 발산에 사용되는 근육들이 초음파의 진동수를 결정하는 것은 아니지만(이것은 단순히 음향상의 문제이다), 대신 1/1,000초 단위의 시간으로 발생하여 초당 200회까지도 빈도가 높아지는 초음파의 파동 하나하나의 형태를 결정한다. 역시 여기에 사용되는 근육들도 다른 부위에 비해 특별한 구조를 갖고 있다. 특이하게 넓은 모양으로 펼쳐진 근소포체들은 매우 가느다란 근원섬유들을 둘러싸고 있고, 때로는 근원섬유들을 뚫고 나가기도 한다.

그 밖에 어떤 동물들이 있을까? 아귀(toad fish)의 경우와 마찬가지로 다량의 근소포체를 가진 초고속으로 근육을 수축할 수 있는 척추동물의 근섬유는 크게 네 가지로 분류된다. 먼저 긴장성 근섬유(tonic muscle fiber)는 활성전위를 형성하지 않으며, 자세를 취하는 데 사용되는 근육에 많이 존재하고, 등척성(isometric) 수축에 적합하다. 활성전위를 형성하는 근섬유들에는 느리게 수축하는 종류와 빠르게 수축하는 종류가 있는데, 빠르게 수축하는 고속근섬유(fast fiber)들은 포도당을 활발히 산화 시키면서 지속적인 에너지를 만들어 낼 수 있는 종류와, 해당과정만으로 일시적인 에너지를 만들어 사용하는 종류로 다시 나뉜다. 아귀에서 언급되는 초고속근육은 후자에 속하는 것으로, 해당과정을 통해 순간적으로 발생하는 에너지를 이용하여 매우 빠른 근수축이 가능하다. 이들은 포도당의 산화에 필요한 미토콘드리아를 거의 갖고 있지 않다. 초고속으로 수축 가능한 근육이 그들의 부레를 감싸고 있다. 이들은 시끄러운 자동차의 경적소리와 견줄만한 크기의 소리를 만들어 내는데, 이 때 역시 일 초에 200회 정도의 빠른 근수축이 일어난다.

방울뱀도 비슷한 구조의 초고속근육을 사용하여 꼬리의 방울을 초당 90번까지 흔들어대면서 달각거리는 소리를 낸다. 더군다나 등에 다이아몬드 형 무늬를 가진 서부 방울뱀들은 쉼 없이 몇 시간이나 방울소리를 내는 놀라운 일을 해내기도 한다(이 때는 숨조차 한 번 쉬지 않는다!) 따라서, 방울주위의 근육들은 근소포체 외에도 많은 미토콘드리아를 가져 에너지의 필요량을 충당해야만 한다. 그러나 그들이 에너지를 낭비하는 것은 아니다. 꼬리 방울의 근육은 알려진 근육들 가운데 최소의 에너지만을 사용하여 수축한다.

마지막으로 언급할 매미는 위의 근육들에 대한 이야기들을 잘 종합하는 예이다. 매미는 노래라기보다 비명에 가까운 울음소리를 낸다. 그들은 한 쌍의 근육들을 사용하여 복부의 양쪽에 하나씩 위

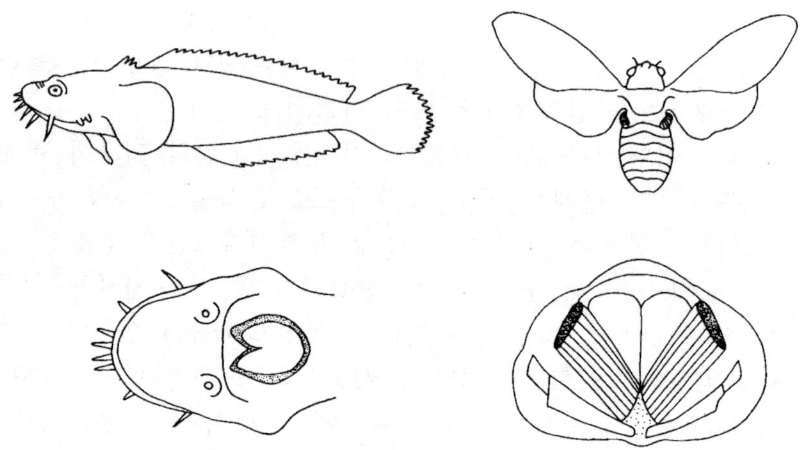

그림 4.2(왼쪽 위) 아귀와(왼쪽 아래) 소리를 만들어 내는 아귀의 부레 근육으로
둘러싸인 부레는 아귀의 몸 안에 위치하고 있다.
(오른쪽 위) 매미의 진동막과(오른쪽 아래) 진동막 아래 사선으로 배치된 근육을
보여주는 복부의 단면.

치한 진동막을 떨리게 함으로써 그러한 소리를 낸다. 근육이 수축
하면 둥글게 부풀어 팽팽해진 진동막이 튕겨져 들어오고, 근육이 이
완되면 다시 진동막은 튕겨져 나간다. 비동기 비행근육(asynchronous
flight muscle)을 발견하였던 케임브리지 대학의 프링글 박사는, 매미
도 비동기 비행근육과 같은 방식으로 진동막의 근육을 움직인다는
것을 밝혀내었다. 진동막은 바깥쪽으로 밀려나가면서 근육의 수축
을 자극하게 되고, 그에 의해 튕겨져 들어온 진동막은 다시 근육이
이완하도록 한다. 따라서, 진동판은 한 번 더 바깥 쪽으로 튕겨져
나가게 되며, 이러한 과정이 반복되면서 매미는 울음소리를 낸다.

그러나 모든 매미들이 위와 같은 비동기 근육을 사용하는 것은
아니다. 앞서 등장했던 조세프슨은 두 종 간의 비교를 통해 전형적
인 동기적(synchronous)자극 시스템과 새로운 비동기적 자극시스템에
대해 비교연구를 진행하였다.

수축기간(twitch duration)의 측면에서는, 비동기적 근육은 개체로
부터 분리되었을 때에도 비교적 정상적인 모습을 보였다. 이러한

현상은 일반적인 초고속근육의 경우와는 달라 모순으로 느껴지기도 하지만, 그 밖의 특징은 초고속근육에 가깝다. 소리를 내는데 필요한 비용의 측면에서 보면, 두 종류의 근육 모두 전체 부피의 약 40%를 미토콘드리아로 채우고 있다. 그러나 동기적으로 자극되는 초고속근육은, 비동기적 근육에 비해 약 12%의 부피에 해당하는 근소포체를 더 갖고 있는 반면, 그만큼 근원섬유의 비중이 적다. 이것이 바로 박쥐와 케이티디드, 아귀, 방울뱀들이 가진 동기적 초고속근육의 약점이다. 근육에서 나오는 힘의 강도는 근원섬유에서 비롯되는 것이기 때문에, 비동기적으로 자극되는 근육은 동기적 근육에 비해 2배 이상 큰 힘을 낼 것으로 생각된다. 여기서 다시 우리는 비행에 대한 조세프슨의 이론으로 돌아가게 된다.

비동기적 근육이 빠른 빈도로 수축할 수 있다는 점은 이 종류의 근육들이 가지는 일차적이고 주요한 이점이 아닐지도 모른다. 제한된 공간에 더욱 강한 근육을 갖출 수 있다는 것이 정말로 중요한 (또는 진화과정에서 중요했던) 이득인 것 같다. 이들 매미가 비동기적인 진동막 근육을 가지도록 진화됨과 동시에, 비행을 위해서는 평범한 보통의 동기적 근육을 보존하였다는 점도 흥미로운 현상이다.

꽉 다물어진 조개류의 입

날기 위해서는 많은 힘이 필요하지만, 이것은 단순히 날기 위한 것만이 아니라 멀리 있는 먹이에도 빠르게 접근하고, 기후의 변화를 피해 이동할 수 있으며, 종족을 널리 퍼뜨릴 수도 있는 방편을 위해 들여야 하는 비용이다. 우리 인간들은 단지 체온을 유지하는 기초대사를 위해서 엄청난 에너지를 사용해야 한다. 그에 반해 사람크기의 악어는 사람이 사용하는 에너지의 1/4정도 만으로도 기초대사가 가능하다. 이러한 관점에서, 인간은 날아다니는 동물들과 마찬가지로 추월차선을 달리듯 바쁘게 살아가는 동물이다.

그러나 자연계에는 적은 양의 에너지만을 소비하며 느리게 살아가는 다양한 동물들이 있다. 만약 우리 인간들이 에너지를 많이 소비하지 않고 살아간다면 지금처럼 많은 양의 음식을 섭취할 필요도 없을 것이다. 느린 속도는 잠자코 앉아있는 거미나 악어들이 살아가는 전략이다. 그러나 이들도, 물밑바닥에 가만히 앉아서 지나가는 먹이감을 조용히 걸러내어 먹는 무척추동물들 만큼 비활동적이지는 않다.

대합조개는 극히 비활동적인 동물들의 전형적인 예이다. 그들은 유순한 성격만큼이나 느리게 움직이며 산다. 대합 한 마리가 한 쌍의 수관만을 물 속으로 내어놓고 진흙이나 모래에 묻힌 채 누워있는 상황을 생각해 보라. 그들은 한쪽 입수관으로 물을 빨아들여 체 모양의 구조를 통과시킨 뒤, 다른 한쪽의 출수관으로 뿜어낸다. 대합은 1온스(약 28.34그램)의 먹이를 얻기 위해 무려 1톤의 물을 체를 통해 걸러내어야 하며, 보통의 대합은 수 초 내에 그들 몸집과 같은 부피의 물을 뿜어낸다. 그리고 나면, 그들에게는 먹이를 찾는 일 이외에 별다른 활동을 할만한 여력이 없어진다.

대합조개가 잘 하는 일 중 하나는 입을 꽉 다물고 있는 것이다. 그림 4.3에서 보는 것처럼 조개의 양쪽 껍데기는 한 쌍의 근육으로 연결되어 있는데, 조개의 입을 벌려 들여다보려 했던 적이 있는 사람이라면 누구나 그 센 힘을 알고 있을 것이다. 그러나 가장 인상적인 것은 근육에서 나오는 힘의 강도가 아니라, 그 지속성과 경제성이다. 제1장에 나와있듯이, 물리학 수업에서 배우는 이론적 물리학에서는, 지탱하는 힘은 에너지나 동력을 필요로 하지 않는다. 뒤

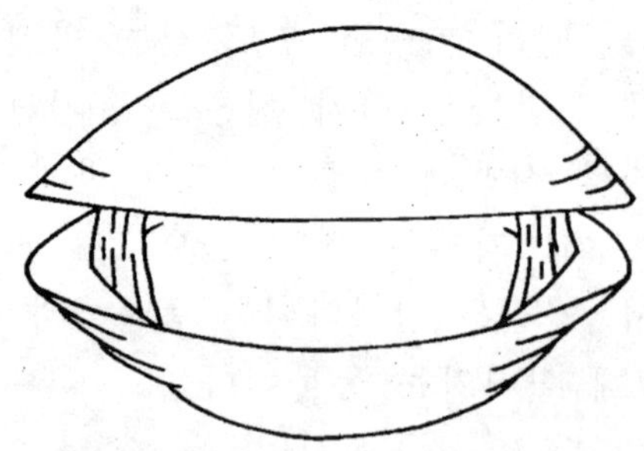

그림 4.3 대합의 폐각근

에 나오는 7장에서도 언급하겠지만, 천장의 샹들리에는 연결 체인이 그 무게를 지탱해 주면서 에너지의 공급 없이도 계속적으로 매달려 있을 수 있다. 그러나 우리의 근육들은, 힘을 지탱하기 위해서도 끊임없는 에너지의 공급을 요구한다. 물론 동시간 동안 근육이 수축하기 위해서 드는 것만큼은 아니지만(제3장 힐의 일 Hill's work 참고) 상당량의 에너지가 공급되어야 한다. 대합은 입을 꼭 다문 채로, 홍합이나 가리비와 같은 다른 쌍각류(bivalve) 조개보다 더 잘 버텨낼 수 있다. 이들은 수축한 뒤 스스로를 수축된 상태로 유지시킬 수도 있는 근육을 갖고 있다. 그렇다고 쌍각류의 이러한 비상한 특징이 물리학의 법칙에 어긋나는 것은 아니다. 그것은 단지, 국기를 게양할 때 국기를 매단 밧줄을 걸쇠에 묶어놓아 해질녘까지 붙잡고 있을 필요가 없어져버린 것과 같은 이치이다. 쌍각류의 연체동물들이 근육을 수축상태로 고정해 놓을 수 있다는 사실은, 이미 백 여 년 전부터 알려져 있었다.

수축상태의 폐각근은, 지속적인 수축상태(tonic contraction)에 있는 보통의 근육들이 작용하는 방식과는 달리 마치 고무줄과 같은 역할을 한다. 그 근육으로는 두 종류의 신경세포가 뻗어있어서, 근육이 수축하거나, 또는 이완되도록 명령을 내린다. 흥분성 신경세포는 이미 설명된 대로, 근원섬유 주변으로 칼슘이 분비되도록 촉진하여, 일반적인 근수축을 일으킨다. 그런데 폐각근의 경우는 보통의 근육과는 달리 미오신과 액틴의 교차구조가 지속적으로 유지되도록 되어 있어, 이완성 세포가 신경자극을 전달해 주어야만 이완이 일어나는 특징이 있다. 이것은 쉽게 말해서, 건반에서 손을 떼면 바로 소리가 멈추는 피아노 보다는, 불빛을 켤 때와 끌 때 모두 스위치를 눌러주어야 하는 전구와 같다고 비유할 수 있다. 두 종류의 신경세포의 활동은, 근수축 또는 이완을 유발하는 신경세포가 분비하는 신경전달물질을 근육이 들어있는 용액에 직접 투여해 봄으로써도 확인할 수 있다. 하지만 그 이상의 자세한 근수축 메커니즘에 대해 이해하는 데에는 어려움이 따르고 있다. 아마도 잘 알려져 있지 않은 형태의 미오신이 관여하는 것으로 여겨진다.

폐각근은 대합이 한 가지 자세를 오래도록 유지할 수 있게 해주는 매우 훌륭한 장치이지만 그것도 역시 취약점을 갖고 있다. 근육의 움직임이 아주 느리고, 근육의 단위면적당 매우 약한 힘밖에 낼 수 없다는 점이 그것이다. 만약 우리 몸의 운동과 자세를 담당하는 근육이 이러한 구조로 이루어져 있다면, 우리 몸은 매우 많은 양의 근육을 필요로 할 것이며, 이로 인해 많은 활동에 제약을 받게 되었을 것이다. 우리는 음식을 소화시키는 몇 가지 장기들에서만 폐각근과 약간 비슷한 형태의 근육을 사용한다. 위와 장벽의 민무늬근(여기에는 보통의 골격근에서 나타나는 줄무늬가 없다)이라 불리는 이 근육들은 느린 속도로 움직이고, 흥분-억제의 양쪽성 자극체계를 가진 점에서 폐각근과 비슷한 특징을 갖는다.

힘과 속도와의 교환

우리 척추동물들은 2.5 마이크로미터(0.0001 인치) 길이로 고정된 크기의 근절(sarcomere)을 부여 받아 살아가고 있다. 그 외의 동물들은 그러한 제한에서 벗어나, 반정도로 짧은 크기의 오징어 촉수 근절에서부터 10배정도 긴 길이로 된 홍합의 근절처럼 다양한 크기의 근절들을 만들어 낸다. 이러한 변이는 동물의 개체 크기에 비례하는 것이 아니라, 근육의 사용 기능에 따라 구조를 진화시켜오는 과정에서 선택된 것이다.

짧은 근절로 이루어진 근육들은 신속하게 수축할 수는 있지만 강한 힘을 내지는 못한다. 그에 반해, 긴 길이의 근절은 근육에 강한 힘을 부여하는 반면 빠르게 움직이도록 하지는 못한다. 어떻게 보면 이것은 당연하다. 근육이 낼 수 있는 일률(power)은 근절의 길이가 아니라 근육의 전체 질량에 따라 결정되는 것이므로, 동량의 근육에서 낼 수 있는 일률은 일정하다. 이때 일률은 속력에 힘의 크기를 곱한 값이므로, 일정량의 근육에서 속력과 힘의 크기가 서로 반비례 관계를 가질 것임을 간단하게 알 수 있다. 미묘한 것은

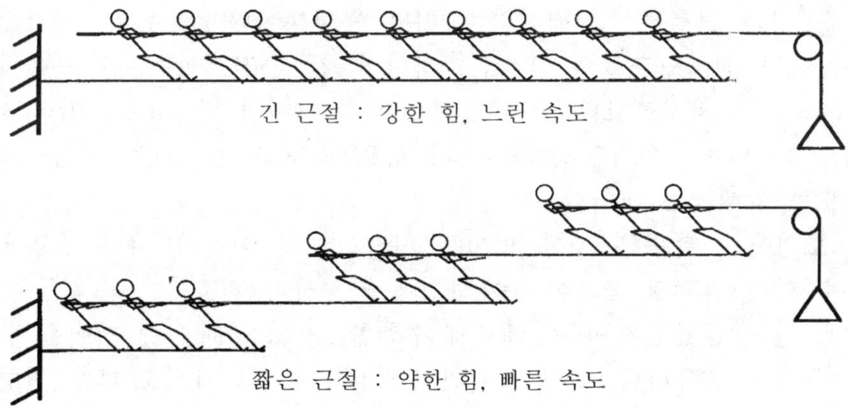

그림 4.4 긴 근절과 짧은 근절에서 일어나는 근육의 수축

근절의 길이에 따라 어떻게 속력과 힘의 조합이 변화하는가 하는 점이다. 그림 4.4의 모식도를 보고 이해해 보자.

먼저 액틴과 미오신 사이의 교차구조(그림 4.4에서는 사람으로 표현된)가 두 섬유 사이를 항상 같은 속도로 밀어내고 있다고 생각해 보자. 만약 근육이 하나의 기다란 근절로 구성되어 있다면, 근섬유끼리 서로 밀려나는 속도가 그대로 전체 근육의 수축 속도가 될 것이다. 그 때 힘의 크기는 교차구조들이 주어진 시간에 섬유를 끌어당기는 힘의 합과 같게 된다.

한편 근절들이 그림 왼쪽의 힘줄에 부착되어 근육의 Z-디스크(Z-판)를 끌어당기는 경우를 생각해 보자. Z-디스크는 교차구조들이 움직이는 속도로 왼쪽으로 당겨질 것이다. 이때 왼쪽으로 당겨진 Z-디스크의 오른쪽에는 또 다른 근절이 존재하고, 그것 또한 첫 번째 근절과 같은 속도로 다음 Z-디스크를 끌어당긴다. 결과적으로 두 근절의 수축 속도가 더해져, 두 번째 Z-디스크는 첫 번째 근절보다 두 배 빠른 속도로 왼쪽으로 이동하게 된다. 오른쪽으로 갈수록 Z-디스크의 이동속도가 빨라지는 현상은 근육을 따라 계속적으로 일어나, 짧은 근절을 가지는 근육에서는 더 빠른 수축이 일어날 수 있는 것이다. 그러나 이 경우에 실제적으로 대상을 잡아당기는 기능을 하는 근절은 첫 번째와 마지막 근절뿐이다. 짧은 두 근절에 존재하는 교차구조들의 개수는, 하나의 긴 근절로 구성된 근육에 존재하는 교차구조보다 적을 것이므로, 여기에서 발생하는 힘의 크기도 더 약해진다. 근육운동이 더 빠른 속도로 일어나는 만큼, 그 강도는 약해지는 것이다.

오징어는 촉수를 쏘아 먹이를 사냥하는데 이러한 사냥 방법은 촉수 안에 발달된 근육이 존재하기에 가능하다. 특히, 그 근육은 촉수를 길게 늘였다가 매우 빠르게 수축할 수 있기 때문에 먹이를 잡는데 매우 유용하다. 필자의 지인인 키어(그는 그 자신도 매우 민첩하게 움직이는 사람이다.)가 측정한 바에 따르면, 그러한 공격은 단 1/40 초 만에 빠르게 일어난다. 그가 실험에 사용했던 오징어 종의 중요한 신장성 근육(extension muscle)은, 우리의 근절 길이의 약 1/3 정도 밖에 되지 않는 0.9 마이크로미터 길이의 근절을 갖고 있었다. 짧은 근절의 근육이 빠른 속도의 움직임을 가능하게 하는 것이다.

위와 정반대의 예가 되는 홍합은, 긴 근절로 이루어진 근육으로 바위에 붙어서 산다. 이들은 30마이크로미터나 되는 긴 근절을 갖기도 한다. 폭풍이 몰아칠 때에도 바위에 강하게 붙어있을 수 있는 힘은 여기에서 나오지만, 대신 빠르게 움직이는 것은 불가능하다. 게들 중에도 긴 근절로 구성된 근육을 사용하여 집게발을 다무는 종류들이 있는데, 약 20마이크로미터 길이의 이 근절들은 조개껍데기도 부수는 강한 힘을 제공한다. 그 근육은(근육단면의 넓이 당으로 계산해 보았을 때) 알려진 모든 척추동물의 근육이 낼 수 있는 장력의 크기보다 무려 네다섯 배는 더 큰 힘을 발휘할 수 있다. 연체동물들이 게에게 포식되지 않기 위해 몇 가지 비결을 터득하고는 있지만 빠르게 도망쳐서 피하려는 경우는 거의 없기 때문에, 게들의 집게발이 느리게 움직인다 해도 게에게 그다지 불리한 점으로 작용하지는 않는다. 설령 그렇다 해도, 그것은 특별히 강한 힘을 낼 수 있는 데에 따르는 비용인 것이다.

우리 척추동물들도, 속도와 힘의 강도 중 어느 하나에 더 치중하는 근육운동을 하는 경우도 있다. 하지만 목적에 따라 우리가 가진 근절의 길이를 바꾸어 가면서까지 속도와 힘, 둘 중 하나를 선택하도록 진화하지는 못했다. 우리는 진화과정의 어느 시점에서 근절의 길이를 조절할 수 있는 매우 유용한 유전적 융통성의 한 단면을 척추동물들이 상실한 것으로 추정해 볼 뿐이다. 이러한 관점에서는 인간의 게놈 사이즈가 크다고 그렇게 자신만만할 수만은 없을 것 같다.

제 5 장
우리의 운동에 대해 알아보기

아주 단순한 반사작용의 예로는 의사들이 신경의 건강 유무를 검사하는 데 사용하는 "무릎반사"를 들 수 있다. 무릎반사는 슬개골을 살짝 두드렸을 때 다리가 빠르게 살짝 들리는 현상이다. 이를 통해 나타나는 다양한 반응들은 의사들이 환자를 진단하는데 유용하게 사용된다. 이 반사작용은 힘줄에 가해진 자극이 근육에서 감각신경을 통해 척수로 전달되고 척수에서의 명령이 운동신경을 통해 다시 근육으로 전달되어 근수축을 일으키는 것이다. 이 과정이 간단해 보이지만, 무릎 내 신경과 반사-중추와는 떨어져 있는 다른 신경계인 뇌, 소뇌, 귀의 중앙부, 구근 등과 연계된 매우 섬세하고 다양한 변화가 수반되는 현상이다.

— 신경생물학자, 세링턴 경

눈을 감고 기지개를 편 뒤, 두 집게손가락이 서로 만나도록 한 다음, 손가락을 서로 상반되게 움직여 보라. 당신은 이 두 집게손가락이 서로 정확히 닿도록 하면서 계속 움직일 수 있는가? 쉽지는 않지만 대부분 사람들에서 가능하다. 이제는 같은 동작을 여러분의 등 뒤에서 시도해 보라. 신기하게도 두 번째 시도가 조금 더 어려움을 알 수 있을 것이다. 질문: 당신의 신경-근육계가 이러한 작용을 하기 위해서는 무엇을 알고 있어야 하겠는가?

두 다리를 약간 구부린 자세로 서서, 한쪽 다리를 바닥에서 들어 올려 보라. 우선 당신이 넘어지지 않음을 알 수 있을 것이다. 또한, 당신의 머리가 바닥을 지지하고 있는 다리 쪽으로 기울어져 있음도 알 수 있을 것이다. 마지막으로, 당신이 서 있도록 지지해 주는 근육들의 힘이 2배가 됨에도 불구하고 당신이 바닥에 주저 앉지 않음을 알 수 있다. 질문: 근육 활동에 있어서 어떤 조절들이 일어났으며, 어떤 근육들이 이런 작용에 관여하는 것일까?

체중에 비해 발휘하는 힘이나 우리가 호흡을 위해 사용하는 연료로부터 나오는 에너지 효율면에서 볼 때, 근육계는 또 하나의 특수한 엔진이라 할 수 있다. 즉, 근육은 단단하고 건조하고, 회전하는 조직이라고 하기보다는 부드럽고 젖어있으며, 수축 기능을 효율적으로 수행하는 기관이라고 할 수 있다. 신경-근육계가 수행하는 자율적인 조절 방식은 어떤 기술자들이라도 부러워 할 만큼 신비하다고 할 수 있겠다. 근육이 몇 초 또는 몇 분 내에 행하는 일들을 놓고 볼 때, 그 작동과정은 매우 인상적이라고 할 수 있다. 예를 들면, 수 초 혹은 수 분 내에 주어진 일은 하는 것 그리고 과거의 오랜 경험으로부터 장차 있을 요구를 추측하고 미리 자신을 재구축하는 것을 들 수 있다.

반사작용과 우리의 위치 감각

우리는 시각, 청각, 미각, 후각 및 피부감각의 5가지 감각을 가지고 있지만, 우리가 특별한 통찰력이나 이해를 히는 기능의 의미로 6번째 감각을 언급한다. 또한 우리는 내부 감각을 감지하는 기능을 가지고 있다. 예를 들면, 배고픔을 느끼고 화장실을 가고 싶음을 느끼며, 가끔 소화가 잘 안 됨을 느낀다거나, 우리들 중 일부는 협심증을 느끼기도 하는 것 등이다. 한편, 이러한 외적 내적 느낌의 감지 이외에 드물지만 또 다른 감각 기관이 있음을 깨닫는다. 즉, 그것은 근육이나 힘줄 내에서 또는 특정 신체 부위에 작용하는 힘으로서, 이 힘은 중력의 방향으로 작용하는 힘이나 신체에 붙는 가속력의 조정을 위해 작용하는 것이다. 우리는 이와 같은 힘겨운 작업에 고유수용기 체계를 이용한다. 고유수용기라는 말은 "자신의 것"이라는 의미에서 유래된 말이다. 각 사람은 근육, 힘줄, 그리고 관절에 이러한 수용계를 가지고 있다.

　　세가지 수용기 체계인 외부수용기, 내부수용기 및 고유수용기의 구분은 세링턴 경(1857~1952; 1932년 노벨 생리학상 수상함)에 의해 제창되었다. 이 위대한 신경생물학자는 우리에게 신경계가 어떻게 하나의 체계로 작용하는지에 대한 기본적인 개념을 제시하였다. 그의 심오한 통찰력과 실험적인 천재성에 의해 신경이 자극을 전도한다는 단순한 생각으로부터 우리를 벗어나게 해준 것이다. 그는 당시의 실험도구들을 통해 알아낼 수 있었던 것 이상의 발견을 하였고 그의 발견은 앨런 헉슬리나 앤드류 헉슬리의 활동시기인 1940년대 후반보다 훨씬 이전이었다. 특히, 오늘날 반사에 대한 우리의 이해는 세링턴 경의 날카로운 통찰력 즉, 반사들 사이에는 아주 정교한 상호관계가 존재한다는 것에 근거한다고 할 수 있다.

　　그의 1906년 저서인 "신경계의 통합 작용(기능)"은 거의 1세기 전의 것인데도 아직도 많은 사람들에게 읽힐 만큼 가치가 있다. 이 저서는 다윈의 "종의 기원"이 진화에 대한 기존의 생각들을 바꾼 것에 버금 할 만큼 신경생물학 분야에 큰 변화를 가져왔다고 할 수 있으며, 여전히 훌륭하고 유익하며, 그 시대 사항을 고려해 볼 때 상당히 앞서간 책이라 할 수 있다. 더욱이 1940년에 출판된 그의 저서 "인간의 본질"은 생리학 분야에 크게 기여한 매우 가치 있는 저서라 할 수 있다.

　　당신의 손이 뜨거운 물체에 닿았을 때 손을 확 뒤로 당기는 것이 가장 단순한 반사 활동이라 할 수 있는데, 이러한 작용이 어떻게 해서 일어나는지에 대하여 생각해 보자. 첫째로, 당신의 손이 뜨거운 물체에 닿아 뜨거움을 느꼈을 때, 피부에 있는 일부 감각 신경들이 이 신호를 뇌로 전달할 것이고, 이 자극을 받은 뇌는 손을 떼어야 한다고 결정한다. 그 다음, 손을 떼라는 명령을 운동 신경을 통해 손 근육에 전달하여 근육들로 하여금 손을 치우도록 한다고 생각할 수 있다. 그러나 실제로는 그렇지 않다. 이때 손을 떼는 행위는 뇌의 중재 없이 일어나며, 뇌사상태의 동물에서도 일어나는 현상이다. 뇌는 반사 행동 후 척수를 거슬러 올라가는 신경을 통해 이 반사 행동에 관한 정보를 얻으며, 이 정보는 즉각적이거나 차후에 있을 다음 행동을 위한 안내 정보로 사용된다고 할 수 있다. 이제부터 실제로 반사 활동이 어떻게 일어나는지 알아 보자. 피부에 온 자극은 피부에 수 많이 존재하는 다양한 피부수용기가 감지하여 감각 신경들을 통해 척수로 전달되는데, 이때 신경들은 신경 상호 간의 연락 부위인 시냅스를 통해 전달된다. 이러한 신경들 중 뒤쪽 신경들의 일부는 굴근의 운동 단위와 연결되며, 일부 다른 신경들은 척수를 따라 위쪽으로 올라가 뇌에 정보를 제공한다. 세링턴 경은 이 반사 활동을 굴근반사라고 불렀으며, 오늘날도 그대로 불리고 있다.

이러한 굴근반사가 단순히 감각기관(감각기)과 근육(작동기) 사이의 모든 연결이 중추신경계를 거친다는 사실을 지적하는 것이라고 말할 수도 있겠으나 실제는 그 이상의 의미를 가진다. 그것은 척수에 있는 세 번째 연결신경의 한쪽이 굴근과 반대로 움직이는 다른 근육에 연결되어있는 신경들에 영향을 미친다는 사실이다. 우리가 굴근만을 선택적으로 자극할 수는 없다는 사실과 이때 신근이 동시에 작동한다는 것을 알아야 한다. 세링턴 경은 이를 오늘날 우리가 부르는 것과 같이 굴근-신근 교차반사라고 불렀다. 그는 이와 같이 굴근반사 때 굴근의 운동과 반대로 신근의 운동이 일어난다는 사실을 오늘날과 같은 첨단의 실험기기가 아니라 그 당시 본인이 고안한 독창적이고 간단한 실험기기를 이용한 실험을 통해 제시한 것이다(그림 5.1.의 개략도 참조).

굴근반사와 동시에 교차적으로 일어나는 신장반사 운동은 2가지 현상으로 나타난다고 할 수 있다. 첫번째 현상은 어떤 시스템의 반응 결과가 반대로 자기 시스템의 작용을 억제하는 음성되먹임 기전이다. 즉, 자극에 의해 굴근의 운동을 완성한 결과를 시스템이 "인지"한 후 반대로 굴근에 중지 명령을 전달하여 수축을 중단시키므로 "음성되먹임" 작용인 것이다. 우리 생활 주변에서도 음성되먹임

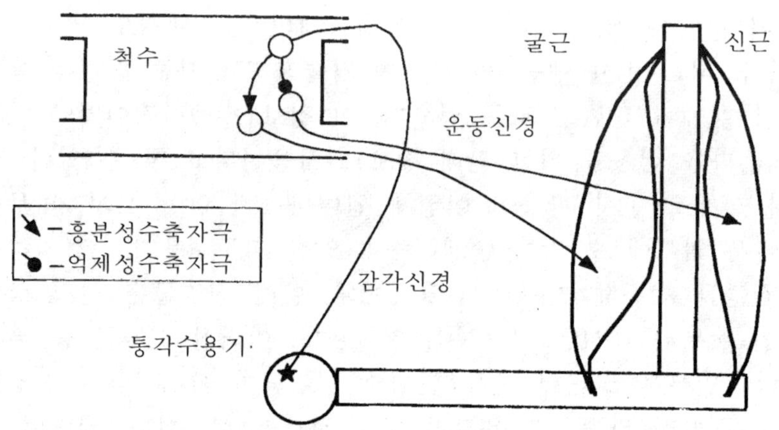

그림 5.1 굴근-신근 교차 반사 운동의 신경 회로 개략도

기전에 의한 장비들이 많이 있다. 예를 들면, 변기 뒤에 설치되 있는 부구는 물 수위를 감지하는 장치로서 만일 수위가 떨어지면 밸브를 열어 물이 더 들어오도록 하여 물탱크를 채우며, 물이 채워지면 부구가 밸브를 멈추게 하는 것이다. 그러므로 물이 낭비되는 일이 없도록 하는 것이며, 변기의 물을 내린 후 다시 채울 수 있는 것이다. 또다른 예를 보자. 전기오븐에 장치된 자기온도조절 장치는 열 팽창률이 서로 다른 2가지 금속을 붙여서 만들어 온도를 감지하도록 한 장치로서, 오븐의 온도가 너무 떨어질 경우 히터를 작동시키며, 반대로 설정 온도가 되면 히터가 꺼지도록 한다. 차의 파워스터링 장치도 이 기전을 이용한 예로서 좀 더 섬세하게 만든 장치이다.

두번째 현상은 이러한 반사는 근육을 수축시키는 운동신경의 흥분뿐 아니라 다른 신경의 활동을 저해 시킨다는 것이다. 신근은 손가락을 데인 경우와 같은 때에만 작동 하는데 반응 후 신근의 자극은 감소되거나 없어져야만 한다. 그러므로 신경의 저해 작용이 흥분 작용보다 더 중요하다고도 할 수 있다. 유전자로부터 뇌에 이르기 까지 모든 생물학적 체계는 대부분의 시간이 저해 상태로 유지된다고 할 수 있겠다. 다시 말하면 잘못된 작동이 올바른 작동의 수를 항상 초과하므로 우리 몸 체계는 정상적인 상태를 유지할 수 있도록 항상 단속하고 있다고도 할 수 있다. 우리 몸의 하나 또는 그 이상의 비정상적인 활동에 대한 규제의 실패가 우리 몸을 경련으로부터 암까지 전환되는 일들이 일어나게 할 수 있다. 세링턴 경의 이론에 근거하여 유추해 보면, 우리가 전화를 사용할 때 올바른 연결보다 가능한 수많은 잘못된 번호로 연결되지 않는 것이 더 중요하다는 의미이다.

근육들은 또 다른 반사에도 관여하는데, 이는 고유수용기들이 담당하며, 뒤에 설명하겠지만 이러한 조절 작용에 의해 우리가 일상적으로 살아가면서 섬세하고 효율적인 조절이 이루어짐을 알 수 있을 것이다. 근육은 최소한 두 가지 형태의 신장수용기를 가지고 있다. 가장 단순한 형태가 골지건기관(1880년 이를 발견한 이탈리아 의사인 골지의 이름을 땄음)으로서 이것은 근육과 뼈를 연결하는 힘줄(건)의 장력을 수용한다. 이와 더불어 우리의 중추신경계는 우리가 어떤 물체를 끌어당길 때 힘의 균형을 유지하게 해준다. 그 밖에 이들 수용체는 신장력이 커져서 근육이나 힘줄이 찢어지거나 심지어 힘줄이 뼈에서 떨어져 나갈 정도의 위험한 수위에 올랐을 때 신호를 보내어 자동적으로 조절되도록 해 준다. 드물지만 경우에 따라서 근육이나 힘줄이 찢어질 수도 있는데, 이는 근육이 갑작스럽게 당겨지거나 충격적인 부하가 너무 빨리 걸려서 근육이 때맞춰 대처하지 못했을 경우에만 일어난다.

장력수용기는 소위 신장반사에 관련된 자극을 수용한다. 앞에서 세링턴 경이 제시했듯이 근육은 강하게 당겨질 때 장력이 형성되며, 장력수용기는 이 자극을 수용하여 근육을 자극하는 비율을 증가시키도록 중추 신경계에 신호를 보낸다. 이 장의 서두에서 설명했듯이 우리는 신경계의 이상을 확인하기 위해 반사 반응을 사용한다. 의사나 간호사가 다리의 무릎 아래를 살짝 쳤을 때 다리는 앞쪽으로 흔들리게 된다. 살짝 두드리는 것은 단지 짧게 자극을 주는 것이므로 근육이 반응하는 시간까지는 못미처 결과적으로 다리는 일을 하지 않은 것이 된다. 이 결과가 임상적인 측면에서 볼 때 기능적으로는 무의미 하지만, 그 사람의 반응계는 정상적으로 작용하고 있음을 의미한다고 할 수 있다.

골격근 내에는 또 다른 종류의 감각수용기가 있어서 신장반사 반응에서 중요한 역할을 한다. 근육 내에 존재하는 일부 근섬유는 뼈를 끌어당기는 작용을 하지만 일부는 뼈 쪽으로 밀어 주는 역할을 하는데, 이 가느다란 근섬유들은 근육 다발과 같은 방향으로 힘줄에서 힘줄로 이어져 있다. 이들 섬유는 근육이 심하게 일을 할 때에도, 장력의 변화를 감지할 수 있다. 이들 각각의 가는 근 섬유 집단은 그 중간 융기부에 신장수용기를 가지고 있는데 이들을 총칭하여 근방추라 한다. 이 부위를 잘 관찰하면 골지체 모양의 복잡한 신장수용기가 풍부히 있음을 쉽게 알 수 있다. 그러나 일부 골격근에만 이 기관이 존재하며, 골격근의 수동적 신장에 대해 반응하며 역시 음성되먹임 기구에 의해 조절된다. 근육의 신장력 변화가 이들 수용체를 자극하여 근육을 더 강하게 끌어당기도록 촉진시킨다. 이어서 음성되먹임의 작용을 중단시키고, 양성되먹임의 작용을 증폭시킴으로써 근육의 신장을 중지시킨다. 아무리 약한 자극에 대해서도 이 근육체계는 그것이 할 수 있는 만큼만 강하게 당긴다.

앞에서 본 바와 같이 근육과 평행적으로 존재하는 수용체가 있음으로서 여러 위험을 피할 수 있다는 것을 알았을 것이다. 근육에 하중을 증가시키면 많은 수의 주근육과 수용기 체계를 긴장시킨다. 즉, 수용기 체계는 근육이 더 많이 일을 해야 하고 근육의 긴장성을 증가시켜야 한다는 신호를 중추신경계에 보낸다. 그러면 중추신경계는 근육이 좀 더 강하게 수축하도록 명령을 보낸 후 신장자극이 수용기 체계를 자극하는 것을 줄여주는 것이다. 이렇게 하여 근육은 원래의 길이로 되돌아오지만, 더 큰 장력에 대응했던 큰 긴장성은 여전히 남아 있다. 이와 같은 원리로 장력을 생성하는 근육이 긴장된 상태에서도 근육의 길이를 유지할 수 있게 해 주는 것이다.

그러나 모든 반응이 끝난 것은 아니다. 더 자세히 알기 위해 신장 수용기 자극을 유발하는 하나의 특정한 근육의 길이 변화에 대하여 설명하겠다. 근방추에 있는 신장수용기들이 실과 같은 어떤

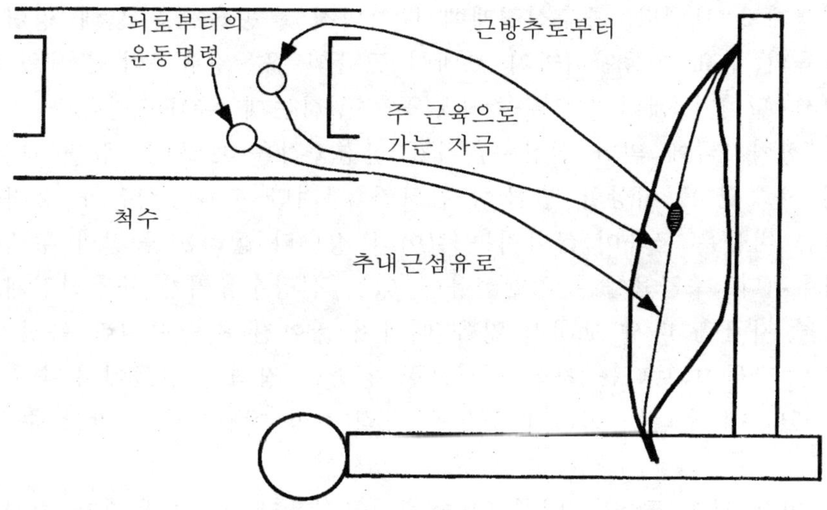

그림 5.2 근육에 하중의 변화를 준 경우 근길이의 조절기구를 알아보기 위한 실험
모식도(각 구성원의 위치와 회로를 도식함)

수동적 요소에 의해 근육에 붙은 힘줄에 연결되어 있다면 똑같은
일을 수행할 것이다. 그러므로 그림 5.2에 개략적으로 표시하였지만
실과 같이 가는 섬유 모양의 신장수용기가 이와 같은 일을 수행한
다고 가정하고 알아보도록 하자.

　당신이 팔꿈치를 굽혀 거울을 입술 가까이 대고 비춰보기 위하
여 앞 팔을 뻗히는 동작을 가상해 보라. 이두근과 길항작용을 하는
삼두근의 작용을 억제하는 동안 위 팔의 이두근으로부터 오는 직접
적인 자극은 충분하지 않다. 이러한 동작으로 팔꿈치를 굽히는 동
안 굽히는 정도는 들어올리려는 물건의 무게에 좌우된다. 즉, 꽉 채
워진 찻잔을 들어올릴 경우와 깨진 유리 조각을 들어올릴 경우와는
굽히는 정도가 다르다는 것이다. 이때 우리의 중추신경계는 이두근
의 주요 운동단위를 자극하는 것 대신에 이곳에 평행적으로 분포되
어 있는 특정한 가는 섬유들을 자극한다. 이 자극에 의해 근육들은
근장력을 일으키지만 그 힘이 물건을 들어올릴 만큼 강하지 못하
다. 그리하여 이들 섬유의 장력자극에 의한 신경충격을 다시 중추

신경계로 보낸다. 중추신경계에서는 다시 운동신경을 통해 명령을 근육의 주요 운동단위까지 보내어 근육의 운동섬유들이 장력을 내면서 길이가 짧아지는 수축작용을 수행하는데, 추내근섬유에 미치는 장력자극에 의한 신장수용기가 신경충격을 보낼 수 없을 때 까지 계속된다. 이상할 만큼 둔감하긴 하지만 추내근섬유가 충격을 받는 비율은 근육이 짧아지는 길이의 정도와 들려는 물건의 무게에 좌우된다. 주근육들은 평행섬유에 있는 신장수용기가 중추신경계로 충격 자극을 다시 보내지 않을 때까지 짧아진다. 근육이란 특정 장력을 만들기 보다는 자신이 필요한 양만큼 장력을 만들어서 수축할 수 있는데 우리는 이러한 근육을 장력-생성 엔진이라고 말할 수 있다.

이와 같이 근방추 내에 있는 추내근섬유와 신장수용기가 존재하므로 우리는 신체가 취하고 있는 위치를 알 수 있는 것이다. 우리의 손가락은 각 부위가 어느 정도 그 위치를 바꿀 수 있기 때문에 보지 않고도 한 손가락을 다른 손가락에 접근시킬 수 있다. 또한 서서 한쪽 다리를 들어 올리고도 몸을 지탱할 수 있는데, 이는 다른 한쪽 다리 신근의 장력을 두 배로 할 수 있기 때문에 반대쪽 다리를 구부리지 않고도 설 수 있는 것이다. 즉, 우리 몸에 존재하는 고유수용기는 스스로 추가적인 부하를 충분히 차감계산하여 수행하므로 의식하지 않고도 반응할 수 있는 체계인 것이다. 이러한 반응체계는 근육 속에 숨겨진 부위에서 정밀하고 교묘히 일어나는 현상이므로 지난 세기까지도 그 실체를 알아내지 못했었다.

본인은 일반생물학 강의 시간에 앞에서 설명한 등척성-신장반사에 대해 보여준 바 있다. 수업 전에 나는 심전도에 연결시킨 전극 한 쌍을 내 위쪽 팔 이두근 위 피부에 고정시켰다. 전극과 연결 전선은 내 셔츠 속에 있어서 보이지 않으므로 나는 내 소매를 걷어 전극이 보이게 하고 셔츠 단추 사이로 밀어 넣어서 검출장치에 연결시켰다. 작은 증폭장치를 통해 강의실에서 내 이두근의 전기적 활성변화를 소음으로 들을 수 있도록 하였다. 운동근육 단위는 물체의 무게에 의해 좌우되므로 내 팔의 적은 위치 변화는 소리 수준에 큰 변화를 주지 않는다. 그러나 내가 팔을 내밀거나 다른 사람이 내 손에 벽돌을 얹어 놓을 경우엔 소음이 커진다. 내 팔을 움직여 천천히 떨어뜨린 다음 다시 들어 올릴 경우, 떨어뜨렸을 때는 내 근방추의 활성이 증가되었고 이어서 반사적인 재조정을 촉진시켰다. 두 번째 벽돌을 들어올릴 경우에도 앞과 같이 작용하여 자세가 재조정 되지만 더 많은 소리가 들리게 된다. 세 번째도 두 번째와 같은 동작을 했을 때, 내 자신의 벽돌 수용능력의 한계에 접근하게 되는데 이때의 소음은 앞보다 조금 더 세게 난다. 이어서 최대 수용능력에 가까워 졌을 때 우리 운동근육 단위들은 공명하기 시작하고 우리는 작은 떨림을 느낄 수 있게까지 된다.

우리는 매우 심하게 손상된 고유수용계로도 근육운동을 할 수 있지만, 그러나 이 경우엔 시각계가 고유수용기 되먹임 기구를 익혀야만 한다. 실제로 우리 몸이 행하는 섬세한 작업은 시각과 촉각 되먹임 기구가 함께 고유수용기로 작동되어 일어나는 것이다. 그 예로 우리는 눈을 감은 채로는 칼을 많이 사용하는 부엌일 하는 것을 망설이게 된다. 이 경우 우리 손의 집게 손가락과 고유수용기관을 함께 이용할 수 있지만, 우리가 무엇을 하는지 볼 수 있으면 그 일을 더 쉽고 독립적으로 할 수 있는 것이다.

그러나 정상 상태에서도 우리 고유수용기의 되먹임기구가 불충분하게 일어날 수도 있다. 즉, 가장 빠르게 이루어내야 할 행동도 아주 천천히 일어나는 경우가 있다는 의미이다. 신경 충격의 전도속도는 전선이 전기 충격을 전달하는 속도 만큼 빠르지는 않다. 신경 전도속도는 가장 빠른 동물을 예로 해도 초당 약 100 미터(시속 360 km 정도)의 속도이다. 바꾸어 말하면 감각 수용기에서 척수로, 척수에서 근육까지의 전 길이 2 m를 0.02 초에 이동한다는 것이다.

감각 기관에서 신경으로, 신경에서 척수의 신경으로, 척수신경에서 근육으로의 전달 경로가 자극 감지 후 근수축이 일어날 때까지의 시간을 지연시킨다고 볼 수 있겠다. 그러므로 시스템의 반응이 더 빨리 일어나지 못하는 것이다. 우리가 도끼나 망치 또는 야구 방망이를 휘두르기 시작하면 우리의 근육들은 필요한 모든 부분을 사용한다. 사마귀가 갈퀴형 앞발로 파리를 잡거나 오징어가 촉수를 사용해 작은 새우를 포획할 때도 고유수용기와 그 밖의 신경들의 되먹임 기구가 동원된다. 사람이나 사마귀 및 오징어에서도 같은 목적을 위해 같은 작용계가 작동된다.

자세한 내용은 무시하더라도 근육조절에 관한 부가적인 내용에 대해 살펴보자. 앞에서 설명한 자세 유지에 관여하는 수용기 외에 우리의 내이에는 중력이나 가속 방향에 대해 감지하는 감각 수용기가 있다. 이들 수용기는 다리를 들어올리거나 올린 다리가 내려가지 않도록 지지할 수 있게 다른 한쪽 다리에 무게의 중심을 재배치시킨다. 여러분은 어느 곳에서도 쓰러지지 않고 자세를 유지할 수 있게 무게 중심을 잡을 수 있다. 우리는 날아가는 비행기에 앉아서도 상승하거나 하강하는 것을 알 수 있으며, 비행기와 지구가 이루는 실제적 경사보다 적게 느낄 수 있다. 그러나 우리 몸에 특수 수용기가 부족한 까닭에 속도 감각은 둔한 편이다. 또한 쌍안경으로 약 3 m 정도 떨어진 곳을 보려고 할 때 뚜렷이 볼 수 없는 것과 같이 거리 감각도 둔하다. 앞의 두 경우에 우리는 이정표나 익숙한 물체와 같은 실마리에 의존한다. 그러나 우리는 중력, 회전력 및 가속력 등은 아주 잘 감지하는데, 이는 우리 몸의 고유 수용기들의 도움에 의해 근육이 해야 할 일을 알 수 있기 때문이다.

개와 고양이 같은 작은 동물의 자세반사는 근육기관과 이들 감각계의 통합 작용의 좋은 예가 된다. 이들 동물은 기체역학과 상관없이 신체의 일부분만을 사용하여 현저한 속도로 회전과 방향을 바로 잡는다. 몇 피트 위에서 침대로 고양이를 떨어뜨려 보면 로봇공학으로 다룰 수 있는 어떠한 것 보다 압도적인 동작을 볼 수 있다. 이러한 재주는 알맞은 크기의 움직이기 쉬운 부속지가 필요하지만, 미는 것에 대해 어떤 것도 물리적현상을 방해하지는 않으며, 힘에 관한 뉴턴의 제 3법칙인 작용과 반작용의 법칙과 관계없이 이루어진다. 다만 스케이트 선수가 회전할 경우 팔을 뻗었을 때 보다 굽혔을 때 더 빠른지에 대한 것은 운동량 보존의 법칙이 적용된다고 하겠다.

나의 학부과정 때의 스승인 생리학 교수 로이더는 짧은 다리를 가진 다크스훈트 개를 이용하여 자세반사 실험을 수행하면서 이 현상이 미미하게 일어남을 알아냈다.

사람도 극적이지는 않지만 여전히 중요한 자세반사의 기전을 사용한다. 동물은 자세를 바로잡기 위해서 먼저 중력감지기로부터 오는 정보를 이용하여 머리의 위치를 바로 잡은 다음, 몸의 다른 부분의 위치를 잡는다. 하지만 자유낙하가 아닌 때에 포유류와 새는 심하게 움직이는 동안에도 그들의 머리를 수평으로 유지할 수 있다. 작은 개 또는 고양이, 어린아이 또는 애완용 새의 몸이 움직이는 동안 머리의 위치를 관찰해보라. 또는 야구에서 공을 던지거나 칠 때 그리고 골프 클럽을 휘두를 때 그 사람의 머리를 보라. 우리 몸에서 자세의 유지와 연관된 머리의 위치조정을 하는 고유수용기는 어디에 있을까? 우리 목의 뒤쪽 근육에는 손과 손가락의 섬세한 작업을 하게 해주는 근방추가 매우 많이 존재한다.

우리는 이와 같이 섬세한 조절기구의 구성뿐 아니라 그에 의해 행해지는 아주 멋진 동작에 감명을 받는다. 이러한 일이 로봇에게서는 일어나기 쉽지 않다. 산업현장이나 공장에서 우리는 여전히 특별히 섬세한 조정이 가능한 기술자를 사용하는데, 그 이유는 거의 인간의 판단을 필요로 하지 않는 일에서 조차 뛰어난 근육-신경 기관의 이익을 얻을 수 있기 때문이다. 자동화 시스템은 특별히 섬세함을 필요치 않는 제조업에서나 이용할 수 있다고 하겠다.

연료 공급의 조절

운동은 연료를 필요로 하고, 근육은 운동을 한다. 다양한 운동량에 따라 다양한 양의 연료를 소비를 하고, 반드시 그 만큼의 연료가 공급 되어져야 한다. 근육은 효소들이 체온상태에서 연료를 태우는 연소엔진이다. 모든 엔진에서처럼 연료는 산화제와 산화될 물질의 두 가지로 구성된다. 이것은 자연의 대기산소를 사용하는 제트엔진 보다는, 저장과 공급을 위한 특별한 설비를 필요로 하는 로켓엔진으로 생각할 수 있다. 지방이나 탄수화물과 같은 산화될 물질은 근육자체에 상당량 저장될 수 있고, 그 이상의 경우도 소리소문 없이 순환계를 통해 들어오게 된다. 비록 마이오글로빈에 산소를 저장할 수 있는 능력이 있긴 하지만, 산화제는 좀 골치 아픈 존재이다. 만약 순환계가 산소와 그 부산물인 이산화탄소의 수송에 필요치 않다면 기관이 산소의 운반기능을 덜어주는 곤충에서처럼 더욱 작아지고 단순화되었을 것이다. 그래서 우리는 산소가 어떻게 공급되고 전달되는지를 조사해 볼 필요가 있다. 이런 과정에서, 수천분의 1초가 아니라 수초에 걸쳐 일어나는 다른 관점에서의 근육 활동의 조절을 관찰할 수 있다.

골격근은 우리와 비슷한 평범한 포유동물 몸무게의 40~45% 정도를 차지하고, 체내 단백질의 50~75%정도를 차지한다. 우리가 휴식을 취할 때는 약 20%의 혈액만이 좌심실에서 근육으로 흘러간다. 하지만 만일 수초 이상의 일을 하게 되면 그 양상은 변하게 된다.

첫째, 심장은 박동 수를 더욱 늘리거나 각 박동 시에 더 많은 혈액을 밀어내는 기작을 통해 더 많은 혈액을 체내로 배출한다. 지속적으로 힘든 운동을 하게 되면 평소에 분당 5리터 정도로 흐르는 혈액을 4배정도로 증가시켜 분당 20리터 정도까지 증가시킨다. 이러한 이유로 혈액이 전체 순환계를 도는데 걸리는 시간은 1분에서 15초로 줄어든다. 따라서 우리는 열심히 운동할 때 쉬고 있을 때 보다 헤모글로빈을 운반하는 산소를 약 4배 정도 더 많이 사용한다.

둘째, 혈액의 각각의 단위는 더 많은 산소를 운반한다. 그 이유는 부분적으로 폐를 떠나는 동맥혈에 함유된 산소의 양이 약 5%정도 증가한다는 데 기인한다. 하지만 상업적인 목적에 의해 주장되는 몇몇 통상적인 지식에도 불구하고, 우리의 폐에서는 정상적인 대기의 산소 농도에 가까운 헤모글로빈을 실어 나른다. 산소운반 증가의 가장 큰 원인은 정맥혈에서의 산소 수준이 3분의 1로 감소하는 것에 있다; 기관이 거의 작동을 안 할 때 방출되는 혈액은 유입되는 혈액과 거의 같은 수준의 산소를 포함한다. 결론적으로, 우리가 운동을 할 때 우리의 근육은 혈액에서 평소보다 4배나 많은 산소를 얻게 된다. 혈액 흐름의 증가와 산소 획득의 증가를 합치면 16배 이상의 산소 공급의 증가효과를 가져온다.

셋째, 혈액은 이동경로가 다르게 바뀌는데, 가장 많은 경우가 근육으로 향한다. 신체는 휴식할 때는 근육으로 유입되는 20% 정도의 혈액을 거의 90%까지 증가 시킬 수 있다. 이 때문에 다시 4배의 산소운반의 증가가 일어난다. 최근에 본인은 러닝머신에서 실험을 하였는데, 몸 전체 대사율(보통 산소 소비량에 의해 측정됨)은 안정시보다 16배 증가 하였다. 결국 본인의 근육의 대사율은 쉴 때 보다 70배 정도 증가해야 했다! 참고로 본인은 젊은 운동선수가 아니다. 우리가 모든 근육을 똑같은 강도로 사용하는 것이 아니므로, 일부의 근육은 힘의 소모량을 더 증가시켜야 한다.(흥미롭게도, 심장에 의해 소비되는 파워는 이 과정에서 훨씬 덜 올라간다. 단지 약 두 배 정도 올라갈 뿐이다.)

다음 데이터는 4배 증가된 심장 혈액의 방출에 수반되어 일어나는 각 부위별 혈액공급의 극적인 변화를 나타낸다.

부위	안정시		최대 운동 후	
	%	Liters / 분	%	Liters / 분
소화계	24.1	1.20	1.1	0.22
신장	19.0	0.95	1.0	0.20
뇌	12.9	0.64	3.0	0.60
피부	8.6	0.43	2.4	0.48
기타	10.3	0.52	0.4	0.08
심장	4.3	0.26	4.0	0.80
골격근	20.7	1.04	88.0	17.60
계 :		5.04		19.98

여기서 눈여겨 볼만한 점은 운동 중에도 뇌에는 휴식을 취할 때와 같은 정도의 혈류가 흐른다는 점이다. 비록, 퍼센트로는 4분의 1로 줄었지만 전체 공급량이 4배로 증가했으므로 혈류량은 같아진 것이다. 피부로 공급되는 혈류량은 실제로 약간 증가한다. 운동을 통해 많은 열이 발생하므로, 혈류량을 증가시켜 체온을 낮추는데 사용하는 것이다. 어느 정도 피부로 전환하느냐하는 문제는 다른 어떤 이유보다도 외부 공기 온도와 관련이 있다. 하지만 운동 중 신장이나 소화기계에 흐르는 혈류량은 상당히 줄어드는 것을 알 수 있다. 이는 식사 후 급격한 운동을 했을 때 심한 복통을 경험하게 되는 이유 중 하나이다.

순환계는 어떻게 이러한 재할당의 문제를 다루고 있을까? 힌트는 우리가 생각지도 못한 데서 나온다. 유체역학의 법칙에 따르면, 혈액과 같은 액체를 작은 관을 통해 4배나 빠른 속도로 보내기 위해서는 4배나 더 많은 힘을 필요로 한다. 이 말은 곧 어떤 사람이 최대 운동을 하는 동안 혈압이 4배나 증가한다는 것을 의미한다. 하지만 실제로 올라가는 혈압은 2배가 채 안 된다. 유체역학의 법칙을 따르면서 혈압을 올리지 않기 위해서는 액체가 흐르는 체계의 저항을 줄여야한다. 이는 두 가지 방식으로 이루어질 수 있다. 파이프의 직경을 넓히거나 혹은 평행으로 흐르는 파이프의 숫자를 증가시키는 것이다.

우리는 실제로 두 방법 모두를 통해 조절을 하고 있다. 관련된 물리 법칙이 예상 외로 도움이 된다. 액체를 보내는데 필요한 압력과 같은 모든 조건이 동일한 상태에서 파이프의 직경을 2배로 하면 16배나 많은 액체를 통과시킬 수 있다. 따라서 직경에 약간의 변화만 일으켜도 상당한 혈류의 재할당을 유도할 수 있다. 그러면 혈관의 직경을 어떻게 변화시킬까? 순환계에서의 저항에 가장 커다란 영향을 미치는 것은 정맥, 모세혈관, 대동맥이 아니라 바로 소동맥들이다. 우리의 소동맥은 근육으로 둘러싸여 있으며 이들 근육은 골격근과는 달리 신경에 의해서가 아니라 화학 물질에 의해 조절을 받는다. 어떤 힘든 일을 해야 한다고 생각할 때, 우리의 뇌는 많은 다른 동맥들을 축소시키는 동시에 심장과 근육의 소동맥을 확장시킬 수 있는 화학 물질을 생산하도록 명령한다.

이러한 화학 물질의 분비를 통해 기존에 닫혀있던 혈관들에도 혈액이 흐르도록 할 수 있다. 일단 힘든 운동이 시작되면, 이산화탄소와 기타 근육 활동의 부산물은 혈관 확장을 자극하고 혈류량을 증가시킨다. 운동 중에는 평소에 비해 10배에서 많게는 100배의 근육 모세혈관이 개방되어 혈류가 흐르게 된다. 이는 혈류량을 증가시킬 뿐 만 아니라 산소가 미토콘드리아로 확산되는데(물론 미오글로빈의 도움을 받아) 걸리는 거리 또한 감소시킨다. 심한 운동을 하기 전에 준비 운동을 하면 이러한 모든 혈류량 전환이 미리 일어나므로 복통을 감소시킬 수 있고 심부전 또한 줄일 수 있기 때문에 준비 운동이 형식적인 것만은 아니다. 근육이 활성화되었을 때에는 대사속도가 엄청나게 증가하기 때문에, 체온을 높이는 것이 주된 혜택은 아닐지라도 "준비 운동"을 문자 그대로 받아드려도 된다.

격렬한 활동 시 순환계의 능력을 높이는 것은 매우 중요하다. 우리는 더 많은 것을 바랄 수도 있다. 우리 인간들은 일정한 활동을 할 때 산소 소비를 증가시키는데 있어서 고양이나 토끼와 같은 많은 포유류보다는 낮긴 하지만 개나 말 정도는 아니다. 이는 우리의 순환계와 호흡기계의 제한으로 인해 우리의 모든 근육이 갖고 있는 모든 능력을 동시에 발휘할 수 없기 때문이다. 산소 공급, 노폐물 제거, 체온 등에 대한 제한이 없다면(또한 어떤 방법을 통해 우리의 모든 근육을 동시에 사용할 수 있다고 가정하면) 우리는 지금보다 4배에서 5배는 더 나을 수도 있다. 이 경우, 유산소 활동과 관련된 육상 기록이 어떻게 될지 상상해 보라!

기계 자체의 리모델링

본인은 일주일에 몇 번은 스페인 종교 재판에서나 환영 받을 만한 여러 기계들을 밀거나, 당기고, 들거나 또는 누르고 있다. 본인은 이렇게 몸을 움직이면서 근육을 수축, 신장시키면서 얻는 효과가 얼굴에 화장을 하며 꾸미는 것보다 더 크다고 확신한다. 여러분도 운동을 하라. 그러면 여러분의 근육이 좀 더 두꺼워질 것이다. 깁스를 하고 있거나, 일주일 정도 침대에 누워 있거나, 우주선에 있거나, 심지어 워드 프로세서로 책을 쓰는 순간에도 여러분의 근육은 위축되고 있다. 우리 몸은 우리의 근육이 어떻게 사용되고 있는지 기록하고 있으며, 미래에 어느 정도 필요할지 조정하는데 있어서 그 정보를 활용하고 있다. 우리 신체 중 항상 리모델링되고 있는 것은 근육만이 아니다. 하지만 근육은 가장 많이 그리고 눈에 띄게 리모델링되고 있다. 혈관과 뼈 또한 다른 신체 부위와 마찬가지로 리모델링이 이루어진다. 고고학자들은 어떤 도구가 어떻게 사용되었는지를 연구할 때 그 재료가 닳아진 모습을 보고 예측을 한다. 마찬가지 방법으로 그들은 팔이 어떻게 사용되었는지를 뼈가 비대해진 양상을 보고 판단할 수 있을 것이다. 즉, 우리는 수백만분의 1초에서 수분의 수준 뿐 아니라 주, 달, 심지어 몇 년에 해당하는 시간에 걸쳐 조절을 하고 있는 것이다.

1930년대 후반, 쉰하이머의 업적으로 우리 세포 안의 모든 단백질이 끊임없이 부서지고 또한 재합성된다는 것을 잘 알게 되었다. 그는 이 과정을 "신체 구성분의 역동적 상태"라고 기술하였는데, 리모델링에 대한 기본배경을 제공하고 있다. 성인의 경우 모든 근육 단백질의 1~2%가 매일 분해되며, 근섬유의 경우 핵에 의해 거의 같은 양이 재합성된다. 따라서 운동과 비활동은 정적인 체계에서의 변화를 유도하는 것이 아니라, 분해와 합성 사이의 균형을 이동시키는 것이다.

근육에는 또 다른 하나의 구성 성분이 관여하고 있다. 근육을 온전한 상태로 유지하기 위해서는 근육과 관련된 신경이 자극과 함께 화학 인자를 공급해 주어야 한다. 신경과의 연결이 끊긴 근육은 퇴화하게 된다. 약 2개월이 지나면 수축과 관련된 것은 사라지고 힘줄(건)과 같은 것만 남게 된다. 신경과의 연결이 다시 회복되면 퇴화를 되돌릴 수는 있지만, 이것도 위의 2개월의 기간 내에 이루어져야만 한다. 쉐링턴(Sherrington)은 그 자신을 유지하기 위해서 작동해야 하면서도 그 기능을 회복하는 방법을 알고 있는 근육이라는 놀라운 기계의 놀라운 특성을 높게 평가했다:

태아기가 끝났다고 해서 목적을 달성했으므로 우리 몸의 "생성" 능력이 멈춘다고 단순히 생각하면 오산이다. 팔에 상처가 나서 신경을 절단했다고 생각해보자. 신경 섬유는 절단 부위와 원래 연결 되었던 근육 사이에서 죽어 나갈 것이다. 80년 이상의 기간 동안 본인의 신경 섬유가 성장했다는 어떤 징후도 보이지 않았었다. 하지만 운동 신경이든 감각 신경이든 상처가 난 이후에 각각의 신경 섬유는 다시 성장하기 시작하여 원래의 목표를 향해 시장할 것이다. 결국, 수 주 또는 수개월에 걸쳐 쓸모없는 상태였던 근육은 원래의 목표에 도달할 것이다. 이들은 원래의 상태처럼 인식할 것이고, 신경과 근육은 즉시 연합할 것이다. … 수천 개의 신경 섬유 중 어떠한 것도 다른 신경 섬유가 이미 수선을 시작한 것에 연결하려고 하지는 않을 것이다. 모든 수선이 끝나면 신경의 성장은 멈출 것이다. 결국, 쓸모없던 근육은 회복하게 될 것이다.

근육이 확장할 때 어떤 일이 일어날까? 근육 세포는 분열하지 않는다. 왜냐하면 완전한 근육은 명확한 세포 소기관 체제를 포기했기 때문이다; 다시 한 번 되새기자면, 근섬유는 커다란 다핵체이다. 두 가지 가능성이 남는다. 새로운 근육이 아직 분화하지 않은 주변부의 전구체-배아발생 시기의 근원세포(myoblast)에서 발생할 가능성과, 각각의 섬유에서 근섬유를 보다 신축성 있고, 에너지를 잘 처리할 수 있는 기관으로 만드는데 필요한 다양한 단백질을 생산하도록 핵에서 신호를 보내 근섬유 자체가 확장할 가능성이 있다. 실제로는 근육의 확장은 두 번째 가능성에 의해 일어난다. 근섬유의 핵은 새로운 단백질의 생산을 자극하지만 근섬유 자체가 분열하지는 않는다. 즉, 근육 강화 운동을 통해 근육이 확장되는 것은 유전적으로 또한 태생적으로 결정된 같은 수의 근섬유를 갖는 근육이 확장되는 것이다. 직접 근육을 잘라서 운동을 하게 할 수는 없으므로, 간접적인 실험 결과를 통해 밝혀진 것은 최소한 이러한 방식이다. 근육에 바늘을 꽂아 특별한 상해를 주거나 불편함을 주지 않으면서 현미경으로 관찰하고 화학 분석을 수행할 수 있는 샘플을 추출할 수 있다. 운동 기간 전후에 추출한 샘플을 비교함으로서 전체적인 근육 확장과 거의 같은 비율로 근섬유가 확장된 것을 관찰할 수 있다.

근육은 또한 동물의 일반적인 성장에 맞추어 그 길이를 변화시킬 수 있다. 근육이 이완된 위치로 작은 동물의 뒷발이 고정되는 것은 근육 양 끝의 근절(sarcomere)을 제거함으로서 근육을 짧게 만든다. 유사한 방식으로 근육을 당기는 고정은 근육을 자극하여 근원섬유(myofibril)의 양 끝에 근절을 추가한다.

근육을 자주 사용함으로써 근육은 확장될 뿐 만 아니라, 그 특성 또한 변화할 수 있다. 이러한 사실은 서로 다른 사람으로부터 얻은 같은 부위의 근육을 비교하거나 운동 요법 전후에 얻은 샘플을 비교해보면 알 수가 있다. 우리는 노화가 진행되거나 앉아서 일하는 사람들에 대한 우려와 운동에 대한 열정으로 진행된 이러한 연구를 통해 근육의 다양한 변형에 대한 많은 지식을 얻게 되었다.

따라서 어떻게 운동하느냐에 따라 이런 변화를 만드는지를 많은 운동 코치들이 인식하고 있다. 근육은 운동의 자극에 대해 반응하여 장/단기적인 변화를 낳게 된다. 일반적으로 느린(적색) 근육은 낮은 빈도의 지속적인 신경 자극을 받고 있으며, 민첩한(백색) 근육은 그보다 빠른 자극을 받게 된다. 각 근육 사이에 대한 신경 공급을 전환하는 것이 가능하다. 시간이 지남에 따라 근육은 자신의 수축 특성을 점차 변화시킨다. 느린 근육은 좀 더 민첩하게 되고 빠른 근육은 보다 느리지만 활성을 더 잘 유지할 수 있게 된다. 실험동물에 수개월 동안 작은 자극기를 이식하여 관찰한 결과, 자극만으로도 이러한 근육의 변형을 유도하기에 충분하다는 것을 알 수 있었다. 특정 패턴의 자극만으로도 특정 유전자를 활성화시켜 단백질을 더 많이 합성하도록 하기에 충분하다는 것으로 밝혀졌다; 이때, 신경을 통한 화학 조절은 필요치 않다.

이러한 변형 실험은 태어나면서부터 우리가 일상적으로 겪는 변화와 유사하다. 최초의 근육은 모두 같다.(이는 어린 포유동물로부터 얻을 수 있는, 마치 옅은 색의 송아지 고기와 같다.) 우리가 근육을 어떻게 사용하느냐 그리고 중추 신경이 근육에 어떻게 신호를 전달하느냐에 따라 근육의 크기 뿐만 아니라 근육의 구조 및 생화학적 특성을 결정짓게 된다. 우리는 의식적으로 또는 무의식적으로 영원히 운동하고 있는 것이다. 헬스 기구를 통해 지속적으로 운동을 하는 이유는 비활동적인 본인의 직업과 노화에 따라 위축되는 근육을 보상하기 위해서이다. 특정 운동의 효과를 얻기 위한 방법으로는 그 운동을 직접 하거나 또는 그와 유사한 운동을 하는 것이다. 이는 단순히 신경의 조화 또는 유사한 특성을 향상시키거나 하는 것이 아니라, 변화하는 환경에 근육이 잘 적응할 수 있도록 유연성을 제공하는 것이다.

지구력 운동은 근육의 전반적인 크기와 관련된 근원섬유의 크기에 그다지 영향을 미치지 않는다. 이는 당연하다고 생각할 수 있는데, 근원섬유의 크기가 커지면 산소가 확산되는 거리가 증가하게 되어 결국 산소를 많이 얻지 못하게 된다. 지구력은 힘과 관련되어 있지 않다. 그럼에도 불구하고, 주로 앉아서 활동하는 사람의 근육과 장거리 육상 선수의 근육은 매우 다르다. 그림 5.3에 보이듯이 육상 선수의 경우 미토콘드리아의 수가 많을 뿐만 아니라 더욱 크며 미토콘드리아와 관련된 지방 또한 많이 함유하고 있다. 이 효과는 사소한 것이 아니다. 비슷한 연령의 앉아서 일하는 사람들과 비교하였을 때 육상 선수의 다리 근육의 미토콘드리아는 50%나 더 많은 부피를 차지하고 있다. 최대 산소 소모능력은 미토콘드리아의 밀도와 매우 밀접한 관계를 보인다. 물론, 더 좋은 미토콘드리아를 갖고 태어난 사람들이 장거리 육상을 잘 하므로 위와 같은 결과를 보이는 것이라고 주장할 수도 있다. 하지만 일란성 쌍둥이를 연구한 결과 그렇지 않다는 것을 보여주었다: 일정 기간 동안 쌍둥이 중 한 명에게 격렬한 지구력 운동을 시킨 결과, 미토콘드리아 밀도 뿐 만 아니라 산소 소모 능력 또한 증가하는 것을 관찰할 수 있었으며 이것이 동시에 일어날 확률은 평균 15%였다.

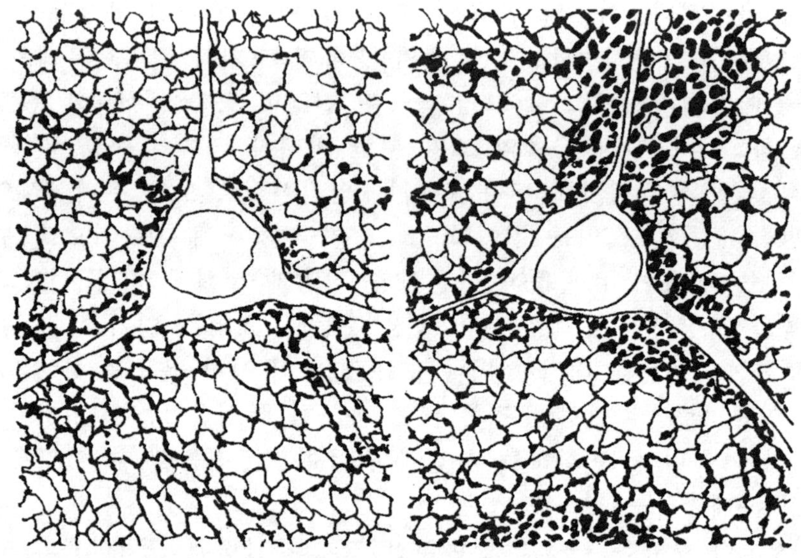

그림 5.3. 근육을 잘 활용하지 않는 사람의 근육(좌)과 지구력 운동을 한 사람의 근육(우)의 비교. 이 그림은 전자 현미경 사진의 투사도이다; 전체적인 모습이 비슷하다고 해서 이들 그림을 운동 전/후의 같은 부위의 그림으로 생각하지는 말길 바란다.

장거리 육상 선수의 경우 보통 사람들보다 평균적으로 말라보일 것 같지만 실제로는 크게 달라 보이지 않는다. 빠른 백색 섬유가 줄어들어 느린 적색 섬유의 증식에 균형을 맞추기 때문이다. 작은 부하로 지속적인 활동을 하는 지구력 운동의 경우 근육 총량의 증가를 유도한다. 하지만 골격근 보다는 심근의 총량이 증가한다. 반면, 짧은 시간에 거의 최대의 힘을 발휘하도록 근육을 활용하는 저항 운동의 경우엔 심근의 총량보다는 골격근의 총량에 변화가 나타난다. 여러분이 이 차이를 매력적이라고 또는 아니라고 판단하는 것과는 상관없이, 보디빌더나 웨이트 트레이닝을 하는 사람들의 외관은 많이 다르다. 위와 같은 변형을 연구하기 위한 실험동물 연구는 이론상으로는 훌륭하였지만 곧 어려움에 부딪히게 되었다. 운동 생리학자인 맥코마스(Alan McComas)는 이를 두고 다음과 같이 표현하였다. "운동의 동물 모델을 고안하는 연구자의 진정성은 노력을 최소화 하고자 하는(흔히 우리가 실험동물로 선택하는) 흰쥐의 진정성에 의해 흔히 무시당한다." 영리한 생명체인 실험동물들은 나태를 더욱 선호하는 것이다.

이 이야기는 다음 장에서 더 진행될 것이다. 연료의 공급에 대해 지금까지 말한 것에서 알 수 있듯, 우리 몸의 출력을 증가시키는 것은 우리 몸의 수축 기계의 기어를 올리거나 미토콘드리아의 숫자를 늘리는 것 그 이상이다. 백색 근육에 공급되는 혈액량으로는 적색 근육이 필요로 하는 만큼 맞출 수가 없다. 예상한 것처럼 근육에 변형이 일어나면 근육의 순환계가 이에 맞추어 재조정을 한다. 정상보다 더 많은 산소를 소모하는 신체 부위는 혈관 신생(angiogenesis) 인자라 불리는 혈관 성장을 자극하는 화학 물질을 분비하게 된다. 혈관 신생 인자는 최근에 주목을 받게 되었는데, 그 이유는 우리가 극도로 싫어하는 종양이 이들 인자를 생산하기 때문이다. 따라서 근육이 활동을 하게 되면 모세혈관이 확장되어 혈액 공급을 증가시키는 단기 작용 뿐 만 아니라 모세혈관과 기타 혈관의 생장을 자극하는 장기 변화를 유도하게 된다.

이 이야기들은 단지 혈관 변형의 일부일 뿐이다. 모세혈관은 가장 표준이 되는 요소로서 200분의 1 밀리미터의 직경을 갖고 있다. 하지만 나머지 혈관들은 각각 그 이상의 직경을 갖고 있으며 어떤 것은 직경이 1 인치나 되기도 한다. 나머지 혈관들은 그 직경이 고정되어 있지 않다. 혈관에 혈액을 더 빨리 보내게 되면 혈관 내벽은 증가한 흐름을 느끼게 된다. 그 세포들은 분열하기 시작하고 다시 혈관 벽을 구성하는 나머지 세포 또한 분열하도록 자극한다. 수주 또는 수개월에 걸쳐 혈관은 확장하게 되는데, 우리가 쉽게 알 수 있듯 혈관이 약간이라도 확장되면 훨씬 더 많은 혈액을 수송할 수 있게 된다. 생리학을 설명하기 위해 수학과 유체 역학을 절묘히 조합한 주요 법칙들이 수십 년에 걸쳐 밝혀졌다. 여기서 중요한 것은 (1) 모든 내벽 세포가 탐지 장치로 작용하고 (2) 작은 혈관이든 큰 혈관이든 분열을 일으킬 수 있는 역치 속도는 모두 같으며 (3) 이들의 국지적 결정이 진화가 만들어내지 못한 물리학적 작용으로 인해 유체 역학적으로 최적인 분지체계(branching system)를 형성한다는 점이다.

뇌와 유전자, 그리고 배아 발생은 인상적이지만, 국지적 부위에서의 조절 및 요구량에 의한 변화가 지속적으로 개체를 정밀 조정하는 기작 역시 흥미롭다. 우리 몸은 유전자에 존재하는 청사진에 따라 영구적으로 만들어지지 않는다. 대신, 유전자는 요리법 같이 일반적인 명령을 내릴 뿐이고, 이 명령은 상황에 맞추어 해석되고 또한 재조정된다.

올림픽에 참가하는 운동선수의 경우가 아니더라도, 근육 리모델링과 중대한 중재술에 대한 대략적인 맥락이 밝혀지고 있다. 이는 현대를 살아가는 인간의 보다 열광적인 관심에서 유래한다. 최소한 영양 공급이 충분하고 의료 환경이 좋은(또는 아마도 과잉 영양에 과잉 의료 환경의) 제 1 세계 사람들에게 있어서 심장 질환은 우리를 괴롭히는 다른 어떠한 것보다도 우리의 생명을 위협하고 있다. 따라서 우리는 생활 습관 및 식사 변화에서부터 다양한 약제, 수술, 인공 기관 등에 이르는 치료법을 찾아가고 있다. 장기 이식 및 인공 대체 장기 등에 대한 현재의 한계를 극복하기 위하여, 일부 의사들은 심실 이상을 치료하기 위하여 다른(또한 영웅적인) 방법을 시도하였다.

심장의 주요 펌프인 심실의 벽이 확장되거나 얇아져서 내부의 혈액을 아주 약하게 밖에 밀어내지 못하는 울혈성 심부전에 대한 수술법이 개발되었다. 이들 환자의 몸은 더 많고 더 좋은 근육을 필요로 한다. 이 시술법은 환자 자신의 몸에서 근육을 제공한다. 따라서 우회 수술과 마찬가지로 면역 체계에 영향을 미치지 않는다. 하지만 근육을 어디에서 얻을 것인가? 대부분의 근육은 어떤 다른 것을 둘러싸려 하지 않고, 근육이 제 기능을 하기 위해서는 신경과 혈액공급을 필요로 하며, 많은 근육의 경우 잘못 건드릴 경우 그 기능을 완전히 상실할 수 있다. 현재의 연구는 특정 근육, 즉 광배근(latissimus)에 집중하고 있으며 이 시술법은 역동적 심근 성형술이라 불리고 있다.

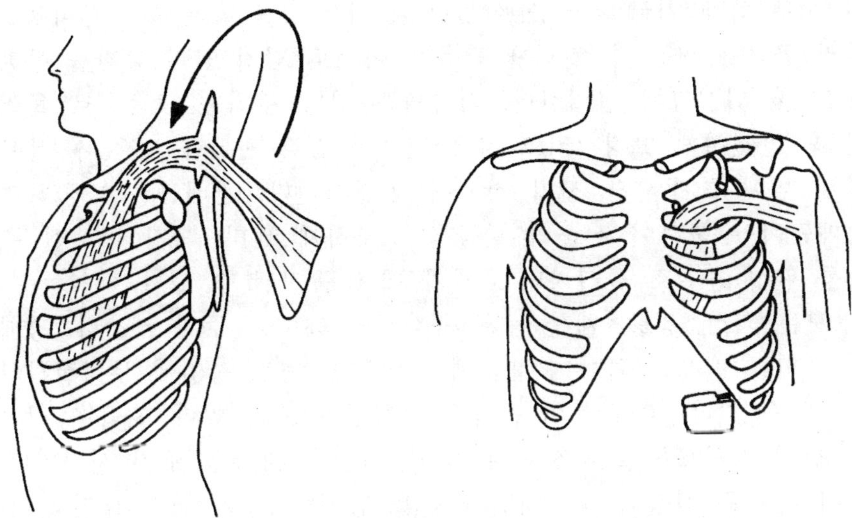

그림 5.4. 심근 성형술. 왼쪽 다이어그램은 흉강으로 광배근을 삽입하기 전/후를 보여주고 있으며, 오른쪽 그림은 전기 장치까지 이식하여 완성된 상태를 보여주고 있다.

광배근은 등 양쪽에 있는 커다랗고 편평한 근육이다. 각 근육의 상부 말단은 약 3인치에 달하는 건에 의해 상완골 말단부, 즉 어깨 바로 아래에 연결되어 있다. 근육은 연결 건 아래쪽으로 확장되어 견갑골 아래쪽으로 내려와 등 중앙부로 향하고 있으며, 흉부의 척주 아래에 편평한 건에 의해 연결되어 있다. 광배근은 다양한 기능을 하고 있지만, 이들 기능이 광배근 단독으로 이루어지는 것은 아니다. 광배근은 주로 팔을 아래쪽 및 뒤쪽으로 회전하는 것을 도와준다. 우리가 어딘가를 기어오르거나 팔을 앞쪽으로 내밀 때, 광배근은 우리 몸을 위로 또한 앞으로 당겨 주는 역할을 한다.

광배근은 심장 근처에 있지 않기 때문에 이동할 필요가 있다. 광배근이 갖는 장점 중 하나는 상부 말단으로 들어오는 신경이나 혈액 공급을 절단하지 않고도 이동이 가능하다는 점이다. 하지만 그림 5.4에서 보여 주듯 이 시술은 약간 복잡하다. 첫 번째, 외과의는(왼쪽 및 오른쪽 광배근 중 하나의) 근육의 넓은 하부 말단을 잘라 상부 쪽에 자극 전극을 삽입한다. 이후, 2번 혹은 3번 갈비뼈를 잘라 공간을 만든 후 잘라낸 근육을 어깨로 넘겨 앞의 공간을 통해 흉강 및 위심강에 삽입한다. 외과의는 심방 주위를 근육으로 둘러싼 후 안전하게 고정시키고 자극 전극과 감각 전극을 넣은 후 복부 피부 밑에 고정시킨 전기 장치에 연결시킨다. 광배근을 자극하면 광배근이 수축하여 심근의 활동을 보조하게 된다. 확장된 심실 주위를 탄성 물질로 둘러싸면 효과가 더욱 증진될 수 있다.

모든 외상, 통증, 재활 등은 즉각적인 혜택을 주지 않는다. 광배근은 빠른 백색 근육이기 때문에 지속적인 펌프 작업에 부적절하다고 볼 수 있다. 따라서 이 근육은 변형될 필요가 있다. 근육이 심장에 잘 부착하도록 2주 정도 휴지기를 둔 후 자극을 주기 시작한다. 감각 전극은 심장의 정상적인 리듬을 감지하고, 이에 따라 자극 전극은 광배근이 적절한 시간에 심장 활동에 참여하도록 한다. 근육은 이제 변형되기 시작하여, 2~3개월 이후에는 적절한 적색 근육으로 변형되어 제 기능을 발휘하기에 적합하게 된다.

아직까지 심근 성형술을 일상적으로 하기엔 무리라고 볼 수 있다. 1985년에 최초로 시술된 이래로, 전 세계적으로 약 1,000건의 시술이 이루어졌다. 이 수술은 기타 다른 심장 수술에서처럼 심폐 우회술을 필요로 하지 않는다. 하지만 이 수술은 매우 침습적이고 오랜 시술 시간을 필요로 하여 보통 7~8시간이 걸린다. 심장이 약해지는 것에 대해서는 더 이상 뭐라 말할 것이 없다. 뭔가 충분히 효과적인 인공 기관이 나오기 전까지는 이 시술이 계속 사용될 것이라 생각된다. 현재 실험 중인 심실 보조 장치는 이에 대한 희망을 주고 있다.

근육이 어떻게 작용하는가에서 더 나아가 우리 몸속에서 어떻게 조절되고 있고 우리가 어떻게 활용하고 있는가를 살펴보기 전에, 이 장의 메시지를 다시 반복할 필요가 있다. 근육은 사람이 발명한 어떠한 기관 이상의 일을 하고 있다. 직접 비교하거나 심지어 비유를 드는 것 자체가 무리이다. 크기가 어떠하든 다른 신체 부위와 마찬가지로 근육은 우리가 영리하다고 할 수 있는 점을 갖고 있다. 체계는 역동적이며 그 자체의 활동 결과에 민감하게 작용하여 우리가 필요로 하는 것에 지속적으로 반응하고 있다. 그렇다. 우리 몸은 그러한 목표 지향적인 기계를 만들 수 있고 또한 현재 만들고 있는 것이다. - 위대한 생리학자인 캐논(Walter Cannon)(1871~1945)이(그가 항상성이라 부른) 행동이 생명체에만 국한된다고 말한 것은 잘못되었다. - 우리 기계의 영리함은 매우 빠른 피드백 연결을 갖고 있다는 것보다도 아무런 불평 없이 수초에서 수십 년에 걸친 시간 동안 자신을 재조정할 수 있다는 점에서 훨씬 더 중요하다.

제 6 장
근육과 운동의 조화

매우 가벼운 물건을 옮기기 위해 기계를 찾는 바보가 있을까? 하지만 우리는 힘을 낭비하지 않고 효율적으로 쓰기위해 기계를 사용한다. 1파운드의 물건을 옮기고자 할 때 기구를 이용하지 않고 딱 1파운드 무게에 해당하는 힘을 써서 옮길 수 있지만, 수 십 혹은 수 백 배 무거운 물건을 옮기는데 사용되는 지레나 도르래 같은 기계를 이용해 옮길 수도 있다. 이런 행동들이 경제관념에 완전히 반대되긴 하지만, 적은 힘으로 무거운 몸을 움직이고 반대로 가벼운 것을 굉장히 큰 힘으로 움직이는 동물의 여러 구조들은 참된 경제학과 단순함, 편리함이 숨어 있는 자연을 경외하게 한다. 이는 내가 봐도 이상하고 상식에 거스르지만 장담컨대 자연 내에 이미 존재하고 있는 현상이다.

— 보렐리(Giovanni Alfonso Borelli), 르네상스시대 과학자

근육은 놀라운 기관이다. 0.03mm정도의 작은 미생물 뿐 아니라 그보다 백만 배 더 큰 30m 고래까지도 근육으로 힘을 낸다. 근육은 적근, 백근, 섬유근, 포획근 등 다양하지만 우리는 특별히 가로무늬 골격근에 중점을 두고 공부할 것이다. 가전제품을 가동시키는 전동기와 비교한다면 움직이거나 속도를 낼 때, 에너지를 만들 때나 힘을 낼 때의 기작은 여러 근육들이 모두 비슷하다.

　사람은 달리기를 하고 작은 시계도 조립하며, 벼룩은 점프하고, 벌레는 바닥을 기며, 매미는 울고 심장은 뛴다. 근육의 종류는 다양

하지만 동물이 근육으로 할 수 있는 일의 범위는 그보다 넓다. 한 가지 근육으로 여러 가지 일을 하기 위해 동물은 다양한 연결 장치를 이용한다. 앞에서 근육이 어떻게 일을 하는지 살펴보았지만, 우리가 근육을 움직이는 방법은 아직 더 많은 설명이 필요하며 밝혀져야 할 것들이 있다. 이에 관한 과학적 연구는 계속 진행 중이다.

오래된 그림

근육에 자극을 가하면 근섬유 말단이 당겨지게 된다. 수축된 근육들은 다시 이완되며 이를 길항이라 불러왔다. 재이완이 어떻게 가능한지 알기위해서 근육의 길항에 대해 공부하면 조물주의 연결 장치를 조금이나마 이해할 수 있을 것이다.

어떤 근육은 전형적인 길항 특징을 보인다. 사람은 상완의 이두근으로 팔을 구부리고 손으로 물건을 들며, 반대쪽의 삼두근을 밀면서 팔을 다시 펼 수 있다. 앞서 그림 5.1에서처럼 이두근의 아래쪽 끝은 팔꿈치 앞에 연결되고, 삼두근은 상완의 경첩 관절 뒤쪽

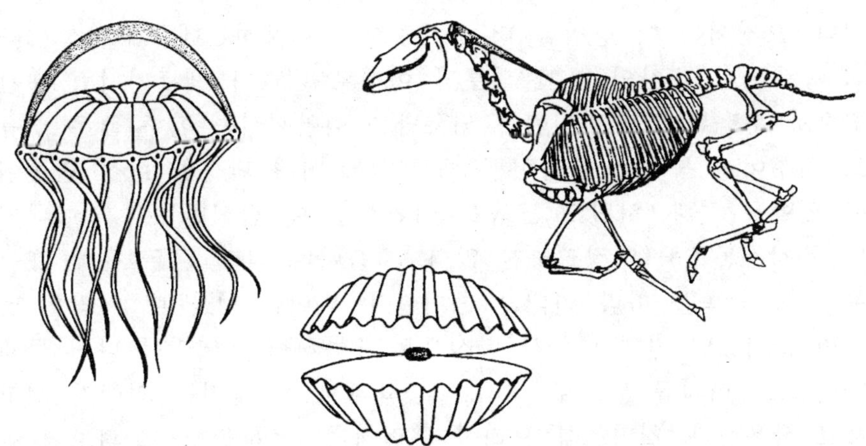

그림 6.1 근육을 이완 수축시키는데 탄성을 이용하는 예로 해파리 몸체, 조개껍질 연결인대, 말의 목뒤의 인대가 있다.

팔꿈치 뒷부분에 연결된다. 그러나 이 근육들은 위쪽으로 향하는 힘이 있어서 마치 양쪽으로 시소를 탄 아이들이나 저울의 균형을 맞추는 힘처럼 작동하게 된다. 그림은 상당히 단순화시킨 것이고, 두 특정 근육이 길항형태를 이룬 상태에서 여러 근육이 함께 길항작용을 한다. 길항근은 서로 맞설 뿐 아니라 어느 한쪽을 눌러버릴 수도 있다. 아래턱을 올려서 입을 다물고 씹는 근육은 벌리는 근육보다 더 큰 힘을 발휘한다. 이 때문에 안면경련을 입경련이 아닌 턱경련이라 부른다. 다 자란 악어의 턱을 다물게 할 때는 그다지 큰 힘이 필요 없지만, 턱을 벌리게 하기는 힘들다.

조개와 같은 이매패 연체동물의 정교하게 껍질을 닫는 근육에서 비슷한 구조가 관찰된다. 그림 6.1에서 보이는 것처럼 껍질 연결 부위 근처에 탄성적인 쿠션이 있다. 가리비는 중앙에 커다란 내전근이 하나 있고 대합이나 홍합, 굴 등에는 한 쌍의 내전근이 있다. 이들이 수축하면서 쿠션이 압축되어 입을 닫고, 내전근이 이완되면 쿠션이 늘어나면서 입을 벌리게 된다. 이 근육을 잘라내도 껍질이 완전히 벌어지지는 않는다.

해파리는 헤엄칠 때 이와 비슷한 탄성체를 이용한다. 반구형 몸체 주변의 근육이 부드럽고 탄성 있는 몸체의 위와 옆을 눌러서 물을 짜내고, 이에 몸체가 탄력적으로 반동해서 근육을 다시 이완시킨다. 오징어는 이 방법을 더 효과적으로 이용하는데, 외투막 근육이 수축되면 내강의 물이 외투막 아래로 내려가 제트기처럼 수관 밖으로 분출된다. 오징어에는 외투막을 이완시키는 아주 짧은 섬유로 이루어진 특수한 근육이 존재하지만, 대개 단순한 탄성 반동이 큰 역할을 한다. 사람도 근육을 이완시킬 때 탄성반동이 일어나지만 무척추동물처럼 정교하진 않다. 사슴이나 낙타 같은 유제 포유류는 목 앞쪽을 따라 인대가 존재한다. 먹이를 먹을 때 머리를 낮추면 늘어났던 인대가 다시 탄성으로 수축하면서 머리를 다시 들게 만들므로, 머리를 밑으로 내리는 근육과 다시 올리는 인대가 길항체로 작용한다. 칠면조를 요리하기 전에 목 부분을 잘 살펴보면 이와 비슷한 인대를 관찰할 수 있다.

수압을 이용해 근육을 이완시키는 동물도 있다. 물을 짜내면 모든 방향에 압력이 가해지게 되는데 수압을 쓰면 당길 때보다 밀어낼 때 더 효과적이다. 수관의 질과 강도에 따라 밀어내는 힘이 다르다. 수관에 빈공간이 없으면 끌어당기는 힘은 거의 불가능하지만 대개 당기는 힘에 대항해서 미는 힘이 생기므로 문제는 없다. 이를 가장 잘 이용하는 동물인 거미는 수압을 이용해서 다리를 올린다. 거미의 다리에는 가슴 쪽으로 구부리게 하는 근육만 있고 바깥으로 이완시키는 근육이 없는데 그 이유를 거미해부학자들은 오랫동안 알아내지 못했다. 1930년대 말 신경생물학 연구생인 엘리스는 수압으로 근육이 이완됨을 밝혔다. 거미가 다리를 뻗을 때, 피가 다리 쪽으로 모이며, 이때 압력은 사람 혈압의 4배 정도인 0.6 기압(atm)이 된다. 이를 위해 다리 바깥 조직은 늘어나지 않고, 안쪽 조직으로 혈액이 스며든다. 거미나 다른 절지동물 모두 이런 형태를 갖고 있으나, 오직 거미만이 수압을 이용해서 다리를 이완시킨다. 이와 비슷하게 나비는 번데기에서 나온 후 배를 낮춰 혈압을 올린 후 날개 혈관에 압력이 올라가면 날개를 편다. 여담으로 본인은 몇 년 전 지방자매결연학교에서 엘리스를 만났다. 어느 날 그는 생물학자인 수교사와 나에게 거미 수력학을 아는지 물었고, 나는 그건 이제 교과서에도 나온다고 대답했다. 그는 잠시 실망스러워하더니 그의 이론을 정리한 노란 종이를 가지고 돌아왔다. 이 후 그는 연구를 그만두고 제약회사에서 취직했다. 우리는 어떤 사실에 충분히 익숙해지면, 그 사실을 밝힌 사람을 더 이상 궁금해 하지 않는다.

심장의 심실을 혈액으로 채우려면 심실근육이 이완되어야한다. 이는 혈압과 탄성반동을 통해 가능하다. 오징어 외투막의 근육 층에 비하면 척추동물의 심장 근육층은 제대로 만들어져 있지 않은 편이다. 사람은 거미에 비해 압력이 낮고 오징어와 해파리에 비해 높다.

또한 수골격을 이용하여 근육을 이완시킬 수 있는데, 그림 6.2에 두 가지 예가 있다. 수압을 이용할 때처럼 액체를 압축할 수 없지만 다른 장점을 갖고 있다. 기본적인 개념이지만 그리 간단하지는

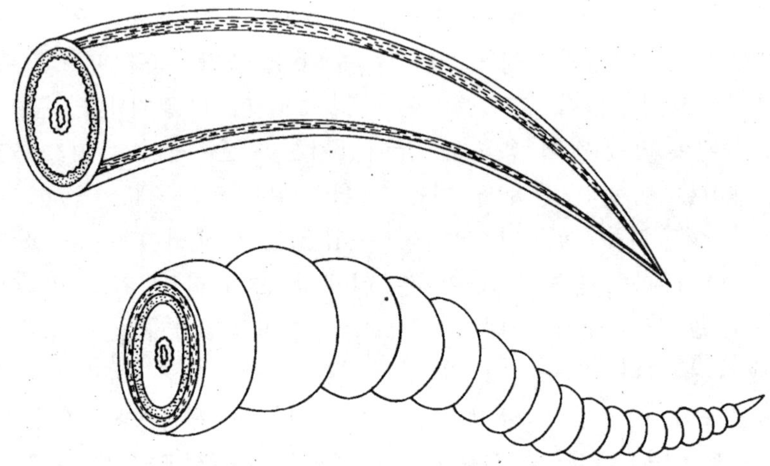

그림 6.2 위는 점으로 표시된 세로근만 있는 회충이고, 아래는 점으로 표시
된 세로근과 점선으로 표시된 원형근이 있는 지렁이이다.

않다. 폐쇄된 탄력성 관이 근육으로 둘러싸여 있을 경우, 근육이 수
축하면 관의 한쪽 면적이 줄어드는 대신 다른 면적은 증가될 것이
다. 즉, 두껍게 되거나, 얇게 되거나, 길어질 것이다. 거미 다리나
나비날개의 수압과 반대로 수골격은 단단한 겉껍질이 필요 없다.
반면 형태는 원통형이나 타원형, 구형 등으로 제한된다. 낯설게도
이들은 이두근과 삼두근을 이용하는 인체의 방식과는 완전히 달리
특정 관의 액체를 이용한다. 그림 6.2의 위를 보면 원통형 동물을
따라 존재하는 세로근의 한 쪽에 수축되어 구부러지면 근육이 이완
된다. 이는 흙 속의 수분이나 식물뿌리에 기생하거나 동물조직에
침투하여 필라리아병과 선모충병 같은 병을 일으키는 작은 회충(선
충)이 이용하는 방법이다. 지렁이도 비슷하지만 두 가지 근육이 여
러 개로 분리된 체절에 있어서 회충보다는 훨씬 낮은 압력이 생긴
다. 체절의 세로 근육을 수축하면 짧으면서 통통한 그림 6.2의 아래
쪽과 같은 형태를 이루는데, 이로 인해 지렁이 주변을 둘러싼 근육
이 늘어나게 된다. 지렁이는 각 체절의 세로근과 원통근을 번갈아
매우 빠르게 연속적으로 수축한다. 게다가 뒤를 향한 강모가 있어

서 지렁이는 뼈나 껍질이 없어도 앞쪽으로 힘차게 굴을 팔 수 있다.

근육 유체학이라 불리는 다양한 수골격은 압축이 않되면서도 부드러운 마치 속임수 같은 물질을 사용했기에 발전이 가능했던 것 같다. 스와머담(Jan Swammerdam)이 오래전에 밝혔던 것처럼 근육은 일정한 부피를 가진 구조이다. 따라서 물이나 혈액처럼 압축될 수가 없다. 만약 근육이 다른 근육을 압착하도록 변한다면 혈액, 위장, 체액이 필요 없을 것이다. 물이 가득 찬 풍선 주변을 누르면 길게 늘어나는데 이것이 바로 수골격이고, 원통형의 반죽이나 찰흙 주변을 누르면 역시 길게 늘어나는데 이것이 근육 유체학인 셈이다. 이런 장치가 오징어나 다른 두족류의 다리와 촉수를 뻗게 하고, 도마뱀이나 다른 파충류, 양서류, 포유류의 혀나 코끼리의 코를 늘어나게 한다. 코끼리의 코는 코를 따라 비강이 있지만 코 길이가 변할 때 잘 버티게 만들어져서 숨이 막히지 않는다. 근육 유체는 단순한 길항 이상의 기능이 있는데 나중에 자세히 공부하기로 하자.

우리는 스스로 생각하는데 있어서 적게나마 부모의 영향을 받으므로, 1980년대 내가 연구했던 근육을 길항하는 방법에 대해 언급하지 않을 수 없다. 액체나 기체가 표면에 흐를 때 표면압은 유체가 흐르기 전에 받았던 압력보다 떨어지고, 흐르는 속도가 빨라질수록 압력도 떨어진다. 이것이 1738년 스위스의 수학자 베르눌리(Daniel Bernoulli)에 의해 정립된 베르눌리 원칙의 핵심이다. 자동차에 기화기가 있으면 엔진으로 들어간 공기의 압력이 낮아져서 기름을 빨아들이게 되며, 비행기의 경우는 비행기 날개 위쪽 압력이 낮아져서 비행기의 고도를 유지할 수 있다. 하지만 근육을 길항하는 경우는 어떨까? 오징어의 경우 포식자를 피하기 위해 물을 분출한다. 오징어는 각 분출구 사이의 외투강을 다시 채워야하므로 외투막 근육을 이완시켜야한다. 때문에 앞서 언급했듯이 오징어는 외투막을 얇게 하는 근육과 탄성 있는 조직을 갖지만, 그림 6.3과 같이 외부흐름을 이용해서 더 쉽게 외투막을 이완시키고 물을 빨아들인다. 다른 예로 가리비는 잠깐 헤엄칠 때마다 껍질을 반복해서 여닫는다. 껍질을 가로지르는 흐름으로 다시 입이 열리며, 경첩부위의 탄력 있는 쿠션이 이를 돕는다. 마지막으로 고래는 주둥이 아래쪽을 벌려서 먹이를 먹고 수염을 통해 물을 빼내는데, 아래쪽 표면을 지나는 흐름이 다시 입을 벌리게 하고 더 많은 물을 끌어들이도록 한다.

근육은 천천히 당겨질 수도 있지만 일단 수축하면 힘만 생길뿐 일을 하지는 않는다. 상당기간동안 움직이기 위해서는 수축과 이완을 반복해야한다. 따라서 근육은 진동하는 모터처럼 계속 움직이는 대단한 길항체라 할 수 있다. 자연의 다양성과 정교함은 무궁무진하다. 예를 들어 전기모터는 천천히 회전자를 돌리지 않지만 대신

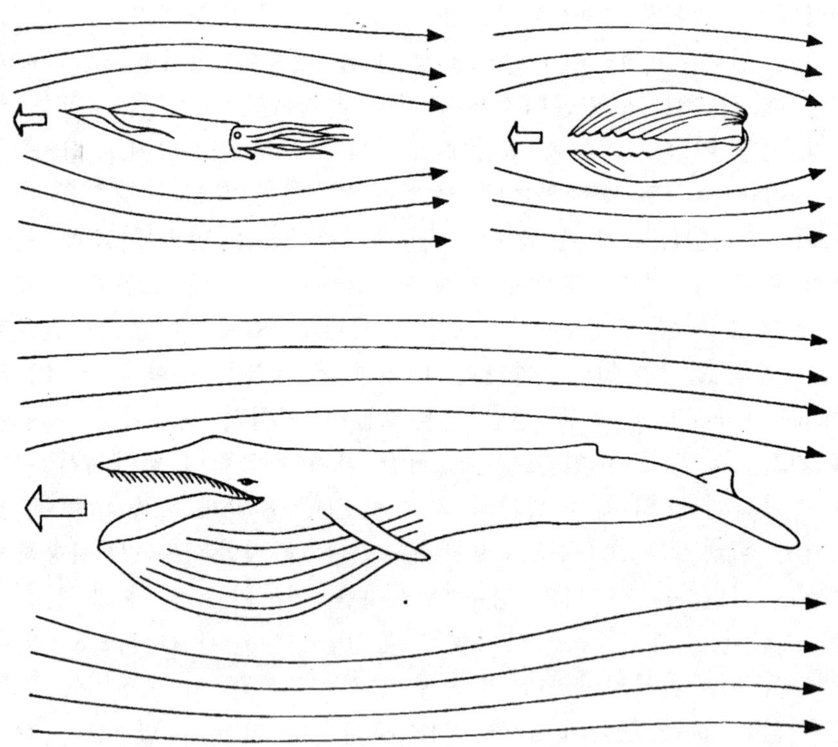

그림 6.3 액체의 흐름으로 압력이 생겨서 근육을 다시 이완시키는 예는 오징어가 외투막을 펼칠 때와 조개가 입을 벌릴 때, 그리고 고래가 입을 벌릴 때이다. 동물이 움직이는 방향과 반대로 흐름이 형성된다.

회전하는 동안 두어 군데에서 회전자를 때린다. 때문에 전기모터는 소리가 나게 된다. 한번 때려지면 다음 차례에는 회전자 다른 부분이 맞게 된다. 치는 사이사이에 회전자가 돌아가게 되는 것은 관성 때문이다. 무게가 적은 회전자가 돌기는 쉽지만 계속 돌아가기는 쉽지 않다. 팽이나 요요처럼 회전력으로 에너지를 저장한 회전자는 일로 소비하거나 마찰력으로 회전력을 상실하지 않는 한 계속 회전한다. 잔디 깎기의 원통 내부 엔진은 관성에너지를 더 극단적으로 이용한다. 내연 엔진의 원통내부는 불로 때려져서 돌아간다. 그러나 회전속도 조절바퀴가 두 바퀴 돌때 한번의 폭발이 발생하므로 회전바퀴 관성이 큰 역할을 하게 된다. 잎을 모으는 기구나 전기톱의 모터는 한번 회전할 때 한번의 폭발이 일어나므로 가벼운 회전바퀴로도 돌아간다. 자연 엔진의 설계에 문제가 있다면 바퀴가 없다는 것이다. 하지만 어쨌든 회전바퀴는 바퀴일 뿐 날지는 못한다.

관성에너지는 저장되므로, 때로 모터의 작동을 일시적으로 없애기 위해 중력을 이용한다. 증기나 전기로 작동하는 모터가 발전되는 과정에서 진동형 엔진이 회전형 보다 먼저 발명되었다. 한 번씩 켜지고 꺼지는 형태를 보완하기위해 회전바퀴 대신 진자를 이용한 경우도 있는데 진자는 중력에 영향을 받는다. 이 때 두 가지 요소가 저항력인 중력의 작용을 감소시켰다. 하나는 엔진이 빨리 회전할수록 무게에 비해 상대적으로 큰 힘을 내므로 오늘날의 엔진이 빨라지게 된 것이다. 짧은 진자의 경우 큰 원동력을 얻기 위해 한 번 진동하는 시간이 너무 길다. 또 하나는 중력은 아래로 작용하므로 진자는 항상 끝 방향을 같게 유지해야한다. 시계를 만들 때는 이를 응용할 수 있지만 손목시계에는 태엽과 간단한 탄성 저장장치를 대신 이용한다.

중력이 저장되는 이유는 뚜렷하지 않다. 자연에는 분명 중력이 이용되지만, 근육 길항이 더 우선된다. 우리 역시 엔진을 쓸 때 보다 다른 일을 할 때 중력을 이용한다. 전기적 수요가 적을 때 물을 고지의 저장소에 퍼 올리고, 전기가 필요할 때 다시 그 물을 떨어뜨려 원동기를 돌린다. 그러나 우리는 진동엔진인 근육의 움직임을 멈추게 할 수는 없다.

거리와 속도를 증가시키는 지레

아르키메데스(287?~212 BC)는 밀도와 부력에 대한 원리를 찾았을 때 고대 시라큐스의 거리에서 "유레카"(찾았다) 라고 외쳤음이 잘 알려져 있다. 그의 두 번째로 잘 알려진 인용 중에 약간 과장된 표현이긴 하지만 "나에게 지레를 달라 그러면 난 지구를 움직일 수 있다" 라는 것이 있다. 힘의 증가: 그것이 바로 그의 요점이다. 근육의 작용 중에 가장 자주 쓰이는 지레가 있으므로 우리는 경이롭게 여러모로 사용되고 어디에나 있는 이 도구에 대하여 여담을 할 필요가 있다. 근육에 작용되는 지레는 아르키메데스가 생각했던 것과는 근본적으로 다르다는 것을 기억하라. 간단히 말해 지레는 힘을 증가시키는 것이 아니고 소멸시키는 것이다.

간단한 지레는 시소같이 가운데에 받침대를 둔 단단한 막대로 구성되어 있다. 한쪽 끝을 누름으로써 다른 끝 쪽이 올라가게 한다. 지레는 힘의 방향을 반대로 하는 것 외엔 아무것도 안하기 때문에 앞으로 더 거론하지 않겠다.

받침점과 우리가 힘을 가하는 곳의 거리가 받침점과 힘이 되돌아오는 곳과 다를 때 흥미로운 일이 생긴다. 그림 6.4에서 보듯이 뺀치나 호두까기처럼 비대칭 지레는 약간의 교환이 적용된다. 어떤 것이 입력되는가 하는 것은 어떤 속력과 거리로 힘을 주는 가에 따라 결정된다. 어떤 것이 입력되는가 하는 것은 어떤 속력으로 어떤 거리로 하중을 미는 힘으로 이뤄진다. 지렛대 같은 지레는 공급하는 힘을 증가시킨다. 이 것은 일을 사용하거나 공급하지도 않기 때문에 거리를 줄이는 것이 당연하다. 그래서 멀리 밀수록(만일 적은 힘으로) 하중은 밀려지게 된다. 지레의 힘은 한 가지 단순한 법칙에 따른다: 주어진 힘 곱하기 힘을 준만큼 움직이는 거리는 지렛대가 주는 힘 곱하기 하중을 움직이는 거리의 결과와 같다. 힘 곱하기

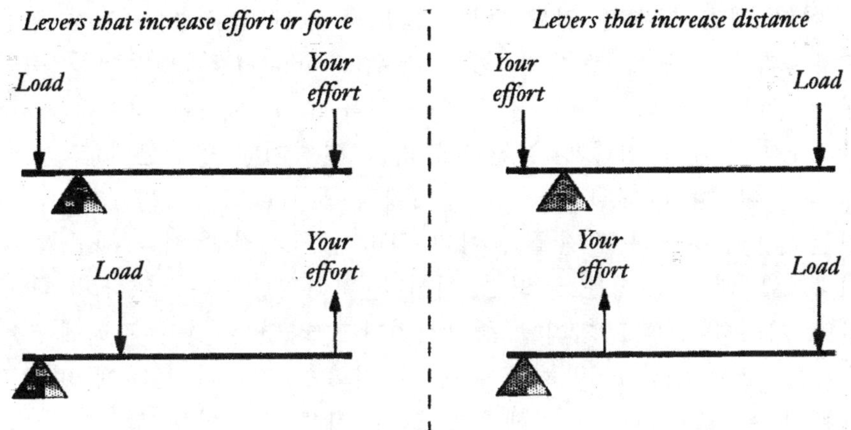

그림 6.4. 힘(왼쪽)이나 거리(오른쪽)을 증가하는 기본 지레. 전자는 대부분의 살림도구에서 찾아볼 수 있고, 후자는 대부분의 근육계통을 포함한다.

주어지는 거리는 힘 곱하기 출력되는 거리와 같다.

속도는 거리를 시간으로 나눈 것이며 사람의 입력과 지레의 출력은 같은 시간이 걸리므로, 거리가 감소한 지레는 반드시 속력을 줄여야만 한다 : 사람은 하중이 밀리는 것보다 빨리 밀어야 한다. 그래서 자연의 법칙처럼 가해진 힘 곱하기 속력은 출력되는 힘 곱하기 속력과 같다.

뻰치나 호두까기 같은 지레는 주워진 힘보다 더 큰 힘을 출력한다. 반대로, 근육은 큰 힘을 내지만 물건들을 짧은 거리만 움직인다 ; 근육은 약 20% 또는 그보다 적게 그들의 쉬고 있는 길이만큼 짧아짐을 기억하라. 좀 너 실제적으로 표현하자면 다음과 같다. 당신의 손을 약 3피트의 곡선으로 움직이는 데는 겨우 2인치 정도 이두박근을 당기면 된다. 그래서 자연은 긴, 더 힘을 주는 것이 아닌 근육으로부터 운동을 만든다 - 만일 던지거나 걸을 때 충분히 길게 팔과 다리를 흔들어야만 한다면 근육으로부터 움직이는 우리의 부수적인 것들은 힘의 대가로 길이를 증가 시킬 필요가 있다. 그럼으로 근육으로 움직이는 팔과 다리 같은 지레는 힘 대신 길이를 곱해줘야 한다.

어떤 때는 당신은 집도구나 작업도구 지레에 의해 주어진 힘을 증가시키는 기구에 관한 "기계적 우위(advantage)"라는 용어를 접할 때가 있다. 지레의 기계적인 우위는 힘을 증대 시키는 것이다. 그러나, 아직 근육이 어떻게 일을 하는가를 말하기엔 곤란한데 그 이유는 근육이 뼈에 연결되어 있고 기계적 우위를 주기 때문이다. 그 대신 불확실하거나 편견을 줄이기 위하여 한가지 용어를 사용할 것이다. 힘 대신 거리를 늘리는 지레가 거리의 우위에 있다고 하자. 만일 지레를 3 배로 거리를 증가시킨다고 하면 이것이 거리에 3 배 우위를 갖고 있다고 말하자. 속력의 변화는 거리의 변화에 따르기 때문에 우리는 거리를 곱해주는 그런 지레는 속력을 같은 값으로 곱해준다고 명심해 두자(거리 우위는 일반적인 기계적 우위로 나눈 것과 같다).

자연의 거리 우위는 여러면에서 달리한다. 결국, 많은 움직임 면에서 그리고 힘이 주어져야만 하는 면에서 적용된다. 동물이 뛰거나 걸을 때 근육의 거리 우위는 높은 경향이 있는 반면 우리가 씹을 때의 근육의 거리 우위는 아주 밑으로 가는 일이 있다. 심지어는 한조각의 근육이 다른 우위에 사용될 수 있다. 예를 들어, 한 동물이 턱을 닫는 근육과 물건을 무는 역할을 하는 앞니는 실질적으로 거리 우위를 가지고 있으며 빨리 움직인다. 동물은 뒷니로 물건을 씹는데 이것은 근육과 가까이 있으며 더 힘있게 물기는 하나 멀리 움직이지 않는 낮은 거리 우위를 갖고 있다. 또한, 동등한 근육들이 다른 용도에 사용되는 다른 우위로 동물에 사용될 수 있다. 두더지의 윗쪽 팔 삼두박근은 인간의 것보다 매우 적은 거리 우위로 활동하는데 땅파기, 씹는 일 같은 것은 던지지 보다 적은 스피드로 더 큰 힘이 든다. 그러나, 근육의 기본은 힘이라는 것에 중점을 두고 기억하라. 또한 우리의 어금니 그리고 두더지의 팔이 더 많은 거리 우위를 두고 작용된다. 실제의 예를 몇 가지 더 들겠다.

우리는 팔뚝을 올리는 이두박근을 5.5 정도의 거리우위를 이용하고 반대되는 삼두박근은 22 정도로 이용한다. 이 뜻은 만일 우리가 비슷한 근육의 종류나 근육의 횡단면으로 간주하면, 손은 더 힘 있게 고정되거나 올릴 수 있고 더 빠르게 뻗거나 내릴 수 있다.

　우리는 두개골에 대해 밑의 턱 받침점의 바로 밑에 있는 한 쌍의 관자놀이 근육으로 입을 움직인다. 앞니는 3.5 의 거리 우위로 물고 어금니는 1.7 의 거리우위로 씹는다. 이것은 비록 적은 값이지만 단단한 물체도 잘 씹을 만큼 큰 힘을 줄 수 도 있다.
　다리를 앞으로 빠르게 차는 것은 이동운동과 다리를 차는데 쓰이는 주요한 근육의 작용으로 가능한데, 뒷 다리의 두 대퇴근은 약 17.5 의 거리 우위로 작용을 한다. 그러나, 높은 거리 우위는 발이나 다리 하단쪽을 이용하여 단순히 누르는 동작으로 문을 힘들여 미는 것을 배제 시킨다. 우리는 문을 효과적으로 찰 수는 있으나 즉각적인 근육의 힘보다는 다리의 무게와 누적된 속력을 이용하는 것이다. 반대로, 담장을 넘어 보거나 높이 서려고 발끝으로 서는 것은 몸무게를 올리는 것이 필요하다. 이는 약간 올리는 것에 많은 힘이 필요하다. 주요 근육은 다리 밑 뒤쪽의 비복근이 포함되어 있으며 2.3 의 아주 적은 값으로 작용된다.

　그러므로 5.5 대 22, 1.7 대 3.5, 2.3 대 17.5—기본적인 엔진의 출력을 충분히 바꿀 수 있는 숫자이다. 우위의 값이 열거되진 못해도 이 생각들은 새로운 것이 아니다. 이러한 차이는 근육이나 뼈의 배열에 의한 것이 아니다. 보렐리는 그들의 연결장치가 근육의 지레를 이루는 것을 확실히 이해했었다.
　안정적인 구조물에서 모든 힘은 균형을 이루어야 한다. 응력—당기기—은 압축—밀기—와 균형을 맞추어야 한다. 근육은 장력의 힘을 만들므로 안정적인 구조는 압축에 저항할 수 있는 뭔가를 가지고 있다. 우리는 두 힘줄과 여러 이름으로 지워진 띠, 피대, 판 등으로 근육에 둘러싼 뼈를 가지고 있다. 절지동물은 그림 6.5에서 보듯이 안쪽에서는 장력 발생 근육과 바깥쪽에서는 딱딱한 성분을 지탱하는 압축 근육을 반대로 하고 있다. 생물학자들은 전문용어로

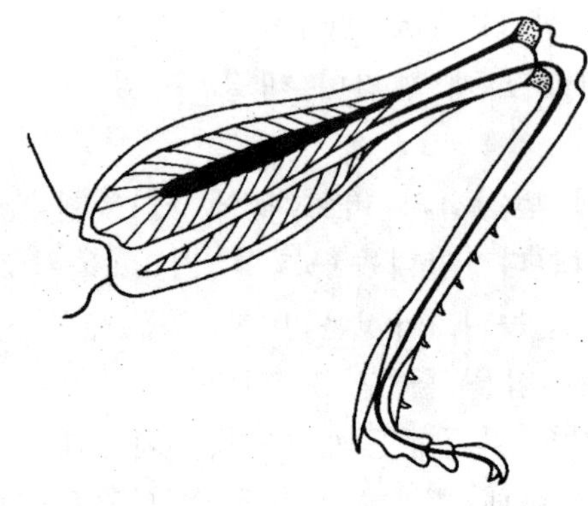

그림6.5. 메뚜기 앞 뒷다리에서 주된 뛰기근육이 어떻게 그것의 바깥 부위와 연결되어 있나. 다리를 뻗는 근육은 구부리는 근육보다 길다.

우리는 내골격을 가지고 있으나 절지동물은 외골격을 가지고 있다고 한다. 지레의 힘은 근육이 안쪽에 있는 것 같은 독특한 문제를 가지고 있다. 근육 또는 최소한 그들의 수동적인 확장(절지동물에서는 근육이 아닌 차라리 힘줄) 조인트를 지나 뻗어져야만 한다. 그러나, 근육은 안쪽에 있으므로 기관의 골격 구성원이 닫는 곳의 밑이나 위에 있을 수 없다. 절지동물은 정강이뼈의 축으로 약간 비스듬이 밀 수 있는 힘줄을 보호하는 무릎보호대가 없다. 그래서 이는 근육을 아주 높은 거리 우위로 작동을 하는데, 거의 감지 할 수 없는 근육 수축이 부속물의 넓은 흔들림을 줘야 한다. 더 극단적으로 많은 절지동물이 매우 얇은 다리를 가지고 있는데, 다리 안에 근육을 갖는 크레인 파리, 거미게, 또는 하비트맨(아버지 긴 다리) 같은 것이 있다.

가장 극단적인 것은 날아 다니는 곤충의 날개- 퍼덕거림 시스템 안에서 볼 수 있다. 이미 말한 것처럼, 작은 사이즈는 높은 퍼덕거림의 비율을 요구하며, 작은 곤충은 그들의 날개를 초당 몇 백 번 퍼덕인다. 문제 : 힐은 오래 전에 빠른 근육의 작동은 적은 힘을 발생하고 어떤 최적 속력에서는 빠른 근육은 적은 양의 힘의 출력이라고 말한바 있다. 비행동물은 어떤 동물보다 더 힘이 든다. 그래서 작은 곤충은 날개 근육을 본래의 높은 속력으로 하지 않게 수축하여야 한다. 해결 : 쉬고 있는 길이 만큼의 작은 양으로 수축한다. 모든 근육은 10% 정도의 수축으로도 일을 잘 할 수 있는데, 파리나

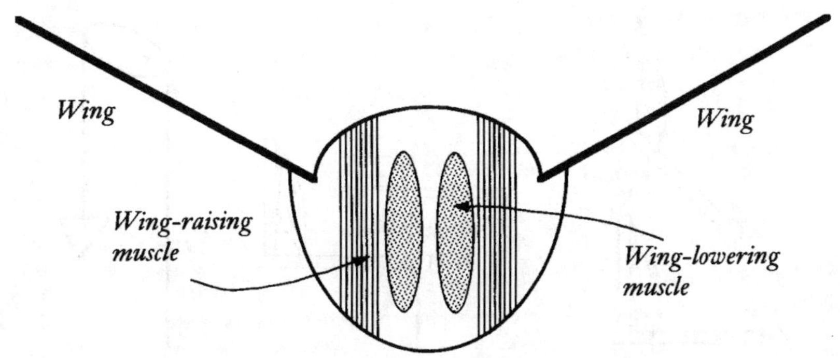

그림 6.6. 대부분의 곤충의 가슴에 있는 비행근육의 배열이 어떻게 날개에 부착되어 있지 않고 날갯짓을 하게 하나

벌의 날개근육 그리고 풍뎅이는 일반적으로 약 4% 정도로 근육이 수축한다. 파리가 날개 근육을 아래쪽으로 움직이는 힘과 날기 위해 초당 400번 이상 근육을 수축해야 한다는 것을 고려해 보아라. 만일 오직 4%만 수축을 한다면 이 본질적인 스피드는 초당 16길이(400×0.04)의 아주 효과적이고 비교적인 작은 값이다.

거리를 짧게 줄이기 위해서는 높은 거리 우위를 필요로 하는데, 비행 할 수 있는 곤충들의 날개를 보면 비행근육이 최소한 120도의 각도로 날갯짓을 하도록 한다. 해부학상의 데이터에서 보면 거리 우위를 약 100 정도 추측한다. 거의 모든 곤충은 주 근육의 완전한 배치에 따른 아주 높은 거리 우위를 나타낸다. 그림 6.6에서 보듯이 근육은 날개에 직접적으로 연결되어 있지 않다. 대신, 그들은 한쪽을 앞뒤로 부풀게 하고 다른 한쪽을 위아래로 부풀게 해서 가슴 용기를 전체로 해서 뒤틀리게 한다. 그렇게 함으로써 많은 근육의 힘이 흉부의 모양을 거의 변하지 않고 날개의 관절을 지탱하게 한다.

이 살아있는 지레들은 현재까지 의미했던 것보다 더 복잡할 수도 있다. 해부학상의 연결부이며 특이한 부속지인 날개의 길이를 변하게 하는 데에는 두 가지의 교묘한 트릭이 있다. 첫째, 근육이 뼈와의 접촉점을 움직이지 않는 면에 반해, 이 지레는 만나는 점보다 더 의존적이다. 지레의 밀고 당기는 최대 효과를 얻기 위해서 지레의 바른 각도로 힘을 주어야 한다. 그림 6.7에서 보듯이 90도

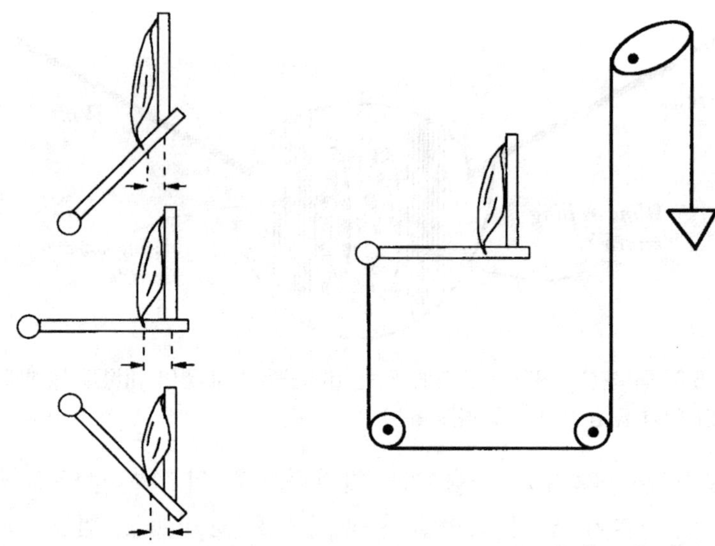

그림 6.7. 왼쪽: 어떻게 지레 팔이 앞팔이 구부러질 때 변화하나. 지레 "팔"은 특히 문자적 의미에 충실함! 오른쪽: 운동기구가 비순환적 도르레를 이용하여 그것이 처한 일을 다양하게 함에 의하여 지레 팔에 오는 변화를 보완하는 법을 보임.

보다 높거나 낮은 각도는 일을 적게 한다. 그래서 힘과 거리와 속도의 교환은 순간적으로 일어나는 부속물의 날개짓과 함께 변화한다. 당신은 팔을 완전히 쭉 펴서 물건을 올리는 것이 팔을 약간 구부려서 올리는 것보다 어렵다는 것을 알 것이다. 그러나, 지레 안에서 각을 바꾸는 것은 당신의 팔을 돌리면서 힘을 전체적으로 바꾸는 것을 고려하지 않았다. 흥미롭게도, 대부분의 일을 하는 이두박근은 같은 90 도 각도에서 최대의 힘을 가할 수 있는 길이에서 정지되어 있는 길이를 지난다.

두 번째 계략은 근육의 궤도와 짧게 하는 힘줄의 변화에 따라 다르다. 작은 크레인 팔을 올리는 케이블은 크레인 팔이 밑을 만나는 곳의 동그란 도르레를 지난다. 그러나, 도르레는 동그랄 필요는 없으며 튀어나온 버팀목의 모양을 해도 되는데 도르레의 배치는 위치의 변화를 가져온다. 뼈 위에 많은 이상한 돌출물과 무릎 덮개 같은 부수적인 구조물과 같은 것은 우리의 골격 시스템을 이와 같이 조절한다. 역기 운동기구 같이 멋있는 기계들은 지레와 비슷한 위치에 따른 변화를 얻는다. 그림 6.7에서 보듯이 원형이 아닌 도르레 같은 것을 자주 돌리게 될 것이다. 고리 띠가 표면을 떠날 때의 포인트에서 측정한 도르레의 반지름은 도르레가 돌아가는 각도에 따라 변한다. 이 결과로, 필요한 힘은 각도에 따라 변한다. 이런 기계들은 어떤 순간 당신이 접할 때의 순환에 있어 당신의 노력에 어느 정도 저항을 할 것이다. 저항 트레이닝은 의심의 여지없이 적용된다: 기계적인 복잡함에 따른 추가적인 효능은 불확실하다.

더 많은 힘 만들기

어떤 근육의 조직물은 특이한 방법으로 배열되어 있다. 그들은 한쪽 끝에서 다른 쪽으로 전진하지 않는 대신 근육의 긴 축에 비스듬히 놓아져 있다. 이 근육들은 거대한 힘을 발휘하며 매우 짧은 거리에서 힘을 가한다. 어떻게 하는 것인가? 짧고 통통한 근육은 길고 가냘픈 근육보다 더 짧은 거리로 힘을 발생시킨다. 힘은 결국 근육의 단면과 관계가 있는데 거리를 짧게 하는 것은 근육의 거리에 달려 있다. 그 힘들의 증폭은 짧고 통통한 것처럼 행동하는 길고 가는 근육을 만드는 것에 달려 있다 - 길게 하는 것 보다 섬유질을 비스듬히 작동시켜서 얻어지는 그런 것들이다. 비스듬한 배열은 많은 섬유질을 갖는데 반해 아주 짧은 것들이다. 더 많은 섬유질은 더 많은 힘을 뜻하며, 짧은 섬유질은 힘이 더 짧은 것을 뜻한다. 이러한 근육은 그림 6.8에 보이듯이 깃털이 있는 또는 날개가 있는 것으로 불린다.

절지동물이 어떻게 뼈 안에 근육을 채워 넣는 가와 어떻게 근육에 높은 거리 우위를 주는 지를 이미 살펴보았다. 높은 거리 우위는 더 큰 힘을 요구하지만 더 짧은 거리를 필요로 한다. 이 큰 힘의 깃털 근육은 특히 절지동물에서 더 많이 볼 수 있으며, 현재 보

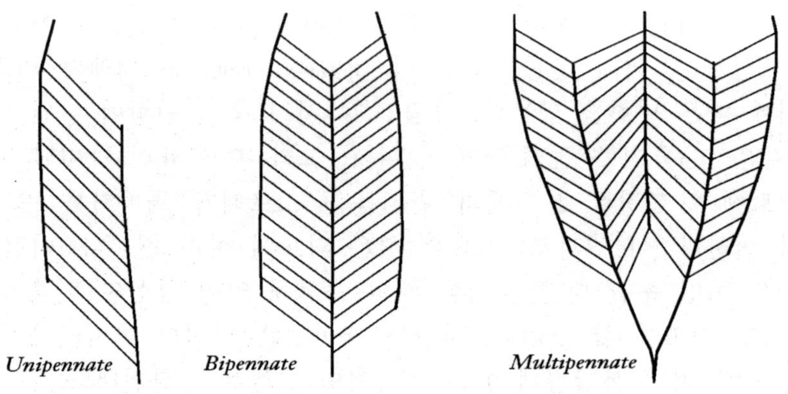

그림 6.8. 날개가 있는 근육에서 부가적 힘을 실현하는 3가지 방법.

다 과거에 더 많았다는 것을 알 수 있다. 그러므로, 우리는 깃털이 아닌 곤충의 날개 근육에서 깃털근육이 아무 속임수 없이 넓은 모양으로 짧은 흉부 안에 위치하는 것을 볼 있다.

약간 놀라운 것은 우리도 깃털 근육을 이용한다는 것이다. 우리 근육 중 약간은 편리한 팔꿈치와 무릎덮개 또는 뼈의 필요한 돌출부는 특별한 우위가 없으며 우리 근육의 일부와 그 힘줄들은 움직이는 뼈와 평행하고 같이 움직이며, 특별히 힘이 필요한 일들에 이용되곤 한다. 이러한 경우, 해부학상 또는 기능상의 필요가 상식을 벗어난 또는 최소한 각도가 벗어난 각도의 근육같이 반응하는 높은 거리 우위를 유도한다.

우리는 깃털 근육을 어디에 사용하는가? 확실한 경우로 우선 턱을 잠그는 교근(jaw-closing masseter)을 말할 수 있다. 우리는 다중깃털근육, flexor pollicis longus, 또는 긴 손가락 굴근을 사용하여 엄지손가락을 손바닥 안으로 구부린다. 이 근복은 팔뚝 안에 잘 놓여져 있는데, 근육으로부터 4~5인치 정도 긴 힘줄로 연결되어 있다. 이 같은 힘줄은 근육의 안쪽에 4~5인치 뒤로 깃털섬유를 받기 위하여 작동한다. 깊은 근육으로써, 뼈에 가깝게 위치하여 있으며, 이 굴근은 적은 지레의 힘을 받는다 : 즉, 이것은 큰 거리의 우위를 필요로 함으로 많은 힘이 가해져야만 한다. 우연하게, 팔뚝에 정렬되어 있는 손가락과 손을 움직이는 거의 모든 근육들이 움직임과 기민함이 다룰 수 없이 벗어난 큰 덩어리의 근육에 의존한다. 우리는 물론 flexor pollicis longus 와 잘 협조하여 일을 하는 작은 근육을 손에 가지고 있다.

우리는 다른 깃털 근육과 같이 무릎을 올리는데 이것은 이중깃털근육인 직근(femoris)이다. 골반의 바깥쪽에서 무릎덮개 쪽으로 뼈에서 멀지 않은 곳에서 작동한다. 우린 또한 다중깃털근육인 삼각근을 가지고 있다. 이 두꺼운 삼각형 모양의 근육은 쇄골 그리고 어깨뼈에서부터 상박골의 융기부분 또는 위쪽 팔뼈로 가면서 점점 작아진다. 우리는 삼각근을 이용하여 우리의 팔을 올린다.

두 사람이 뭔가를 끌고 갈 때는 다른 두 개의 줄을 같은 방향으로 평행하게 당긴다. 만약 한 사람이 약간 왼쪽으로 또 한 사람이 오른쪽으로 당긴 다면 효과적이지 못한 것을 알 수 있다. 같은 이유로, 근육섬유를 당기는 방향의 각도로 놓는다는 것은 쓸데없이 힘을 소비하는 비효율적인 생각이다. 그렇지만 나쁜 영향을 주더라도 그리 크진 않다. 근육 섬유는 같은 방향으로 정립된 경우의 94% 효과를 발휘하는 약 20도 각도로 위치하여 있다. 깃털근육에게는 약간의 부담이 되긴 하지만 말이다.

잠깐 끓인 메인 가재의 집게발을 푹푹 찌르면 이중깃털근육을 가진 절지 동물 근육을 볼 수 있다. 다음 조각의 집게발을 절단하면 일반적으로 두 개의 가늘지만 강한 막 모양의 골격을 볼 수 있다. 대각선 근육 섬유는 가운데 apodemes 쪽으로 붙어 있다 큰 것을 당기면 집게발이 닫힌다: 작은 것을 당기면 다시 열린다 - 그리고 힘있게 그렇지만 길지 않게 당기면 된다. 가재의 크기와 모양이 서로 다른 두 개의 집게발을 볼 수 있다. 작지만 끝이 날카로운 것은 절단하는데 사용되고, 큰 것은 부수는데 사용된다. 부수는 일은 더 큰 힘이 필요하고, 자르는 것은 많은 근육이 필요하며 낮은 거리 우위를 사용하는데 6.25 대신 3.0을 사용한다. 두 우위들은 특별히 낮다. 그리고 모두 많은 시간과 힘이 든다는 것을 주시하라. 3.0이란 숫자는 우리의 낮은 턱, 어금니, 그리고 관자 놀이뼈 근육

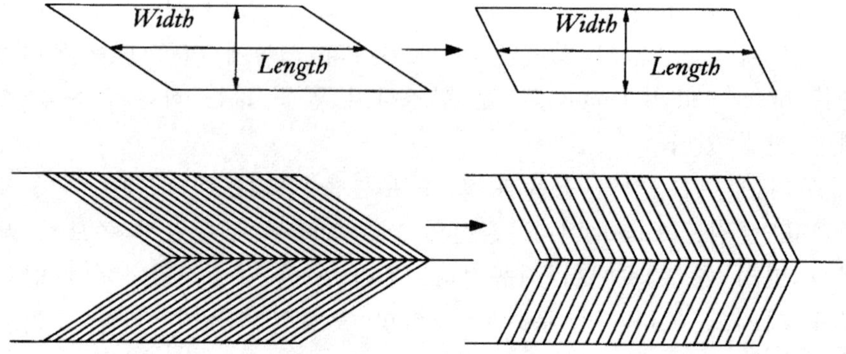

그림 6.9. 어떻게 깃털근육이 일정-부피 시스템으로 작용하는가. 수축은 넓이와 길이를- 면적과 부피를- 일정하게 유지한다.

의 1.7보다 거리 우위를 넘는다. 가재의 깃털근육은 힘을 아주 잘 증대 시키는데, 이에 관련된 지레 시스템의 거리 우위가 그리 크게 낮을 필요는 없다.

깃털근육은 절지동물에게 또 다른 이점을 준다. 부피가 상수인 시스템에서는, 일반적인 근육은 짧아질수록 두꺼워져야 한다. 만약 근육이 계속 두꺼워 진다면 근육이 곤충의 다리에서 수축될 경우 문제를 줄 수 있다. 다리의 벽이나 근육의 원주방향의 커짐을 억제 하는 짧아짐을 방해하거나, 또는 벽이 휘는 위험성의 모든 튜브를 위치하거나 밖으로 휘게 한다. 깃털근육이 수축할 때 부피를 바꾸거나 하지 않을 뿐 아니라(직감에 반대되게) 근육은 폭도 바꾸지 않는다. 근육 등은 그냥 뚱뚱해지지 않는다. 근육은 모양을 바꾸나, 그림 6.9에서 보듯이 다른 방법으로 바꾼다. 근육은 평행사변형의 면적이 밑면 곱하기 높이인 공식을 이용한다. 윗변을 옆으로 할 때 밑면이나 높이를 변화 시키지 않으므로 결국 3차원에서 볼 때 부피를 변화시키지 않는다. 최소한 만일 윗변과 아랫변 떨어진 거리가 같을 때의 경우이다. 예를 들어, 테이블 위에 있는 다량의 종이를 보자. 한 쪽 끝을 밀면 사각형에서 평행사변형으로 모양이 바뀌나 같은 높이와 길이 그리고 부피는 유지된다.

보렐리는 깃털 근육의 모든 것을 이해하였으며 우린 결코 새로

운 발견을 하는 것이 아니다. 식당에서 오늘의 수프(soup de jour) 는
모든 이전의 그것보다 우수하다는 무언의 약속이 있다. 언론인들은
명성을 떨치려는 열성적인 향학에 불타는 기관의 선전부에 부딪치
기 보다는 은밀히 결탁한다. 그러나, 과학에서 모든 새로운 작업들
은 오래전 일에 약간의 장식을 더할 뿐 계속하여 왔다. 우리는 약
간은 진보를 하지만, 앞으로 전진하기 보다는 비틀거릴 때가 많다.
우리의 기관적 기억은 우리를 속이기도 한다. 그래서 우리가 아는
것을 망각하기도 한다. 우리는 계속 나아가기 위한 충분한 지원을
도출하기 위하여 타협하고 속이고 도약을 약속하며, 그 와중에 우
리 아이디어의 대부분은 상당히 안정되게 자리를 잡는다.

수압 지렛대 장치

　이미 보았듯, 물은 압축에 저항하는 기질 역할을 하여 근육이
일을 할 수 있도록 해준다. 물은 압축에 저항하는 능력 면에서 고
체와 기본적으로는 다르지 않다. 물론 액체인 물은 어떤 한 방향으
로 전해진 힘이 모든 방향으로 흐르고 새고 전환되는 다루기 힘든
특성을 지녔기 때문에, 압축에 저항하도록 하려면 적절한 형태로
가두어져 있어야 된다. 주사기를 사용할 때처럼, 관을 따라 피스톤
으로 액체를 밀어보면, 그 액체는 구멍이 난 방향으로 빠져 나간다.
이 같이 다루기 힘는 섬 때문에 비록 다양한 일에 적용되기 힘들긴
하지만, 인간이나 동물들은 그 특징을 잘 활용하고 있다.
　물로 채워진 풍선을 생각해 보자. 고무가 장력을 견디는 동안
물은 압축되며 서로 안정된다. 만약 근육이 풍선을 감싸 쥐게 되면
풍선은 길어지고, 반대로 긴 풍선을 가운데로 죄면 풍선은 굵어지
게 된다. 그렇다면 우리는 풍선 내 압력을 어떻게 증가시킬 수 있
을까? 이를 위해서는 환상근이나 종주근이 수축을 일으킬 때 풍선
이 다른 방향으로 팽창하지 않도록 해주어야 한다. 환상근이 수축
을 일으킬 때는 비신장성 섬유와 같은 것이 풍선 길이를 늘어나지

않도록 해주어야 한다. 같은 이치이므로, 종주근 수축으로 압력을 일으킬 때는 비신장성 섬유들이 풍선의 직경방향으로 더 굵어지지 않도록 해주어야 한다.

자연에서는 위 방식이 수정된 모습으로 나타나고 있다. 얇은 벽의 실린더가 길이와 둘레를 따라 벽막을 강화할 경우 몇 가지 좋지 않은 성질을 가질 수 있다. 즉, 비틀림에 대해서는 거의 저항을 하지 못하며, 구부릴 경우 안으로 접히거나 주름지는 경향을 보인다는 것이다. 그림 6.10에서 보듯, 실린더를 따라 어떤 섬유들은 시계방향으로 나머지 섬유들은 시계반대방향으로 나선구조를 이루며 달린다면, 위의 문제들은 훨씬 나은 방식으로 해결된다. 만약 이 섬유들이 실린더 둘레를 감고 근육은 길이방향으로 달린다면, 근육 수축으로 내부 압력은 증가될 수 있다. 환형동물(선충류 따위)들이 엄청난 내압을 일으키며 우리의 살을 뚫을 정도로 빳빳해질 수 있는 방법이 이것이다(어휴!); 그 결과로 우리는 돼지고기를 제대로 익혀 먹으라는 말을 듣는다. 반대로 만약 섬유들이 길이방향으로 달리고, 근육은 실린더 둘레를 감싸도록 한다면, 이 또한 근 수축으로 시스템 내압을 증가시킬 수 있다. 이 방법으로 오징어는 맨틀(mantle) 내강에 압력을 증가시켜 사이펀 대롱으로 물을 뿜어내게 된다. 만약 그 섬유들이 실린더의 종축에 대해 55° 각도로 나선모양을 이룬다

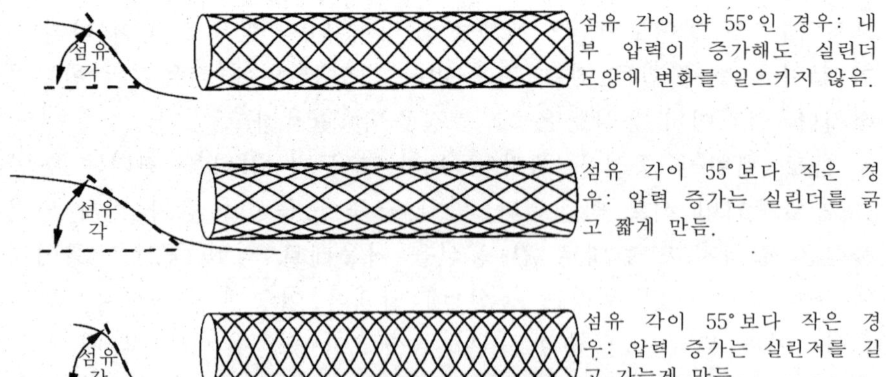

그림 6. 10. 각도가 다른 섬유에 의해 둘러싸인 실린더.

면, 위 두 종류의 근육 중 어느 쪽이 수축을 일으키든 시스템 내 압력을 증가시킬 수 있다; 이는 섬유나 어떤 물질이 시스템 내부에서 더 늘어나지 않는다고 가정할 때 그 시스템이 가장 큰 부피를 가질 수 있는 각도이다.

이 같은 기본 그림은 1950년대에 출현했으며, 후구동물 진화의 역동성("후구동물"이란 대체로 "다세포 동물"에 해당됨)이라는 훌륭한 책 속에 설명되어 있다. 저자인 클락(R.B. Clark)은 이 책에서 동물들이 그 동안 진화해 온 방법에 따라 기능한다는 내용을 통합적으로 보여주고 있다. 그는 알려진 것보다 훨씬 다양하면서도 동물진화사에서 거의 중앙부를 차지하는 '벌레'들에 중점을 두었다. 물론 대부분 벌레들은 등뼈가 없는 기는 동물이다. 이들은 물뼈대(hydroskeletons)에 많은 투자를 하고 연구하였으며, 그 뼈대들을 구조적으로 충분히 실용성을 줄 수 있는 여러 방법으로 활용하고 있다.

클락은 물뼈대에 관해 많은 것을 생각하도록 하였고, 그 결과 현재 우리들은 불가사리나 성게(sea urchin) 등의 작은 발, 또는 큰 상어의 몸체와 같은 것들에 대해 많은 것을 알게 되었다. 우리 스스로도 매우 무거운 짐을 들어 올릴 때 숨을 들이켜 멈추고 아랫배 근육에 힘을 줌으로써 내부 압력을 높이는 물뼈대식의 지지 방법을 이용한다. 이 행동은 등뼈에 가해지는 힘을 조금 덜어 주지만, 심장으로 적절한 양의 혈액이 되돌아가는 것을 막게 되므로 권할 일은 아니다. 우리들은 — 특히 남성들은 — 또 다른 수압 장치인 발기하는 음경을 가지고 있다. 특이하게도, 포유류 음경은 길이와 둘레로 달리는 섬유들을 동시에 강화시켜주는 유일한 수력기관인 것으로 알려져 있다. 그러나 음경은 심장으로부터 전달된 수압과 근 수축의 조합으로 압력을 갖게 되며, 기능적 측면에서도 기타 수압 장치들과는 다르다.

수압 지렛대 작용은 근육의 수축운동으로만 일어나는 것은 아니다. 우리는 자동차의 제동기를 작동하기 위해 원거리 수압 원리를 이용하며 이 때 지렛대의 잇점을 이용한다. 그 속에는 두 가지 간단한 원리가 내포되어 있으며, 이들 원리 모두 그 시스템을 채우는 일정한 유량과 연관되어 있다. 먼저, 실린더의 주동 피스톤의 면적과 작동 거리를 곱한 값은 바퀴에 있는 모든 피동 피스톤의 총 면적과 이들 각 피스톤의 작동 거리의 곱과 같다. 만약 작은 주동 피스톤이 큰 피동 피스톤을 움직인다면, 피동 피스톤은 주동 피스톤보다 덜 움직일 것이다. 둘째, 힘과 거리의 곱은 주동 및 피동 피스톤 양자 간 동일할 것이므로, 어떤 시스템에서든 적게 움직인 피스톤은 대신 훨씬 강력한 힘을 발휘하게 된다.

자연은 원거리 수력학과 지렛대 원리를 오직 제한적으로만 사용한다. 앞서 말한 대로, 비록 단단함의 정도를 혈압만으로 설명할 수는 없지만 우리는 그 압력을 이용해 음경을 팽창시킬 수 있다. 심장의 펌프질로 원거리의 모세혈관에 혈액을 밀어 보내면 신장에서는 그 혈압으로 여과작용을 일으킬 수 있다. 거미의 경우 원거리에서 전달된 수압으로 다리를 뻗는, 아마도 오늘날 인간 공학에서 일반화된 것과 흡사한 수압 장치를 가진 것이 아닌가 한다.

그러나 우리 의료 기술력과는 달리 자연은 실제로 완전히 근육에 근거한 수압 지렛대를 이용한다. 바로 수축작용을 일으킬 수 있는 근육의 유체역학이다. 원리의 간소함에 비해 우리가 왜 1980년대까지 자연 속의 그 원리를 몰랐었는지 의아스럽기만 하다. 앞서 주장한바 대로 생체역학이란 기술자들에 의해 밝혀진 자연의 원리를 연구하는 것이다. 카이어(Bill Kier)는 그의 논문에서 그 유체역학의 기본 아이디어를 일정한 부피를 가진 실린더의 길이와 둘레 사이의 원리로 설명하고 있다. 그 실린더에서 길이나 둘레 중 어느 쪽을 늘리면 다른 쪽은 언제나 줄어들게 된다. 그러나 그 증감의 관계는 짧고 굵거나 길고 가는 것과 같은 실린더의 모양에 따라 달라진다.

이 시점에서 한 가지 예를 들면 도움이 될 것이다. 가령 그림 6.11에서 보는 것처럼 근수축의 결과, 둘레나 직경이 10% 줄어드는 한 실린더를 생각해 보자. 간단히 계산해 보면 실린더의 길이와 둘레가 무엇이든, 실린더의 직경이 10% 줄어들면 길이는 23%나 늘어나게 된다. 그러나 여기에는 난해한 문제가 숨어 있다. 길이와 직경

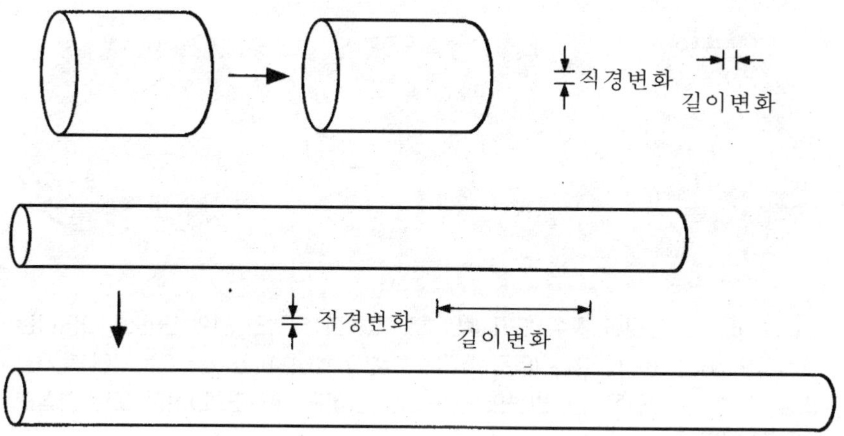

Figure 6.11. 일정한 부피를 가진 두개 실린더에서 직경과 길이의 변화 관계. 한 실린더는 짧고 굵으며 다른 실린더는 길고 가는 모양이다.

이 서로 같은, 짧고 굵은 실린더에서 직경이 10% 줄어드는 모양 변화는 2.3배(0.23 / 0.1)에 해당하는 거리우위(distance advantage)를 발생시킨다. 반면에 실린더가 직경보다 10배나 길고 가늘다면, 그 실린더의 모양 변화는 23배(0.23×10 / 0.1)만큼의 길이 잇점으로 나타난다. 실린더 모양이 달라지면 결국 지렛대의 작용 범위도 달라지는 것이다.

몇 가지 다른 요인들이 이들 시스템의 다변성을 증가시키기도 한다. 근육은 단순히 길이방향으로 달리거나, 가로지르거나, 둘레를 감쌀 필요는 없으며, 모두 가능한 각도익 나선모양으로 실린더 주위를 감쌀 수 있다. 이 말은 근수축이 길이나 둘레 변화 사이에서 어떤 비율적으로 나누어질 수 있음을 의미한다. 또한 이러한 시스템은 근육이 휴식 상태의 길이에 비해 비정상적일 만큼의 비율로 줄어드는 등 다양한 수축작용을 일으키도록 한다.

카이어(Kier)는 자신의 원래 연구에서 오징어가 다리와 촉수를 뻗는데 근육 유체역학을 이용하는 방법을 포함하였다(그림 6.12). 사촌인 문어처럼 여덟 개의 다리를 가졌지만, 문어와는 달리 오징어는 두개의 촉수를 가졌다. 오징어의 다리는 운동하기 쉬운 기관이

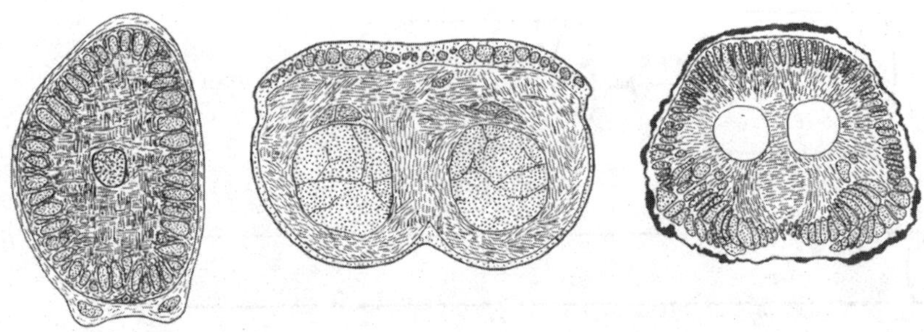

Figure 6. 12. 오징어 촉수, 도마뱀의 혀, 그리고 코끼리 코의 단면에 나타나는 근섬유의 배열. 이 섬유들은(약간의 간소화를 거쳐) 현미경 사진으로부터 투사한 것임. 그림 속 점들은 길이방향의 근세포를, 점선은 교차근, 나선근 또는 환상근 세포를 나타냄.

지만 길이 변화를 거의 일으킬 수 없는 반면, 촉수는 먹이를 향해 뻗을 수 있다. 그 촉수는 길고 가늘어서 고비율의 거리우위 뿐만 아니라 속도 우위까지 제공해 준다. 촉수는 원래 굵기의 23% 밖에 줄어들지 않으면서 초기 길이의 70%나 더 길어질 수 있다. 촉수가 길어지도록 교차근(crosswise muscle)은 빠르게 수축하지만 근동력을 보상할 만큼 빨리 수축하지는 못한다. 그러나 초당 근 길이의 6.6배 의 속도로 수축을 일으키면 전체적으로 촉수길이의 45배 만큼이나 빨리 지렛대 작용을 일으킬 수 있다. 더구나 제 4장에서 언급 하였 듯, 특히 짧은 근절을 가진 오징어는 아주 빠른 수축 속도에서 최 대의 근동력을 일으키는 거리와 속도 우위를 가지게 된다. 오징어 는 목표물을 정한 뒤 촉수를 쏘아 40분 1초 만에 먹이를 관통시키 는데, 이는 중력가속도의 25배에 해당되는 가속도로 촉수를 뻗는 것을 의미한다. 지렛대를 이용한 포식자의 근원적인 먹이획득인 것 이다.

　오징어에 대한 초기 연구 후 어느 시점에 카이어(Kier)는 도마뱀 의 섭식 행동 연구를 해온 척추 기능형태학자이자 고생물학자인 스 미스(Kathleen Smith)와 만나게 되었다. 두 사람은 결혼 후 공동연구 로 오징어의 촉수와 같은 방법으로 도마뱀이 혀를 내민다는 사실을 발견하였으며, 그 후 코끼리 코도 같은 방식으로 움직인다는 것을 발견하였다. 이들 기관들의 내부 구조는 거의 차이가 없었지만, 지렛대 작용에 차이를 일으키는 만큼의 변이를 보였다. 예를 들어 코끼리의 코는 오징어의 촉수와는 정반대로, 비교적 짧은 길이범위 내에서 천천히 길어지고 짧아진다는 것이다.

(관련된 과제로써, 나는 이곳 주립 동물원로부터 코끼리가 그의 코로 잡고 들어 올릴 수 있는 웨이트 틀(weight rack)을 만들어 달라는 부탁을 받은 적이 있다. 나는 내 아들로부터 웨이트(weight)를 빌려 몇 개의 파이프와 부속품에 매단 뒤 단단한 밧줄 고리에 연결하였다. 그리고 코끼리로 하여금 자신의 코를 그 고리에 넣어 무게를 들어올리게 하였다. 그 기구는 의도한 바대로 정확하게 만들어졌지만, 원래의 목적을 위해서는 완전한 실패작이었다. 비디오로 분석해 본 결과, 그 웨이트는 코끼리에게는 전혀 부담이 되지 않는 것으로 밝혀졌다. 코끼리의 코는 정말 강력한 힘을 발휘하였던 것이다.)

우리는 이제 빠르게 신장될 수 있는 기타 근육 유체역학에 대해서도 알고 있다. 물론 가장 빠른 혀뻗기를 하는 개구리들조차 우리가 올가미를 던질 때와 유사한 방법의 관성을 이용한다. 하지만, 이들이 혀를 움직일 때는 분명 이 같은 유체역학의 원리를 이용한다. 파충류들 중 카멜리온은 몇 가지 세계 기록을 가지고 있을 정도이다. 혀의 최대 가속도는 중력가속도의 50배에 달하며 오징어 촉수 속도에 비해 2배나 빠르다. 동시에, 카멜리온은 자신 몸길이만큼 멀리 혀를 뻗을 수 있다. 일단 우리가 자연 속의 어떤 원리를 처음 인식하고 나면, 비록 독자적으로 진화히었든 진혀 다른 모습과 기능을 가졌던 다른 원리들도 곧 깨닫게 되는 것이다.

탄력에 의한 몸 뻗기

동물들은 거의 언제나 불규칙적으로 움직인다. 근육이 운동하는 방식이 그러하기 때문이다. 다리나 날개, 지느러미, 꼬리 등을 앞으로 움직였다가 뒤로 움직이고, 혀와 촉수는 밖으로 뻗었다가 안으로 끌어들인다. 동물 개체도 앞으로 내닫거나, 위로 점프하거나, 먹이를 쫓거나 포식자를 피할 때처럼 몸을 숨기기도 한다. 지속적으로 회전하는 바퀴를 움직일 때조차, 한 다리로 자전거의 한 페달을 밟고 나면 그 다리 운동은 잠시 멈추고 다른 다리로 다른 페달을 미는 식이다. 동작을 일으키는 근육은 동작을 가속시키기도 하고 왕복운동을 일으키기도 한다.

특히 부정기적인 운동은 우리가 시간적 지렛대라 부르는 새로운 길을 열어주고 있다. 지렛대는 엔진이 일으키는 힘과 부하에 작용하는 힘 사이의 관계를 변화시킨다. 이 과정에서 일은 탈열 상태로 누출되는 것을 제외하면 변하지 않은 채 그대로 남게 된다. 그러나 일 발생률 또는 동력(힘 곱하기 속도)이 일정하다는 데는 어떤 규칙도 필요 없다. 그것이 시간적 지렛대가 출현하게 된 배경이다. 길게 보면 어떤 기구에서 유출된 동력은 유입 동력보다 더 클 수는 없다. 그러나 짧은 시간동안에는 그러한 보전 법칙은 성립되지 않는다. 운동이 일시적인 경우, 유입 동력과 유출 동력 간의 관계는 그 시간동안의 에너지 축적 정도에 따라 바뀔 수 있기 때문이다. 기본 법칙은 에너지 보전의 원리를 다시 기술하는 것이다. 즉, 유입 동력 곱하기 시간은 유출동력 곱하기 시간과 같다. 바꾸어 말하면, 유입 힘 곱하기 속도 곱하기 시간은 유출 힘 곱하기 속도 곱하기 시간과 같은 것이다.

스프링이 장전된 장치를 생각해 보자. 한 때 가정마다 일상 일이었던 시계태엽을 감는 일은 비교적 큰 동력을 요구하고 있다. 왜냐하면 짧은 시간에 많은 힘을 들여 빨리 에너지를 넣어주기 때문이다. 시계 스프링은 그 후 작은 동력(작은 힘과 속도)으로 긴 시간동안 조금씩 같은 양의 에너지를 풀어 놓는 것이다. 시계와는 반대로, 활 쏘는 일은 느린 동력 주입 뒤 빠르고 강력한 동력 유출로 일어난다. 초기의 제초기 엔진은 스프링에 대항해서 크랭크(crank)를 매우 느리게 돌리다가(저동력 유입), 방아쇠 작동으로 그 스프링이 엔진을 돌려주는(고동력 유출) 방식을 이용하였다. 필요한 유입 동력을 낮출 수 있다면(적어도 이상적으로는) 어리거나 노년층 사람들조차 제초기를 사용할 수 있을 것이다. 축적된 에너지는 활과 제초기처럼 동력 증폭을 일으킬 수도 있고, 시계처럼 동력 감쇠로 나타날 수도 있다.

부속기관의 부정기적인 운동은 대개 특이한 문제를 내포하고 있다. 멈춘 다리를 다시 움직이려면 뒷다리를 가속시켜야 한다. 뒷다리를 가속시키는 일은 힘을 사용하여 일을 하는 것이며, 이는 기질을 밀거나 유체를 지나가는 일을 더해야 한다는 것을 의미한다. 그 같은 불규칙적인 운동은 여러분이 정지 간판이나 교통신호 앞에 멈췄다가 다시 차를 몰아가는 것과 같이 에너지를 낭비하는 것이 된다. 날개 짓을 한 번 하거나 걸음 일보를 완성하는 데는 불행히도 그 에너지 손실이 두 배가 된다. 더욱 비효율적인 것은, 다리 운동을 감속시키기 위해서도 우리 근육은 모터로서보다는 제동기로서 훨씬 효율적으로 힘을 쓰고 일을 해야 한다. 그러나 우리 몸은 그 문제도 부분적으로는 쉽게 해결하고 있다. 시스템이 감속하는 과정에서 짧은 시간이나마 배터리에 재충전하는 식으로 에너지를 저축하는 것이다. 그리고 다음 동작에서 부속기관(다리)을 재가속 시킬 때 그 에너지를 사용하는 것이다.

자연은 단기간의 에너지 저장을 위해 두 가지 방법(중력, 체격)을 사용한다. 걸을 때 우리 다리는 중력 작용을 받아 앞뒤로 움직인다. 다리의 움직임은 두 종류의 에너지(운동에너지와 위치에너지) 사이에서 에너지를 주고받는 진자와 같다. 고전적 진자처럼 움직이는 다리와, 역진자(inverted pendulum)처럼 위 아래로 움직이는 몸통으로, 좀 복잡하게 보이기는 하지만 어느 쪽으로든 중력은 재충천 배터리를 제공한다. 지구 중력은 하강하는 우리 몸의 가속도 수치를 결정짓는다. 또한 여러분의 체격은 다리를 얼마나 높이 움직일 수 있는 지를 결정짓는다. 따라서 중력과 체구는 효율적인 걸음걸이의 최고 속도를 결정짓거나, 또는 달리기를 한다면 가장 값싸게 지상을 달릴 수 있는 속도를 결정지어 준다.

걷기는 빠른 속도로 에너지를 저장한다는 측면에서 매우 특이한 운동이다. 중력을 그렇게 적극적으로 활용하는 움직임도 드물 것이다. 오히려 빠른 탄력성 저장 방식을 이용하는 운동이 훨씬 다양한 편이다. 탄력성 구성물들은 근수축 활동에 길항작용을 하지만, 단순한 저항자 이상의 중요한 역할을 한다. 지구 위에서 정상적인 체격의 사람들에게 1 마일을 약 12분 내로 이동하도록 한다면 걷기에서 가벼운 경보로 운동 유형을 바꾸게 된다. 그 변화의 경계는 중력 에너지 저장에서 탄력 에너지 저장 방식으로 전환할 때 나타난다. 경보나 트로트(trot), 뛰기, 역주(sprinting) 등은 순조로운 연속성을 지니지만, 걷기와 경보는 효율적인 중간단계도 없는 별개의 보행 형태이다. 역진자로서 여러분은 한 보폭의 중간에서 머리가 가장 높은 위치에 도달하도록 걷기를 한다. 하지만 여러분의 몸을 하나의 스프링이라 생각하고 달릴 때 여러분은 보폭 중간에서 머리가 가장 낮은 위치로 오도록 달리기를 한다.

만약 달리기가 매 보행마다 탄성 에너지를 저장한다면 그 에너지는 어디에 저장되는 것일까? 뼈, 근육, 또는 건이 배터리로서 역할을 한다. 이들 중 어느 것이 에너지 저장 구조인지를 선별하기 위해서는 이들 각 구조에 대해 다음과 같은 세 가지 내용을 측정해야 한다: (1) 어느 정도의 큰 힘이 어느 정도로 큰 구조적 변화를 일으키는가, (2) 활동 중에는 얼마나 큰 구조적 변화가 일어나는 가(또는 얼마나 큰 힘이 활동 중에 발생하는지), 그리고 (3) 유입되는 일양의 어느 정도가 탄력적으로 회복되는가. 알렉산더(R. McNeill Alexander)는 영국 리드 대학교의 여러 공동연구자들과 함께 이 위압적인 측정들을 시도해 왔다. 뼈는 거의 그 같은 역할을 하지 않는 것으로 밝혀졌다. 근육은 에너지 저장소로 유망한 것처럼 보였지만, 실제로는 운동 중 늘어났다가 다시 수축할 때 신장한 상태의 일이 거의 회복되지 않았다. 알렉산더의 연구는 의심의 여지없이 건이 주 역할을 한다는 것을 보여주었다.

얼핏 보기에 건은 형편없는 스프링 같아 보인다. 스프링이란 원하는 만큼 늘어날 수 있어야 하는데, 건은 전혀 그렇지 못한 케이블처럼 보이기 때문이다. 현실적으로도 건은 원래 길이의 8% 이상 늘어나면 끊어질 정도로 많이 늘어날 수 없다. 그러나 근육이 수축을 일으킬 때 뼈까지 함께 잡아당기기 보다는 건을 늘어지게 함으로써 에너지 저장의 주 역할을 담당 하도록 한다. 그 늘어지는 정도에 대해 건은 고무와 같이 자체에 전해진 일양의 93%를 되돌려 주는 놀라울 정도의 탄성 물질이다. 단순히 8%가 아닌 200% 또는 그 이상 늘어나는 고무줄을 사용하는 방식으로 건을 사용할 수 없을 뿐이다. 철강 스프링을 만드는 방법을 생각해 보자. 우리는 스프링 전체를 잡아당길 때 강철의 어느 일부분도 1% 이상 변형되지 않도록 코일모양으로 말아 스프링을 만든다. 단위 무게당 저장할 수 있는 에너지를 생각하면, 건은 철강보다 적어도 10배 더 낫다고 할수 있다. 근육도 어느 선까지는 저장 역할을 한다. 즉, 근세포 내의 교차교량체가 에너지를 탄력적으로 저장하는 것이다. 예를 들어, 왈라비(wallaby, 작은 캥거루)의 장비근은 건의 약 1/8정도 되는 약하지만 유의한 정도의 에너지를 저장할 수 있다. 물론 무게 비로 계산해 보면, 건은 철강보다는 근육을 훨씬 능가하는 에너지를 저장할 수 있다.

그 중요하다는 건이 우리 몸에서는 어디에 있는가? 점프하는 개에게는 발목관절로 연결된 건이 아마 가장 중요할 것이다. 그림 6.13은 그 연결 부위를 보여준다. 우리 인간도 체중의 약 7배에 달하는 압박을 가하여 5% 가량 아킬레스건을 늘리며 유사한 방식으로 달리고 점프한다. 또한 발 자체에 있는 건에 에너지를 저장하기도 한다. 발은 정상적으로는 위로 휘어 있지만, 맨발 경주자 발을 보면 매번 땅을 찰 때마다 평평하게 펴지는 것을 알 수 있다. 알렉산더와 그의 공동연구자들은 절단된 인간 발을 이용하여 검사한 결과, 아킬레스건이 저장하는 양의 반쯤 되는 에너지를 발이 저장한다는 사실을 밝혔다. 낙타와 말은 극단적인 예이다. 각 다리의 거의 끝에 위치한 근육들은 극히 짧은 근섬유와 매우 긴 건을 가지고 있다. 그래서 어떤 유형의 보행을 하던 다리가 땅에 닿을 때 일어나는 근육과 건의 총길이 변화 이상이 근수축보다 건의 탄력에서 비롯된다.

그럼, 각 보행마다 또는 각 바운드마다 얼마나 많은 에너지가 저장되는 것일까? 사람의 달리기, 캥거루의 뜀뛰기, 말의 빠른 질주 등을 통해 계산해 본 수치로는 약 50%가 저장되는 것으로 나타났다. 그럼으로, 대형 포유류의 경우, 약간 늘어나는 건을 통해 일시적으로 저장하는 에너지는 운동할 때 드는 비용을 반으로 줄여주는 셈이다.

극단적인 예로써, 곤충의 비행운동은 근동력 시스템이 할 수 있는 일에 관해 많은 것을 말해준다. 곤충비행은 그 활동에 중요한 역할을 하는 모든 구조적 특화를 포함하고 있다. 예상하지 않은 바는 아니지만, 비행 곤충들은 탄력 에너지 저장 방식을 극단적으로 활용한다. 이들의 날개 무게는 적은 몸무게에 비해서도 거의 무시할 정도이지만, 그들은 초 당 많은 회수의 날개 짓을 할 수 있다. 한 방향에서 다른 방향으로 날개를 재가속시키기 위해 사용하는 운동 에너지를 통해, 이들은 엄청난 에너지를 저장할 수 있다. 비행 근육은 건을 가지고 있지 않으므로 건의 도움은 없을 것이다. 곤충의 근육은 우리의 근육보다 약간 더 에너지를 저장할 수 있고 유연한 외골격도 어느 정도 에너지를 저장할 수 있지만, 그렇게 큰 역

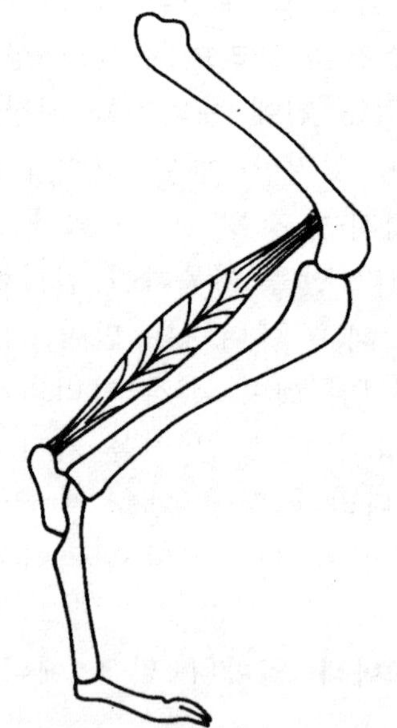

그림 6.13. 개 뒷다리에서 주 점프근육과 건들이 배열된 모습

할을 하는 것은 아니다.

에너지의 주 저장 역할을 담당하는 것은 날개 경첩에 있는 고무 같은 단백질인 레질린(resilin) 패드이다. 변형이 일어난 뒤의 레질린은 건이나 건의 주 단백질인 콜라겐(collagen)이 하는 93%보다 더 뛰어난 약 97%의 유입 에너지를 되돌려준다. 그 어떤 자연산 또는 합성 고무 재료도 이 만큼의 탄력을 가질 수 없다. 왜 레질린은 그 정도로 우수해야 하는가? 어떤 해석으로는 고도의 탄력이 기계적인 문제보다는 열 발생 문제를 해결하는데 더 필요하다고 한다. 97%란 93%에 비해 겨우 4% 더 큰 정도이며, 따라서 조금 에너지를 더 저장할 수 있는 수치일 뿐이다. 하지만 변형과 회복 사이에 나타나는 에너지 손실은 어떤 방식으로든 열로써 발생한다. 따라서 100% 빼기 97%는 3%의 열 손실을 일으키지만, 100% 빼기 93%는 7%의 열 손실을 유발한다. 이 7%라는 수치는 3%에서 나타나는 것보다 2배 이상의 열 누출을 의미한다. 열은 온도를 높이며, 단백질로 구성된 시스템은 체온이 증가할 때 잘 견디지 못한다. 만약 어떤 패드가 매 초당 수백 배 이상 변형을 일으킨다면 과도한 온도 상승의 위험이 발생할 수 있다. 불행히도 오직 절지류만(유전적 의미에서) 이 뛰어난 물질을 만드는 방법을 알 뿐이다. 동물계의 다른 어떤 계통에서도 그런 단백질이 알려진 바는 없다.

또 다른 곤충 이야기로써, 오랜 전 갈릴레오는 모든 동물들이 어떤 체구를 가졌든 공기 저항이 무시될 수 있다면 동일한 절대 높이로 점프할 수 있다고 계산한 바 있다. 갈릴레오의 누리를 뒤집으면, 같은 높이는 같은 도약 속도를 의미한다. 작은 동물은 짧은 도약 거리와 짧은 도약 시간 내에서 그 같은 도약 속도를 발생할 수 있어야 한다. 발이 땅을 떠나는 순간 어떤 동물도 더 속도를 낼 수 없기 때문이다. 그러므로 체구가 작은 동물일수록 도약 가속도는 더 커야한다. 극단적인 예로 점프하는 벼룩을 생각해 보자. 벼룩이 뒷다리를 펼 때의 점프 시간은 1/1000 초보다 더 짧다. 벼룩이 정말 그렇게 할 수 있다는 사실은 근육의 수축원리를 알고 있는 우리를 당황하게 만든다. 그러나 이와는 달리 벼룩은 시간차 지렛대를 이용한다. 한 다리 분절상의 근수축이 레질린 패드를 팽팽하게 당기면, 이것이 제 2의 근육을 당김으로써 실제 도약을 실행하는 방아쇠 역할을 한다. 이때 팽팽하던 레질린 패드가 뒷다리를 뻗도록 하여 점프를 일으키는 것이다. 벼룩은 워낙 작기 때문에 땅을 떠나기 전에 약 0.5 mm 정도에서 도약동작을 일으킨다. 따라서 벼룩은 시간 당 2마일(초당 1 m)의 도약속도를 얻기 위해 중력의 100배를 능가하는 가속도를 내야한다. 그러나 벼룩은 유출되는 일보다 유입되는 일을 더 느리게 하기 때문에 그 절대 속도는 근육의 동력발생을 직접 충족시키지 못한다. 근육은 최대 근력을 발생하는 내적 수축 속도(intrinsic speed)가 초 당 1 근길이 단위를 넘지 않는 범위에서 일을 한다. 이 시스템은 전통적인 지렛대 작용을 잘 활용한다. 즉, 레질린 패드에 부하가 걸리지 않음으로써 패드의 길이 우위는 지속적으로 증가하게 되고, 따라서 벼룩을 튀어 오르게 하는 그 고속 상태에서 그 패드의 근력 공급 능력은 감소되지 않는다.

메뚜기와 방아벌레들도 에너지를 미리 저장함으로써, 점프하는 동안 동력을 증폭시킬 수 있다. 메뚜기의 경우 그 점프 동력을 10배 정도 증폭시키지만, 방아벌레의 경우 1000배 정도 증폭시킨다는 것은 매우 인상적이다. 그러므로 여러분의 손바닥에서 방아벌레가 점프한다면 딸깍하는 소리를 명확하게 들을 수 있다. 포유류처럼 체구가 훨씬 커지게 되면 점프할 때의 에너지는 건에 저장되며 곤충들처럼 극단적인 가속도가 필요하지도 않고, 전부하(preloading)와 방아쇠 기전도 거의 필요가 없게 된다.

나는 이 같은 이야기를 더 계속할 수 있다. 예를 들면, 물뼈대(hydroskeleton)의 외피막은 약간 밖에 늘어나지 않지만, 그 조금 늘어나는 것이 작은 벌레에서 큰 상어에 이르기까지 대부분 동물들의 부정기적 운동을 위한 에너지 저장 구실을 한다. 더구나 고래 기름은 그저 단순한 지질덩어리가 아니라 콜라겐 섬유를 다량 함유하고 있어서 전신 에너지 저장고로써의 역할을 한다. 이 장의 모든 내용들은 부정기적인 운동과, 모양이 변할 수 있는 근육, 건, 탄력성 패드와 같은 재료들에 초점을 두었다. 일정한 운동과 딱딱한 물질에 대한 우리의 선입견으로부터, 우리들은 지금까지 자연이 무엇인지를 추측하는 기준 골격을 수정해야만 한다. 추측이란 중요하지만, 가설은 옷을 입혀놓은 추측 이상 아무 것도 아니다. 우리들은 단순히 데이터를 모으거나 모델만 만들어서는 안 되며, 검증 가능한 아이디어를 늘 마음에 새겨야 한다.

제 7 장
도구의 사용

인간은 두발로 걷게 되면서 독자적인 진화경로를 걷기 시작하였고, 진화의 초기 단계에서부터 도구를 사용하였다. 도구를 사용하게 되면서 손과 뇌 그리고 얼굴에서 생물학적인 변화가 나타났고, 이러한 변화는 새로운 도구를 창조하는 새로운 선택압으로 작용하게 되었다. 도구는 모든 인간은 생활양식(사냥, 협동작업, 통신과 언어의 필요성)을 변화시켰고, 인간의 기억력, 예측성, 그리고 독창성을 예전보다 훨씬 발달시켰다. 그리고 도구의 사용으로 복잡한 사회시스템이 가능하게 되었다. 실제적으로 도구가 현재의 인류(호모 사피언스, Homo sapiens)를 창조하였다고 해도 과언이 아닐 것이다.

— 인류학자 와쉬번(Sherwood L. Washburn)

사람들은 얼마나 도구들을 좋아하는가! 우리 인간은 도구들을 너무 좋아하여 존엄하고 고귀한 의미를 포함하고 있는 인간에 대한 린네의 이명법인 호모 사피언스보다 물건을 만드는 사람이라는 의미의 호모 페이버(Homo faber)로 불리는 것을 더 좋아한다. 인간과 짐승을 구분하는 경계를 모호하게 할 정도로 다른 동물들도 도구를 사용한다. 그러나 유인원들은 인간들이 도구를 사용하는 것보다 훨씬 더 적은 빈도로 별 생각 없이 사용한다. 갈라파고스 섬의 핀치새는 나무에 구멍을 파기 위하여 식물의 가시를 부리처럼 이용한다. 나는 낙지가 자신의 돌집을 만들 때 도구를 사용한다는 것이 의심스럽긴 하지만, 실제로 그렇다 하더라도 그것은 놀랄만한 이상한 일이 아니다. 그만큼 다른 동물들도 도구를 사용한다는 것이다. 따라서 도구를 만드는 불카누스(Vulcan, 로마신화에서 불과 대장일의 신)는 신성한 판테온(신들을 모신 신전)의 더 좋은 자리에 두어야 한다.

우리는 우리의 지적 능력으로 개발한 도구들을 이용하여 우리가 좋아하는 일들을 한다. 다윈이 지적한 것처럼 우리는 두발로 걷는 동물이 되면서 도구들을 갖게 되었고, 다른 것의 도움 없이 도구들을 가지고 다닐 수 있게 되었다. 그리고 다양한 소화계를 갖게 되면서 새로운 음식을 획득하고, 먹을 수 있게 되었다. 그것은 또한 손재주를 더욱 좋게 해 주었으며 인간의 도구사용 능력은 점점 더 발전하여 왔다. 인간의 생활이 점차 한곳에 정착하여 살아가는 정착생활이 되면서 좀더 쉽게 새로운 도구가 개발되고 모아졌으며, 비교적 큰 도구들도 사용하게 되었다. 와쉬번이 지적했던 것처럼, 도구의 사용이 우리 인간의 두뇌를 명석하게 하는 중요한 요인이었음이 분명하다. 두뇌의 발달로 좀더 기능적인 도구를 만들게 되었고 이것은 또 두뇌를 더욱더 발달시킨 것이다.

현재 손 도구들은 우리가 좀더 편리하고 쉽게 일할 수 있게 해 준다. 우리는 근육의 힘으로 도구를 사용하며, 도구들을 이용하여 일할 때 사용하는 힘의 양을 조절한다. 즉, 도구들은 힘, 거리, 속도의 합을 변화시킨다. 작업을 할 때 도구들은 힘을 모아서 순간적으로 강력한 힘을 내게 된다. 집게는 손가락보다 훨씬 더 강하게 움켜 쥘 수 있고, 망치는 주먹보다 더 강하게 때릴 수 있는 것이다.

힘의 증폭

근육이 아닌 도구의 관점에서 지레 장치를 생각해보자. 우리는 종종 우리의 힘을 증가시키기 위해서 간단한 도구를 사용한다. 두 조립품이 서로 고정된 접합부위를 갖고 있는 간단한 도구 중에 하나인 아르키메데스 레버는 어떤 부속품의 도움 없이도 실용적으로 이용할 수 있다. 앞에서 설명했던 것처럼 보통의 레버들은 거리와 속도로 힘을 증가시킨다. 손잡이를 잡아 당겨 뚜껑을 여는 캔이 나오기 전에는 소풍을 갈 때 캔에 구멍을 뚫는 도구인 처취 키(church key)를 가지고 가야만 했다. 그것의 날카로운 끝부분은 손으로 위에서 누르는 힘보다 4배정도의 큰 힘으로 구멍을 뚫는다. 건물을 해체할 때 사용하는 쇠지레(wrecking bar)는 더 큰 힘을 낼 수 있는 도구이다. 이것은 손을 사용할 때보다 10배 이상의 힘을 증폭시킨다. 그 쇠지레가 회전을 하게 되면 힘의 증폭이 떨어지고 그것을 더 이상 위로 올릴 수 없게 된다. 그래서 물체가 받는 하중이 약해지기 때문에 쇠지레의 힘을 원래대로 충분히 증폭시키려면 작은 지레받침을 이용해야한다. 이것에 대한 것을 그림 7.1에 나타내었다.

철 성분을 갖고 있는 도구는 힘을 증폭시키는데 매우 중요하다. 우리의 근육은 아주 힘을 잘 내고, 우리는 이 힘을 이용하여 사지를 움직여 운동을 하게 된다. 그러나 이 힘은 시간이 지나면서 약해지게 된다. 우리 인간은 이 힘을 회복하기 위한 방편으로 다양한 형태의 도구들을 발명한 것이다. 그리고 도구의 발달이 뼈와 근육의 발달을 저해하였다는 어떠한 증거도 없다. 바위를 굴리는데 긴 지렛대를 이용하면 손만을 사용할 때보다 기능적으로 훨씬 더 수월할 것이다. 이러한 논리적인 모순점들은 역사적으로 근육이 어떻게 움직여야만 하는지를 설명하는데 어렵게 하고 있다. 이 책의 마지막 장의 처음 부분에 인용된 것으로, 가벼운 것을 움직이기 위해서

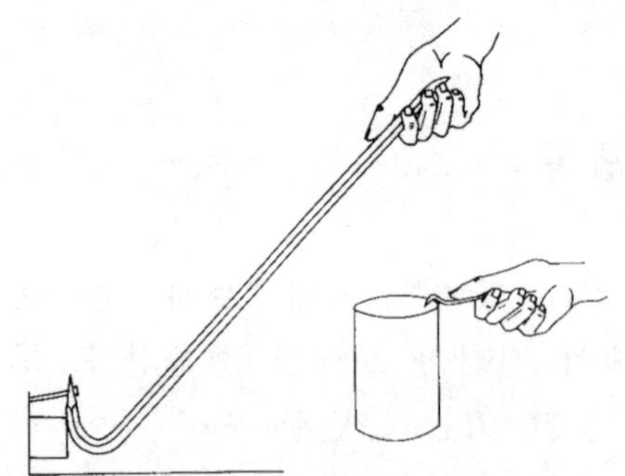

그림 7.1. 쇠지레와 처취키는 힘을 증가시키는 중심점이 가운데 있는 도구들이다.

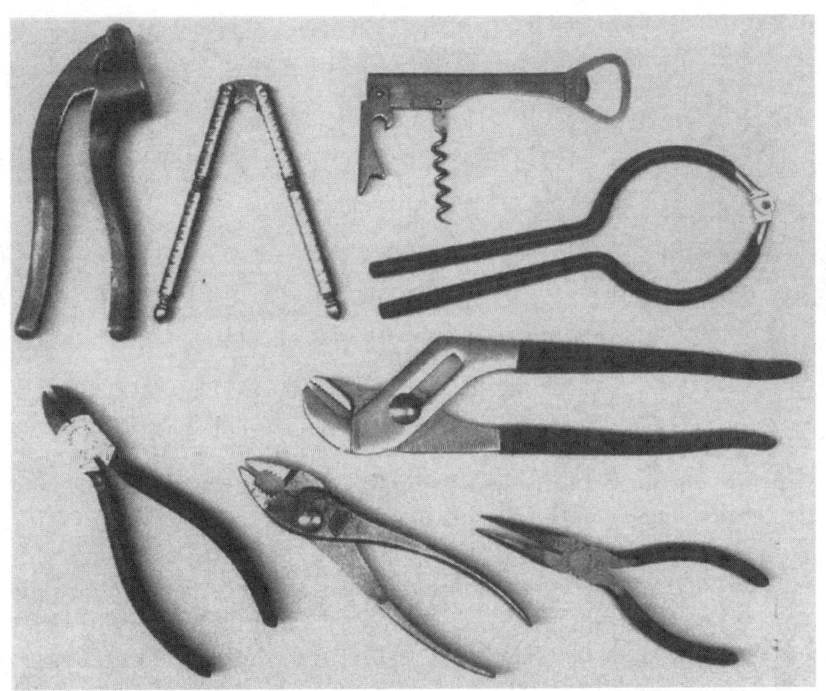

그림 7.2. 130 페이지 표에 있는 단순히 두 부분이 서로 연결된 도구

힘이 있는 엔진을 사용하는 것이 비효율적인 디자인이라고 간주되어서는 안 된다는 보렐리(Borelli)의 주장 대신에, 만약 그것이 손 도구들에 의해서 제공된 잘못된 유추가 아니라면 근육의 힘이 어떻게 생기는지 고대의 해부학자들은 분명히 알았을 것이다.

단순한 지레들은 1차적으로 우리에게 힘의 증폭을 제공하지만, 힘의 증폭이 어려운 상황에서는 다른 것의 도움을 받아 동일한 힘을 증폭시킬 수 있도록 실용성 있게 설계되었다. 즉, 지레받침을 놓으면 아르키메데스 레버가 움직일 수 있는 공간이 넓어져 레버를 자유롭게 사용할 수 있다. 우리는 지금까지 단지 한 부분으로 된 도구에 대해서만 언급하였다. 이제부터는 두 부분이 서로 연결된 도구에 대해서 알아보자. 이런 종류에는 그림 7.2에서 보는 바와 같이 가위, 부젓가락, 집게, 펜치, 금속가위 등이 있다. 몇몇 종류는 힘이 증폭되지 않고 때로는 힘이 감소하는 것으로, 이것들은 주로 멀리 떨어져 있는 것에 작용하거나 멀리 떨어져 있는 것을 안전하게 자르는 작용만을 한다. 이런 것들에는 빵 굽는 기구로부터 구운 빵을 집어내는 나무젓가락, 풀 깎는 가위, 핀셋 등이 있다. 그러나 경첩이 있는 도구들은 힘을 증폭시킨다.

힘을 증폭시키는 도구들은 지레받침에 의존하는 정도에 따라 두 종류로 구분하는데, 지금은 중심점이라고 더 많이 불리는 이것의 위치(예전에는 첫 번째 부류와 두 번 부류의 레버를 각각 구별하는 기준이었음)가 가운데(중앙) 있거나 한쪽 끝(말단)에 있다. 이것들은 주로 주방 도구와 작업대 도구로 빠르게 도입되어 활용되고 있는 것들로, 힘 있게 효과적으로 움켜잡을 수 있도록 작동하는 특징을 가지고 있다.

대부분의 이들 손도구들의 정확한 힘의 증폭은 우리가 이것들을 사용하는 방법에 따라 좌우된다. 즉, 단단한 호두를 까기 위해서는 호두를 깎는 기구의 중심점에 호두를 놓고 손잡이를 최대한 멀리 움켜쥐고 힘을 주어야 한다. 그리고 꽉 죄어진 호두를 느슨하게 풀려면 집게의 집는 부분의 사이를 최대한 떨어뜨려 놓으면 된다.

도구명	중심 점의 위치	증폭되는 힘
마늘분쇄기	말단	6.0 X
호두까는기구	말단	5.3 X
측면레버 나사모양송곳	말단	4.0 X
병따개	말단	3.8 X
펜치	중앙	6.7 X
홈잠금집게	중앙	4.6 X
보통집게	중앙	3.0 X
바늘코집게	중앙	1.6 X

그러나 이들 도구들 중에 어떤 것은 작용하는 힘이 증폭 요인보

다 조이는 힘에 훨씬 더 크게 좌우된다. 얼마나 강하게 조여지는 가는 손에 잡혀 힘이 가해지는 도구의 크기에 좌우된다. 크고 강한 손이 분명히 더 잘 조일 수 있을 것이다. 적당한 크기와 손의 강도를 최대로 미칠 수 있는 도구를 만들려면 손잡이의 디자인과 증폭 요인을 잘 선택하여야 한다.

이들 도구들이나 앞에서 언급한 쇠지레도 일 단계 힘의 증폭 한계를 검사할 수 없다. 지름이 1인치 정도 되는 나사로 조립할 때 긴 파이프 렌치(스틸슨 렌치-볼트, 너트를 풀고 조이는 도구)를 이용하면 20배 이상 힘을 증폭시킬 수 있다. 폭탄 열량계의 금속 가스켓의 윗부분을 나사로 조이는데 6피트 길이의 렌치를 사용히면 우리 몸으로 미는 것보다 30내지 40배 이상 힘을 증폭시킬 수 있다. 말하자면 윗부분이 아래로 조여지는 힘은 또 다른 100배의 증폭을 가져온다. 그래서 가스켓은 트럭이나 코끼리가 밟는 것보다 더 큰 힘으로 단단하게 조여진다.

종종 우리는 증가된 힘이 작용할 수 있는 거리를 축소시키기 위하여 도구의 지레작용을 이용할 때도 있다. 즉, 우리 세대의 생물학자들은 현미경 사용 시 대물렌즈를 재물대의 슬라이드그라스에 닿을 정도로 내리면 안 된다는 주의를 받지 않았다. 대물렌즈가 슬라이드글라스에 닿았는데도 계속내리면 슬라이드와 대물렌즈 모두 손상을 입게 된다. 따라서 이것을 방지하기 위해서 대물렌즈의 높낮이를 조절하는 나사를 일정한 범위 내에서만 움직일 수 있도록 하였다.

도구들의 이용과 설계

도구들을 만들 때에는 소비자들의 습관과 선입관 또는 재료와 제작품의 경제적 측면보다는 인체공학적인 측면의 연구결과가 충분히 반영되어야 한다. 경험이 많은 도구 사용자들은 필연적으로 자신들이 오랫동안 즐겨 사용했던 물건과 유사한 디자인을 선호한다.

그러나 나는 사용하는데 매우 불편한 많은 도구들을 보았다. 즉, 너무 좁고 너무 깊은 홈이 있는 손잡이의 드라이버, 손을 혹사시키는 달걀거품기와 강판, 손바닥에 상처가 나게 하는 와인 코르크마개 추출기 등을 들 수 있다. 나는 또한 훨씬 더 나쁘고 인체공학적으로 혐오스러우면서 겉모양만 그럴듯한 도구들을 본 적이 있다

　사람들은 자신이 좋아하는 도구들을 선택할 때 그것의 크기, 강도, 손에 맞는 정도 등을 잘 고려하여야 한다. 사람들은 서로 많은 차이가 있으며, 이런 차이는 훈련을 통하여 없어지는 것이 아니다. 예를 들면, 남자들은 평균적으로 여자들보다 훨씬 더 크고, 어린아이들은 어른들보다 훨씬 더 작다. 사람에 따라 신발의 크기가 서로 다른 것처럼 도구도 사용자에 따라 그 크기가 서로 다른 것이다. 나는 아들에게 처음에는 10온스의 망치와 4페니의 못을 사용하도록 하였다. 그리고 다음에는 13온스 망치와 6~7페니의 못을 사주었다. 그리고 나중에는 내가 주로 사용하는 16온스 망치를 사용하도록 하였다. 만약 아들이 지금의 나보다 더 커진다면 20온스 망치와 최소한 16페니의 못을 더 사줄 것이다. 그러나 우리는 건축 도구들에서 흔치 않은 10온스의 목수 망치도 볼 수 있을 것이다.

　우리들 각자에게 맞는 크기도 다를 뿐만 아니라 도구의 종류와 사용하는 목적에 따라 잡고 조절하는 사용 방법도 다른 것이다. 어떤 경우는 하나의 도구를 여러 방식으로 사용하기도 한다. 나무에 나사못을 처음 박을 때에는 꼬이는 힘보다 축방향의 힘이 더 요구된다. 즉, 드라이버를 세로로 밀어야한다. 그러나 일단 나사못이 나무에 박히고 나면 그 다음에는 못이 박히는데 꼬이는 힘이 더 크게 작용한다. 잘 설계된 드라이버는 두 가지 운동을 용이하게 한다. 무거운 망치를 힘 있게 잡을 때에는 엄지손가락과 나머지 손가락으로 손잡이를 감싸서 잡는다. 이 때 팔뚝이 손잡이의 한쪽을 확장시키는 것처럼 된다. 가볍게 치기 위해서 잡을 때에는 힘 있게 잡기 보다는 정확하고 조심스럽게 손잡이를 잡아야 한다. 이때 엄지손가락은 똑바로 펴져서 망치의 머리를 향하여야 하며, 나머지 손가락의 각도는 망치 머리로부터 비스듬히 기울어져야한다. 그리고 팔뚝은

손잡이를 늘리는 것처럼 정렬되어야 한다. 최대로 힘을 내기 위해서는 손잡이가 굵은 것이 좋은데 지름이 1.5 인치정도 되는 것이 적당하다. 손잡이의 지름을 감소시키면 드라이버와 망치의 정확도를 증가시킬 수 있다. 보석세공인이 사용하는 드라이버의 손잡이는 그 지름이 연필보다도 작은 1/4 인치에 불과하다.

세 번째 손잡이인 굽은 손잡이는 손가락으로 손잡이를 잡아서 사용한다. 우리는 렌치, 많은 톱의 손잡이들, 그리고 작은 엔진의 시동을 걸때 사용하는 잡아당기는 손잡이뿐만 아니라 166 페이지의 표에 있는 도구들을 이런 방법으로 잡는다. 이들 굽은 손잡이들은 지름이 3/4 인치 정도 되는 것이 가장 좋다. 내가 가지고 있는 활톱, 목공용 톱, 쇠톱, 소켓렌치 그리고 파이프렌치의 손잡이 지름이 대략 그 정도 된다. 그러나 대부분의 다른 것들은 더 작다. 만약 이것들의 손잡이가 더 굵었다면 그것들, 특히 단순한 렌치들 같은 경우는 내가 사용하는데 더 편리하였을 것이고, 아마도 더 효과적이었을 것이다.

우리는 최대의 힘을 내고 최대의 정확도를 가져올 수 있는 범위 내에서 우리가 사용하는 근육과 관절들을 변화시킨다. 이것은 일부 적은 수의 관절들과 더 작은 근육 그리고 짧은 길이의 부속지들은 더 정밀하게 움직인다는 것을 의미한다. 우리는 도끼나 큰 나무망치 또는 야구방망이를 휘두를 때 팔뿐만 아니라 몸 전체를 사용한다. 야구 연습장의 공 던지는 기계에서 나오는 공을 때릴 때에도 때리는 곳과 방법에 많은 차이가 있다. 일단 기계가 작동되면 그 피드백 기계를 조종하는 시간과 이용할 수 있는 힘이 제한된다. 우리가 무거운 망치로 못을 박을 때는 팔 전체와 어깨를 회전시키면서 힘 있게 못을 치지만, 치는 힘은 약하더라도 정확성은 좀더 나아지게 하는 주요 근육은 거의 사용하지 않는다. 따라서 이 때는 힘 있게 칠 수는 있지만 정확성은 떨어진다. 압정 박는 망치는 어깨가 아닌 손목과 팔꿈치를 움직여서 정확하게 잡을 수 있다. 샤프 연필을 사용할 때, 우리들 대부분은 손목을 고정시키고 주로 손가락으로 운동을 한다. 대부분의 사람들은 조금만 노력해도 책을 읽을 수 있는 거리에서 큰 어려움 없이 눈으로 구별하기 힘들 정도로 세밀한 두 개의 평행선을 그릴 수 있다.

사실 우리의 근육조절 시스템은 우리의 자기자극에 감응하는 피드백 시스템보다 더 잘 작동할 수 있다. 나는 현미경 하에서 작은 곤충을 해부하는 것을 가르쳤었다. 이 때 나는 손목과 손바닥을 고정시키고 손가락 마디만을 자유롭게 움직여야 했다. 현미경을 이용하여 시각적인 측면을 향상시킴으로로써, 거의 일상적으로 솜씨 있는 비범한 기술로 해부를 할 수 있었다. 물론 이렇게 되려면 많은 연습이 필요하다. 생물학자들은 훌륭한 해부학자나 외과의사가 되려면 수많은 실패를 경험해야만 한다고 생각한다. 내 친구 중에는 현미경적 크기의 아주 작은 벌레 때문에 개털의 날카로운 끝부분을 풀로 붙일 수 있는 사람도 있다. 어떤 사람들은 둘이 한 팀을 이루어 집파리의 선(腺)을 이식하는 사람도 있다. 한 사람은 선을 주는 공여 파리를 다루고 다른 한 사람은 그 선을 받는 수용 파리를 다루는데, 이들은 맨눈으로는 거의 볼 수 없는 분리한 선을 책상위에서 서로 주고받는다. 그리고 내 동료 중에는 각 세포의 염색체들을 세밀하게 다루는 사람이 있는데, 이럴 때에는 더 세밀한 조절을 위하여 근육의 도움이 절대적으로 필요하다.

우리가 알고 있는 근육 운동의 특성으로 볼 때, 길이가 더 짧은 근육일수록 그 정확성은 더 커질 것이다. 아주 간단한 예를 들면, 짧은 근육이 1% 짧아지는 것이 긴 근육이 1% 짧아지는 것보다 더 적게 운동한다. 또한 사용하지 않는 관절을 고정시키는 것은 느슨해진 부속지가 자기자극에 반응하는 장치에 의해서 신속히 안정되어야 한다는 것을 의미한다. 피드백 반응을 일으키는 데에는 어느 정도 혼란이 따른다. 그리고 이런 혼란에 따른 이두박근과 삼두박근의 최소한의 운동량은 우리의 손가락으로 조절할 수 있는 최소한의 운동량보다 훨씬 크다. 아무것도 붙잡지 않고 똑바로 서서 벽에 붙어있는 종이에 명료하게 글씨를 써보라! 나는 손목을 고정시키고 어깨 운동만으로 필기체의 글씨를 쓰려는 헛된 시도를 포기할 수밖에 없었다. 초등학교 때에는 이러한 요술쟁이 방법(Palmer method)이 어느 정도 효과가 있었지만 지금은 아무리 노력해도 효과가 없었다. 비록 본인이 쓴 글씨는 거의 읽기 어려울 정도로 휘갈겨 쓴 것이지만 모두 나와 같을 것이라고 생각하지는 않는다.

물론 도구라는 것은 모든 사용자들에게 편리해야만 한다. 문의 손잡이는 얼마나 커야하고, 어느 정도의 높이에 있어야 하나? 만약 내가 잘못 판단한 것이 아니라면, 몇 세대 전에 살았던 사람들은 지금의 사람들 보다 평균 키가 작았을 것이므로 그들이 살던 집의 문손잡이는 그들의 키에 맞게 지금보다 더 낮은 곳에 있었을 것으로 생각된다. 그리고 문손잡이 모양은 손과 접촉하는 부위를 크게 하기 위해서 둥글게 하였고, 잡아당길 때 미끄러지지 않도록 하기 위해서 약간 둥근 홈이 있었을 것으로 추측된다. 나는 이러한 손잡이와 측면으로 확장된 레버 양식의 디자인을 이해하고 좋아한다. 측면 레버형 손잡이는 단순한 문손잡이 보다 다양한 형태로 잡을 수 있어 문을 여는데 훨씬 편리하다. 즉, 양손으로 짐을 들었을 때 팔꿈치와 발만으로도 문을 열 수 있다. 이와 유사하게 키가 작고, 힘이 약하고 손에 비누가 묻은 사람들에게는 문을 열 때 적당한 길이의 측면 레버형 손잡이나 오톨도톨한 손잡이가 매끄럽고 둥근 손잡이 보다 더 편리할 것이다.

문 열기와 나사 돌리기

우리가 여닫는 문을 가지고 인간 공학에 관한 문제를 생각해보자. 문짝을 문틀에 붙이는데 사용하는 경첩(hinge)은 값 싼 제품일지라도 거의 마찰이 나타나지 않으며, 보통 크기의 문은 거의 중력에 대항하여 일을 하지 않는다. 그렇다면 무엇 때문에 어떤 문들은 그렇게 열기 힘든 것일까? 그것은 무게 때문이 아니다. 지구 표면에서는 무게와 결코 분리할 수 없는 또 다른 변인인 질량 때문이다. <그림 7.3>과 같이 문을 열 때 일어나는 일을 생각해보자. 우리는 손잡이를 잡고 끌어당긴다. 키가 큰 사람은 그 일을 하기가 쉽지만,

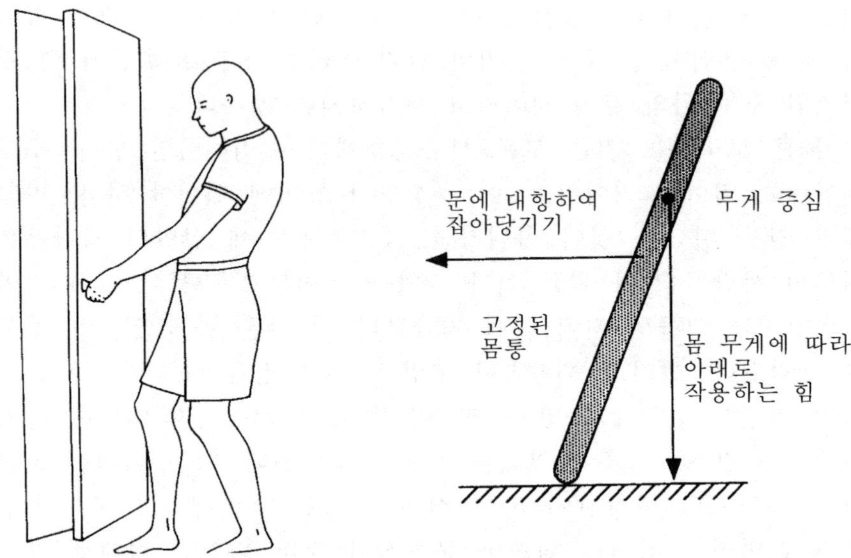

그림 7.3. 물을 열 때 작용하는 힘

우리의 직관과는 다르게 이 일에는 직접적인 힘이 들어가지 않는다. 문을 잡아당기면 당신과 문은 좀더 가까워진다. 어떻게 하면 당신 자신은 조금만 움직이면서 문을 많이 움직이게 할 수 있을까? 몸을 다소 뒤로 젖히면 당신의 무게 중심이 다리 뒤쪽으로 가게 되는데, 문을 잡아당기면서 몸을 좀 더 뒤로 젖히면 무게 중심은 좀 더 아래로 내려온다. 여기서 뉴턴이 나타냈던 것처럼 반대 방향으로 같은 크기의 힘이 작용함을 볼 수 있다. 문을 밀면 당신(또는 당신의 무게 중심)은 앞쪽으로, 그리고 위쪽으로 이동한다. 문을 잡아당길 때와 밀 때 모두 수직 방향의 운동이 중요하다. 키가 크고 몸무게가 많이 나가는 덩치가 큰 사람은 문을 당기면서 몸을 뒤로 많이 기울일 필요가 없다. 여기서는 당신의 체중에 대응하는 문의 질량이 중요한 것이다. 물체를 아래로 잡아당기는 중력이 약한 달을 생각해 보자. 이곳에서는 질량은 같지만 무게는 지구에 비해 약 6분의 1로 줄어든다. 이 경우에 문은 덜 움직이게 되므로 문을 열기 위해서는 몸을 뒤로 많이 젖혀야만 한다. 우주선이나 스쿠버 다이

빙을 하는 경우에는 몸무게는 거의 나가지 않으므로 문을 열기가 매우 힘들어진다. 나는 상당히 짧은 기간에 체중의 30%가 줄어든 적이 있다. 평소에는 별 어려움이 없이 열고 닫았던 문이었지만, 그 당시 한동안 문을 열고 닫기가 어려웠다. 나는 몸을 많이 이동했지만 문은 조금 밖에 열리지 않았다. 이런 문제는 내가 몸을 좀더 뒤로 젖히는 방식으로 습관을 바꾼 후에 해결되었고, 몇 달 후에는 상당히 익숙해졌다. 이런 면에서 볼 때 여성보다 평균적으로 키가 더 크고 몸무게가 더 나가는 남성이 문을 열어주는 역할을 하는 것은 합리적이라 할 수 있다.

문을 열고 닫는데 또 다른 중요한 점이 있다. 우리는 문의 손잡이를 가능한 한 경첩으로부터 먼 곳에 단다. 손잡이를 끌어당기거나 밀어야 하는 거리가 멀수록 힘은 적게 든다. 이것은 지렛대 원리로 설명할 수 있다. 문에 가로 방향으로 달린 막대를 밀 때도 같은 일이 일어나며, 문에 이런 가로 형 막대를 설치함으로써 공공의 장소에서 대중들을 안전하게 보호할 수 있다. 그러나 문을 열어야 하는 사람의 입장에서는 문이 움직이는 방향과 좀더 효과적으로 밀 수 있는 끝 부분의 위치를 알 때 힘을 적게 쓰면서 문을 밀 수 있다. 그러므로 경첩에서 멀리 떨어져 있어서 효과적으로 문을 밀 수 있는 끝 부분에는 일반 사람이 알아볼 수 있는 표시를 해야 할 것이다.

물체를 조이는 용도로 사용되는 나사는 야금술이 시작되던 시기에 출현한 못과 리벳에 비해 훨씬 나중에 개발되었다. 그러나 이들을 언제 어떤 용도로 사용하기 시작했는지는 분명하지 않다. 우리가 현재 바이스와 클램프에서 힘을 증폭시키는 데 나사를 사용하는 것처럼 고대 그리스인들도 같은 용도로 나사를 사용했다. 아르키메데스는 기울어져서 비스듬히 올라가는 파이프 안에서 나사를 돌려 작동시키는 비효율적인 물 펌프를 발명했는데, 이것은 손으로 돌리는 크랭크를 사용해서 작동시키는 고기 분쇄기처럼 작동한다. 로마인들은 포도와 올리브로부터 즙을 짜기 위해 나사 압축기를 사용했다. 그러나 나사를 깎고 잘 다듬는다거나 너트의 안쪽에 홈을 만드는 일은 쉽지 않으며, 여전히 해결해야 할 과제를 갖고 있다. 현대의 나사 기술은 시계 제조와 나사를 깎는 선반 기술이 서로 간에 필요와 수단이 되면서 발달하기 시작됐다. <그림 7.4>에 제시된 기기는 1480년에 독일의 시계 제조공이 사용했던 도구로서, 지금까지 알려진 기계적 나사 절단기 중 최초의 것이다. 수동 크랭크가 나사를 돌려서 축받이를 통해 나가도록 하며, 나사는 돌아가면서 앞으로 나가 속이 빈 원통형 부속을 누르는데, 이것은 절단기를 지나서 뒷부분의 받침에 있는 구멍을 통과한다. 이렇게 해서 절단기는 원통형 빈 곳에 나선형의 홈을 새기게 된다. 요즘 사용하는 선반에서는 원통형 부분이 가로로 이동하지 않고 회전만 하며, 대신 절단기가 가로로 이동을 한다. 하지만 그 원리는 동일하다.

나사는 시계 방향이나 반시계 방향으로 돌면서 앞으로 나아가도록 만들어질 수 있는데, 어느 방향이던지 반대 방향에 비해 더 효율적으로 작동하진 않는다. 그러나 거의 모든 나사는 시계 방향으로 회전할 때 앞으로 움직이고 반시계 방향으로 회전할 때 뒤로 움직인다. 우리는 이것을 오른손(right-hand) 나사라고 부르는데, '오른(right)'이란 용어에는 '옳다'라는 의미가 포함되어 있어서 나사 방향 결정에 영향을 준 느낌이 든다. 'dexterous'란 용어가 오른손잡이와 민첩함을 모두 나타내고, 'sinister'가 왼손잡이와 악의적임을 모두 나타내는 예도 이런 느낌을 뒷받침한다. 어느 쪽이든 동일한 이점을 가지지만 동전을 던져 방향을 정하는 것과 같이 우발적인 선택이었는가? 아니면 합리적인 선택이었는가? 아니면, 세 번째 가능성으로

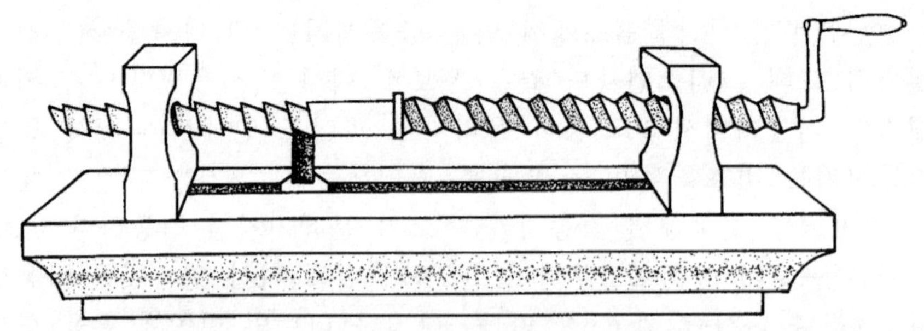

그림 7.4 초기에 개발된 것으로 알려진 나사 절단용 선반의 구조

서 어떤 편견에 따른 선택이었는가? 전통적인 쥬스 압축기의 나사들은 양쪽 방향으로 모두 돌려서 사용할 수 있다. 나는 이것을 어느 방향으로 돌리는 것이 좋다는 주장을 들은 적이 없다. 그러나 초기의 나사 절단용 선반의 그림을 보면 오른손 나사를 써서 작동함을 볼 수 있다. 나사 절단 선반에서 이처럼 오른손 나사를 사용하게 된 데는 크랭크가 또 다른 편견을 제공하는 요인으로 작용한다.

당신이 회전시켰던 크랭크를 생각해보자. 여기서 두 가지 점을 지적할 수 있다. 첫째, 수평 방향의 회전축을 가진 크랭크는 수직 방향으로 세워진 원형의 평면을 그리며 돌게 되는데, 그 원형 평면의 최상부에서는 당신으로부터 멀어지는 방향으로 손잡이를 돌리는 반면에 최하부에서는 당신을 향해서 돌리는 것이 자연스럽다. 돌릴 때의 느낌이 좋을 뿐 아니라 더 힘을 주어서 크랭크를 돌릴 수 있다. 둘째, 이러한 크랭크는 위에서 아래로 내리는 방식이며 오른손잡이가 사용하도록 고안된 경우라 할 수 있는데, 이러한 크랭크는 기계의 오른쪽 끝에 장착한다. 이렇게 함으로써 사람들이 크랭크를 사용하면서 작동 상태를 볼 수 있도록 하며, 왼손으로는 기계를 붙잡거나 조작할 수 있게 한다. 이러한 오른쪽 끝에 붙은 크랭크를 돌려서 나사를 나아가게 하려면, 오른손 방향의 나사산을 가진 나사를 사용해야 한다. 수동으로 작동하는 고기 절단기들(그림 7.5)은 모두 오른쪽 끝에 위에서 아래로 내리는 크랭크를 붙이고 있고, 시계방향으로 돌아가는 오른손 나사를 가지고 있다. 태엽으로 감아올리는 장치도 시계방향의 크랭크를 사용한다. 크랭크로 시동을 거는 자동차도 시계 방향의 크랭크를 사용했고, 자동차 엔진들은 여전히 오른손잡이 사람들에게 편리하게 설정된 방향으로 회전한다.

왼손잡이들은 이러한 생체 역학적 편견에 대해서 화낼만한 충분한 이유가 있다. 이제는 수동으로 작동하는 수직 크랭크를 사용하는 장치가 거의 없지만, 오른손과 왼손의 차별은 계속 남아 있을 뿐 아니라 확산된 추세이다. 우리가 팔을 돌리는 데 사용하는 근육이 발휘하는 힘은 같지 않다. 당신이 두 팔을 벌려서 바깥 방향으로 돌릴 때 오른팔은 시계방향으로 돌아가며 왼팔은 반시계 방향으

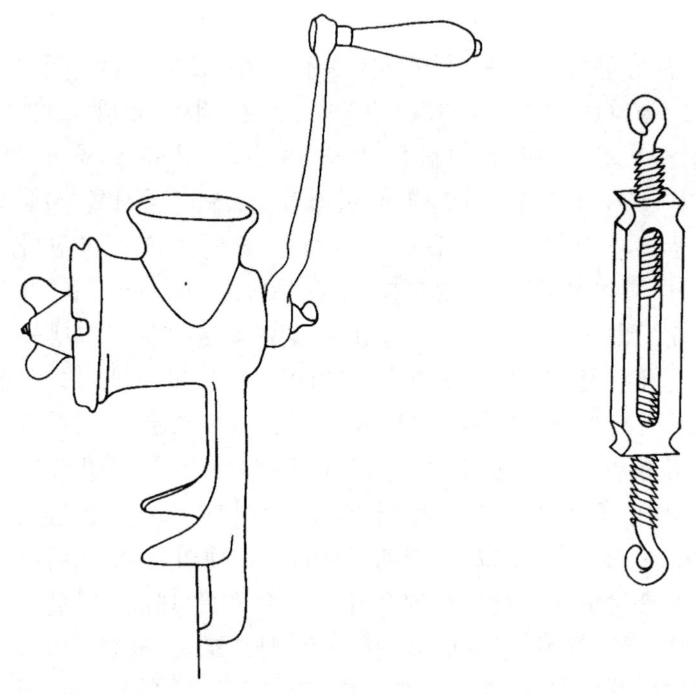

그림 7.5 고기 분쇄기와 턴버클

로 돌아간다. 이러한 방향으로 돌리면서 그 반대 방향인 안쪽으로 돌릴 때보다 더 강력한 힘을 발휘할 수 있다. 좀더 기술적으로 한다면 손바닥이 위로 가도록 하는 것이 손바닥을 밑으로 가게 하는 것보다 더 큰 힘을 낼 수 있다. 팔을 바깥 방향으로 돌릴 때 이두근은 굴근(flexor)일 뿐 아니라 외전근(supinator)으로 작용한다. 이두근은 이 같은 특성 때문에 종종 '코르크 마개 따기'용 근육이라고 불린다. 그러나 사람에게는 외전근과 동일한 효과를 갖는 내전근이 없다. 내 사무실에 들어오는 사람들을 대상으로 조잡한 방법으로 불완전하게 통제된 실험을 한 결과, 외전근과 내전근 사이에서 나타나는 힘(토크)의 차이는 약 20%에서 25%인 것으로 나타났다. 나는 각 사람들에게 커다란 나사드라이버를 돌려보도록 요구했는데, 그 장치는 드라이버가 회전되면 연달아 지레가 회전되고, 그 결과로 용수철 저울이 끌어 당겨지도록 고안되었다. 흥미롭게도, 팔을 뻗어서 나사드라이버를 돌리도록 했을 때, 전체 힘뿐만 아니라 외전근과 내전근의 힘의 차이도 감소했다. 이는 이두근에서 다양하게 나타나는 지레 원리와 관련된다.

우리가 주로 사용하는 손의 근육들은 전반적으로 다른 쪽 손의 근육들보다 더 강력한 힘을 발휘한다. 그러므로 다른 것이 모두 동일하다면, 오른손잡이는 왼손잡이보다 분쇄기 크랭크뿐만 아니라 오른손 나사산을 가진 주전자 뚜껑을 좀 더 강하게 조일 수 있다. 오른손 나사는 오른손잡이 사람이 잘 쓸 수 있는 것이다. 현재도 왼손잡이용 가위는 구입할 수 있으며 더 좋은 세상에서는 왼손잡이용 고기 분쇄기도 살 수 있을 것이다. 그러나 우리의 기술은 양쪽 방향 중의 어느 한 쪽만 유지하도록 정책적으로 강요되었으며, 이것은 생각만 해도 몸서리가 쳐진다.

이러한 사회에서 우리는 어릴 때부터 시계 방향으로 조이고 반시계 방향으로 푸는 관습을 배운다. 나는 사람이 천성적으로 익숙하게 느끼는 방향에 관한 사례를 관찰하기를 원했다. 그러나 내가 처음으로 관심을 갖고 보았을 때 내 아들은 세살이었고, 이미 사회의 규칙을 알아버린 후였다. 그리고 내 첫 번째 손자는 두 살이 되기 전, 말도 못하고 용변을 가리지 못하는 어린 나이에 순수함을 잃었다고 내 아들이 말하는 것을 들었다. 한편 나는 사람들이 어떻게 뚜껑을 느슨하게 푸는지를 관찰했다. 잘 사용하지 않는 손의 근육이 특별히 약하지 않다면, 오른손으로 뚜껑을 조이고 왼손으로 뚜껑을 푸는 것이 이론에 맞는다. 우리 중 일부는 그렇게 하지만, 나를 비롯한 많은 사람들은 조이고 푸는 행동을 하는데 평소에 잘 쓰는 손을 계속 사용한다.

왼손잡이 나사를 찾아보기 어렵기는 하지만, 반시계 방향 시계처럼 아주 없는 것은 아니다. 턴버클(조임나사, 그림 7.5)은 한 쌍의 막대의 나사산 끝을 모두 안쪽으로 끌어당김으로써 다른 물체를 잡아당기도록 한다. 턴버클을 돌릴 때 두 개의 끝을 안으로 끌어당기려면, 막대 하나는 왼손잡이 나사산을 가져야 한다. 게다가 턴버클은 여러 크기로 만들어져 다양한 용도로 사용되고 있다. 아주 작은 것은 칸막이용 문을 고정하거나 평평하게 하는 용도로 사용되며, 산업용 설비로는 크기가 아주 큰 것을 사용한다. 또한, 크라이슬러 (Chrysler) 회사는 1960년대 중반 이전에 모든 차의 왼쪽에 있는 바퀴통에 타이어를 고정시키기 위해 왼손 나사와 자동차 바퀴용 큰 너트(lug nuts)를 사용한 적이 있다. 그것은 우연히 풀어진 큰 너트가 자동차가 움직이면서 저절로 조여지도록 의도한 것이라고 들었다. 그런 의도대로 장치가 잘 작동했는지는 모르겠다. 그러나 겉보기에는 똑같은 모양이면서 서로 바꿔 끼울 수 없는 두 종류의 큰 너트가 있었고, 렌치(너트를 조이는 기구)를 돌리기 전에 차의 어느 쪽에 해당하는지를 생각해야만 하는 폐단이 있었음은 분명히 말할 수 있다. 우리들은 대부분 자동차용 큰 너트를 푸는 과정에서 먼저 더 단단하게 조인 후에 다시 풀었던 경험을 가지고 있을 것이다! 내 이웃에 있는 자동차 정비소 주인은 70년대에 어린 기계공 때문에 괴로웠다고 나에게 말한 적이 있다. 그 기계공은 당시에 그 수가 점점 줄어드는 크라이슬러 차를 수리하면서 나사를 반대 방향으로 풀려고 계속 힘을 쓰다가 나사를 부수곤 했다는 것이다.

충격 가하기

우리는 실생활에서 지레, 렌치 등과 같은 도구를 이용한다. 우리가 일을 할 때 도구들도 일을 하는데, 우리가 들인 힘과 그로부터 산출된 일의 양을 측정함으로써 도구의 효율성을 평가하게 된다. 몇 가지의 도구들을 가지고 벼룩이 점프를 하는 것처럼 간단하게 일하는 경우를 잠시 생각해보자. 망치로 두드리면 망치는 운동량과 함께 운동 에너지를 받게 된다. 그리고 나서 못과 충돌하면서 많은 운동량을 못에게 전달한다. 그리고 못은 그 앞의 나무를 찍고 누르면서 앞으로 움직인다. 좋은 망치는 적당한 질량을 제공하는 정도의 무게를 가지면서, 작업자가 적절한 속력으로 가속할 수 있을 정도로 그 무게가 크지는 않아야 한다. 이때 질량과 속도는 운동량과 운동 에너지를 결정하는 요소가 된다. 망치는 충격에 의해 표면이 변형되지 않을 정도로 단단해야 하는데, 표면이 변형되는 경우에는 도구가 손상될 뿐 아니라 에너지가 낭비된다. 또한 망치는 충격에 의해 금이 가지 않도록 충분히 강해야 한다.

못은 수 천년 전에 발명되었지만, 망치나 도끼와 같이 충격을 가하는 도구는 현재 인종이 출현하기 이전부터 존재했다. 이러한 도구의 재료로 처음 선택한 것은 돌이었음에 틀림이 없다. 원인(hominid)은 자르고 분쇄하고 망치질을 하기에 적절한 크기와 모양의 돌들과 더불어 출토된다. 이것은 당시에 돌로 만든 도구가 많았고, 나무와 뼈로 만든 인공물에 비해 돌로 만든 것이 오래 남기 때문인 것으로 추정된다. 단단하고 조밀한 돌은 충격을 가하는 도구로 사용하기에 좋으며, 다루기 좋은 크기와 모양의 돌들은 다른 도구로 미리 다듬지 않고 사용되었다. 이 같은 고대의 석기에 관해 엄청나게 많은 문헌들이 집필되었으며, 박물관에는 막대한 양의 석기가 보관되어 있다. 문헌에서는 석기가 어떻게 만들어지고, 어떻게 사용되었으며, 시간이 지남에 따라 어떻게 변화했고, 문화들 사이에서 어떻게 다양화되었는지를 다루고 있다.

석기에 기반을 둔 문화는 복합적이고 세련될 수 있다. 아마존이나 뉴기니에 사는 기술적으로 낙후된 몇 개의 원시 부족을 판단의 기준으로 이용해서는 안 된다. 그 대신 스페인이 정복한 시기의 잉카와 아즈텍 문명을 고려하라. 금속을 장식용으로 일부 사용한 것을 제외하고는, 돌로 만든 거대한 구조물이 이 문명을 대표한다. 그런데 이 돌 구조물들은 너무나 정교하게 만들어져서 돌 사이의 틈으로 종이 한 장도 밀어 넣을 수 없을 정도이다. 시대는 변화한다. 석기를 연마해서 쓰던 시기는 넘어가자. 이제 내가 사용하는 긴 의자에는 어떤 돌 재료도 포함되어 있지 않다. 금속 재료가 이를 완벽하게 대체한 것이다. 금속들은 밀도에서 돌을 능가한다. 구리의 밀도는 부싯돌의 밀도에 비해서 3.4배이고, 철은 3배이다. 그러나 돌은 금속에 비해 단단한 정도(경도, stiffness)가 크다. 고대에 사용했던 부싯돌은 그 가장자리에 날을 세워서 유지할 수 있다. 이 날을 잘 갈아서 선사시대 사람들은 도끼로 사용했으며, 멀리 떨어진 사람들에게 판매하기도 했다. 흑요석은 구하기가 어렵지만 더 좋은 날(edge)을 지닌다. 가장 날카로운 금속만큼 예리할 뿐 아니라 금속보다 잘 닳지 않아서 면도용이나 외과 수술용으로 사용하기에 충분하다.

금속은 돌보다 질긴 정도(밀집도, toughness)가 강해서, 쪼개져서 생긴 금이 더 이상 진전되지 않는다. 일반적으로 단단한 정도(hardness)가 커지면 질긴 정도(toughness)가 감소한다. 그래서 단단한 물질은 부드러운 것보다 쉽게 깨진다. 이러한 주고받기 식(trade-off)은 지레의 작용에 대한 규칙과 같이 엄격한 공식 관계를 따르지 않는다. <그림 7.6>의 그래프에서 보는 것처럼, 돌과 같은 단순한 재료나 복잡한 생물 구성 물질과 비교할 때 금속은 특히 단단한 정도와 질긴 정도가 모두 높게 나타난다. 초기에 사용했던 구리나 청동

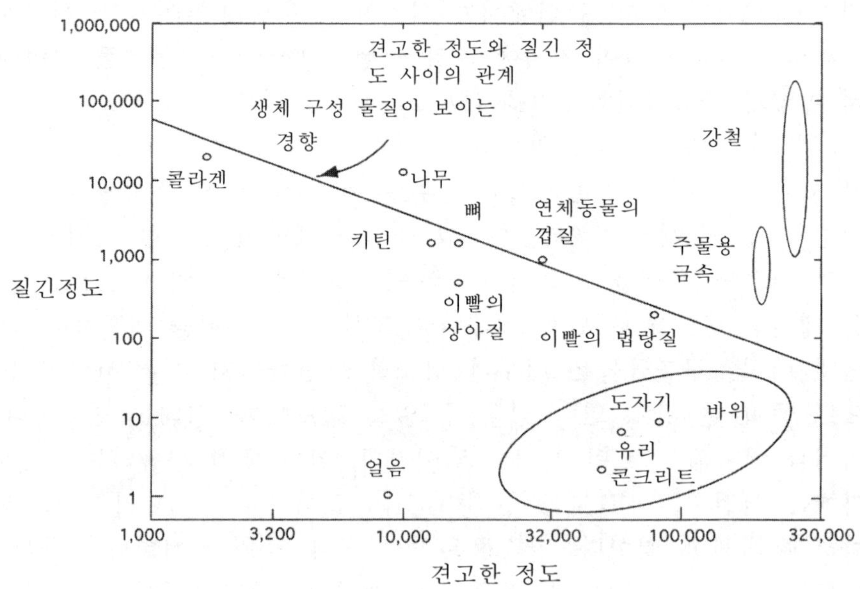

그림 7.6 견고한 정도와 질긴 정도의 관계. 보통 한 축의 값이 커지면 다른 축의 값이 작아지는 관계가 있다.(견고한 정도를 나타내는 단위는 줄/m2이고, 질긴 정도의 단위는 메가뉴톤/m^{2}이다.)

도 이와 같은 금속의 장점을 가지기 때문에, 인간이 금속을 사용하면서 도구의 형태와 사용 방법이 변화되었다. 인간이 금속을 이용할 수 있게 되면서 충격을 주는 도구는 금속으로 전환되었다. 금속의 우수성에도 불구하고, 전통을 강하게 고수하는 경우나 최악의 빈곤 상태인 경우, 그리고 아주 고립되어 사는 경우에는 금속이 석기를 대체하지 못했다.

노골적으로 말하자면 돌은 부서지기 쉬운 물질이다. 따라서 석기는 조심해서 사용해야 한다. 이 말이 돌에 대한 직관과 잘 들어맞지는 않는다. 손잡이가 없는 손도끼는 돌을 합리적으로 사용한 예라 할 수 있다. 손도끼를 사용하는 사람은 그 움직임을 잘 조절할 수 있으며, 이때 손도끼의 움직임은 지나치게 빠르지 않다. 우리가 나무를 넘어뜨려야 할 때는 도끼에 손잡이를 다는 것이 도움을 줄 수 있지만, 부가되는 모든 어려움을 고려한다면 예상한 만큼 도움이 되지 않을 수 있다. 이러한 도끼를 사용할 때는 몸을 힘껏 휘두를 수 없다. 몸을 휘두르는 행동을 하면서 일정한 방향으로 정확하게 내리치기가 어렵다. 이때 돌도끼 날의 일부분은 어떤 순간에 장력을 받게 된다. 그리고 그 전에 있던 틈을 더욱 벌어지게 해서, 도구를 쪼개거나 부숴지게 할 수 있다. 그래서 아무리 잘 만들고 날카롭게 날을 세운 돌 도끼라 하더라도 <그림 7.7>에서처럼 몸통을 휘둘러 사용하기보다는 팔을 써서 사용하는 도구 형태를 갖는다. 이런 형태의 도끼로는 낮은 빈도로 강하게 내리치는 대신에 빠르게 쳐야 한다. 그리고 현대의 도끼와 같이 90cm 정도 길이의 손잡이가 달린 도끼를 사용할 때는 도구가 손상을 받는 위험을 감수해야 한다.

오늘날 돌도끼에 대한 연구결과들이 의미가 있는 것이라면, 돌도끼들은 틀림없이 효율적인 도구들이었을 것이다. 몇 년 전 덴마크의 고인류학자는 4천년 이상 된 도끼머리에 손잡이들을 맞추었다. 이때 길이가 긴 현대의 손잡이를 도끼머리에 끼워 맞추지 않고, 오랫동안 보존되어 온 드문 도끼 종류들 중의 하나를 본 따서 손잡이를 만들었다. 몇 차례 내리친 후에 돌도끼로 나무를 쓰러뜨릴 수

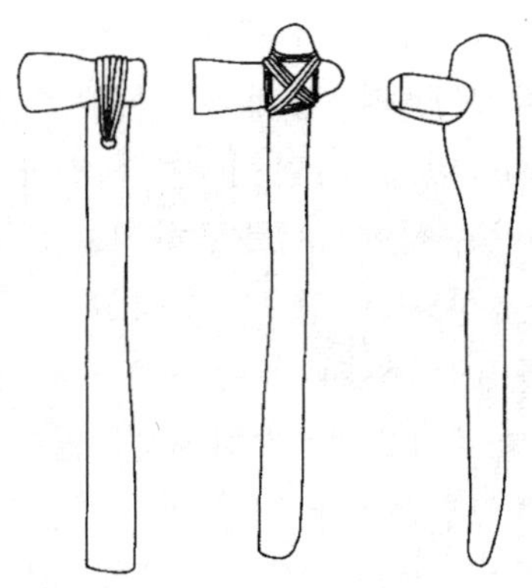

그림 7.7 몇 종류의 돌도끼. 나무 막대 끝
에 돌을 부착시킨 방법에서 인간의 재능
이 돋보인다.

있었는데, 그 속도는 쇠로 된 도끼머리와 긴 손잡이를 가진 현대
도끼로 쓰러뜨리는 속도에 비해 아주 낮은 수준은 아니었다. 실험
은 여러 사람들에 의해 이루어졌으며, 유사한 많은 시험을 통해 도
끼질과 넘어뜨리기를 비교한 여러 문헌이 산출되었다. 일정 시간
동안 도끼질 한 깊이나 도끼질 한 깊이에 비해 소비된 에너지량 등
을 측정한다면 쇠도끼가 돌도끼에 비해 우수하다. 금속 중에서 강
철과 청동으로 만든 도끼는 비슷한 정도로 일을 잘 한다. 금속은
질긴 정도가 강하기 때문에 날의 끝을 좀더 각이 지게 해서 날카롭
고 뾰족한 끝을 만들 수 있는데, 이는 도끼질을 하는데 큰 장점이
된다. 그러나 직경이 약 10인치 이하인 나무를 벨 경우에는 도끼머
리가 무엇으로 만들어졌는지, 그리고 손잡이의 길이가 어느 정도인
지가 큰 상관이 없다.

그렇기 때문에 돌도끼로도 땅 위의 나무들을 깨끗하게 벨 수 있
었다. 에너지 측면에서 본다면 돌도끼는 현대의 도끼보다 장점을
가질 수 있다. 현대의 도끼로 나무를 넘어뜨릴 때는 많은 양의 근
육이 낮은 빈도로 강하게 일하게 되는데, 이를 위해서는 심장 혈관
계의 운동이 필요함을 예상할 수 있다. 그러나 돌도끼로 나무를 벨
때는 이와는 대조적으로 손목과 팔의 상박을 이용하므로 산소를 특
별히 많이 필요로 하지 않을 수 있다. 이들이 어떻게 일을 잘 할
수 있었을까? 아마도 돌도끼로는 한 번 도끼질 할 때마다 나무를
조금씩 벨 수밖에 없다는데서 장점을 찾을 수 있을 것이다. 한 번

잘 내리쳐서 나무를 깊이 베게 되면 나무의 많은 부분이 옆으로 밀려나가게 되는데, 이때 그만한 부피의 나무 물질에 압박을 가해야 하므로 그에 상응하는 일을 추가적으로 할 수밖에 없다. 한 번 내리쳐서 깊게 베게 되면 조각의 넓이가 커진다는 장점이 있지만, 더 큰 부피의 나무에 압박을 가하게 된다는 단점이 있다. 나무를 2배 정도 깊게 베면, 잘라진 조각의 넓이는 4배가 되지만, 압박된 부피는 8배로 증가한다. 이러한 대략적인 분석으로 볼 때 낮은 빈도로 깊게 도끼질을 하면 좀 더 빨리 나무를 쓰러뜨릴 수는 있지만, 이에 더 많은 비용을 들여야 한다. 나는 젊은 시절의 경험으로 인디언 손도끼(hatchet)를 짧게 여러 번 내리쳐서 상당한 크기의 나무를 쓰러뜨릴 수 있다는 것을 안다. 이러한 점으로 미루어볼 때 어린 워싱턴이 인디언 손도끼로 체리 나무를 넘어뜨렸다는 전설을 무시할 수는 없다.

충격을 가하는 도구를 만드는데 금속을 사용하는 것은 관습이기도 하지만 합리적인 면도 가진다. 이러한 합리성(그리고 명백히 약간의 관습)은 도구의 설계와 사용 방법을 기반으로 한다. 강철로 된 머리와 나무로 된 손잡이를 가진 망치나 도끼와 같은 훌륭한 도구들은, 인간의 작업과 문화적 과제에 알맞게 조율되었다는 점에서 고도로 진화된 형태를 보인다. 우리가 흔히 볼 수 있는 망치는 머리 무게가 약 450g(1 파운드)이고 손잡이 길이가 약 30cm이다. 이런 종류의 망치로는 어깨 관절을 가로지르는 근육과 팔의 상박 근육을 사용해서 팔 전체를 흔들면서 망치질을 하게 된다. 약 1.8kg(4 파운드)의 머리와 약 90cm 길이의 손잡이를 지닌 도끼를 사용할 때는 팔 뿐만 아니라 몸통을 함께 휘두르게 된다. 좀 더 강한 힘을 발휘하려면, 좀 더 큰 질량을 가진 것이 더 큰 원을 그리며 회전해야 한다. 그래야 충격을 가하는 물체에 좀 더 많은 에너지를 전달할 수 있다. 미리 일렬로 맞춰진 못들을 적절히 망치질하는 일은 단지 팔을 피곤하게 하는 정도에서 그치지만, 도끼로 계속해서 나무를 자르는 일은 심장 혈관계를 혹사시키게 된다는 것은 이미 말한 바 있다.

도끼머리의 무게와 손잡이의 길이를 보면, 인체 공학적으로 적합한 지 또는 그렇지 않은 지와 무관하게 사용자의 선호도를 분명히 반영하고 있다. 망치의 무게는 일정 범위 안에 있으며, 그 머리로부터 일정 거리의 범위 내에서 손잡이를 잡을 수 있다. 손잡이가 더 긴 경우에는 그 끝을 잡는 사용자에 따라 적절히 맞출 수 있다. 몇 년 전 듀크(Duke) 대학에서 산림학을 전공하는 대학원생이 남부 벌목꾼들을 대상으로 도구 사용을 조사했다. 그는 고용주가 작업자들에게 도구를 폭넓게 선택할 수 있게 했을 때, 대부분이 약 1.6 kg(3.5 파운드)에서 약 2.0 kg(4.5 파운드) 머리와 약 89 cm(35 인치)내지 약 91 cm(36 인치) 손잡이를 가진 보통 크기 정도의 도끼를 선택했다는 사실을 알아냈다.

다음 기회에 철물점에 가게 되면 대부분의 망치와 도끼가 나무로 만든 손잡이를 갖고 있다는 점을 주목해보자. 손잡이로 나무를 사용한 것은 약 10만 년 전에 도구에 손잡이를 처음 부착한 이래 지속되었다. 북미 공장에서는 일반적으로 히코리 재목으로 만든 손잡이를 붙이지만, 다른 곳에서는 물푸레나무를 손잡이 재목으로 선택한다. 이것은 그 원산지가 북미인 히코리 나무가 그 밖의 다른 곳에 많이 분포하지 않는데서 기인한다. 나는 개인적으로는 453g(16 온스) 정도의 무게가 나가는 망치를 좋아하는데, 그 망치는 관 모양의 고무로 겉이 씌워진 강철 손잡이를 갖고 있다. 그러나 내가 사용하는 다른 도구들에는 나무로 만들어진 손잡이가 달려있다. 나는 딱딱한 강철로 된 손잡이 자루에서 손잡는 부분을 유리섬유로 처리한 망치를 사용한 적이 있는데, 사용할 때의 느낌이 좋지 않았다. 왜 나무를 사용하는가? 현대 제조 기술에서는 표준 단량체로부터 모양을 만들어낼 수 있고, 머리에 좀더 단순하고 영구적으로 고정시킬 수 있는 재료를 선호할 수밖에 없다. 그러나 이런 재료를 사용한 도구를 쓸 때 팔로 전해지는 반복되는 진동에서 좋지 않은 느낌을 받는다는 점에 문제가 있다. 나무는 탄성이 낮기 때문에 진동을 잘 전달하지 못한다. 이러한 점 때문에 금속으로 된 원통을 치면 요란한 소리가 울리지만, 나무로 된 원통은 둔탁하게 쿵하고 울린다. 그밖에 특정한 나무를 사용하면 손잡이 둘레에 따라 적절한 세기와 견고함을 제공할 수 있다는 것도 나무의 장점으로 꼽을 수 있다.

탄성이 작거나 충분히 힘을 줄 수 있고 단단한 것만큼 중요한 것은 나무의 낮은 밀도이다. 우리는 사람들이 잘 균형 잡힌 연장이란 '이런 것이다' 라고 이야기하는 말을 듣는다. 망치나 도끼가 균형을 잘 잡으려면 손잡이 축을 가로지르는 선을 따라 있는 어느 부분이 매우 중요하다. 이 부분을 스포츠 도구 전문어로 스위트 점이라고 한다. 그림 7.8에서처럼 그 점은 충돌 면의 중앙에 있으며 중력 중심으로부터 약간 바깥쪽에 있다.(길이, 무게와 같은 요인들이 충돌과 중력의 중심을 결정한다. 그러나 이것들은 조금 다른 양식으로 결합한다.) 충돌의 중심에서 치면 손잡이에서 굽어지는 힘을 최소화하는데 이것은 그 도구의 에너지를 가장 효율적으로 사용함을 뜻한다. 더욱 중요한 것은 이렇게 하면 다른 끝에 있는 사용자를 불편하게 하는 에너지를 최소화한다는 것이다. 손잡이가 가벼울수록 그 도구의 충돌 중심은 망치머리의 가운데에 더 가까이 있다. 그러니까 손잡이는 나무로 만들도록 하자. 오직 마찰만이 나무와 금속을 결합시킨다는 것을 염두에 두고 손잡이가 망치머리에 꼭 붙어 있게 하자. '손잡이에서 날아간'이라는 표현은 1825년에 처음 사용되었는데 그런 일은 위험하고 또 흔히 일어난다.

도끼를 디자인하는 데는 다음의 두 가지 사항을 고려해야한다. 도끼머리의 위치 이외에 신경 써야 할 것은 손잡이 앞과 뒤의 무게의 위치이다. 손잡이가 머리 안에 삽입되어야 할까? 혹은 옛날 석기 시대의 것처럼 손잡이가 머리에 묶여서 고정되어야 할까? 돌로 된 도끼머리들은 대부분 손잡이가 머리 중간에 고정되어있다. 금속으로 된 도끼머리는 손잡이가 머리 반대쪽에 위치한다. 특히 사고가 잘 나기 쉬운 나무 손잡이를 가진 도끼라면 일할 때 손잡이를 멀리 잡는 것이 좋다. 그렇지 않다면 돌도끼를 만든 사람들이 옳았다는 것을 알게 될 것이다.

그림 7.8에서처럼 도끼머리로 나무를 칠 때 어떤 일이 일어나는

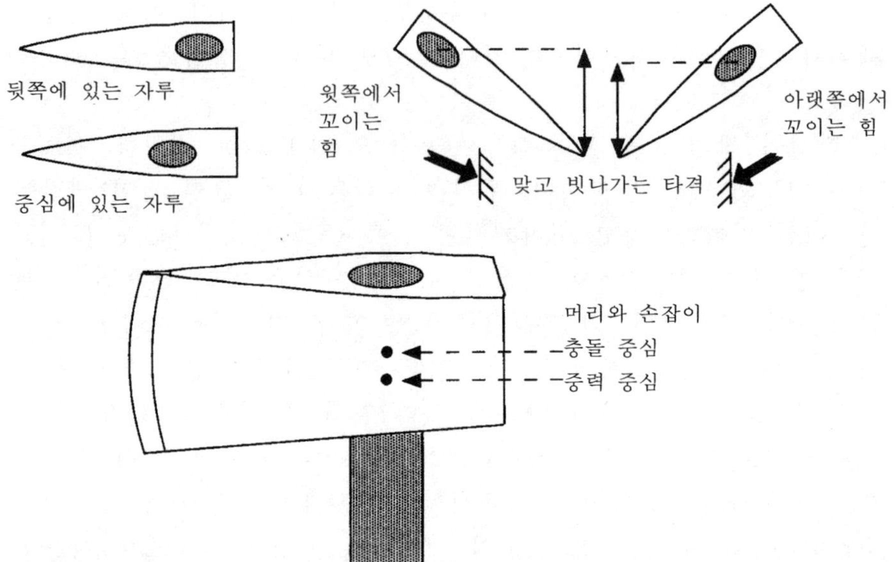

그림 7.8 왼쪽: 두 도끼의 자루 위치, 위에서 아래로 본 모습
오른쪽: 이 도끼로 나무를 쳤을 때 옆으로 작용하는 힘
아래쪽: 도끼머리와 손잡이 연접부에 위치하는 **충돌중심과 중력중심**

지 생각해보자. 도끼를 잘 쓸 줄 아는 사람이 도끼를 휘두르면 도끼머리는 도끼날에서부터 머리의 뒷 끝까지 정확히 움직인다. 이것을 '정확히'라는 말 이상으로 표현할 수 없다.

만일 손잡이의 긴 축이 도끼머리 중력중심의 앞이나 뒤로 아주 약간만 들어와도 도끼머리는 이쪽 방향이나 저쪽 방향으로 꼬이게 된다. 이것으로 인해 손잡이가 길이로 갑자기 꼬이게 되고 도끼를 휘두르는 사람은 이러한 힘을 받게 된다. 그래서 에너지가 낭비되고 도끼를 사용한 사람은 고통을 느낄 것이다.

실제로 당신은 손잡이가 중심에 있는 도끼를 감히 휘두르지 않을 것이다. 그 차이는 도끼의 역사속에서 기술적인 부분을 보면 알 수 있다. 유럽의 도끼는 전통적으로 첫 번째 북아메리카의 도끼처럼 손잡이가 머리 뒤쪽에 있었다. 손잡이가 뒤쪽에 있으면 손잡이가 맞물리는 부분으로부터 멀리 떨어질 뿐 아니라 만들기도 쉽다. 도끼머리를 관통해서 구멍이 있을 필요는 없고 잘 연마하여 뒤쪽에 홈을 만들어 나무 손잡이를 끼워 넣으면 된다. 혹은 도끼머리를 길이가 실제 도끼머리의 두 배 정도 되는 긴 금속판으로 만들 수 있다. 그 판을 절반 정도에서 구부려 가운데 쪽이 손잡이 구멍이 되고 끝 쪽은 마주 붙여 더 단단한 금속 조각을 끼워 넣어 날을 만든다.

사회적 직업적인 구조가 덜 짜여져서인지 아마추어 대장장이 때문인지 어떠한 이유에서인지 18세기 식민지 시대에 북미사람들은 지금 중앙 손잡이 뒤로 날이 나오도록 도끼를 만들었다. 그래서 뒷부분은 아마도 쐐기를 박는데 사용할 수 있다. 즉 하나의 도구가 도끼와 큰 쇠망치의 역할을 모두 하였다. 손잡이가 중앙에 있는 도끼는 전혀 새로운 것이 아니다. 그것은 이미 그전에 발명되었고 사라졌던 것이다. 크레테의 미노아 사람들은 거의 4천년 전에 두 개의 날이 있고 중앙에 손잡이가 있는 동 도끼를 사용했다. 새것이든 오래된 것이든 중앙에 손잡이가 있는 도끼는 민첩하게 잘 들렸다. 신세계의 도끼는 전통적인 디자인의 도끼보다 나무를 세 배는 잘 쓰러뜨렸다. 18세기 동안 동북미의 인구는 빠르게 증가하였는데 이는 이 새로운 도끼가 효율적으로 나무를 베서 집지을 땅을 마련하고 목재를 제공했기 때문일지도 모른다. 1850년대 까지도 방문자들은 미국 도끼에 대해 '통나무집이 못 믿을 정도의 빠른 속도로 세워져 한 채를 짓는데 3~4일 이상 걸리지 않았다. 몇 개의 못을 제외하고는 건축자재가 모두 나무로 이루어졌다. 미국의 도끼로 나무를 넘어뜨리고 잘 다듬는데 몇 시간밖에 걸리지 않았는데 독일 도끼를 사용했다면 며칠은 걸렸을 것이다.' 라고 논평한다.

생물학자들은 진화와 미국 도끼의 확산 사이의 유사성을 재미있게 끌어내었다. 생물의 기원과 진화적인 혁신의 퍼짐처럼 도끼도 그렇게 확산되었다. 생물의 경우 몸 전체에서 어느 부분은 작고 흔적적일지라도 중요한 부분이 있다. 처음의 형태와, 처음에 변화된 형태는 당분간 유지되지만 시간이 지나면서 없어진다. 성숙하고 변화된 형태는 나머지 부분을 다시 침범하여 몇몇의 고립된 곳을 제외하고는 잔존 생물을 대치한다. 우리는 이와 똑같지는 않지만 비숱한 과정에 대해 말하고 있는 것이다. 자연선택은 물론 기능적인 이점에 의해 추진되어 어떠한 이점이 있으면 생식의 성공을 가름할 수 있으나 도끼의 경우는 다르다. 아가씨들이 긴 도끼머리를 가지고 있는 나무꾼을 배우자로 찾는 것은 아니기 때문이다.

도끼와 같은 연장을 디자인하거나 사용할 때는 중력이라는 또 다른 변인을 고려해야한다. 우리는 망치를 사용할 때 옆으로 치는 것보다는 아래로 치는 것이 쉽다는 것을 안다. 무거운 도끼로 가벼운 일을 할 때는 도끼가 내려쳐질 때 도끼의 무게만을 사용해도 된다. 한번 치고 다음 번을 치기위해 위로 올릴 때에만 힘을 쓰면 된다. 우리는 아래로 칠 때도, 옆으로 칠 때도, 위로 칠 때도 같은 도끼를 사용하지만 각각의 경우에 우리는 사용하는 방법을 좀 달리 조정한다. 예를 들어 각각 다른 방향으로 박을 때 도끼 손잡이의 같은 부분을 잡고 있는지 아닌지 살펴보자.

망치를 위로 칠 때는 더 어렵고 힘들다. 위로 칠 때는 도끼와 팔의 무게가 아래쪽으로 작용하므로 힘이 더 든다. 더 힘든 경우는 연장과 우리의 골격근 체계가 잘 맞지 않을 때이다. 도끼를 아래로 휘두를 때 보통은 팔뚝을 펴서 팔꿈치를 삥돌아 넓은 각을 그리면서 돌린다. 이와는 거꾸로 위로 휘두를 때는 팔꿈치가 굽어져야 한다. 그리고 몸에 도끼가 가까이 올 때는 속도가 붙는다. 더구나 팔꿈치가 굽어질 때에는 삼두박근 보다는 이두박근이 사용된다. 이때 휘두르는 거리가 22에서 5.5로 줄어들므로 따라서 속도도 줄게 된다. 동시에 위로 칠 때는 아래로 칠 때의 힘의 반으로 치게 된다. 또한 팔은 굽어질 때 물리적으로도 그렇고 보기에도 안정적이지 않은 위치에서 굽어지게 된다. 그래서 그 동작은 도끼를 아래로 내려칠 때의 그대로 반대동작이 될 수는 없다. 해부학적인 이유에서도 팔꿈치를 다른 방향으로 굽힐 수 없으므로 어깨에서부터 위로 휘두를 수밖에 없다. 그렇게 하기는 참 힘들고 정확하게 할 수도 없고 그렇게 할 때 근육이 힘을 잘 줄 수 있는 위치가 되지 않는다. 보통 망치를 잡는 부분에 충돌 중심이 있는 역 무게 망치를 사용할 수도 없다. 그래서 이렇게 중력이 다른 방향으로 작용할 때는 몸이 비틀어지거나 불안정하게 된다.

우리가 큰 쇠망치와 쐐기, 도끼 같은 것을 사용하여 나무를 쪼갤 때 중력은 놀랍게 작용한다. 머리 위로 길게 휘둘러 가속이 되면서 거리와 시간에 따라 중력이 달라진다. 어떤 큰 나무망치는 아래로 칠 때 힘을 주지 않고 방향만 잡아줘도 16파운드 정도의 무게가 된다. 나무를 쓰러뜨리기 위해, 혹은 두꺼운 나무를 자르기 위해 큰 나무망치는 여러 용도로 쓰인다. 톱으로 만든 홈을 여는 것인데 이렇게 하면 톱이 쉽게 나무를 자를 수 있다. 서있던 나무를 톱질해서 옆으로 쓰러뜨릴 때 톱이 나무를 관통하여 나아감에 따라 충분한 홈을 유지하도록 자른 틈으로 쐐기를 박아야 한다. 이렇게 쐐기를 박을 때 나무꾼들이 사용하기 좋아하는 망치는 무게가 6~8파운드이고 손잡이가 32인치인 망치이다. 이것은 나무를 쪼갤 때 사용하는 망치보다 짧고 가볍다. 나는 다른 사람들보다 몸이 작고 가벼운데도 나무를 자를 때는 8파운드 무게에 36인치의 망치를 사용한다. 그 차이는 나무를 쪼개는 데는 아래쪽으로 치는 것이고 나무를 쓰러뜨릴 때 쐐기는 옆으로 박는다는 것이다.

크랭킹

기계들은 대부분 돌아가는 바퀴와 축을 사용한다. 바퀴달린 탈것 말고 기이라든가, 도르래, 골대, 회진운동을 왕복운동으로 바꾸는 장치, 무거운 짐 등을 감아올리는 장치, 권양기 같은 기계를 이야기하는 것이다. 이러한 기계에는 제네바 기계, 베어링의 마찰을 적게 하기위해 고안된 작은 밴드인 롤라마이트 같은 작은 것들을 삽입한다. 근육은 잡아당기기만 할 뿐 자연계에는 우리가 쓰는 전기 모터나 터빈처럼 그렇게 잘 돌아가는 거시적인 엔진은 없다. 회전하는 기계가 처음 나왔을 때는 적어도 몇 천 년 전 구세계였는데 이때는 기계에 의존하지 않고 사람 힘에 의존한 기술을 사용했던 때였으므로 큰 문제에 봉착했었다. 어떻게 근육에 의해 주어진 힘이 도자기공의 녹로를 돌리고 우물에서 물을 길어 올리는 체인에 작용할 수 있을까? 하는 것이다.

현대에 그러한 질문에 봉착한다면 망설이지 않고 좋은 해답을 얻을 수 있을 것이다. 예를 들면 그림 7.9에서 와 같은 pushrod와 크랭크축을 사용하라고 또 그 움직임을 원활하게 하기위해서는 회전속도 조절장치가 장착되어야 한다고 할 것이다. 우리는 이런 것들을 많은 작업에 사용하는데 지금은 한 세대 전 보다는 좀 덜 사용한다. 어머니의 재봉틀에 있었던 페달이 생각난다. 어머니는 발로 페달을 앞으로 뒤로 밟았고 페달에 연결된 막대가 기계 중간 정도에 있는 커다란 바퀴에 연결되어 있었다. 나는 또한 기차역에서 커다랗고 소란한 증기기관차기 오고 가는 것을 보며 그곳을 떠나지 못했던 기억이 난다. 실린더로부터 나온 pushrod가 바퀴에 연결되어 있었다. 지금은 발재봉틀과 증기기관차 같은 것들이 모두 사라졌으나 모든 자동차를 들여다보면 각 실린더로부터의 pushrod가 크랭크축을 돌린다.

pushrod를 팔로 하고 크랭크축을 손으로 돌리면 가장 간단한 기구가 될 것이다. 이런 기구들도 옛날에는 많이 사용되었으나 최근에는 그 사용이 줄었다. 손으로 돌리는 전화기, 원심분리기, 버터교유기는 없어졌다. 그러나 몇몇의 고기 가는 기계, 손으로 돌리는 드릴, 계란 거품기, 후추가는 기구, 밀가루를 채치는 기구는 남아있다. 자동이 아닌 카메라는 작은 크랭크로 필름을 되감는다.

흥미롭게도 왕복운동을 원운동으로 바꾸는 기구는 나중에 생겼다. 우리 조상들은 근육을 돌리는 여러 가지 다른 방법들을 사용하였다. 그 중 몇몇은 그림 7.10에 제시되었다. 기름이 잘 칠해진 베어링이 있고 가끔 발로 찰 수 있게 된 도공의 녹로(둥근 도자기를 만드는데 쓰는, 나무로 된 회전선반-역주)는 계속 돌 것이다. 동물이 중심에 연결된 막대에 묶여 원으로 계속적으로 걸음으로써 양동이 체인은 기능을 할 것이다. 바퀴에는 밖으로 삐져나온 원형의 타륜 둘레의 손잡이가 있어 사람이 차례로 손으로 잡고 끌 수 있다. 수직의 몸통 혹은 캡스턴 안에 있는 일련의 구멍 안으로 막대를 넣고

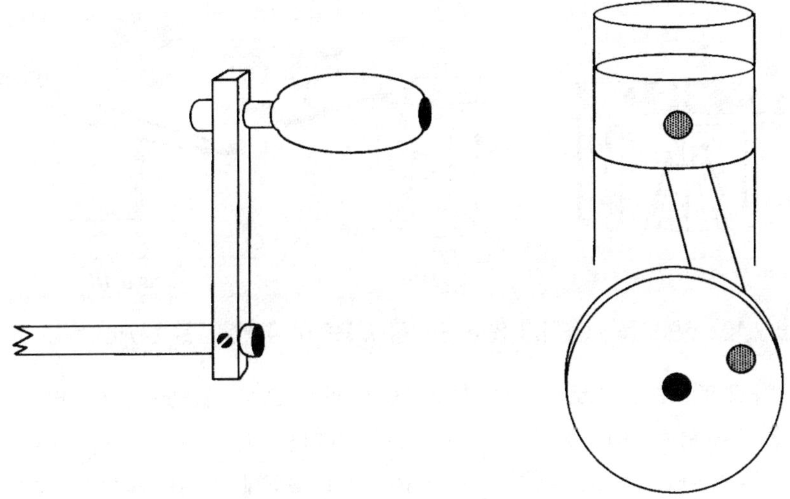

그림 7.9. 왕복운동을 회전운동으로 변환시키는 두 기구 : 핸드크랭크와 피스톤, 피스톤 막대, 크랭크 바퀴가 있는 실린더

그것을 밀어 사용할 수 있다. bow drill은 wrapped cord로 처음에는 몇 바퀴 한 방향으로 돌고 다음은 몇 바퀴 다른 방향으로 돌려 실제로 회전이 전혀 일어나지 않는다.

고전적인 문명은 크랭크를 사용하지 않는다. 몇 년 전에 나는 고대 이집트 사람들이 구멍을 뚫는데 사용했을지도 모를 크랭크 같은 것에 대한 서술을 우연히 접한 적이 있다. 그 도구는 처음에 친숙하지 않았으나 그럴 듯한 것처럼 보였다. 그래서 나는 그와 같은 것을 하나 만들었다. 위쪽에 있는 손잡이를 움직여 작은 수평의 원을 만들었고 그 움직임은 더 넓은 원을 빙도는 줄에 무게를 실었고 그것이 드릴의 축을 돌렸다. 아주 조금 연습한 후 나는 얕은 구멍을 쉽게 뚫을 수 있었다. 위에서 고정해주지 않고는 그 도구가 너무나 잘 흔들거려 더 깊게는 뚫기는 어려웠다.(그러나 그 도구는 한 손으로 작동되었고 다른 손은 그 일을 고정하는데 사용되었다. 현대의 e자형 손잡이가 달린 타래송곳은 두 손을 다 사용해야 한다.) 이 드릴은 흔들리지 않는다고 하더라도 손으로 돌리는 기구를 위한 일반적인 목적의 모터는 결코 아닐 것이다. 특히 그 도구는 중력에

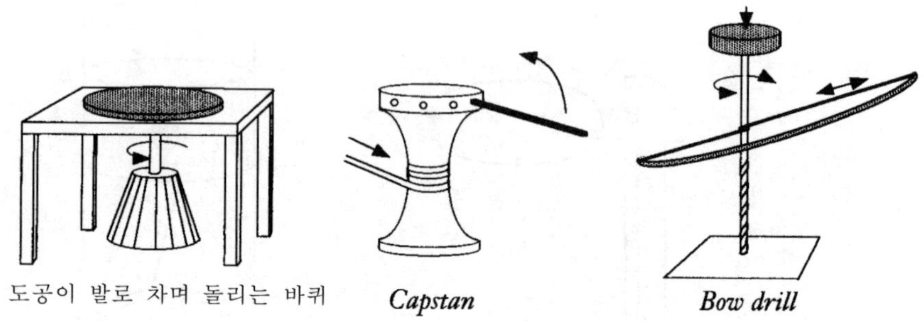

그림 7.10. 크랭크를 사용하지 않고 근육을 사용하여 회전운동을 하게하는 세 기구

의존하므로 수평으로 돌지 못하고 아래쪽으로 돌았다. C. E. 1세기에 중국에서는 더 놀라운 크랭크가 나타났다. 자료에 의하면 유럽에서 나타난 최초의 크랭크는 850 C. E. 밖에 되지 않는다. 그것은 연마용의 바퀴를 돌리는 크랭크였다.

크랭크가 알려진 후 우리는 그 크랭크가 손으로 작동되는 어떤 기술을 통해 빨리 퍼졌을 것이라고 기대했을지 모른다. 그러나 그렇지 않다. 적어도 천년동안 곡식은 맷돌의 두개의 회전하는 석판 사이에서 갈았다. 그러나 그 도구에는 크랭크는 없었고 대신에 원형의 걸이 못이나 다른 것이 있었다. 후에 기술적인 면에서 아주 박식한 중세연구가 화이트(Lynn White)는 중국에서도 서구에서도 크랭크는 그 당시 사용되지 못했다고 지적했다. 그는 크랭크가 그 후에 발명이 되어서 또는 중국에서 나와서 대단한 것이 아니고 거의 믿을 수 없을 정도로 늦게 나왔기 때문에 대단한 것이라고 했다. 크랭크는 일단 알려진 후에는 여러 기술에 쓰였다. 어떤 역사적인 기록을 보면 한 사회는 미개발된 발명들로 가득 차 있으며 보통은 그것이 신비하게 남아있을 만한 이유가 있는데 결국에는 이것들이 깨어나 문화를 이루는 활성 요소가 된다고 하였다. 서구에서 크랭크는 15세기에 나왔고 중국에서는 몇 세기 더 있다 나왔다.

크랭크가 인간의 근육을 효과적으로 사용한다는 데는 의문이 없다. 발로 축을 돌리는 자전거는 세계적인 효율적인 수송수단이다. 우리는 사실 페달링 보다 다른 무엇인가로부터 오는 부가적인 데이터를 가진다. 최근의 연구에 따르면 하반신 불수의 사람들이 팔 힘이 많이 드는 작업에 특히 숙련되어 있다고 한다. 그 사람들에게 어느 정도 피로를 느낄 때까지 다른 무게로 크랭크를 돌리라고 요구하면 가벼운 무게일 때 더 오랫동안 유지되었다. 점근선, 거의 무한하게 유지될 수 있는 수준은 약 30와트로 나타났다. 상대적인 근육 양으로부터 페달을 계속 밟는 것 같은 다리를 기초로 한 활동의 계속되는 힘은 이보다 몇 배 크다. 그러나 효과적으로 투자된 30와트는 다리에서 얻을 수 없는 정교한 이익을 산출할 수 있다.

바퀴를 기초로 한 기술은 중세의 복잡한 회전하는 기계를 사용하는 독창적인 방법에서 유래했다. 고전적인 세계는 이러한 것들에 대해 그렇게 주의를 기울이지 않았다. 우리는 초기에 고전주의자들에게 노출되었고 모든 위대한 고전 문학과 예술로부터 발전된 문화의 감각을 흡수한다. 그러나 고전적인 세계는 기술적으로 침체된 세계였다. 반면에 중세에는 화이트가 말한 것처럼 혁신적이었다. 알렉산드리아(C.E. 1세기)에는 5가지 간단한 기계-레버, 권양기, 도르래, 쐐기, 바퀴-가 있었는데 그중 3가지가 회전하는 것이었다.

마지막으로 크랭크가 어떤 방법으로 돌아야 하는가? 우리는 앞에서 이야기한 수직의 크랭크-수평의 축으로 도는 크랭크에 대해 말했다. 우리는 어깨 위로 힘을 쓸 때는 미는 것을 더 잘하고 어깨 아래로 힘을 쓸 때는 끄는 것을 더 잘한다. 손 아래라는 것은 또 다른 맥락에서 보면 틀린 것이다. 앞에서 본 바와 같이 만일 축이 크랭크의 왼쪽으로 나오면 축은 오른쪽 혹은 시계방향으로의 움직인다. 만일 조작하는 사람이 오른손으로 돌리고 왼손으로 장치를 떠받치면 수평의 크랭크에 대해 방향은 덜 문제가 된다. 그러나 조작하는 사람이 오른손잡이면 반시계방향의 움직임을 선호하게 된다. 그것은 직접 바깥쪽으로 미는 것을 뜻한다. 이것은 직접 아래쪽으로 끄는 것보다 30%나 힘을 더 잘 줄 수 있다. 이렇게 하면 몸의 중심에 더 가까이 안으로 가슴을 가로질러 팔 굽을 구부리기가 좋다. 그러나 그러한 반시계 움직임은 우리가 나사를 아래로 돌릴 때의 시계방향 움직임에 반대이다. 다른 근육이 두 가지 일을 한다. 그래서 우리는 시계방향으로 나사를 돌리는 것이 쉽다는데 이의를 제기하지 않는다. 우리는 실제로 수평의 크랭크를 반시계방향으로 돌리는가? 그것은 일관적이지 않다. 우리는 가끔 덜 효과적인 시계방향의 크랭크를 채택한다. 사실 시계방향의 크랭크는 수직 크랭크에서 보편적이고 효율적이다. 우리는 오른쪽으로 나사를 돌리는 것을 일찍부터 배워 나사를 잘못 돌리는 일이 거의 없다. 그러나 나와 내 집사람은 작은 아이스크림 냉동기의 수평 크랭크를 종종 잘못된 방향으로 돌려 문제를 일으킨다. 그 기계는 시계방향으로 작동 되야 하나 우리는 둘 다 오른손잡이라 시계반대방향으로 돌리는 것이 더 자연스럽다.

제 8 장
열심히 일하기

인간의 근육은 크기와 짜임으로 보아 인간을 날 수 있게 할 수 없을 걸로 보이는데도 불구하고 나는 인간이 하늘을 나는데 부족함이 없을 것으로 생각한다. 지금까지 알려진 기계학적 지식이 가능성을 충분히 제공할 것이라고 생각한다. 그 힘의 크기만 제외한다면 말이다. 그러나 기계, 즉 인공 근육은 큰 힘도 만들어낼 수 있을 것이다. 그래서 결국 인간이 그들 자신을 즐겁게 해 줄만한 큰 힘을 창출해낼 것이고 또 그것을 마음대로 조절할 수 있게 될 것이라는 것을 다른 방법으로 증명하려고 한다.

— 17세기 과학자, 후크

성인에게는 유산소 운동이 더욱 요구된다. 현대의학은 일주일에 세 번 이상, 한 번에 30분 이상씩 심장기능을 최대치의 80% 정도로 증진시켜주어야 한다고 권장한다. 어떻게 이런 것을 실행할 수 있을까? 심혈관계는 수의적으로 조절되지 않으므로, 우리는 경보, 달리기, 수영이나 에너지-소비 운동기구들을 이용한 운동을 통해서 심장기능을 향상시킬 수 있다.

　나는 한때 기구를 사용하여 운동했는데 그 기구는 사람들이 스키 막대를 들고 움직이듯이 팔을 휘저으면서, 보이지도 않고 미끄럽지도 않은 가상의 눈 위에서 스키를 타는 것이었다. 이것은 일명 노르딕 트랙으로 스칸디나비아나 톨레도나 스페인에서 온 것이 아니라, 미네소타에서 유래되었다(노르웨이 출신의 전직 농부였던 사람이 만든 것이다). 아주 쉬운 운동이었으나 곧 숨이 가빠졌다. 나는 근육운동에 대부분의 노력을 기울이고 있었기 때문에, 신체의 어떤 부분에도 대사적으로나 물리적으로 충격을 가하지 않았다. 과도한 운동을 하고 있는 근육에서는 정상적인 감각 피드백이 무너져서 감각을 자각할 수 없게 되었다.

한계에 도전하기: 에너지 소모

먼저 에너지와 힘에 관하여 생각해 보자. 거리는 속도와 관련이 있듯이, 에너지는 힘과 연관된다. 거리는 얼마나 멀리 가는가를 측정하고, 속도는 시간과 관련하여 얼마나 멀리 가는지, 그리고 그런 움직임이 당신을 얼마나 멀리 움직이게 하는지를 측정한다. 에너지(calorie나 joule)는 당신이 사용하거나 소비한 무언가를 측정하고, 힘(와트와 마력)은 당신이 어떤 행위를 하는 동안 소모 또는 소비한 것을 측정한다. 이런 단위를 정의하자면, 1와트(watt)의 힘은 1초당 1줄(joule)의 에너지와 같다. 불행히도 줄(joule)은 일반적인 측정에서는 칼로리(calorie)를 고려하지 않는다.

인간은 얼마나 강할까? 우리가 도달할 수 있는 최고 에너지(energy-power)율은 어쩌면 근육이 얼마나 열심히 일할 수 있고, 얼마나 많은 근육을 가졌느냐를 반영할지도 모른다. 근력에 대한 자료는 일찍부터 제시되었다. 근육 1kg당 200와트(watt), 즉 1파운드(pound)당 90와트(watt)의 힘을 갖는다. 우리는 신체의 40% 정도가 근육인 사람을 측정해서 사람이 5,600와트 혹은 7.5마력을 생산해 낸다는 것을 알았다. 우리는 지극히 정상적 범주에 속한다. 여러 종류의 동물(포유류, 조류, 곤충, 파충류)의 근육들의 최대값은 근육을 개체에서 분리해서 산출해 내는 최대값과 비슷했다. 실험자의 명령 소리에 따른 반응에서 인간의 근육도 마찬가지의 결과를 나타내었다. 힐의 공동연구자 중의 한 명인 월키는 후에 그림 8.1(그림 2.8에

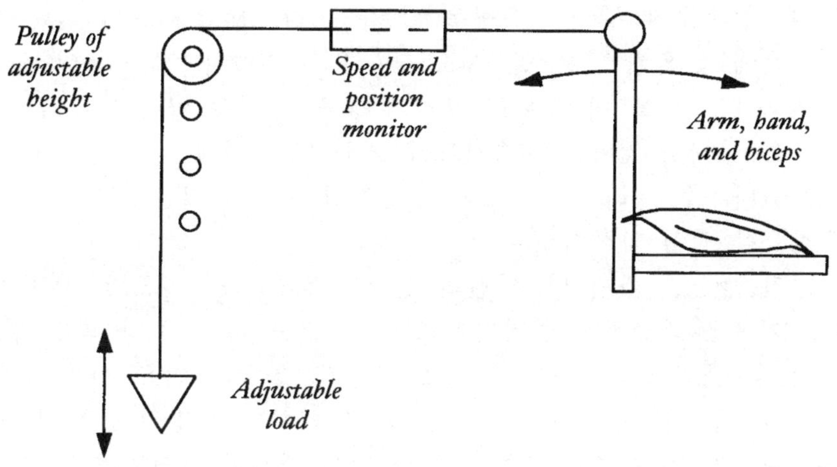

그림 8.1 근육수축의 세기는 근수축의 속도에 따라 달라짐을 측정하는 모식도

서 제시되었던 자료의 출처)과 같이 팔꿈치 접기 운동실험을 수행하였다. 고등학교 물리 실험수업에서 쉽사리 더글라스 윌키의 숫자들은 확인되었다. 생각대로 5,600와트와 7.5마력이었다. 두 결과는 놀랍게도 일치하였다.

하지만 근육은 우리가 얼마만큼 힘든 일을 지속적으로 할 수 있는지 제한하지 않는다. 근육에 관한 한 우리는 무척 많은 부분을 사용하지 않고 있다. 이것들은 댐에서 넘쳐나는 많은 물과 같이 이용할 수 없는 능력에 불과하다. 사실, 우리는 세 가지 이상의 요소를 더 고려해야 한다. 첫째, 인체에서 체중을 고려하듯이 근육도 기계적으로 검토해야 한다. 우리 몸은 분해된 엔진이라기보다는 자동차나 비행기 자체와 더 유사하다. 둘째, 무언가 애매모호한 것이 있다. 인간 체력의 한계는 근육 자체가 아니고 호흡계 및 심혈관계로부터 산소를 근육에 제공할 수 있는 능력에 따라 달라진다. 근육이 장시간 운동할 때 혈액이 폐를 통과하여 산소를 공급받는 비율이 한계를 결정하게 되며, 그 때의 산소 소비율은 근육이 어느 정도 힘든 일을 하는지에 대한 완벽에 가까운 지표가 된다. 셋째, 운동의 지속력과 운동 동기를 고려해야 한다. 신체는 1~2분 사이에도 젖산을 생산함으로써 무산소 운동을 할 수 있다. 심장 기능이 일단 항진된 후에는, 훨씬 낮은 일률(work rate)을 유지한다. 잠깐 동안 운동을 지속해도 일을 하기 위한 우리의 능력은 계속 떨어지게 되는데 일 하는 상태를 얼마나 지속하도록 요구되었는지에 따라 정도의 차이는 있다. 즉, 생리적인 요소와 정신적인 요소와 같은 것들이 우리의 행동을 점점 약화시킨다.

사전준비 한 가지 더: 인간의 힘 산출량(power output)을 처음 발표한 기록은 복잡하게 설명되어 있다. 자료는 마력, 초당 피트-파운드, 분당 산소 리터, 또는 와트로 표현될 것이다. 더욱 심한 것은, 어떤 자료는 힘 투입량 또는 대사율에 대하여 설명하는 반면, 또 다른 자료는 힘 산출량 또는 수행한 일에 대하여 설명하는 등 신체적 여러 요인을 뒤섞어서 이상한 모순점을 포함한다는 것이다. 우리는 사물을 그대로 유지하는 등식이나 표준을 필요로 한다. 우리는 산화제와 산소와 연료(지방이나 탄수화물)로 신체라는 엔진을 켠다. 산화제와 연료의 상대적인 비율은 정해져 있어서 이 중 어느 한 가지를 측정함으로써 힘을 어디에 투입했는지 추적할 수 있게 한다. 실질적으로, 산소를 추적하는 것이 에너지원을 추적하는 것보다 더 쉬운 것으로 나타났다. 그 이유 중의 하나는 우리는 산소를 저장하지 않고 필요할 때마다 바로 취해서 소비하기 때문이다. 우리가 어떤 연료를 연소시키든, 1분당 1L의 산소를 소비하면서 330 와트의 힘을 내는데 그 에너지는 일과 열의 형태로 발산된다. 편안한 휴식 중에는 분당 약1/4리터의 산소를 사용하고 80와트의 힘을 낸다. 이것을 기초 대사량이라고 부르며, 이로 인해 그만큼의 열을 공간으로 방출하게 되는 것이다. 이런 수치들이 산소 소비량과 그에 상응하는 대사율과 같은 힘의 유입을 결정하게 되는 것이다.

대사율과 같은 데이터는 동물들을 비교하는 척도(표준)가 된다. 사람 크기의 포유류에 있어서 80와트의 기초대사량은 일반적인 수치다. 예상할 수 있듯이 몸집이 큰 포유류는 대사율이 더 높고, 작은 포유류는 낮은 대사율을 가지게 된다. 신기한 것은, 작은 동물에 비해서, 몸집이 큰 포유류는 체중에 비해 비교적 낮은 대사율을 나타낸다는 것이다. 포유류는 인간에서 조류까지 비슷한 대사율을 보인다. 그러나 모든 척추동물이 높은 열효율을 보이는 온혈 동물들인데도 불구하고 포유류의 대사율은 포유류를 제외한 나머지 척추동물과 큰 차이를 보인다. 열은 에너지이기 때문에 생체가 주위 환경에서부터 완벽하게 단열되어 있지 않거나 주위 환경이 충분히 따뜻하지 않다면 따뜻하게 유지하기 위해서는 힘을 필요로 한다. 다시 말해, 우리 몸이 주위보다 더 따뜻하면 열을 주위로 발산해야 하고 체온이 더 이상 내려갈 필요가 없으면 그 열은 대체되어야 한다. 그러나 이런 쉬운 설명이 모든 것을 다 이해시킬 수는 없을 것이다. 같은 체온과 체중을 가진 파충류에 비해 포유류는 휴식 중인 상태에서 5배 정도 많은 에너지를 소모한다. 그러므로 온도에 상관없이 같은 체중의 파충류보다 포유류는 더 많은 음식물을 섭취해야 한다. 인간은 주위 온도가 체온보다 높아서 불쾌할 때조차도 열을 소모한다. 이는 언뜻 보기에 비경제적으로 보이지만 진화의 잔혹한 법칙을 적용받아 검증된 시스템이다. 즉, 체온을 따뜻하게 유지하는 것과 갑자기 움직이는 것은 그만한 대가를 지불할 만큼 가치 있는 것이다.

따라서 휴지 대사율에 있어서 인간은 특이한 부류를 대변한다고 할 수 있다. 비록 활동 시에는 평범한 범주에 속하지만 말이다. 집토끼나 집고양이가 순발력을 발휘할 때는 휴지 대사율의 10배의 힘을 낸다. 이런 류에서 보다 전형적인 포유류는 에너지를 혐기적으로 생산히는데 매우 적합히디. 즉, 야생토끼는 동종의 다른 동물에서와 같이 박차고 달려나가는 것에 능숙하고 고양이들은 잠복했다가 돌진할 때 최선을 다한다. 그러나 그들은 그 속도를 유지할 수 없다. 좁은 구멍이나 나무 없이 개방된 넓은 곳에서는 인간은 고양이나 토끼보다(혹은 다람쥐나 염소) 빠르게 달릴 수 있다. 다만 인간이 휴지 대사율보다 몇 배나 더 증가시킬 수 있는지는 당시의 조건, 동기, 활동의 길이에 따라 다르다. 대략적으로 말해서 공기소통이 원활한 호기성 조건에서 사람들은 수 분 내에는 휴지 대사율의 20배 이상을 발휘할 수 있지만 몇 시간 정도 활동해야 할 경우에는

10배 남짓 발휘할 수 있다.

호기적으로 힘을 생산하여 지속하는 능력에 있어서 인간이 뛰어난 것이 아니라는 점을 우선 덧붙이고자 한다. 예를 들어 가축 중에서 개와 말은 인간보다 더 나으며 길들여지지 않은 많은 동물들도 그렇다. 가장 좋은 자료 중의 몇몇은 오랜 친구인 테일러와 그의 여러 공동연구자에게서 얻은 것이고, 다른 몇몇의 자료는 보스톤근처 그의 연구실에서, 또 다른 자료는 케냐의 나이로비에서 얻은 것이다. 한 가지 알아야 할 사실은 이러한 자료들이 쉽게 얻어진 것이 아니라는 점이다. 조건을 결정하기는 까다롭고 동기를 부여하는 것은 더 어렵다. 실험동물들은 가능한 한 열심히 일하는 것에 대한 중요성을 실험 주관자만큼 깨닫지 못한다. 한 가지 예를 들면, 치타가 단조로운 실험에 지루했는지 비협조적이어서 테일러가 많은 애를 먹기도 하였다.

최대 대사율은 동물들의 휴지 대사율의 몇 배라는 형식으로 표현될 수 있다. 우리는 이를 multiplier metabolic scope라 하는데 아래 표는 몇몇 동물의 대사율을 동물의 크기 순으로 정렬한 것이다.

동물(또는 동물 집단)	최대 대사율과 휴지 대사율의 비
작은 설치류	6~8
조류와 박쥐	15
야생형 고양이류	10
아프리카 영양	9
개*, 늑대, 코요테	30
염소*	12
송아지*	12
사람*	20
말(망아지*)	21
아프리카 영양(큰 종류)	12
인도 소*	10

*집이나 목장에서 사육되는 동물, 나머지는 야생동물

　　대사율이 낮은 포유류는 숨어 있다가 갑자기 나타나는 방식으로 먹이를 잡거나 육식동물로부터 피하는 반면, 대사율이 높은 포유류는 먹이를 포획하거나 위험에서 탈출하기 위해서 엄청나게 계속 달려간다. 이런 행태의 차이는 그들의 심장과 폐의 크기, 적근(red muscle)과 백근(white muscle)의 비율, 근육에 존재하는 미토콘드리아의 수와 탄수화물의 양, 심지어 근육과 뼈의 효율에 있어서의 차이점에 기인한다.

　　지속적인 힘을 생산하기 위한 방법을 논하기 전에 먼저 인간의 기원과 관련된 역사에 대해 언급 해보자. 농경을 한다는 것은 산소 요구량이 많은 작업은 아니고 재배와 제초 및 수확을 위해서 많은 시간을 기다리는 일이다. 그래서 지속적인 달리기를 선호하던 시기는 농경을 해왔던 천만년의 세월보다 더 위로 거슬러 올라가야 한다. 인류는 적어도 3천 5백만 년 동안 두 발로 활동해 왔다. 활주의 측면에서 보면 두 발 동물은 네 발 동물보다 효율성 면에서 떨어진다. 그러나 인간은 끈기라는 응용력을 가지고 있다. 우리는 네 발 동물과 같은 거리를 달릴 수 있다. 물론 시간은 더 걸리지만 말이다. 즉, 같은 거리를 달리면서 속도를 융통성 있게 조절함으로서 다양한 온도와 환경을 극복하고 달린다는 말이다. 모든 동물은 운동 중에 많은 열을 발생하는데 우리는 그 열을 제거하기 위해 잘 조절해야 한다. 인간은 다른 종의 동물보다 피부의 단위 표면적당 흘리는 땀의 양이 더 많다. 털이 거의 없고 또한 달릴 때 바람이 거의 생기지 않으므로 발한을 통하여 열을 식히도록 발달되었다. 또한 인간은 열심히 달린 후 헐떡이기는 하지만 개의 경우와 같이 발한을 통한 발열을 위한 것은 아니다. 만일 누군가가 달리고 있다면 이러한 점은 장점이 될 수 있겠지만 말이다. 유타 대학의 생명기계학자인 캐리어는 원인(原人)의 진화는 끈기 있는 달리기에 대한 강한 자연 선택(natural selection)과 연관 있다고 지적했다. 더 끈기 있는 활주자가 집으로 먹이를 가지고 갈 수 있을 것이다.

　　끈기 있게 먹이를 쫓아 달려가야 생존한다는 생각은 무기를 생산하기 전에나 적합한 것이지만 현존하고 있는 인간들의 다양한 사낭문화에서도 엿볼 수 있다. 아프리카의 Bushmen, 멕시코의 Tarahumara Indians, 오스트레일리아의 북서부의 Aborigines 들이 그렇다. 그들은 작거나 느린 것들은 사냥하지 않고 있다. 영양, 사슴이나 캥거루처럼 재빠른 동물을 선호한다. 그리고 이들은 이틀 동안이나 달릴 수 있다고 보고될 정도로 오래 달린다. 캐리어는 우리가 효율의 열등함을 극복할 수 있는 몇 가지를 제시하고 있다. 우리는 달리는 속도를 조절할 수 있는데 이는 사냥감들이 그들이 가장 효율적인 속도를 낼 수 없도록 한다. 그리고 우리는 달리는 동안 우리의 체온을 더 잘 조절할 수 있다. 우리의 사냥감들은 사실 놀림감이 되고 있지만 그들은 생리적으로나 역사적으로 이에 대항하는 어떤 것도 하지 않는다.

어떤 속도로 달려도 거의 변하지 않는 효율성을 가지는 우리의 이 탁월한 능력은 고유의 기본원리를 가지는데 캐리어의 대학원 지도교수인 유타 대학 브램블이 한 예를 보여준다. 꾸준히 달리게 되면 동물의 호흡능력에 무리가 오는데 브램블이 연구한 개와 같이 네 발을 가진 활주자들은 그들의 폐를 돕는 새로운 방식을 개발하였다. 즉, 달릴 때 동물의 내장이 폐를 피스톤을 미는 것처럼 앞뒤로 반복적으로 운동한다. 그러나 진자 운동 같은 체계는 특정 속도에서 가장 효율적이므로 특정 속도에서 그 개체는 가장 효율적으로 달릴 수 있다. 이와는 대조적으로 인간은 직립하므로 내장이 앞뒤 운동하면서 가지 않는다.

한계에 도전하기: 열심히 일하는 것

이제까지 생체로 입력되는 산소의 소모를 중심으로 논의해 왔으므로 힘의 산출을 측정하는 수치는 무엇인지 알아보자. 우리가 에너지를 필요로 하는 일을 수행하는 비율은 거의 대사율의 1/4을 넘지 않는다. 그리고 근육을 기계로 보면 일하는 효율이 약 25%를 넘지 않는데 대개 우리가 아무리 열심히 일을 한다 해도 25% 효율에는 이르지 못할 것이다. 그러므로 분당 1리터의 산소는 330와트에 상당하는 힘인데 우리가 분당 1리터의 산소를 소모하면서 열심히 일을 한다 해도 75와트 이상의 기계적인 출력량은 만들어 낼 수 없다.

이러한 단서로 보아, 몇 분 이상 같은 입력을 유지하면 어느 정도 힘이 산출될 것일까? 이는 운동의 특성과 고찰하는 사람에 따라 다르다. 고도로 훈련된 천부적 재능을 소유한 남자 운동선수에게 경사 오르기 운동을 시키거나 제자리에서 자전거 타기 운동을 시켜보면 최고 분당 약 6리터의 산소를 소모한다. 이것은 거의 2000와트의 힘을 주입하고 약 450와트의 운동 출력을 얻는 것과 일치한다. 이는 비록 우리의 근육이 하는 운동보다 1/10정도로 낮지만, 이는 보통의 사람이 어떤 일반적인 업무를 긴장감 없이 수행하는 것보다는 훨씬 높은 수준이다. 건강하고 젊은 보통 남성은 분당 약 4리터의 산소를 소모하고 300와트의 일을 계속할 수 있다. 노 젓기 운동이나 러닝머신에서 지속적으로 달리는 것은, 시간당 600Kcal를 쓰는 것이다. 시간당 600kcal는 초당 167cal이며 700와트를 주입하는 것을 의미한다. 이는 175와트를 출력하면서 각 분당 2리터 남짓 산소를 소모하는 것으로 계산된다.

이미 오래 전부터 인간이 엔진처럼 지속적으로 힘을 생산하는 것에 대하여 흥미를 가진 사람들이 있었다. 1734년 영국의 데사글리어스는 사람이 좋은 펌프로 물을 끌어올릴 때 120와트에 해당하는 비율로 일하는 것이라고 추정했다.(물론 와트가 1736년까지 테어나지 않았기에 그는 다른 단위를 사용했었다.) 반세기 후 스미튼은 유능한 노동자들을 하루 종일 90와트의 비율로 일하게 했다. 스미튼은 영국 시민공학의 창시자로서 많은 업적을 이룬 사람이다. 공학에서의 특출한 업적 외에도, Plymouth 항 근처의 세 번째 Eddystone 등대처럼, 수차와 풍차의 성능과 디자인에도 지대한 공헌을 하였다. 그의 90와트(아마도 자료가 부정확한 것을 강조하면 100와트 정도)는 여전히 좋은 기준이 된다. 이 수치로 산정된 힘은 산업혁명에서 함께 나타나는 시스템 상의 비인간화, 즉 사람이 회계 장부의 한 항목으로 취급되는 부정적인 측면도 있다. 18세기의 기업가들은 뉴코멘의 증기펌프를 살 것인가, 아니면 펌프 대신 동일한 수의 사람을 고용할 것인가라는 문제를 놓고 많은 고민을 하였을 것이다.

가장 최고의 힘을 결정하기 위한 과학적인 조사에서는 승무원의 노 젓기 작업을 연구했는데 단순히 노를 젓는 승무원이 아니라 1924년 올림픽 챔피언에 우승한 예일 대학 선수의 노 젓는 작업이 연구대상이 되었다. 더군다나 간단한 측정 장비 세트에서의 실험이 아니라 다각적 실험적 접근이 시도되었다. 두 명의 저명한 생리학자인 핸더슨과 해거드는 무거운 경기용 선체를 끌고 특정 속도로 선체를 끌 때 노 젓는 각 사람의 힘을 추정해 냈다. 그들은 노 젓는 기록 장치를 개발하였는데 그것은 경기에서 노 젓는 스트로우크에 대한 저항을 계산하고 그 저항에 상응하는 물을 퍼 올려 측정하는 장치였다. 그들은 노 젓는 기록장치를 이용하여 노 젓는 동안 사람의 산소 소비량을 측정했다. 그들은 180 파운드의 노 젓는 사람이 1분당 약 4.6리터의 산소를 사용한다는 것과 이것은 1,500와트의 에너지 유입에 해당한다는 것을 발견했다.(그것은 토스트 오븐을 사용한 다음 꺼내는 것과 같다. 노 젓기는 많은 에너지를 요구하는 작업으로 달리 말하면 뜨거운 작업이라 할 수 있다.) 노 젓는 사람은 370와트의 힘을 약 10분 동안 지속적으로 출력하여 25%의 효율을 나타낸다.

남성이 지속적으로 힘을 쓸 때 370와트 정도 된다는 것은 아직까지도 믿을만한 숫자이다. 최근에 470와트와 같은 더 높은 수치가 발표되는 것은 실험 에러가 아닌 실험 조건과 환경이 개선된 결과이다. 우리는 더 많이 알게될 뿐 아니라 운동선수의 전문적인 훈련에 관해서 더욱더 관심을 갖게될 것이다. 더 많은 사람들이 스포츠에 투신하여 더 오래 훈련하기 때문에 우리는 가장 큰 재질을 가진 선수를 탄생시킬 수 있을 것이다. 또한, 보다 용이한 기술을 제공할 많은 데이터를 가지고 우리는 최고치를 갱신할 수 있을 것이다. 핸더슨과 해거드의 후계자는 여전히 같은 문제에 직면했다. "우리는

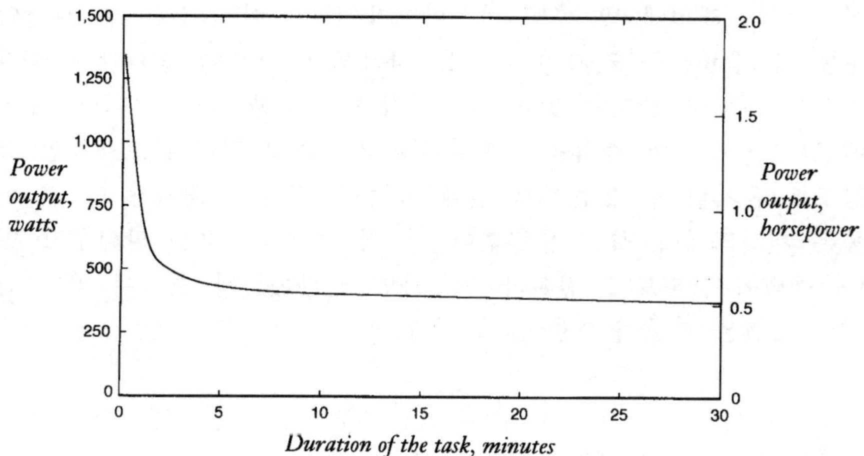

그림8.2 윌키의 사람이 지속적으로 일을 할 때 시간에 대한 힘의 산출 그래프. 주목할 것은, 지속시간은 사람이 단순한 일을 할 때 시간에 따른 산출이 어떻게 줄어드느냐가 아니라 우리가 얼마나 오래 최고로 강요되는 일을 끊임없이 할 수 있는지를 나타낸다

가장 의지 있고 협동적으로 노 젓는 사람들을 실험대상으로 선정했지만 그들은 올림픽 경기에서 5분 안에 최대한의 힘을 발휘하여 노를 젓는 것처럼 실험에 임하지 않는 다는 것을 발견하였다." 노 젓는 선수들은 조사자들을 자극시키려 하지는 않았다.

핸더슨과 해거드는 유별나게 많은 근육을 사용하는 행동으로서 '노젓기'를 골랐다. '노젓기' 행위를 가능한 한 큰 힘을 출력하는 가장 좋은 지표가 되는 행동이라고 생각했다. 그들이 좋은 생각을 가진 동안 우리는 좋은 선수가 적은 근육을 사용하여 극한의 힘에 도달 할 수 있다는 것을 알고 있었다. 배와 허벅지의 근육을 잘 사용하면 우리의 호흡계 및 심혈관계가 발휘하는 모든 것을 흡수 할 수 있다. 유사한 결과는 최대 산출을 만들어 주는 색다른 방법뿐 아니라 경사 오르기, 제자리 자전거 타기, 노르딕 트랙, 자전거 및 크로스 컨트리 경주를 이용한 실험에서도 나타난다.

이 자료들을 얻어보니 1960년도에 윌키에 의해서 처음 발표되었던 것과 같은 곡선이 나타났다. 이 곡선을 그림 8.2에 나타내었다.

이 그림의 해석에 몇 마디 덧붙이고자 한다. 이 곡선은 한 사람의 운동 중 출력, 즉 갑자기 운동을 시작하고 시간이 경과함에 따라 지쳐서 운동의 강도가 떨어지는 과정을 추적한 것이 아니다. 대신에 일정한 정도의 출력을 유지한다고 가정하고 얼마나 오랫동안 그 강도를 유지할 수 있는지를 알게 해준다. 하향 기울기가 더 긴 활동은 지속되어야 하고 틀림없이 덜 격렬하다는 것을 말해주고 있다. 마력에서 와트로 전환하기만 하면 월키논문의 초록에 있는 간결한 표현은 가장 훌륭한 것이 된다.

…우리의 신체에서 사용 가능한 힘을 외부로 출력하는 데는 여러 가지 이유 때문에 다음과 같은 한계가 따른다.

(1) 1초 이하의 짧은 순간에 일어나는 단일 운동의 경우에는 4500 와트 미만; 근육의 내재적 힘 생산에 의해서

(2) 0.1~5분 정도 걸리는 짧은 시합의 경우에는 370~1500와트 정도; 근육에 저장된 에너지원의 이용가능 정도에 의해서

(3) 5분~150분 정도 지속되는 일의 경우에는 300~370 와트 정도; 산소를 흡수하고 수송할 수 있는 몸의 능력에 의해서

(4) 하루 종일 지속되는 장기간의 일의 경우에는 150 와트 정도; 근육의 소모와 손상, 음식 섭취의 필요, 기타 등등에 의해서

이 모든 수치는 선수권대회의 챔피언들에 해당하는 것이고 건강한 보통 사람은 이 수치의 70~80% 이하의 힘을 생산한다.

간단히 얘기해서 우리 몸은 가솔린 엔진이나 전기 모터와는 다르다. 오히려 모터와 전지나 플라이휠[1]과 같은 저장장치를 합친 것과 같다. 고양이가 폐와 심장이 작다고 해서 쥐를 잡으려고 쫓아가는 데 장애가 되는 것이 아니고, 사람의 폐와 심장이 크다고 해서 100미터를 역주하는데 도움이 되는 것도 아니다. 우리는 처음에 무산소 운동으로 시작해서 점차 유산소 활동 단계로 들어간다. 잘 훈련된 사람이 할 수 있는 최대 무산소 운동량은 그 사람이 18리터의

---

1) 플라이휠(flywheel) : 크랭크축의 회전 속도를 고르게 하기 위해 회전하는 차축에 장치한 관성 모멘트가 큰 바퀴.

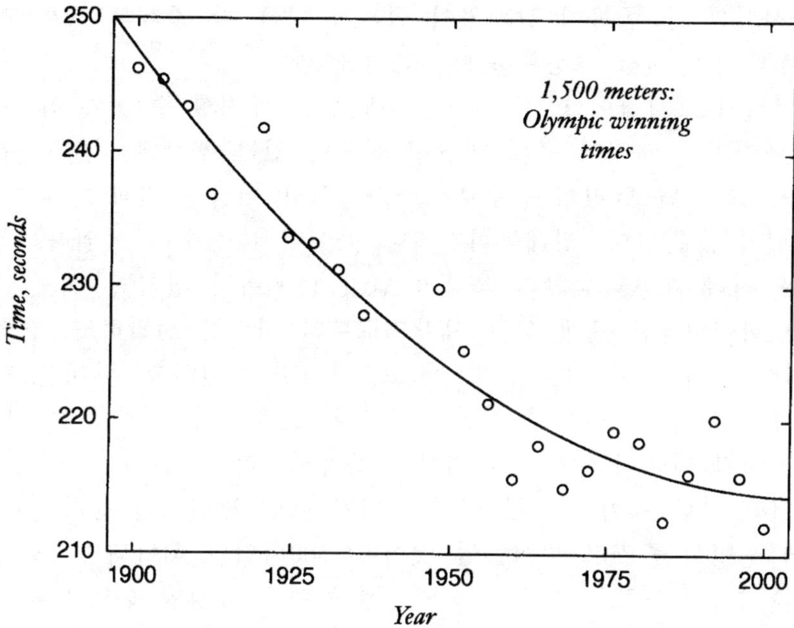

그림 8.3. 올림픽 남자 1500미터 달리기 기록 시간

산소를 소모하는 유산소 운동량과 맞먹는다. 그러므로 격한 운동 뒤에 우리는 약 4분간의 최대 산소 소모량에 해당하는 많은 양의 산소를 빚지고 있는 것과 같다. 그와 같은 과격한 활동을 한 다음 가쁜 숨을 몰아쉬는 것은 당연하다. 사람이 그 빚을 갚는 데 4분이나 걸리지는 않는다. 윌키의 자료에 의하면 잠시 동안의 활동에는 우리가 지속적으로 유지할 수 있는 힘보다 상한 힘을 발휘할 수 있기 때문이다.

우리는 18리터의 산소 부채에서 천천히 벗어나 유산소 힘으로 옮겨간다. 단거리 육상 선수의 100미터 역주는 모두 무산소 운동으로 이루어진다. 폐와 심장은 상관없다. 200 미터를 달리면 최대 산소 부채에 이르게 되는 데 약 82%가 무산소 운동이다. 1500 미터를 뛰는 경우 절반 정도씩 사용하고, 10km 경주의 경우 90%의 힘은 유기호흡으로 얻는다. 윌키 곡선으로 예측할 수 있는 것처럼 거리가 길어질수록 속도는 감소한다. 이 곡선은 수영, 달리기, 빙속 경기, 사이클 등 종목에 관계없이 거리가 다른 각 종목의 세계 기록의 상대적인 시간을 정확하게 예측하게 한다.

달리기는 사람이 낼 수 있는 최대 힘을 예견할 수 있게 해 주었다. 데이비드 캐리어 등의 대단히 설득력 있는 주장에 의하면 우리 모두는 타고난 달리기 선수로 달리기 위한 기본 동작과 기구가 크게 변하지 않는다. 장대높이뛰기나 높이뛰기 선수는 예외다. 그림 8.3은 지난 100년 동안의 올림픽 남자 1500미터 경기의 우승 기록의 변화이다. 전 세계 모든 사람으로부터 선수를 선발하고, 경험의 축적에 따라 훈련 기술이 발달하고, 과학이 발달하고, 막대한 자금을 투입하고, 전문 육상 신발의 발달에도 불구하고 지난 30, 40년 동안 시간 단축이 얼마나 미미한가 주목해보라.

어떤 사람은 이 도표를 이제 우리가 어떤 근원적인 생리적 한계점에 부딪힌 증거로 받아들일 것이다(1500미터만 해당되는 것이 아니다). 2개의 도표는 사람의 심혈관계 능력을 규정할 수도 있다. 즉, 건강한 성인 여성은 분당 4리터의 산소를 소비하고, 천부적으로 건강한 남성은 분당 6리터의 산소를 소비한다. 우리는 여성의 유산소 능력에 대해서는 아는 것이 상당히 적다. 여성은 평균적으로 남성에 비하여 작기 때문에 최대 발휘 힘이 낮을 것으로 추측되고 그러한 이유로 대부분의 운동에서 남성과 여성의 종목이 분리되어 있다. 생물학자들은 조상 대대로의 성 역할의 문화적, 생물학적 차이가 현재의 생리상 한계에 영향을 주었는지 궁금해한다.

신기하게도 경마 경주 기록에서도 사람의 1500미터 기록에서와 동일하게 기록 단축이 더디어지는 것을 알고 있다. 어떤 경마 경주는 100년 이상 계속되었는데 경주마들도 오랜 세월동안 동일한 일을 가능한 한 열심히 하도록 강요되었다. 물론 업적의 향상을 가져온 요인들은 다를 것이다. 혈통과 순계에 대한 열정은 유전적 변화를 추구한 것이다. 또한 단 하나의 목적을 위한 가장 혹독한 훈련이 가해졌다. 이 말들에게 개인적인 삶이라고 말할 만한 것이 없다. 한편 경주마는 많은 무리에서 선발된 소수의 집단이 아니고 예외적으로 동질의 혈통이다. 오늘날 경주마의 유약성 특히 쉽게 다치는 성질이 자주 언급된다. 그 주된 이유는 순종 교배에 의한 열생학적 효과에 의한 것이다. 캘리포니아 대학 데이비스 분교 수의학과의 존스는 이러한 문제가 유전적 요인보다 분명히 생리적 요인인 예를 보여주었다. 근육, 골격, 심장, 허파 등이 훈련에 의하여 변화된다. 짐 존스는 경주를 위한 보다 강한 훈련이 유전적으로는 어떻든 간에 말들에게 일어날 수 있는 여타 다른 상황에 대처할 수 있는 능력을 약화시킨 것으로 추정한다.

이런 점은 조금은 우리를 걱정스럽게 한다. 우리는 일부러 올림픽 선수를 번식시키지는 않는다. 그런 가능성을 생각만 해도 몸이 떨린다. 다시 한번 사람의 한 세대가 예외적으로 대단히 긴 것에 감사한다. 그러나 우리도 그들이 경쟁이 이기도록 보다 효율적으로 또 광신적으로 훈련시킨다. 그렇다면 잘 훈련된 선수들은 그 결과로 장기적인 장애를 겪게 되지 않을까? 현대 문화의 특성에 맞지 않지만 그와 같은 가능성에 주의를 기울여야 한다. 의사와 간호사들이 기본 참고도서로 이용하는 머크 편람(The Merck Manual) 1999년 판을 보면 미국에서만 매년 1000만 명이 운동 중 부상으로 치료를 받는다. 그 책은 10쪽에 걸쳐 상처와 치료법에 대하여 자세히 기술하고 있으면서도 후유증과 만성 요인에 대해서는 한마디 말도 없다. 그럼에도 이 책은 지구력 훈련이 얼마나 많이 사람을 변화시키는가를 일깨워준다. 이런 사람의 특징은 평상시 심장 박동율의 저하, 제3, 제4 심음 변화, 수축기 잡음, 심전도의 여러 이상, 심장 비대 등이다. 보통 사람에게는 이상으로 받아들어질 이런 증상은 끝없는 훈련에 잘 적응된 결과로 심장 이상으로 진단되어서는 안된다.

노젓기와 주걱노젓기

어떤 동물도 사람처럼 노를 저어 그 자신이나 선박을 물을 거슬러 앞으로 나가게 하지 못한다. 사람의 노젓기2)는 매우 단순한 것처럼 보인다. 물 속에 노를 넣고, 밀고, 물에서 꺼내어 다시 반복한다. 분명히 그렇다. 그러나 생물학적 기구로서는 전적으로 부자연스러운 것이다. 사람은 인류(Homo sapiens)로 진화하기 이전부터 이러한 추진 방법을 사용하기 시작했다. 우리는 근거리를 가기 위한 실질적인 이유로 또는 여가를 즐기기 위하여 또는 시합으로 노젓기를 계속하고 있다. 나는 여러 해 여름마다 북서 대서양의 해양실험실에서 노젓기를 배운 적이 있다. 노를 저어 항구를 가로질러 가는 것이 항구를 따라 걷는 것보다 시내에 빨리 다다르고 맥주와 야채를 구입하여 빨리 돌아올 수 있었다.

노젓기와 주걱노젓기3)는 생물학적으로 이상한 행동으로 볼 수 있으나 생물 기계론적으로는 효과적임이 밝혀졌다. 간단히 말해 노젓기는 가능한 한 최대로 항력이 생기도록 하는 것이다. 뱃전에서 커다랗고 편평한 노뺀지가 물을 향하도록 하여 물을 뒤로 밀어내는 것이다. 노깃이 물 밖으로 나와 저항 없이 앞으로 이동 한다(물은 공기에 비하여 800배나 저항이 크다). 거북이, 사향뒤쥐, 오리, 작은 갑각류 등 많은 동물이 헤엄친다. 그러나 이들은 발로 물을 밀어내거나 다시 발을 앞으로 가져올 때나 항상 발을 물 속에 두고 있다. 물과 공기의 저항의 차이를 이용하기보다 강력한 역타를 행한 다음 노(발)의 모양과 방향을 변화시켜 저항을 적게 하여 발을 앞으로 가져온다. 동물 중에서 오직 한 종류 사람만이 평영, 접영, 배영 등 수영할 때 노(손)를 공기 중에서 앞으로 뻗친 다음 노젓기(역타)를 한다. 이런 방법으로 사람은 빠른 노젓기를 할 수 있다.

자연계의 유영동물은 노의 회귀동작이 물밑에서 이루어진다. 어떤 동물도 우리가 배를 젓는 것과 같은 독특한 방식을 보여주지 않는다. 이 방식은 오래되었고 널리 퍼져 있는 것으로 보아 어떤 면

---

2) 노젓기(rowing) : 배의 고물을 바라보고 앉아 노를 뱃머리 쪽에서 뒤쪽으로 밀어 배를 나아가게 젓는 것. 노를 놋좆이나 노걸이에 정치해 놓고 노질을 한다. 조정경기에서 노를 젓는 방식이다.

3) 주걱노젓기(paddling) : 뱃머리를 바라보고 앉아 주걱노를 두 손으로 잡고 앞에서 뒤로 밀어 배를 앞으로 나아가게 젓는 것. 카누의 노젓기가 주걱노젓기이다.

에서는 쉬운 방안이었음에 틀림없다. 우리의 조상이 처음 수영을 배웠을 때에는 회귀동작이 물 위로 이루어졌는지 물밑에서 이루어졌는지 알 길이 없다. 물 위에 떠 있는 통나무에 앉아있는 사람은 분명 노젓기를 했을 것이다. 기본 동작은 자명하지만 노와 물의 상호관계에 따라 노를 젓는 기술은 정교하다. 이 기술은 19세기에 들어와서야 단지 경험적으로 다루어졌다.

먼저 어떤 방법이 더 나은가? 주걱노젓기가 나은가? 노젓기가 나은가? 주걱노[4] 사공은 무릎을 구부리고 앞을 바라본다. 사공은 몸을 앞으로 숙이고 등을 낮추면서 노의 위쪽을 잡고 있는 선내의 팔을 앞으로 쭉 뻗으면서 노를 힘차게 젓는다. 동시에 노손의 아래쪽을 잡고 있는 배 바깥쪽 팔을 뒤로 밀고, 몸통은 뒤튼다. 반면에 대부분의 일반 노젓기의 경우에는 배의 뒤를 보고 앉는다. 뒤쪽(배의 이물쪽)으로 몸을 기울이면서 어깨를 펴면서 양팔을 잡아당겨 노를 젓는다. 주걱노꾼은 노면을 밀어 생기는 힘을 몸을 통해서만 선체에 전달한다. 따라서 주걱노에 힘을 가하는 팔과 상체 근육의 일 외에도 몸통 부위가 숙여지는 것을 방지하기 위해서는 몸통과 다리의 근육에 많은 힘이 요구된다. 노젓기의 경우 노젓이나 노 고리 등을 통하여 힘이 전달된다. 효율면에서 보면 노젓기가 낫다. 우리가 발휘한 힘 중 많은 양이 배를 미는 데 사용된다. 일반 나룻배를 주걱노젓기로 해보면 노젓기가 유리하다는 것을 알게 된다. 이 방법이 정당하지 않다고 생각하면 카누를 노젓기 방식으로 저어 보아라. 아디론댁 보트[5]나 노걸이가 있는 카누를 저으면 적은 힘으로도 대단히 빠르게 나아간다.

우리는 심미적 또는 실질적 이유로 앞을 향해 앉기를 좋아한다. 우리가 지나온 길을 바라보면서 노를 젓는 것보다 우리가 가려고 하는 방향을 바라보면서 주걱노를 젓는 것이 얼마나 쉽고 좋은가.

---

4) 주걱노(paddle) : 노의 길이가 비교적 짧고 노뻗지가 주걱이나 부삽처럼 일반적인 노보다 넓다. 통상 패들이라 하나 해당되는 우리말이 없어 역자가 붙인 용어임.
5) 아디론댁 보트 : 미국 아디론댁 지역의 배로 카누와 비슷하게 생겼으나 노걸이가 있음.

주걱노젓기는 일찍부터 시작된 것 같으며 여러 문화권에서 여러 종류의 배에서 사용되었다. 아시아, 오세아니아, 아메리카 지역에서는 전방을 바라보면서 노나 주걱노를 주로 사용하였고, 지중해와 북대서양 지역의 뱃사람들은 주로 뒤를 보면서 노질을 했다. 바위가 많은 물길이나 좁은 물길을 통과하거나 짐이 많아 뱃전에 가까이 있게 될 때는 주걱노젓기가 좋다. 우리가 달리기를 할 때 걸음 사이나 곤충이 날개짓을 하는 사이에는 탄성에너지가 저장되지만 주걱노를 젓든 노를 젓든 배에는 역타[6]에서 다음 역타까지 탄성 에너지가 저장되지는 않는다. 그러므로 주걱노든 노든 속도를 높이거나 느리게 하기 위한 모든 노력은 낭비될 뿐이다. 노보다 가벼운 주걱노가 전후방 운동에 소요되는 비용을 낮추고 어느 정도는 부족한 근육 사용을 벌충한다.

노젓기는 얼마나 좋은가? 이동식 의자를 갖춘 최신의 경주정은 예외로 하자. 헨더슨과 해거드의 말을 빌리면 이런 것들은 우리의 큰 다리 근육의 효율적 사용이 가능하도록 하며 사람을 유산소 운동 한계까지 이르도록 한다. 그러나 이런 배들은 선원 외에 어떤 짐도 나르지 못하며 오로지 가장 잔잔한 물에서만 운행이 가능하다. 실제 사용한 노 젓는 배 중에서 가장 관심을 끈 배는 고대의 노로 운행한 배, 특히 지중해 문화권의 배다. 이들의 노젓기는 최소 3000년 전으로 거슬러 올라간다. 이런 사실은 아주 오랜 이야기, 이집트의 조각, 그리스 화병의 그림, 몇 개의 현존하는 모형, 그리고 해저 난파선 인양 등의 자료 분석으로 알게 되었다. 올림피아(Olympias)호를 실제 크기로 복원하여(현재 그리스 해군이 보관하고 있음) 현대적인 개념으로 이 배가 어떻게 건조되었는지, 어떻게 작동되고 운항되었는지 조사하였다.

지중해에서 대부분의 항해는 상업적 운송이 목적이었다. 몇몇 배는 상당히 컸으며 이 배들에는 몇 명의 선원이 있었지만 주로 범

---

6) 역타(power stroke) : 배를 진행시키기 위하여 강한 힘으로 노를 당기거나 미는 것

　회귀타(recovery stroke) : 다음의 역타를 위하여 노, 손, 발 등을 원래의 위치로 가져오는 것.

주에 의존하였다. 이 배들은 맞바람을 거슬러 항해할 수는 없었으며 옆바람에도 항해가 쉽지 않았으므로 계절풍을 최대로 이용할 수 있는 시기에 항해가 맞추어졌다. 속도는 순항할 때는 시간당 3.6km 정도였다. 그러나 군선은 바람으로 항해할 수 있으면서도 노질을 하였는데 특히 항구 근처에서 싸울 때는 항해 기어나 돛대까지도 제거한 채 격렬한 노질로 항해하였다.

전형적인 갤리[7] 전투함인 그리스의 트라이림[8](3단 노의 군선)은 4.5미터짜리 긴 노 170개를 3단으로 배치하였다(그림 8.4). 한 사람이 하나의 노를 저었다. 후에는 각각의 노에 여러 노꾼이 있게 되었는데 아마도 시라쿠스(시실리에 있는 그리스의 도시)에서 시작된 것 같으며 후에 로마인들이 받아들였다. 올림피아호의 실험으로 판단하면 최대 노질 속도는 현대의 경주용 배와 조금도 다르지 않게 분당 50번에 조금 못 미쳤을 것으로 추측된다. 노꾼 한 명이 330와트(0.44마력, 약 300kcal/시간)의 일률을 발휘하는 것과 같다. 330와트 중 40%인 130와트의 일률로 노를 조작하여 가속하거나 감속하고 또는 노를 올리고 내렸으며, 나머지 200와트로 배를 밀어 최대 시간당 16km 정도의 속도로 운항하였을 것이다. 고대의 기록에 근거하여 계산하면 트라이림은 상당 시간동안 시간당 13km의 속도를 유지할 수 있었다. 이 두 수치가 일치한다. 이러한 크기와 속도의 배에서는 일률을 크게 증가시켜도 속도는 조금밖에 빨라지지 않는다. 시간당 13km의 속도로 운항하면 16km로 운항할 때 일률의 반도 필요하지 않다 이 두 수치는 우리를 놀라게 한다

특히 놀라운 것은 2000년이 지난 후 지중해의 갤리 전함이 그러한 기록에 도달할 수 없었다는 점이다. 16세기 프랑스의 전함은 한순간 시간당 최대 11km의 속도를 낼 수 있었다. 왜 이와 같이 퇴보하였는가? 각각의 노에 여러 노꾼을 배치한 것이 여러 갈래로 효율을 떨어뜨렸다. 노의 끝에 있는 노꾼의 동작의 한계가 노의 이동

---

7) 갤리(galley) : 고대 그리스 로마로부터 중세까지 지중해에서 사용된 노를 주로 쓰고 돛을 보조적으로 쓰는 군용선. 로마나 그리스의 전함으로 노예나 죄수들이 노를 저음.
8) 트라이림(trireme) : 노가 3단으로 배치되어 있는 고대 그리스, 로마의 배

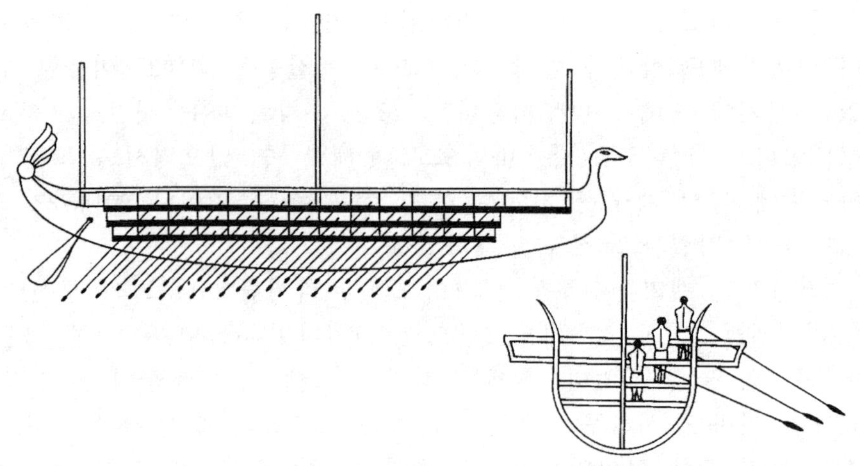

그림 8.4. 올림피아호의 크기와 노의 배열을 보여주는 트라이림의 측면도와 단면도

거리를 제한하였다. 분명한 해결책은 뱃전에 작은 노꾼을 세우고 안쪽으로 갈수록 점차 큰 노꾼을 세워 선연쪽의 노꾼이 적은 효율로 일하도록 하는 것이다. 노가 커지고 무거워질수록 효율을 떨어뜨려 선원이 발휘하는 일률의 많은 부분이 노를 들어올려 이동하는데 사용되었다. 노의 길이는 14미터, 무게는 160kg이나 되었다. 노질 속도가 감소하였으며 노꾼 특히 뱃전에 가까이 있는 노꾼의 근육은 천천히 수축하였기 때문에 최대 힘을 발휘할 수가 없었다(그림 2.8 참조). 또 하나 고도로 훈련된 전사를 노꾼으로 배치하는 대신 신체가 튼튼하지 못한 죄수를 노꾼으로 이용하였기 때문이다.

　일반적으로 배는 클수록 빠르다. 큰 배는 용적에 비하여 표면적이 적어 저항력이 적으므로 배가 만들어내는 수면파에 의한 심각한 저항에 부딪히기 전에 빠른 속도에 이르게 된다. 그러나 갤리는 트라이림의 크기 이상으로 현저하게 비례하여 커지지 않았으며 더구나 트라이림은 아마도 최적 크기 이상인 것 같다. 이런 문제가 발생한 것은 노꾼의 수는 증가하였으나 우리가 엔진을 크게 한 것과는 달리 노꾼의 신체는 크기는 커지지 않았기 때문이다. 범선을 점차 크게 하면서 돛대와 돛을 크기는 놔두고 숫자만을 증가시켰다고 가정하면 비유가 될 것이다. 그러면 마침내 갑판 가까이 있는 비효율적으로 부조화를 이루는 수백의 작은 돛으로 항해하는 범선을 갖게 될 것이다. 중국인들이 조운선의 크기 문제를 해결했던 방법을 서구에서는 사용하지 않았다. 서구인들은 배 옆에 바퀴를 달아 돌렸으며 이것을 선내의 무자위에 연결하였다. 이것은 후에 증기선으로 발전하였다.

보다 일상의 용어로 이야기하면 선체의 유체 저항을 일으키는 표면적은 배의 길이의 제곱에 비례하여 증가하는데 반하여 설치할 수 있는 노의 수는 단지 길이에 비례하여 증가될 뿐이다. 길이가 두 배가 되면 저항력은 네 배로 증가되는데 비해 추진력은 두 배로 증가될 뿐이다. 앞서 지적한 것처럼 여러 노꾼이 필요한 큰 노를 사용하는 것은 기껏해야 부분적인 해결책일 뿐이다. 트라이림은 50톤 정도인데 2000년 후의 갤리는 200~400톤이 나간다. 16세기에 바다를 순항하는 범선이 대략 100톤에서 1000톤인 것과 비교해보기 바란다. 마젤란과 드레이크는 100톤의 배로 세계를 일주하였으며, 19세기 다윈이 탔던 비글호는 235톤이었다. 갤리선이 대양 횡단 항해 시대까지 사용되었지만 바람이 적거나 수심이 낮은 곳을 항해할 때나 또는 기동성이 유리할 때 잠깐씩 사용되었다.

목재를 조달하기 위하여 레비논까지 항해하였던 고대 이집트의 조운선부터 한 세기 전 북아프리카 해적이 사용한 휠러카9)선까지 배를 진행시키는 데 돛과 함께 노가 자주 사용되었다는 점을 잊어서는 안된다. 고대 아테네나 중세 베니스의 갤리선은 바람과 상황에 따라 바람으로 항해할 수도 있었고 노를 저어 항해할 수도 있었다. 두 기능의 조합은 좁은 지역에서의 항해에 기동성을 부여하였으며, 바람의 방향에 대한 의존도를 줄여주었다. 반면 두 가지 장치를 통합하다보니 배의 설계에 심각한 문제를 야기하였다. 범선은 옆바람이나 맞바람으로 항해하려면 바닥짐이 있어야 했으며 이 여분의 무게 때문에 노젓기는 더욱 힘들었다. 순풍이 아닌 경우는 바람 때문에 배가 기우는 데, 배가 기울면 들려진 쪽은 노젓기가 어

---

9) 휠러카(felucca) : 이집트 전통의 삼각 돛의 작은 범선

렵다. 노가 있는 배는 너무 깊어서도 안되고 건현이 너무 높아도 안된다. 노젓기에 의한 추진력을 계속 사용하려면 풍향에 좌우되지 않으면서 또한 노에 의존하지 않으려는 생각을 버려야 한다. 이 모순은 차치하더라도 아직도 노와 돛이 재앙으로부터 안전하지는 않다. 적어도 소형배는 그러하다. 그러나 고대 노르웨이인들이 노젓는 범선인 바이킹선으로 폭풍우치는 북대서양을 건너 아일랜드, 그린란드, 뉴펀드랜드로 항해하였다는 것을 잊지 말라.

노젓기가 주걱노로 미는 것보다 낫긴 하지만 여러 개의 노를 사용할 경우 몇 가지 단점도 있다. 길게 배열된 노들은 서로 영향을 줄 수 있다. 단지 맨 앞의 수 개의 노만을 제외하고 뒤의 노들은 다른 노가 이전의 노질 때 만든 소용돌이 난류를 만나게 된다. 그런 방해가 노의 효율성을 떨어뜨린다. 노젓기는 물을 뒤로 빨리 밀어내는 것이므로 노를 앞으로 이동시키는 순간부터 물이 이미 뒤로 흘러가 버리는 것이 노젓기를 교란하는 가장 나쁜 요인이다. 이미 물이 뒤로 흘러가 있다면 노젓기로 속도를 크게 높일 수 없다. 프로펠러 뒤에 또 하나의 프로펠러를 단 비행기는 거의 없다. 그러한 비행기를 제작할 경우 프로펠러를 서로 반대 방향으로 회전하게 함으로써 문제를 최소화하고 있다. 노와 노 사이가 가까울수록 간섭은 심해진다. 트라이림과 갤리 전함은 노꾼의 노질이 가능한 한 가까이 노를 배치하였다. 현대의 경주정은 한번의 노젓기로 멀리 가기 때문에 교란이 적다. 노간의 간격이 또한 넓고, 노꾼은 한 줄로 앉아 있으며, 하나의 노가 왼쪽으로 향하고 있으면 다음 노는 오른쪽으로 향하고 있다.

물갈퀴, 지느러미발 등 유영 부속지를 갖고 헤엄치는 모든 동물은 순차적인 역타로 간섭을 최소화한다. 맨 뒤의 부속지로 먼저 물을 차고, 그 앞의 다리를 차고, 또 그 앞의 것을 밀고 이와 같이 한다. 이 동물들은 누가 만들었는가? 우리가 지금 이야기하고 있는 동물은 수많은 섬모로 싸인 원생동물과 빗 모양의 섬모 다발을 갖고 있어 빗해파리[10]라 부르는 해파리와 유사한 특이한 동물들, 수

---

10) 빗해파리(Ctenophore) : 해파리를 닮았으나 말미잘, 해파리, 히드라 등이 포

종의 해양 연충류, 그리고 수많은 작은 갑각류 등이다. 사람들은 순차적 노젓기를 한다는 소리를 들어본 적이 없어 그 가능성을 코치에게 물어본 적이 있다. 코치 이야기는 동작을 유지하기가 대단히 어렵다고 한다. 특히 노젓는 속도를 변경하고자 할 때 그렇다고 한다. 경주정은 갤리선과는 달라 이렇게 한다고 하여 얻어지는 것이 크지는 않겠지만 충분히 시도해 볼 만한 가치가 있다고 생각한다. 덧붙여 말하면 두 쌍의 독립적으로 움직이는 날개로 나는 곤충들도 이와 동일한 방식으로 날개를 움직인다. 메뚜기와 잠자리 등은 뒷날갯짓을 먼저 하고 다음에 앞날갯짓을 하여 뒷날개가 앞날개짓으로 생기는 난기류를 피할 수 있게 한다.

동물들의 세계에서도 방금 언급한 주걱노젓기를 하는 동물 중 어느 것도 빠른 속도를 내지는 못하는 것처럼 노나 주걱노 모두 심각한 단점이 있음을 추측하게 한다. 비록 다른 기작으로 움직이지만 두 가지 모두 물(또는 공기)을 뒤로 밀어낼 수 있다(그림 8.5). 우리는 지금까지 알기 쉬운 한 가지에 관해 이야기하였다. 항력이 큰 물체로 물을 힘차게 뒤로 밀면 물은 물체로부터 운동량을 얻게 된다. 운동량 보존법칙에 의하면 후방으로 향한 물의 운동량은 전방으로의 배의 운동량과 균형을 이루게 된다. 다음에 노나 기타 고항력의 물체를 앞으로 옮긴다. 회복타는 수중에서 이루어질 수도 있고 공기 중에서 이루어질 수도 있다. 수중에서 이루어질 경우 물체를 앞으로 이동시킬 때 그것의 방향을 틀어 항력을 적게 할 필요가 있다. 잘 설계된 수중 부속지(사람의 팔은 예외)는 회복타를 할 때 아주 적은 에너지만을 소모한다. 그러므로 공기 중으로 회복시켜도 우리가 기대하는 만큼의 이익은 없다. 회복타의 필요성이 항력을 이용한 추진을 제한하는 요인이 아닌 것이 보다 중요한 점이다.

자연에서 능란하게 헤엄치는 모든 동물과 비행체는 다른 기작을 사용한다. 날개, 지느러미(물개, 바다표범, 고래 등의 꼬리), 가슴지느러미 모양의 앞발 등등 모든 부속지를 진행방향 앞뒤로 움직이는 것이 아니라 진행 방향에 비스듬하게 움직인다. 그들은 전후로 움

함된 강장류와 다른 부류로 분류함.

양력에 의한 추진력

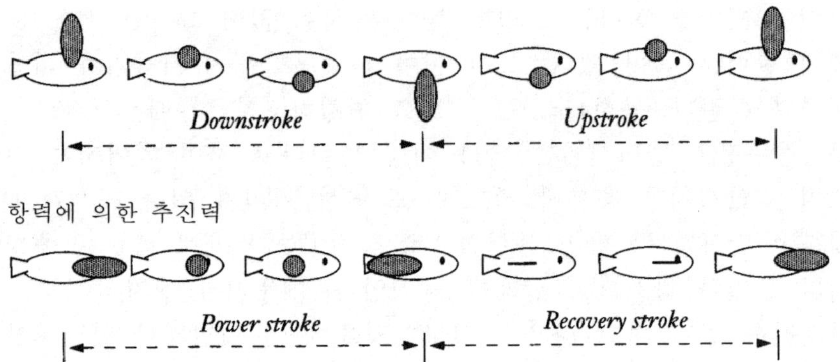

그림 8.5. 수중 또는 공기중에서 추진력을 얻는 두 가지 방법. 위쪽 : 추진력은 물체의 방향 가로방향에서 상하로 움직이는 수중날개(날개)의 후방쪽으로의 양력으로부터 얻어진다. 아래쪽 : 고항력의 후방으로의 역타와 약한 항력의 전방으로의 회복타의 차이로 추진력을 얻는다.

직이는 대신 날개나 고래의 지느러미처럼 위 아래로 움직이거나 어류의 꼬리지느러미처럼 좌우로 움직인다. 회복타가 에너지가 많이 드는 것은 아니지만 이렇게 함으로서 회복타를 완전히 피한다. 보다 중요한 점은 완전히 다른 기작으로 전방 추진력을 얻는다는 것이다. 예를 들면 비행기 날개와 같이 양력을 일으킨다. 양력은 유체가 흘러가는 수직방향으로 작용하는 힘이다. 비행기의 고정 날개를 지나 공기가 뒤로 흘러가면 힘은 위로 향하게 된다. 그러나 날개 또는 그러한 장치를 회전시키거나 뒤틀어 옆으로 향하면 힘은 앞으로 향할 수 있고, 앞쪽으로 향하는 힘은 추진력이 된다. 주격노는 역타와 회복타의 항력의 차이로 추진력을 얻는 데 비하여 동물은 꼬리, 앞다리, 지느러미 등을 움직여 유체가 옆으로 흐르도록 하여 양력으로부터 추진력을 얻는다.

왜 대부분이 추진력을 얻는데 이런 이상한 방법을 선택하는가? 한마디로 이야기하면 효율이다. 이것이 바로 오래 전에 고안되었던 노젓는 방식의 비행기가 끝내 사라진 이유이다. 같은 이유로 19세기 중엽까지 사용되었던 배의 외륜(수차)이 비록 좋은 프로펠러의

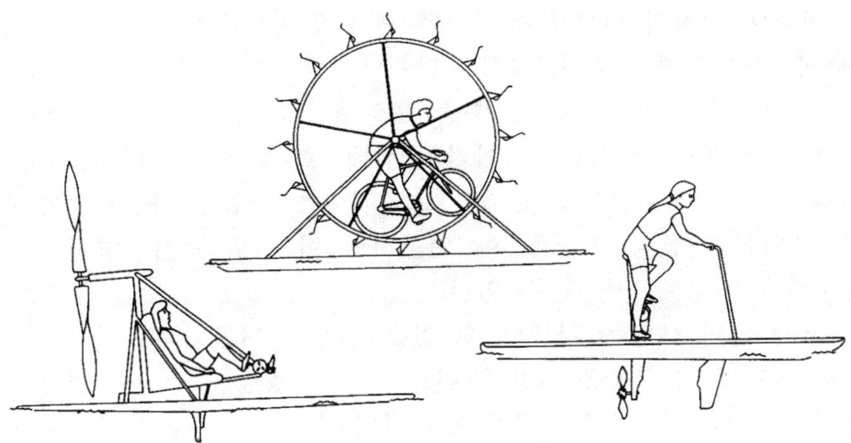

그림 8.6. 세 가지 인력으로 움직이는 배. 수차는 우리의 근육을 효율적으로 사용할 수 있게 하였으며, 커다란 수차를 사용함으로써 물을 상하로 미는 데는 적은 에너지가 투입되도록 하였으나, 통상의 항력을 이용한 추진의 한계를 극복하진 못하였다. 수중 프로펠러를 페달로 돌리는 것은 잘 작동되었으며, 이 설계(모형)의 다양한 변형이 상업적으로 이용되고 있다. 공기 중에서 사용되는 프로펠러는 상당히 커야한다. 여기에 있는 배는 드렐라 박사가 고안한 것으로 인력으로 작동되는 배로서 1991년 100 미터를 시간당 22.8 km의 속도로 달린 기록을 갖고 있다.

조건을 이해하진 못했으면서도 프로펠러나 스크루로 대치된 것이다. 양력으로부터 추진력을 얻을 수 있을까 하는 의구심이 오랫동안 우리를 붙잡아 놓았기에 고래도 이미 알고 있는 것이며 풍차에서 이용하였으면서도 20세기에 들어와서야 그것이 작동하는 원리를 이해하게 되었다. 단지 두 경우에만 직접 후방으로 미는 방식이 양력으로부터 추진력을 얻는 방식보다 낫다. 하나는 급속히 가속하는 경우로 커다란 주걱같은 부속지를 후방으로 밀어 빠르게 앞으로 나갈 경우이다. 다른 경우는 부속지가 수영 외에 다른 기능도 해야만 할 경우이다. 양력에서 추진력을 얻는 것은 날개나 수중익의 모양에 달려 있어 이 기능에 적합한 부속지는 다른 일은 잘하지 못한다. 물개, 바다거북 등의 지느러미 모양의 발로는 다른 보행 동물처럼 잘 걸을 수 없다. 다른 거북들은 발로 잘 걷는다. 대신 이 발로 주걱노처럼 물을 젓기는 하나 이들은 수영을 잘 하지는 못한다.

마침내 사람의 힘으로 움직이던 배가 양력으로부터 얻어지는 추진력을 사용하게 되었다. 그림 8.6은 단지 몇 가지 가능성만을 보여준다. 페달로 공기 중 또는 수중 프로펠러를 돌려 배를 움직인다. 노를 저어 이런 방식으로 나아가기 위해서는 한국 거룻배의 노젓기처럼 고물 쪽에 있는 노를 좌우로 움직이는 방법을 사용하여야 한다. 풍차를 수중의 프로펠러에 연결하면 이 방법을 사용하여 직접 맞바람을 안고도 범주할 수 있다.

노가 없이 대양을 항해할 수 있는 범선을 만든 것이 얼마나 대단한 발명인가! 근육을 사용할 필요가 없는 방법을 추구한 결과 근본적으로 새로운 설계를 구상하게 되어 배가 넓고 높고 무거워 해양 항해에 견딜 수 있으면서, 많은 짐을 실을 수 있고, 소수의 선원만으로도 긴 항해가 가능한 배가 발명되었다. 화이트가 중세 유럽의 이 경이적인 기술 혁신을 잘 보여주고 있다. 니드함은 정크선의 원형인 동시대 중국 항해 범선이 외형에 비하여 기술이 정교함을 정확하게 기술하였다. 우리는 다른 배로부터 어떤 착상을 얻게 되었다고 생각할 수도 있지만 두 배의 구조의 차이는 독립적으로 발달되었음을 시사한다.

자전거의 크랭크 돌리기

페달을 밟는 것은 생물 역학적으로 효과적이기도 하면서 생물학적으로 생소하다는 점에서 노를 공중에서 앞으로 되돌리는 행동과 닮았다. 그러나 그 역사를 보면 다를 수가 없다. 노젓기는 초기에 자주 나타났으나, 크랭크를 이용하여 회전운동을 하는 페달 밟기는 단단한 것을 아래로 그리고 뒤로 미는 것이 우리가 보통 다리로 하는 것과 결코 다르지 않다는 사실에도 불구하고 뒤늦게야 나타났다.

1839년에 스코틀랜드의 대장장이었던 맥밀란(Kirkpatrick Macmillan)은 최초로 자가 추진하는, 즉 자전거 탄 사람이 땅을 직접 밀지 않는 자전거를 만들었다. 맥밀란의 설계에 따르면 자전거 탄 사람이

그림 8.7. 멕밀란 자전거의 동력 전달 방법.

페달을 교대로 밀면 미는 막대(당김 막대가 더 적절한 표현일 것이다)가 밀리게 되고, 그 다음 크랭크를 통해 뒷바퀴를 회전시킨다. 그림 8.7에서 보는 바와 같이 그가 고안한 기구는 실린더에 연결된 미는 막대가 증기엔진(그는 이 엔진이 친숙하였을 것이다)의 바퀴를 돌리고, 피스톤 막대가 자동차의 크랭크 축을 돌리는 방식(물론 그는 이런 것을 몰랐다)으로 작동한다. 사람에게 있어 교대로 발을 뻗는 것보다 더 자연스러운 것이 있을까? 사실 그 당시 기계인 누 스텝(Nu Step, 기대어서 하는 운동기구)은 사람이 꼭 같은 움직임을 하도록 요구하고 있다.

현대 자전거가 1870년대와 1880년대에 유행하였던 앞바퀴 구동 방법 대신, 또 다시 뒷바퀴에 힘을 가하지만 맥밀란의 배열 방식으로 바퀴에 크랭크를 연결하지는 않는다. 약 1874년부터 뒷바퀴 구동 자전거는 페달 축에서 뒤로 뻗어 있는 체인으로 뒷바퀴를 움직였다. 적절한 크랭크 비율에서 페달로 크랭크를 돌리는 것은 사람을 기계에 연결시켜주는 가장 효과적인 방법임이 밝혀져 있다. 그러나 얼마나 부자연스런 운동인가? 2개의 발을 한 쌍의 원에서 마주보는 지점에 놓고 움직이는 것은 양족 동물이나 4족 동물의 어떤 움직임과도 별로 닮지 않았다. 우리가 걷고 달릴 때 이용하는 중력이나 탄성 에너지의 저장은 많은 역할을 하지 못한다. 페달에 크랭크를 연결하는 유일하게 "정상적인" 면은 두 다리의 반대되는 움직임과 강력한 신근의 사용이다.

사이클링은 매우 효과적이어서 모든 성공적인 인력 비행기에는 사람과 프로펠러 사이에 자전거 페달이 있다. 평상복을 입고 자전거를 타면 1시간에 약 12마일의 속도로, 보행자가 1시간에 3마일의 속도로 가는데 비해 약 4배의 빠른 속도를 보인다. 단위시간당 대사 비용은 걷는 것보다 자전거를 타는 것이 크지만, 속도가 증가함에 따라 대사 비용은 그 만큼 증가하지 않는다. 주어진 거리를 가는데 드는 비용에 있어서, 사이클링은 걷는 것을 압도한다. 보다 정확히 말하면, 한 시간에 4.5마일을 자전거로 가는 것이, 걷는 것보다 2.2배 에너지가 적게 든다. 한 시간에 9마일의 속도로 자전거를 타면, 달리는 것보다 3.7배 에너지가 적게 든다. 다르게 비교한다면, 체중 1파운드당 7와트의 출력으로 자전거의 경우 한 시간에 19마일을 갈 수 있으나 달리기의 경우 한 시간에 단지 9마일만 갈 수 있다. 생소한 방식으로 근육을 사용하는 사이클링은 단위 거리당 훨씬 적은 이동 비용이 든다. 우리는 몸에 25~30파운드의 무동력 기계를 부착하여 장소 이동 비용을 줄인다.

일상적인 수송에 있어서 사이클링이 걷기에 비해 나을 뿐 아니라, 사이클링 경주도 이와 비슷한 정도로 달리기 경주보다 낫다. 10,000미터 사이클링과 5,000미터 달리기는 각각 대략 12분과 13분의 비슷한 시간이 걸린다. 각 경주의 참가자들은 월키 곡선 상 같은 위치에 놓여, 각 경기우승자는 대략 같은 양의 힘을 사용한 셈이다. 그러나 이러한 양의 힘으로 사이클리스트는 2배를 간 것이어서 어느 거리든 반의 비용으로 갈 수 있다. 특히 기록 경쟁하는 사이클링은 1마일에 60킬로칼로리가 소모되지만 달리기는 1마일에 115킬로칼로리가 든다. 스피드 스케이팅은 사이클링과 거의 비슷하여 1마일에 65킬로칼로리의 에너지가 소모된다. 반면에 수영은 1마일에 525킬로칼로리가 소모되어 사이클링, 스케이팅, 달리기 등보다 비효율적이다.

자전거 페달을 밟는 것은 부자연스럽기는 하지만, 해부학과 생리학에서 그 단서를 얻어야 한다. 크랭크 길이는 조절이 되지 않지만 자전거의 안장 높이(그리고 자전거 에르그 측정기)는 조절이 가능하다. 각각의 다리는 크랭크 회전 시 가장 아래에 있을 때 완전히 뻗어야, 실제 휴식시의 길이에 가깝게 근육을 사용할 수 있다. 크랭크를 돌리는 속도는 주요 다리 근육의 힘과 속도 상관관계를 알맞게 이용할 수 있도록 선택해야 한다. 2장에서 설명한 바와 같이 속도 0에서는 대부분의 힘을 발휘하나 힘과 속도의 곱인 일률(power)은 없다. 최대 수축 속도에서는 힘이 나오지 않아 이 경우에서도 일률은 없다. 따라서 이 사이 어디에선가 최대 일률 생산이 있게 된다.

그러나 페달을 밟는 속도를 정하는 것은 복잡하다. 낮은 부하에서 1분에 100번까지의 빠른 속도로 페달을 밟는 것이 높은 부하에서 느리게 페달을 밟는 것보다 효과적임이 밝혀져 있다. 근육은 비교적 적은 저항에서 빨리 수축할 때 최고 효율과 일률을 나타낸다. 그러나 빠른 회전은 짧은 기간에 높은 일률을 낼 때만 그 장점이 나타난다. 일반적인 자전거 운전자들은 잘해도 1분에 60번이상 회전을 하지 못하여, 기어를 적절히 바꾸어야 한다. 경주하는 사이클리스트는 최선을 다하면 1분에 90회 정도까지의 높은 속도를 낼 수 있다. 많은 기어 비율을 선택할 수 있는 자전거가 최근에 유행하게 되었으나, 약 40와트를 내는 일반 자전거 운전자들의 경우 1분당 30~60번 정도로 회전 속도에서는 그 결과에 차이가 없다.

순회하는 사이클링과 관련하여 위에서 아래쪽으로 가는 사이클링에 대해 몇 마디 덧붙여본다. 달리기 할 때는 지형에 대해 별로 신경을 쓰지 않으나, 효과적인 사이클링을 위해서는 단단하고 부드러운 표면이 필요하다. 도보여행자들은 길게 늘어진 자전거 행렬을 경멸감을 갖고 쳐다 볼 수 있다. 또한 보다 두껍고, 압력이 낮으며, 보다 더 울퉁불퉁한 타이어 등과 같이 까다로움을 줄이기 위한 자전거에 대한 어떤 수정도 효율성에서 대가를 치르게 된다.

낮고 느리더라도 비행이다

인력에 의한 비행만큼 사람의 일률 출력을 시험할 수 있는 활동은 없다. 20년 전, 처음으로 인력 비행을 성공적으로 했을 때에는, 글라이더 항공과 자전거 경주를 혼합한 것과 같은 높은 수준의 운동 경기가 일상적으로 일어날 것이라고 상상하였다. 그러나 그것은 엄청난 힘이 든다는 이유로 일상적인 것이 되지 못했다. 즉 그와 같은 운동경기를 하기 위해서는 생리적 한계에 도달해야 한다는 무리가 있었기 때문이다.

인력비행에 대한 관심은 고대시대부터 있어왔는데 별다른 어려움 없이 손쉽게 나는 새들을 보며 몸이라는 연장기구 외에는 특별한 도구가 없었던 고대인들은 자신의 몸도 새처럼 날 수 있을 것이란 소망을 품었다. 동물의 기준에서 사람은 헤엄을 서투르게는 하지만, 전혀 날지 못한다. 아직도 우리는 말이 끄는 아폴로 신의 전차, 산타클로스의 썰매와 순록, 족쇄를 채운 새가 이끄는 여러 가지 상상의 비행 운반체 등을 꿈꾼다. 기독교인이 아닐지라도 천사처럼 날기를 소망한 몇몇 과학자들, 디아달로스(Daedalus)와 다빈치(da Vinci)는 여러 가지를 발명하였으며 또한 실현 가능한 것들도 설계하였다. 19세기에 시작된 공기역학에 대한 연구로 인력 비행기는 불가능한 것이라고 냉정하게 판단하였으나, 20세기 초 비행기의 출현으로 꿈은 다시 살아났다. 헨더슨과 해거드가 처음으로 에르고미터로 측정한 사람들은 아니지만, 에르고미터를 이용하여 엔진이 할 수 있는 일들을 숫자로 나타낼 수 있었다. 이와 동시에 날개 동작에 대한 연구로 엔진이 하는 일에 대하여 훌륭한 개념들을 가질 수 있게 되었다.

두개의 세계 전쟁 사이에서 프랑스, 이탈리아와 독일인들의 차례로 다양한 형태의 인력 비행이 시도되었다. 그리고 마침내 프랑스의 비행기가 처음으로 성공하였다. 건축업자였던 뿌조(Robert Peugeot)는 1912년에 이륙할 속도에 이르고, 이륙한 후 10미터를 비행하며 다른 방향으로도 같은 일을 반복할 수 있는 날개 달린 자전거에 대해 상금을 걸었다. 그 상금은 1921년 비행사이며 자전거 경주자였던 포우레인이 차지하였다. 나는 유선형의 자전거, 행글라이더, 전반적으로 운동에 대한 열광적의 시대에 자전거 보조 활공이 왜 인기를 유지하지 않았는지 의아한 생각이 든다. 이탈리아와 독일인의 인력 비행기는 글라이더 시주기에 의하여 비행하고 보조 없이 이륙하여 짧은 거리를 비행함으로써, 2차 세계대전이 이와 같은 비실용적인 활동들을 못하게 할 때까지 이들의 후계자들을 격려하기에 충분하였다.

인력 비행기에 대한 흥미는 1950년대에 되살아났다. 영국의 사업가인 크레머는 더 어려운 자가 동력 비행에 대하여 일련의 상금을 내 걸었다. 이 중 가장 두드러진 두 가지 상금을 1977년과 1979년에 미국의 멕크레디가 받았다. 멕크레디의 첫 비행기인 고사머 콘도르(Gossamer Condor)는 총 약 1마일이 약간 넘는 거리로, 1/4 마일 떨어져 한 줄로 늘어선 3개의 목표탑 주위로 8자의 규정된 코스를 조심스럽게 날았다. 그의 두 번째 비행기인 고사머 알브라트로스(Gossamer Albratross)는 영국해협을 건넜다.

대부분의 설명은 근육 생리에 대해 엔진과 함께 조종사를 고르고 훈련시키는데 있어서 능력측정의 역할에 연관해서만 언급하고 있다. 사실 근육생리는 전설 속에서 중요한 역할을 하였다. 크레머 경기에 대한 규칙을 이끌어 냈던 왕립항공학회(Royal Aeronautical Society)의 위원회는 아마도 그들이 할 수 있었던 최선의 선택으로 윌키만을 규칙을 재정하는데 포함시켰다. 이 위원회는 크레머의 과제를 가능한 한계 범위 내, 한계 가까이에서 이루어지도록 규칙을 만들려고 노력하였고, 생리적 및 물리적 이유는 배제하기를 원하였다. 윌키는 잠깐 동안만 이 일에 관여할 것으로 생각하였으나, 결국 인력 비행의 가능성에 대한 명확한 연구 논문을 작성하고서야 일을 끝냈다. 정말로 크레머 변수를 정하는 일은 윌키를 자극하여 윌키 곡선에 대한 자료를 모으게 하였다(그림 8.2). 그가 나중에 언급하였듯이 이사회는 윌키 곡선을 제대로 받아들였다. 상금은 충분히 강한 자극이 되어 많은 그룹이 노력을 하였으나 상금을 타는데 20년이 걸렸다는 점에서 충분히 먼 목표이기도 하였다.

동물의 크기와 근육 능력의 스케일링에 대한 자료로부터 윌키는 인력 비행은 가능하나 단 땅에서 발을 조금 떼는 것일 뿐 훨훨 나는 새처럼 날 수는 없다고 하였다. 새와 박쥐는 비행을 하기 때문에 사람의 근육이 잘못된 위치에 있다고 추측할 수 있을 것이다.

이러한 것은 외과적이 아니라도 기술적으로 풀 수 있는 문제이다. 울음 고니, 신천옹, 콘도르 등과 같이 무거운 새들도 20파운드를 약간 넘을 뿐이다. 3개의 다른 혈통의 새들, 즉 다른 종류의 비행 방법을 갖고 있는 새들의 가장 큰 사이즈가 모두 비슷하다는 것은 더 큰 생물의 비행에 대해 불길한 의미를 내포하고 있다. 대사 범위는 몸의 크기에 따라 약간 증가할 것이다. 그러나 체중에 대한 상대적 기초 대사율이나 최대 대사율은 동물이 커짐에 따라 감소한다. 동물이 클수록 체중에 대한 최대 일률은 낮다. 월키는 개를 적절히 사용하면 날 수 있다고 생각하였다. 사람은 필요한 일률과 유용한 일률을 정의하는 선들의 교차점에 있어서 딱 알맞게 날 수 있을 것이다. 최상의 경주마라도 날 수는 없다.

믿음직스럽지 못한 물리학은 더 이상 도움이 되지 않는다. 지속적인 비행을 허용하는 수준까지 힘을 낮추어 유지하기 위해서는 낮은 속도가 요구 된다. 이러한 한계 수준의 낮은 속도는 비행하는데 있어 몇 가지 좋지 않은 영향을 미친다. 낮은 속도로의 비행은 사소한 바람, 돌풍, 난류에 좌우되며, 또한 거대한 날개를 필요로 한다. 특히 한 시간에 40마일의 저속 비행기 속도로부터 멕크레디 상을 수상한 고사머의 일반적인 속도인 한 시간에 10마일의 속도로 낮추려면 날개 면적이 16배 증가해야 한다. 많은 상승력이 필요하고 견인거리가 짧으려면 짧은 날개가 배제되기 때문에 일은 더 어렵게 된다. 날개는 면적이 커야할 뿐만 아니라 길고 얇아야 한다. 고사머 콘도르는 지금 워싱턴에 있는 스미스소니안 국립항공우주박물관에 걸려 있는데, 라이트 형제의 플라이어호와 린드버그의 스피릿오브세인트루이스호를 작아 보이게 할 정도로 거대한 부피를 갖고 있다. 비행기 전체 중량 또한 가벼워야 한다. 거의 100피트에 가까운 길이의 날개가 고작 60파운드의 무게가 나간다는 것은 믿기 어려우나, 같은 양의 짐(엔진이 딸린 조종사 포함)을 들어야 한다. 그래서 인력 비행기를 설계하는 사람들은 할 수 있는 모든 방법을 이용하여 무게를 줄이려고 한다. 따라서 그와 같은 비행기가 매우 부서지기 쉽다는 것은 놀랄 일이 아니다. 어느 설계팀의 좌우명에는 "만약 부서진 적이 없다면 너무 무거운 것임에 틀림없다"라고 되어 있다.

고사머의 비행 이후 20년 이상이 지났고 기술은 향상되었다. 다른 크레머 경기에서는 한 시간에 20마일 이상의 속도를 요구하는 시간제한을 두었다. MIT 그룹은 양력 대 견인 비가 고사머는 10인데 비해 33인 비행기로 1984년에 수상하였다. 1988년에는 MIT에서 만든 다른 비행기가 영국 해협 거리 20마일의 4배인 크레다 섬에서 산토리니 섬까지 비행하였다. 이 새로운 비행기는 한 시간에 16마일의 속도로 비행하였기 때문에 영국해협을 지나는 것보다 반이 채 안되는 4시간이 걸렸다. 비행기에 필요한 200와트의 동력은 윌키 곡선 아래에 있다. 그러나 탑승자는 조종사와 엔진이어야 하며, 변덕스럽게 움직이는 공기 중에서 천천히 비행한다는 것은 노작계를 갖고 어리석은 투쟁을 하는 것 이상을 요구한다.

사람 엔진의 기이함은 인력 비행기 역사 그 자체를 반영한다. 수 십대의 많은 수의 비행기는 간신히 이륙하였다. 그러나 이들은 짧은 거리를 갔을 뿐이다. 설계가 좋아지면서 더 먼 거리를 가게 되었고, 어느 비행기든 개선이 되면서 조금 더 먼 비행을 하게 되었다. 이것이 윌키 곡선 상에서 작업하는데 있어서의 문제점이다. 비행기가 짧을수록 엔진의 힘은 더 커야한다. 고사머 콘도르를 타고 크레머 상을 받게 된 코스를 날게 된 것은, 훈련이 되어있고 재능이 있는 알렌이 최선의 노력을 하였기 때문이다. 얼마 후에 같은 비행기를 갖고 여성으로서는 처음으로 60세의 훈련을 받지 않은 할머니인 올더쇼가 자가 동력 비행을 쉽게 해냈다. 이러한 행동을 기계동력 비행과 비교해 보자. 약간 단순화해서 여러분이 뜰 수만 있으면(그리고 비행기를 조정 할 수 있으면) 먼 거리를 날 수 있다. 많은 것이 라이트형제의 120피트의 초기 비행으로 이루어 졌다. 이 비행에서 새로운 기계의 알려지지 않은 성질에 대한 적절한 경고가 나타났다. 첫날 네 번의 비행이 있었는데 매번 마지막보다 조금씩 더 비행하였다. 4번째 비행에서 날개 끝이 땅을 스치는 작은 불운이 있었는데, 이 때문에 라이트 형제는 지방 해안 경비소를 낮게

나는 생각을 포기하였다.

물리학은 인력 비행기가 할 수 있는 절대적인 제한을 두지 않으나, 역으로 비행이 쉽지 않음을 보여준다. 무게에 비해 강한 세기를 갖는 물질 등과 개선된 기술로 사람 엔진에 대하여 짐이 꾸준히 덜어지고 있지만, 타는 사람보다 훨씬 덜 무게가 나가는 비행기로는 가벼움에 대한 요구가 계속적인 무게 감소를 낳는다. 약 90%의 프로펠러 효율은 개선의 여지가 별로 없다. 나는 날개를 퍼덕거리는 것이 환상일 뿐이고 새에만 엄격히 적용되는 것이라는 데에 대하여 수긍하지 않는다. 견인에 비하여 양력을 약간 올리기 위해 외장이 개발될 수 있으나, 이 분야는 1세기 동안 관심이 집중되어 외장 설계는 원숙의 경지에 이르렀다. 그러므로 특히 흥미를 끄는 것은 큰 날개위의 태양판, 일시적으로 에너지를 저장하는 장치, 불규칙하게 움직이는 공기의 흐름을 이용하는 배열 등과 같이 연료가 필요 없는, 부속 동력을 제공하는 장치들이다. 실제로는 상업적으로나 군사적으로 전망이 없고 위험하며 비용이 드는 기술을 다루는 것이 한정 요인일 것이다.

80년대 초 메스컴의 과대광고가 없다면 흥미는 유지된다. 3개의 새로운 크레머 상에 도전하기 위하여 설계자들은 속도를 높이고, 조작성을 개선하고, 물에서도 이륙 할 수 있도록 노력하고 있다. 몇몇 나라에서 몇 개 비행기에 대하여 설계, 건조, 시험 등이 진행되고 있다.

다른 하나의 인력 수송수단

몇 가지 의미에서 다시 땅으로 내려오자. 간단하고 세계에서 보편적으로 사용되는 인력 수송수단인 외바퀴손수레의 역사적 중요성을 능가하는 것은 젓는 배 뿐이다. 그림 8.8에서 보는 바와 같이 외바퀴손수레는 놀라울 정도로 독창적인 기계 장치이다. 외바퀴손수레는 선회축 역할을 하는 바퀴가 앞에 있고, 짐을 중앙에 실으며 운전자의 작용력이 손잡이 사이에 잘 나타나는, 힘을 늘려주는 지레 수단이다. 이들은 적은 저항으로 앞으로 움직이며 사람 몸의 흉부에 대부분의 하중을 지탱한다. 외바퀴손수레가 몸통에 가하는 부하는 머리나 어깨 위의 짐이 별 문제가 없듯이 척주의 길이를 따라 아래로 작용한다. 이와 같은 조작성에 필적할 만한 바퀴달린 수송수단은 별로 없다. 이러한 장점을 정량화 할 수 있을까? 바퀴달린 수송수단으로서의 외바퀴손수레 효율성은 다리로 걷는 운동보다 지형의 부드러움과 단단함에 훨씬 많이 의존한다. 알맞은 환경 하에서 외바퀴손수레로 일하는 사람은 짐을 직접 들어 운반하는 것보다 훨씬 많은 물질을 이동시키고, 2사람의 일꾼이 반대 끝을 잡고 운반하는 1인승 가마나 화물을 운반하는 호드보다 훨씬 더 멀리 움직일 수 있다.

외바퀴손수레의 단순함, 변통의 자유로움, 특수성은 모두 강조할 필요가 있다. 외바퀴손수레는 휴식 시 3각 지주 위에 있어, 바닥에 잘 일치하지 않는 4각 탁자나 의자와 같은 어색한 흔들림 없이 모든 지지 점들이 불규칙한 바닥에 고르게 접촉하고 있다. 뒤쪽에 있는 지주들은 바퀴가 없기 때문에 외바퀴손수레는 이리저리 움직이는 것을 방지하는 브레이크가 필요하지 않다. 외바퀴에 짐을 실으면 축의 끝에 동일하게 압력이 가해진다. 만약 힘이 미세하게 비대칭적으로 가해지면 바퀴 테의 평면을 손수레의 한쪽으로 이동시켜야 한다. 더욱이 제작자가 원한다면 하나의 바퀴를 축에 고정시킬 수 있다. 바면에 축의 끝에 한 쌍의 바퀴가 고정된 경우, 바퀴들의 회전 속도가 서로 다르게 설비되지 않으면 모퉁이를 잘 돌지 않을

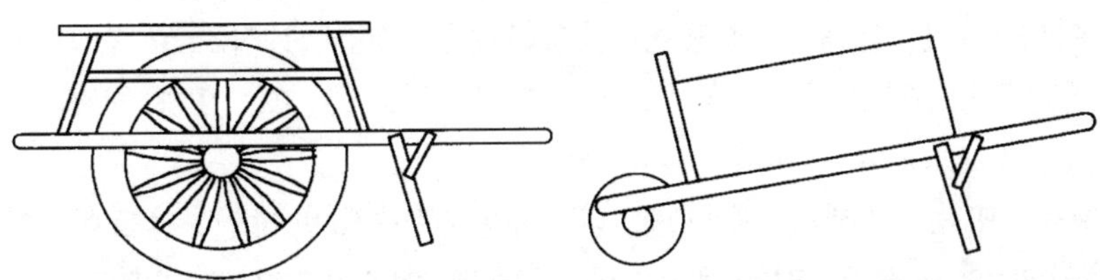

그림 8.8. 왼쪽, 중국의 중앙 외바퀴손수레; 오른쪽, 일반적인 외바퀴손수레.

것이다. 때문에 자동차는 복잡한 차동장치를 사용하고 있고, 일부 페달이 있는 장남감 차는 뒷바퀴 중 하나만을 작동시켜 움직인다.

어느 다른 바퀴 달린 수송수단도 가지 못하는 곳에 갈 수 있는 외바퀴손수레의 자유로운 변통을 보자. 경사진 판자와 같은 보도면 충분하다. 도로나 쌍으로 된 소로가 필요하지 않다. 이륜 전차, 인력거, 짐수레 또는 바퀴달린 여행가방 등은 보도의 샛길 경사로 인해 기울어지지만 외바퀴손수레의 경우 그런 일이 일어나지 않는다. 하나의 바퀴는 상당히 단단한 바닥이 필요할 것이다. 그러나 외바퀴를 위한 적절한 바닥은 거의 어느 장소에서건 임시 대용으로 만들 수 있다. 외바퀴 수레는 바퀴 반지름의 반까지 보도의 연석을 올라갈 수 있으나 그렇게 하는 데에는 별로 힘이 들지 않는다. 가벼운 외바퀴손수레는 우리가 잠깐 힘을 증가시켜도 반응을 한다. 추돌하기 전에 약간 속력을 내고, 가해진 운동량을 이용하여 연석을 올라서 넘어간다.

특수성에 대해서, 움직이고 있는 외바퀴손수레는 바퀴와 땅에 접촉하고 있는 운전자의 다리 등 2개의 지점에서만 떠받혀지고 있다는 것이다. 따라서 외바퀴손수레는 불안정하고 어느 순간에서도 뒤집어지기 쉬워 조작자의 기술과 조심성이 요구된다. 시각적인 조심성뿐만 이니라 5장에서 언급한 모든 고유수용의 기구에 집중해야 한다. 거의 모든 외바퀴손수레는 한 사람의 운전자를 필요로 한다. 유능한 손수레 운전자들이 모여 외바퀴수레를 함께 밀더라도 그들의 장점이 상쇄되어 큰 능률을 내지 못한다. 중국 사람들은 대체로 2인 외바퀴손수레를 사용하는데 이 경우 바퀴가 가운데에 있다. 그래서 미는 사람은 당기는 사람의 걸음걸이를 따른다. 그리고 각자는(문제를 푸는 유일한 해답이어야 하는) 수레의 양쪽에서 조종한다. 이와 같은 섬세한 조정이 필요하다는 것은 전적으로 견인 동물에 의존하는 일상적인 외바퀴손수레가 별로 없고, 기계 엔진에 의존하는 것도 없다는 것을 의미한다.

생물 또는 무생물 수레에 다 적용되는 일반적인 점들이 있다. 안정성과 조작성은 정반대로, 한 가지를 얻으면 다른 것을 잃게 된

다. 우리 집 앞마당에 있는 소나무를 빨리 지나면서 날아가는 새들
은 섬세한 감각 기구와 불안정성을 상쇄하기 위한 빠른 되먹이김
환을 사용한다. 우리는 박제된 개똥지바퀴를 수동적인 글라이더처
럼 방을 가로질러 날릴 수 없다. 상업적인 비행기는 안정성을 택하
고 작은 전투기는 보다 불안정성으로 기운다. 전투기에서 가장 극
단적인 것은 조종사의 신경근육 능력을 넘어선 문제를 다루기 위하
여 컴퓨터-보조 통제 방법을 사용한다는 것이다. 느린 자전거는 보
다 잘 조정할 수 있지만 빠른 것보다는 안정성이 떨어진다. 스포츠
카를 조정할 때는 세단형 자동차를 조정하는 것보다 더 많은 주의
를 기울여야 한다. 아마도 다리가 6개인 곤충은 한때는 3개의 다리
로 이루어진 삼각형을 교대로 전진시키면서 불안정성을 피하였을
것이다. 그러나 대부분은 조작성을 위해 먼 옛날부터 안정된 시스
템을 포기하였다. 외바퀴손수레는 자전거가 나오기 전까지는 조작
자와 단단히 연결돼 있어 조작성의 댓가를 치렀다.

하나의 바퀴를 어디에 달까? 조작자가 뒤에서 걸으면 사람이 손
잡이를 아래로 힘주는 것보다 힘이 더 들어야 하기에 충분히 멀어
야 한다. 그러나 바퀴의 중심은 너무 멀어서는 않된다. 그렇지 않으
면 조작자는 너무 많은 무게를 들어야 하고 들려진 무게는 소모되
는 일이다. 왜냐하면 근육 모터는 힘을 발휘하기 위해서 에너지를
치러야 하기 때문이다. 이러한 것은 운반 상자의 바로 앞에 작은
바퀴가 있어야 함을 암시한다. 그러면 다른 4분의 1에서 문제가 생
긴다. 작은 바퀴는 도로의 융기를 잘 올라가지 못하여 바퀴사국이
난 길에서는 힘과 인내가 요구된다. 그래서 바퀴를 가급적 상자에
가깝게 두기는 하나, 원하는 방향으로 나아갈 수 있게 충분히 큰
바퀴를 사용함으로써 절충한다. 중국인은 서구에서는 드문 해결법
(그림 8.8)을 가지고 있다. 그들은 하나의 거대한 바퀴를 사용하고,
각 측면에 짐을 반씩 놓는다. 이렇게 하여 그들은 조금 육중하기는
해도 훌륭하게 지형에 영향을 받지 않는 3~4 피트 높이의 바퀴를
사용할 수 있다. 바퀴 한 쪽에 승객의 짐으로 균형을 맞추면 다른
쪽에 사람이 탈 수 있다. 또는 수하물을 나누고, 불안정하겠지만 사

람이 바퀴 위에 있는 승강단에 앉는다. 또는 중앙에 있는 선반에 짐을 얹고 두 사람이 각각 양쪽에 탈 수 있다. 때로는 앞에 매어 있는 당나귀가 도움을 주기도 한다.

외바퀴손수레는 약 천 년 전에 중국으로부터 서양으로 왔다. 중국에서는 그 이전의 천년 동안 이것을 사용하여 왔다. 바퀴 자체는 메소포타미아로부터 동쪽으로 보급되었을 것으로 보이나, 바퀴달린 수송수단이 나타난지 2000년이 지나서야 이와 같이 간단하고 실용적이며 민감한 기구가 나타났다. 화이트를 시작으로한 중세 역학 학자들은 외바퀴손수레가 동방에서 기원하였다는데 대하여 의견을 같이하기 때문에 거의 모든 것이 중국에서 시작하여 서쪽과 동쪽으로 보급되었다고 생각하는 위대한 동양학자인 니덤의 말을 인용할 필요가 없다.

(원래 화학 발생학자인 그는 30대 초반에 이 주제에 대하여 3권의 책을 써서, 이 분야의 위대한 이론가로 명성을 얻었다. 30대 후반에(20세기 후반)는 중국학생을 받아 고전 중국어를 배웠다. 그는 2차 세계대전 중 많은 시간을 영국 정부 임무의 일부로 중국에서 보냈다. 그때 그곳에서 그는 중대한 중국학 작업을 시작하였다. 그 결과 중국의 과학과 문명(Science and Civilization in China)이라는 매우 놀랄만한 논문이 나왔다. 니덤 생전에 17권의 책이 출판되었고 이후 몇 권이 세상에 더 나왔는데 이것은 그가 설립하고 북경 정부의 후원을 받고 있다고 믿어지는 캠브리지에 있는 니덤 연구소(Needham Research Institute)의 계속되는 산물이다. 논문 그 자체는 논문의 포괄적인 특징이 아니고 마음을 끌 정도로 읽기 쉽다는 점에서 몇 가지 기록을 세웠다.)

외바퀴손수레는 공사장 같은 곳에서 짧은 거리 수송에 계속 사용되고 있다. 서구에서는 드문 상황에서만 장거리 수송에 사용한다. 구호품, 중요한 필수품, 심지어는 가족들을 외바퀴손수레에 싣고 다니는 도시 난민의 그림을 회상하라. 중국인은 외바퀴손수레를 오랫동안 군 수송에 사용하였고, 다음 장에서 볼 수 있듯이 유럽에서도 짐을 많이 실은 군대가 외바퀴손수레를 효과적으로 사용하였을 것이다. 그러나 외바퀴손수레의 인간공학과 에너지학이 많은 관심을 받지 못했다는 것은 이유를 알 수 없다. 우리는 외바퀴손수레의 주된 장점 중 두 개를 포기한 짐수레를 만들기까지 한다. 이들은 2개의 바퀴를 사용하고 경사를 가로지를 때 뒤엎어지기도 하나, 손잡이를 연결하는 가로막대를 갖고 있다. 이것으로 조작자는 손잡이 뒤에 서서 더 이상 직접적으로 참을 수 없을 정도로 등뼈를 아랫방향으로 누르지 않고 짐을 들게 한다. 바퀴를 크게 하여 융기에 더 잘 적응하고 바퀴를 보다 뒤쪽에 두어 들어올리는 것을 최소화함으로써 2개의 바퀴는 보충하고 있다.

자전거, 젓는 배, 페달 비행기, 외바퀴손수레는 우리 조상시대에 있었던 어떤 것과도 다른 기구와 연결하였을 때 힘을 낼 수 있는 우리의 능력을 시험한다. 그러한 관점에서 그들은 사람의 골격신경 근육 기구의 자유로운 변통에 대한 증거를 담고 있다. 물론 적당한 우상파괴자나 회의론자들이 덧붙이겠지만, 우리도 단지 그들의 주장처럼 설계한 것이기 때문에 우리의 생각과 일맥상통하게 될 것이다.

제 9 장

좀 더 어려운 일(勞役)

우리는 1909년, 빙어를 오대호에 처음 방류하던 그해, 유난히도 습했던 그해 여름, 산불방지 대책 정부 지원금이 삭감되던 해에 나무를 잘랐다. 우리는 1908년, 건조한 날씨 때문에 산불이 극성을 부리던 그해, 아메리카 라이언 쿠가가 위스컨신주를 버리고 떠나던 그해에도 나무를 잘랐다. 우리는 1907년 배회하던 스라소니(lynx)들이, 약속된 땅인 줄 잘못 알고 들어왔다가 데인카운티에서 생을 마감했던 그해에도 나무를 잘랐다. 우리는 1906년 최초의 산림감독관이 부임하던 그해, 광활한 모래벌판 17,000 에이커를 화재가 휩쓸고 지나가던 그해에도 나무를 잘랐다; 우리는 1905년 거대 무리의 참매가 북쪽에서 날아와 뇌조새를 다 먹어치우던 그해에도 나무를 잘랐다. 우리는 1902년에서 1903년, 지독히도 추웠던 그해 겨울에도, 1901년 희망과 기도로 시작한 새로운 백년이 시작되던 해, 떡갈나무의 나이테가 별다름없이 잘 형성되었던 그해에도 우리는 나무를 잘랐다. 톱질쟁이가 절규하였다. 휴식이라고....그제서야 우리는 한숨을 돌렸다.

— 레오폴드, 생태학자—

인류의 역사를 이끌어 온 것은 자전거 페달을 밟는 것 이거나 비행기도 아니었다. 사냥, 도구제작 그리고 농경을 통하여 끊임없이 추진해야 하는 임무가 사라지면서 식량을 구하기 위한 경주를 멈추게 되었다. 휴대폰의 등장으로 적에게 거둔 승전보를 전하기 위해 마라톤으로부터 아테네에 까지 쉼 없이 뛰어오지 않아도 되는 오늘날, 인류는 여전히 계속된 개발을 위해 최선을 다하고 있으며, 호기적으로 요구되는 비휴양성의 활동들은 20세기에 접어들면서 매우 중요하게 유지되고 있다. 대대로 조상들은 우리에게 동력의 산출을 갖출 수 있게 해주었지만, 최근 인류는 조상들로부터 받은 것들에 대한 외면을 하고 있는 상황이다.

인류의 힘찬 비상을 위해 여전히 남아있는 문제점들이 다음과 같이 점점 뚜렷하게 드러나고 있다. 어떻게 이러한 일들이 설계되어지고, 전체적으로 에너지를 최소화시키거나 막강한 힘의 낭비를 최소화시키도록 이와 관련된 도구들이 고안되었는가? 어떻게 이 활동이 장기간에 걸쳐 최대치에 가까운 힘을 들도록 하고 사람이 일을 하도록 많은 근육량을 사용하게 만들었는가? 사람이 무리지어 일을 하게 됨으로 인해 어떻게 그 힘의 가장 큰 부분이 일의 처리를 수월하게 하는가 하는 의문을 자아내지 않을 수 없다.

짐 운반하기

인류는 한 장소에서 식량을 모으거나 사냥감을 죽이기도 하였으나 다른 방면으로는 이것을 소비하기도 하였다. 농경 이전의 인류는 그들의 사냥도구를 가지고서 여러 장소의 은신처를 배회하는 유목생활을 하였고, 조금씩 식량을 비축하기도 하였다. 개미, 벌, 매미잡이 말벌과 같은 몇몇 곤충의 경우, 이들 서로에게 유사한 점으로 대단한 일꾼들이라는 특징이 있지만, 선사시대 사람들은 위와 같은 이유로 다른 척추동물들에 비해서 많은 거리를 이동하게 되었다. 매우 무거운 짐을 옮기는 일이 오늘날에는 덜 중요한 것인지도 모르나 우리는 이에 대해 포기하지 않는 수행의 연속을 거쳐왔다. 대게 짧은 거리운반 밖에 할 수 없는 무게가 수백 파운드에 달하는 널빤지나 비료와 같이 일반적인 짐에 대한 운반이 빈번히 일어나고 있으며, 배설물을 갈퀴로 들어올리는 작은 일은 거론할 여지도 없이 빈번히 발생하는 운반의 한 종류이다. 운반하기는 전통적 생활

방식으로 그들의 휴식 보장을 수반하게 된다. 험한 지대에서 바퀴 달린 운송수단은 별로 소용이 없었으며, 오히려 사람들이 동물에게 짐을 지운 것과 같이 그들 스스로가 운반하는 방법을 택하기도 하였다. 군대에서는 모든 신병들이 시달리듯 무거운 짐을 지고서 긴 행렬을 이루는 것과 같이 군인들 역시 운반의 의무가 있었다. 19세기 후반에는 영국 왕립 위원회가 모든 병사들에게 40파운드에 해당하는 짐을 운반토록 하였으며, 이윽고 너무 피곤한 나머지 전장에서 싸울 힘도 없게 되었다는 보고를 하기도 하였다. 또한 위의 명령에 대한 각별한 주의를 기울이지 않았던 것인지 영국은 제 1차 세계 대전 동안 빗발치는 포화 가운데 보병들에게 무려 60파운드에 달하는 운반을 요구하기도 하였다.

우리는 어느 정도를 운반 할 수 있을까? 나는 한 사람이 들어올릴 수 있는 최대 무게가 대략 짐을 땅에 내려놓고 그것을 밀 수 있는 정도의 힘을 가진 사람이 옮길 수 있는 정도의 최대치에 가깝다고 알고 있다. 수많은 반복을 통해서 인류는 그들의 몸무게를 초과하는 무거운 짐을 옮길 수 있게 되었다. 히말라야 산맥의 남부 능선의 일꾼들은 200파운드나 되는 상상을 초월하는 엄청난 무게의 짐을 짊어지고 굽이진 험한 지대와 희박한 공기 속에서 장시간 운반을 한다. 지나 티벳 경계의 차 상인들은 개인적으로 360파운드에 달하는 짐을 운반한다고 정평이 나있다. 이런 극한의 경우는 회의적인 의문으로 남아있다.

인류에게 주어진 살기 적당한 이 영역에서, 우리는 아마도 이들에 대한 공상적인 생각을 잊어버리지는 못할 것이다. 이들의 수행에 사용되는 힘이 과연 어느 정도에 상응될까? 기본적인 비율에서 우리가 걷는데 소요되는 정도인 대략 3.0의 힘으로 끌어올려야 한다. 그리고 짐을 들어올리는데 소요되는 2.5 정도의 힘을 부가적으로 끌어올려야 한다. 소위, 능선으로 오르고 장시간 오르는데 필요한 1.5 정도를 더 고려해 주어야 한다(단시간 걸리는 상향능선은 하향능선에 의해 상쇄 되어진다). 그러한 일들이 기본적 비율의 11배 이상이 되며 약 900와트 정도의 대사적 섭취를 요구하게 된다. 이 정도의 강도로 수 분 이상 일을 계속하기는 어렵다. 11정도의 대사 범위를 소요하게 되는 일상적인 활동도 고도에서 요구되는 고려사항에 따라서 13 정도와 동일하게 판단되어지기도 한다.

달리 말하자면, 위와 같은 힘든 일은 한 시간당 대략 800Kcal에 해당하는 에너지를 소모한 것이기에 많은 식사량을 섭취해야만 한다. 하루에 6시간 동안 그러한 일을 한다면 남은 18시간 동안 자신의 몸을 관리하는 차원에서 날마다 6000Kcal에 해당하는 음식을 섭취해야만 한다. 벌목하는 것은 내가 경험해 본 일 중에서 가장 힘든 직업이었다. 이는 앞서 말한 경우와 마찬가지로 높은 에너지가 요구되어 지며, 그래서 이 일에 대한 평가가 저급하지만 개인적인 의견으로는 그다지 나쁘다고 생각하지는 않는다.

그러나 다르게 표현하자면, 어떠한 것도 좋아 보이지는 않는다. 만약 왕성하고 효과적인 활동으로 같은 힘이 사용되었다면, 이는 대략적으로 225와트의 힘을 사용하게 된 것이다. 그것은 오래전에 측정된 데살기어스와 스미튼의 계산과 비교해 볼 때 대략 2배의 수치 값이다. 또한 이는 바다와 같은 영역에서 훈련을 받은 운동선수의 유지 활동도를 설명하는 윌키의 방법에 대해 3배 이상 충분히 상회하며, 높은 고도에서의 경우를 고려하면 이는 아마도 125에서 150 정도의 수치가 감소되어져야 하는 것으로 보인다. 그것은 상당히 회의적인 것이다. 이는 실제로 공들여 완성된 운반에 관한 연구가 하루에 60 파운드의 짐을 들고 12~15 마일을 이동하는 전문 티벳 운반자들의 경우를 전형적인 결과로 놓게 되는 것이기 때문이다. 긴 행렬을 지어 짐을 운반하는 운반병들의 경우에 입각한 계산으로는 위의 경우보다는 낮은 수치를 나타낸다. 위와 같은 방법으로 수치가 계산되었다 하더라도, 이는 앞서 언급한 고지대의 동아프리카 짐꾼들에게 35~45 파운드의 무게가 나가는 짐만 들게끔 하는 경우가 기준이 된다는 사실에 비해서 높게 나타나는 것이다.

그렇다면 우리는 얼마나 많은 운반 능력을 가지고 있을까? 일반 성인들은 자신의 몸무게를 상회하는 짐의 무게가 증가할수록 그에 상응한 산소의 소비를 증가시킨다. 그것은 상용되는 수치로서 2.5의 기본값이 주어지는데, 속도를 내는 경우에는 자신의 몸무게를 스스로 운반하는 것과 같으므로 산소의 소비가 2배 가량 증가하게 된다. 그러므로 약간 벗어나서 생각한다면, 그러한 짐들은 에너지적 관계에서 전혀 문제가 되지 않는다고 할 수 있는 것이다. 무거운 짐일수록 전체 걸리는 시간의 평균치에도 못 미치거나, 많은 양의 일을 완결할 수 있는 사람의 수가 적다고도 판단할 수 있기 때문이다. 그러나 그 비용은 같을 것이다.

그 중 옥의 티라고 하면 몸무게를 들 수 있다. 예를 들어, 50 파운드의 짐을 들고 있는 150 파운드가 나가는 어떤 사람의 총 무게는 200 파운드가 된다. 이보다 더 무거운 짐은 25% 이상의 에너지 소모(250 과 200)를 가져오지만, 이는 100% 이상의 무거운 짐(100과 50)을 운반하는 효과를 주는 것이 된다. 그래서 우리가 거리단위 당 총 에너지를 고려한다면, 상대적으로 무거운 짐들에 대한 적절한 분배를 통해 운송비용을 절감하게 되는 것이다. 그보다도, 무거운 짐을 운반함으로써 더 적은 수의 운반자들이 소요되며, 이는 돈과 시간을 절약하게 하는 결과가 된다. 이는 좋은 결론이 아닌 것 같다.

그러나 짐을 옮기는 것은 항상 직선궤도 상에서 이루어지는 것이 아니다. 테일러와 그의 연구자들은, 나이로비에서 야생동물을 연구하는 그들의 분야를 뛰어넘어, 구동화된 트레드밀과 산소 측정 기구를 이용하여 실험 대상자에게 마스크를 쓰게 한 뒤, 한 시간 동안 2마일이 조금 넘는 거리를 걸으면서 에너지 소모적으로 최적의 속도 내에서 소비되는 산소의 양을 측정하였다. 훈련이 덜 된 여성과 남성 실험 대상자들을 통해서 또 다른 집단인 징병 소집자들을 통해 얻어진 결과로부터 추측할 수 있을 만한 결과를 얻을 수 있었다. 몸무게가 조금 더 나가는 경우에는 산소 소비에 영향을 주었으며 이는 곧 에너지의 소모와 직결된다. 그리고 산소 소비가 증가된다는 것은 몸무게의 증가와 마찬가지로 나타났다. 그러나 이와는 대조적으로 어릴 때부터 무거운 짐을 나르며 생활해오던 5명의 아프리카 여성을 대상으로 측정한 결과는 다르게 나타났다. 이 여성들로부터 얻어진 결과는 자신의 몸무게에 20% 를 상회하는 무거운 짐을 옮겼는데도 불구하고 이들의 산소 소비량에는 아무런 변화가 없었다. 더 무거운 짐을 때문에 아프리카 여성 실험대상자의 숨소리가 거칠어져도, 그들이 다른 실험 대상자에 비해서 더 무거운 짐을 들고 있는다 하더라도 보다 적은 산소 소비와 초기에 보여주었던 여유로운 상황을 그대로 유지하고 있었다. 짐을 들고 있지 않을 때의 아프리카 여성 실험 대상자들은 휴식을 취하고 있는 상황이거나 속도 측정 실험 결과에서도 다른 실험대상자들 보다 좋을 수 밖에 없었다.

이렇게 현저하게 드러나는 우수성의 원인은 아직 미지수이다. 이 아프리카 여성 실험 대상자들이 평생 자신의 몸무게에 70% 이상이 되는 짐을 자주 나르면서 해부학적으로 어떤 변화가 있었을지는 모른다. 또는 그들이 보다 더 효과적인 근육 섬유소를 갖추게 되었거나 느리게 행동하는 그들만의 알 수 없는 양식의 변화가 있었는지도 모른다. 아니면 전체적으로 무언가 이상한 건지도 모른다. 그림 9.1에서 보여지는 바와 같이, 우리는 그들이 짐을 나르는 특별한 방식에 근간을 둔 설명을 이해 할 수 있을 것이다. 그 아프리카 실험대상자들 중 몇몇은 전통적인 방식으로 머리 위에 짐을 이고 나르는 루오 부족 출신들이다.

또 다른 몇몇은 등에 짊어진 짐을 앞머리에 한 가죽 끈으로 받치고서 짐을 나르는 키쿠브 부족의 일원이었다. 더구나 미 육군에서 일찌감치 연구된 자료에 의하면 몸의 어느 부위에 짐을 짊어지느냐에 따라 운반의 효율적인 부분에 있어 큰 차이점은 없었다고 전한다. 머리 위에 짐을 짊어지고서 미국 남성에게 실험을 한 결과, 몸무게에 20%가 더 나가는 짐을 옮기는 데에는 25%가 넘는 에너지의 소모가 있었으며 이는 우리가 어떤 물건을 항상 머리위에 짊어 지고 나르는 이유에 대한 충실한 답변이 되지는 못했다.

최근 콜로라도 대학, 테일러의 이전 학생 중 한 사람인, 크램교수의 연구에 의하면, 아프리카 여성들이 현대 인류의 적정 기준에서 약간 벗어나 있다고 한다. 그는 실험 대상자들의 몸무게에 30배

그림 9.1

나 웃도는 무거운 짐을 들고서 트레드밀 위에서 한 시간당 40마일
의 거리를 걷는 속도로 걷게 한 뒤, 이에 대한 관찰을 한 결과 그
들은 자신들의 몸무게에 15배나 되는 고통을 견디며 짐을 나르는
것을 알 수 있었다. 테일러의 실험을 통한 아프리카 여성들의 체력
관리 및 운반 수행 능력은 매우 놀라울 정도의 결과를 보여준 것이
다. 더욱더 놀랍게도 투구벌레(주석: 아프리카 여성을 비유한 말 같
음)들은 평상시에 짐을 전혀 운반하지 않는다는 것인데, 이들은 상
당히 저렴한 가격으로, 개미떼들이 짐을 나르는 것처럼, 여러 곳으
로 짐을 옮기기도 한다. 만약 우리가 이러한 속임수(하나의 속임수
라고 생각한다)를 이해한다면, 피실험자들은 사람들이라기 보다는
곤충으로 해야 하는 것이 더 옳은 것인지도 모른다.

우리는 어떤 방법으로 짐을 옮기는 것일까? 역학은 다른 수많은 사항에 대해서 고려하지는 않는다. 나는 작은 등산 가방을 지고서 산에 종종 오르곤 한다. 단지 작은 실험일 뿐이며 실험법은 내 발을 통해서 내 몸의 중앙 위쪽에서 미치는 중력의 반대 방향, 즉 수직선상 위쪽으로 뛰면서 가능한 가까운 거리를 짐을 들고 뛰어 오르는 것이었다. 비록 간단한 운동일지라도 이것이 의미하는 바는 등과 어깨 너머를 높게 하고 머리를 내민 방법이 여러모로 유리한 자세라는 것이다. 이러한 자세가 엎어지기 쉽지 않을까 생각하지만 이를 방지하기 위해 우리 몸은 자세를 바로 잡는 놀라운 유연성을 가지고 있기 때문에 전혀 문제되지는 않는다. 우리는 주로 허리가 굽는 상태의 자세를 불편하게 여기는데, 이 자세가 유지된다면 아마도 요통 극약 처방을 받거나 다음날에도 침대에서 일어나지 못하는 원인이 되기도 할 것이다. 알곤킨(Algonquine) 부족으로부터 유래된 것인 멜빵 끈과 같은 머리 가죽 끈의 사용을 제안한다. 항상 꼬리표처럼 따라다니던 만성의 요통과 2차 세계대전 참전 후유증이 있는 나에게는 키쿠유 부족의 머리 가죽 끈 방법이 단 시간 동안의 운반법으로는 적당한 것 같다고 생각한다. 그렇지 않는 경우에는 심각한 경추통을 겪어야 하기 때문이다. 그렇다면 우리가 짐을 옮기기 위해서는 생물학적 합리성에 맞추어서 운동과 연습을 해야 하는가? 우리 인간은 매우 훌륭하게 단련을 시킬 수 있는 기계이기 때문에 이 점에 대해서는 가능하다고 말할 수 있다.

그렇지만, 여러분들은 엄청난 무게의 짐을 나르고 싶지는 않을 것이다. 다른 어떤 장소로 짐을 옮기는 것은 대략 5배의 고통이 따르기 마련이다. 1 파운드나 무게가 나가는 신발을 벗어버리는 것은 등산 가방에서 5 파운드의 짐을 빼내어 버리는 효과를 발휘한다. 가벼운 신발은 위와 같은 불균형을 보정해 주는 훈련이다. 맨발로 걷기나 뛰는 것은 위에서 언급한 사실을 권장하기에 부적절하다고 할 수 있다.

또 다른 절약적인 가능성에 대해서 살펴보면, 우리는 짧은 시간 동안 인력적이고 유연하게 힘을 저장함으로써 걷거나 뛰는데 사용하는 에너지를 스스로 절약한다. 우리가 짐을 운반할 때에 느끼는 고통이나 수고를 줄일 수 있는, 유연한 힘의 축적을 사용할 수 있을까? 결국, 일정한 속도로 수평선상으로 어떤 물건을 옮기는데 사용되는 힘의 최소값은 '0' 이 된다. 그렇게 해서 마무리되지 않은 일들은 비효율적으로 판단되어지는데, 그림 9.2에 나와 있는 것처럼, 매우 탄력이 좋은 막대기를 이용하는 것이 도움이 될지도 모른다. 이러한 막대기의 사용은 지구상 수많은 곳에서 찾아 볼 수 있으며, 이 방법은 뻗어나간 막대기의 앞쪽과 뒤쪽 서로 반대의 양쪽 끝에 동일한 양의 짐을 싣기 때문에 막대기를 걸치지 않은 나머지 어깨는 사용하지 않게 된다. 양쪽 어깨에 위와 같이 두 막대기를 얹어서 짐을 옮기는 방법을 사용하게 되면 짐을 분해할 수 있을뿐더러 두 팔을 자연스럽게 흔들 수 있게 된다. 다른 막대기를 이용해서 어깨를 지나게 하여 짐을 실은 막대기를 연결하면 몸의 한 쪽 부분에 잘 균형잡인 짐을 들 수 있게 된다. 이 막대기들을 앞에 있는 사람과 뒤에 있는 사람들 사이로 연결시키게 되면 사지(死地)에서 집으로 무거운 시신을 운구하는 어깨 막대 또는 손으로 받치는 운반대를 형성하게 되어 두 사람이 짐을 운반 할 수 있게 된다. 이러한 막대방법이 가장 흔하게 사용되어지며, 주로 탄력성이 부족한 대나무나 다른 나무를 사용한다.

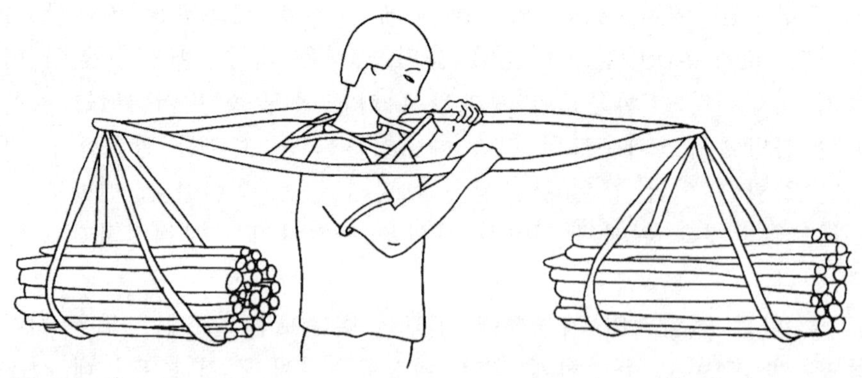

그림 9.2

약 12년 전의 크램 박사가 그러했듯이 오늘날의 테일러의 연구실에서도 그 가능성을 엿볼 수 있었다. 그는 성인 남성들에게 각각 앞뒤로 연장되어 있는 막대기를 통해서 그들의 몸무게에 20% 이상을 상회하는 무거운 짐을 들고서 트레드밀 위를 걷게 하여 실험을 수행하였다. 크램박사는 자신이 선호하는 조건들을 선택했음에도 불구하고 막대를 사용하는 조건에서 사용되는 힘의 값을 얻어내지는 못했다. 일반인을 대상으로 등산가방에 짐을 들고서 작은 조건에서의 실험을 수행하도록 한 결과 산소 소비량이 증가한 것을 관찰했었다. 그렇다면 무슨 이유로 사람들이 탄력성이 좋은 막대기를 사용하는 걸까? 대답은 간단하다. 그 이유는 편안하고 편리하기 때문이다. 우리가 걷거나 뛸 때, 우리의 몸은 다소 위아래로 흔들리게 된다. 크램 박사는 막대기를 이용하여 짐을 나를 때 사람의 몸이 흔들리지 않음을 관찰했고, 어깨에 작용하는 최대치의 힘이 거의 절반 정도로 감소되는 것을 관찰했다. 걸려있는 짐의 위치가 낮을수록 어떠한 도움 없이도 무거운 짐이 걸려 있는 막대기를 어깨에 걸칠 수 있다는 것을 알아내었고, 거친 지형에서도 쉽게 균형을 잡을 수 있게 된다는 것도 알아내었다. 또한 두 명이 막대기를 이용하여 운반하는 경우, 바퀴 달린 수레가 다닐 수 없는 험한 지대에서도 다루기 불편한 짐이나 무거운 짐을 지탱할 수 있게 된다.

여러분이 고려하는 바, 비탈진 상황에서 일을 한다는 것은, 단지 무게를 증가시키는 것처럼 보일 뿐이다. 5부 상향능선은 주어진 속도에서 2배 가량의 힘의 소모를 가져다 쥰다. 10부 상향능선은 여러분의 몸무게에 2배에 해당하는 짐을 옮기는 효과와 비슷한 3배 가량의 힘의 소모를 야기시킨다. 실제로, 사람들이 등반을 할 때 느려지는 것과 사람들이 짐을 운반할 때 느려지는 것을 통해서 알 수 있는 것은 무거울수록 좋다거나 지나치게 간소화 된 짐은 좋지 않다거나 하는 결론을 일찌감치 내릴 수 있게 된다는 것이다. 한 연구를 통해 얻은 비교적 힘이 많이 드는 일을 할 때 사람들의 반응을 살펴보면, 20세 가량의 남성 지원자들은 그들의 노력을 비의식적으로 조정하게 되고 대사적인 섭취를 대략 500와트 정도로 유지한다고 한다. 그 대사적 섭취를 통해서 이들은 70에서 100파운드나 되는 짐을 옮길 수 있었으며 이는 완벽한 작업 수준의 근거가 되는 것이었다. 우리가 이것을 같은 조건 내에서의 자가 조절이라고 생각한다면, 더 경사진 곳일수록 더 적은 무게의 적정 짐이 운반될 것이다.

언덕을 오르는 것은 어떤 하나의 물건을 들고 가는 것과 같다. 흔들리는 물체를 느리게 하는데 사용하는 근육을 소극적으로 사용하는 일은 경사면에서 근육을 많이 사용하는 일에 비해 대략 15% 정도까지 감소하게 된다. 그것과 다른 요소들 중, 경사면이 가파를수록, 고도가 상승함에 따라서 손실되는 것은 줄어들게 된다. 그렇다면 연구실에서 트레드밀 위에서 걷는 것을 통해 얻어진 측정값과 현실이 일치할까? 대답은 아주 잘 맞아 떨어진다는 것이다. 어떤 한 연구에서, 실험 대상자들은 산길을 따라 25%의 경사면에 다다를 때까지 위로 계속 올라가고 있었다. 이는 적어도 대략 10,000피트 아래의 고도에서 시행 된 것이지만, 그 이상의 더 높은 고도에서는 가파른 정도가 덜한 것으로 나타났다. 이는 대사측정 결과물로부터 우리가 추정하는 결과를 다시 반복해서 얻은 것과 마찬가지이다. 이 연구는 자체적으로 사람이 걷는 경우에 대한 결과로 제한을 두고 있으나, 이를 통해서 우리는 큰 동물일수록 덜 가파른 경사를 택하고 작은 동물일수록 가파른 경사를 택한다는 것을 예상할 수 있다. 그 이유에 대해서는 다음 장에서 설명하도록 하겠다.

우리는 아직도 짐을 운반하는 문제에 있어 많은 의문점을 남겨 놓고 있다. 우리는 어떠한 방법으로 다섯 명의 아프리카 여성들로부터 측정된 단순한 하나의 사실로부터 조심스럽게나마 일반화의 과정을 거칠 수 있을 것인가? 어떻게 해서 그 여성들이 우리들보다 좋은 수행능력을 보였는가? 과연 막대 운반기(로저 크램이 설명한 것을 제외한)들은 우리가 걷거나 뛰는 운동 중에 발생하는 몸의 울림으로부터 막대기들의 위아래로 흔들림이 없이 각각의 짐을 나를 수 있도록 탄력성과 적당한 길이가 선택되어졌는가? 마지막으로, 대부분의 인간의 생물학적 특성을 기술하는 책들이 짐을 운반하는 것에 대한 언급들이 없는 이유는 무엇인가? 이러한 의문점들은 앞으로도 계속 연구해야할 우리의 과제이다.

역사의 간주극: 병사의 군장

　1차 세계 대전 내내 군인들은 완전 군장한 채 장거리를 행군하였다. 남북 전쟁 당시의 남군 장군이었던 포레스트의 "병사들 대부분을 이끌고 먼저 도착하라"라는 좌우명이 일러주는 것처럼 행군에 의해 승리가 결정될 수 있었다. 그러나 장거리 행군은 지휘관에게 어려운 선택을 강요하였는데, 이 선택에는 이성과 함께 관습이 작용하였다. 병사는 무기, 탄약, 방호장비 외에 식량, 의복, 침구도 휴대해야 한다. 수송 동물과 수레도 근본적 문제를 가져다주었는데, 이들은 대개 행군 도중 뒤처지기 일쑤였다. 건강한 남자는 자기 체중과 동일한 무게의 짐을 들 수 있다. 그러나 이 짐을 느린 속도로 단거리만 운반할 수 있다. 중량, 거리, 속도라는 3가지 변수 중 한 가지의 증진을 위해서는 다른 변수의 희생이 필요하다.

　1920년대 초, 왕립 의무대의 장교였던 로시안은 병사들의 장비 운반의 역사를 먼 과거의 기록까지 조사하였다. 그는 지휘관들이 통상 사기나 정신적 능력을 과대평가하고 생리적 능력은 과소평가해 왔음을 발견하였다. 완전 군장을 한 병사가 행군 능력을 지속적으로 유지하려면 매일 약 12마일만 행군해야 하는데, 이는 크세노폰의 1만 명의 병사가 페르시아에서 흑해로 퇴각한 이래 변하지 않은 양상이었다. 비전투 요원은 대개 대부분의 보급품을 운반해야 한다. 로마군은 보병을 군장 무게에 따라 구분하였는데, 그 중 수색과 추적을 담당한 경보병은 수레와 짐꾼을 이용하였으며, 중보병은 강행군하는 일이 드물었다. 중세의 철기병은 그들의 물품을 운반하는 많은 비전투 요원들을 필요로 하였다. 일반 보병들도 운반 차량이나 야영 지원병을 거느렸다.

　18세기 초에 이르러 새로운 양상이 나타나기 시작했다. 전투병의 짐은 늘어나고 군복과 장비는 더 비실용적으로 되었다. 미국의 독립전쟁 당시 영국군은 밝은 적색 코트를 입은 데다 무겁고 부적절한 군장을 차렸다. 로시안이 "우리는 독일군으로부터 X자 벨트를 빌렸는데 이것은 탄약통을 운반하는 소의 뒤에서 칼을 던지거나 숄더백을 메는데는 용이했으나 흉부를 짓눌렀고, 긴 각반은 다리를 압박하고 혈액 순환을 막았다". 라고 언급한 것처럼 말이다. 프러시아군은 상황이 더 나빴다. "하루 밤이 지나자 병사들은 10년은 더 늙어 보였다. 한발자국 옮길 때마다 병사 하나가 쓰러졌고, 나중에는 병사들 전부가 도로 가에 누워버렸다. 이 모습으로 전 군대가 드레스덴까지 행군하는데 4일 걸렸고, 그 곳에 도착해서는 탈진하여 죽은 사람도 있는 것을 원기 왕성한 색슨군이 발견하였다".

군장의 무게는 얼마여야 하는가? 과거 수세기 동안 약 27kg이 정상이었다. 앞에서 언급한 프러시아군은 36kg을 지고 있었다. 드물게 하는 강행군에서는 약 18kg을 넘지 않았다. 19세기에 이루어진 몇 가지 체계적 연구에 의하면 18~23kg이 적당한 무게였다. 이 무게는 체중의 1/3에 해당되는데, 로시안은 이를 하나의 표준으로서 제시하였다. 그러나 병사들이 과중한 군장을 지는 관습이 남아서, 1차 세계 대전 당시 병사들은 27kg 이상의 군장을 지고 전투에 투입되었다. 아마 이 전쟁에서 제대로 행군한 병사는 얼마 되지 않았을 것이며, 징병된 병사들은 농민보다는 도시 지역의 빈민들이었기 때문에 체격이 작고 가벼웠을 것이다. 차량을 이용한 수송이 시작되면서 문제는 해결되었다. 속도, 연료의 중량 효율성, 운전 요원당 가동 능력 등의 여러 가지 면에서 트럭은 사람이나 말보다 훨씬 나았다. 더욱이 도로가 정비되면서 트럭의 이용성은 더욱 높아지게 되었다. 그래서 장거리 행군은 기계화된 군대의 이동력을 필적할 수 없게 되었다.

그럼에도 불구하고 아직도 전보다 더 흔히 배낭이나 등에 짐을 져야 한다. 짐 지고 등반하는 것은 흔한 일이며, 책가방은 더 무거워져서 어린이들까지 괴롭히고 있다. 등산가들은 극단적으로 짐에 신경 쓰는 사람들로서, 신발 끈을 줄이는가 하면 옷의 라벨도 떼어

낸다. 14kg은 괜찮은 무게이고 18kg은 대개 걱정스러운 무게인데,
무게의 표준은 체중의 25%이다(물론 등산가들은 불규칙한 지형을
걷기 때문에 이들의 18kg은 군인들의 27kg과 맞먹는다). 성장기 어
린이의 책가방은 문제 거리가 되어 왔다. 어린이들은 가능한 한 많
은 것을 휴대하려고 하며, 너무 많은 것을 휴대하고 다닌다. 일부
관계자들은 책가방 무게는 체중의 15%를 넘지 말아야 한다고 조언
하는데, 이는 체중이 27kg인 어린이의 책가방 무게는 4kg 이상이어
서는 안되고, 체중이 36kg인 어린이의 경우는 5.5kg 이상이어서는
안 된다는 계산이다.

대형 물체의 운반

농업혁명 이후 인간은 더 큰 돌을 자르고 다듬고 멀리 운반하도
록 강요되었다. "기념비적"이라는 말은 오늘날에만 사용된 것은 아
니다. 운반한 돌은 먹고 입고 자는 것과는 관련이 없고 대신 상징
적 중요성을 가진 것으로서, 돌을 다루는 일은 집단의 사회적 결집
을 강화시키는 것이 고작이었다. 거의 모든 지역에서 농업은 계절
적으로 일의 밀도가 차이나며, 집단적인 건설 작업은 농한기에 하
는 조직적 행동이었다. 그러므로 이 작업들을 생산성 하락과 비용
지출의 문제로 심각하게 생각해서는 안 된다. 동물의 힘은 큰 역할
을 하지 못했는데, 이는 아마 동물들을 한 곳에 모으고 큰 집단을
이루어 힘을 결집시키기가 어려웠기 때문일 것이다. 돌의 크기는
얼마였을까? 중동 지방의 돌기둥은 적어도 100톤은 되었으며, 북유
럽과 신대륙의 돌기둥은 300톤 이상이었다. 북유럽의 여러 거석 중
에서 가장 유명한 것은 영국의 살리스버리 부근에 있는 스톤헨지일
것이다. 스톤헨지 전체의 크기는 거대하지만 이것을 이루는 각각의
돌은 50톤을 넘지 않는다. 그러나 이 돌들은 웨일즈 남서부에서 운
반해온 것들이며, 이 구조물을 건설하는데 300만 인시(한 사람이 한
시간에 처리하는 작업량의 단위)가 소요되었다고 누군가가 계산하

였다. 더 인상적인 것은 프랑스 브리타니의 록마리아커에 있는 기원적 약 1700년에 세워진 멘허라는 단 1개의 돌이다. 지금은 쓰러져서 4조각이 났지만 원래는 20m의 길이에다 300~400톤이 나갔다. 이 돌과 성분이 동일한 암석은 50마일 떨어진 곳에서 발견되었다

어떻게 거대한 돌을 운반하였을까? 한 사람이 운반할 수 있는 무게는 체중과 같은 68kg이다. 여러 사람이 밧줄로 운반할 수 있는 무게는 2톤으로서, 이 때 35명이 소요되며 중량 부담(밧줄 등의 무게)을 고려하고 바닥에 굴림대를 대었을 경우 한 사람 당 45kg 이상을 운반한 셈이 된다. 운반해야할 물체가 무거워질수록, 그래서 더 많은 사람이 동원될수록 긴밀한 협동이 요구되며, 점점 더 중량 부담이 늘어난다. 우편물의 무게가 증가할수록 포장지의 무게도 증가하는 것처럼, 운반 물체가 무거워질수록 운반 효율이 감소하는 것을 고려하여 필자는 35명이 2톤을 운반하는 것과 비교하여 300톤의 무게를 운반하는데 필요한 인원을 계산하였다. 단순한 계산으로는 300톤은 5250명의 인원에 해당하며, 이 때 70×75의 방진을 고려할 수 있다. 75개의 장대가 장력을 견디고, 70명의 인원이 각 장대를 멘다고 보자. 한 사람이 장대의 60cm 부분을 차지하고 장대의 두께, 중앙부의 휨을 어느 정도까지만 인정하며, 장대의 견고성을 고려하면 장대 전체의 무게는 운반해야할 돌의 무게를 초과하게 된다(장대의 수를 적게 하고 길이를 더 크게 하면 문제는 더 심각하게 된다). 장대의 무게를 낮추면 장대는 사람의 힘을 견디지 못한다.

그러므로 하나의 장대에 많은 사람이 붙을 수 없다. 2톤 이상의 무게를 운반하기 위해서는 더 많은 기술이 필요하다. 커다란 기둥은 배를 이용하여 운반하였다. 이집트에서는 사대 위에 다리를 놓고 돌기둥을 그 위로 끌었다는 기록이 있다. 밸러스트 수(배 밑바닥에 채우는 물)를 제거하면 배가 돌기둥에 닿고, 이 때 돌기둥이 배에 실리게 한다. 굴림대는 뒤쪽의 것을 앞으로 운반해 받치면서 계속 반복적으로 이용할 수 있다. 그러나 굴림대를 이용했다는 증거가 나타나지 않고 있는데, 필자가 동료들과 함께 무거운 물체를 굴

림대를 이용하여 효율적으로 운반해 본 적이 있으므로, 이는 매우 놀라운 일이다. 우리 중 한 사람이 밧줄을 끌고 다른 사람이 굴림대를 운반하면서 약 500kg의 물체를 바닥이 불규칙한 곳에서 짧은 거리를 운반하였다. 그러나 굴림대를 이용할 때 물체의 운반 속도가 느리고 정렬하기 어렵다는 문제가 생긴다. 끌어당기기를 했다는 설득력 있는 증거가 있는데, 정교하게 만든 경사면 위에 매끄러운 길을 내고 그 위로 끌기, 수직의 돛막대와 밧줄로 돌기둥을 수평에서 수직으로 세우기, 흔들판과 쐐기로 돌덩이를 세우기, 썰매를 이용하여 끌기, 윤활하기 등이 있었다. 이러한 방법에는 자연히 많은 인원이 소요되고, 그리스 역사가 헤로도투스의 기록처럼 명백한 과장도 있다(그는 피라미드가 건설된 지 오랜 후에 이집트를 여행하였다). 주로 이용한 운반 방법은 사람이 밧줄로 끄는 것이었다.

어떻게 밧줄을 이용하여 끌어당길까? 이 때 2가지 요소가 관여하는데, 하나는 근육의 힘과는 무관한 것이고, 다른 하나는 완전히 근육에 의존하는 것이다. 우리가 곧게 서 있으면 물체를 끌어당길 수 없다. 물체를 당기면 몸은 앞으로 기운다. 그러므로 몸을 물체에서 먼 쪽으로 기울여야 한다. 문을 열 때처럼 몸을 살짝 뒤로 젖히면 일은 근육이 하는 것이 아니라 체중이 하게 된다(그림 9.3의 중앙). 물체가 몸 쪽으로 움직일 때 중력의 중심은 땅 쪽으로 이동한다. 더 많이 젖힐수록 체중을 이용하여 당기는 일은 효율적으로 된다. 극단적인 경우가 그림 9.3의 오른쪽과 같이 몸이 수평이 되는 것이다. 기초 물리학적 공식으로 볼 때, 한정된 힘으로 중력만을 이용하여 당기는 셈이 된다.

그러나 몸이 땅바닥에 닿을 만큼 기울이는 것은 체중에 의한 힘은 최대로 되지만 물체를 긴 거리로 당길 수 없다는 문제가 생긴다. 밧줄을 약간만 당기면, 그 힘은 밧줄을 팽팽하게 펴는데 이용되어 버리고, 물체를 당기는데는 쓰이지 못하게 된다. 그러므로 체중, 즉 중력은 생각만큼 큰 쓸모가 있는 것이 아니다. 몸을 더 젖힐수록 근육은 물체를 더 잘 당길 수 있다. 다리를 펴고 팔을 굽히기는 쉬우며, 쪼그린 자세에서 일어날 때 체중보다 더 많은 힘이 실리게

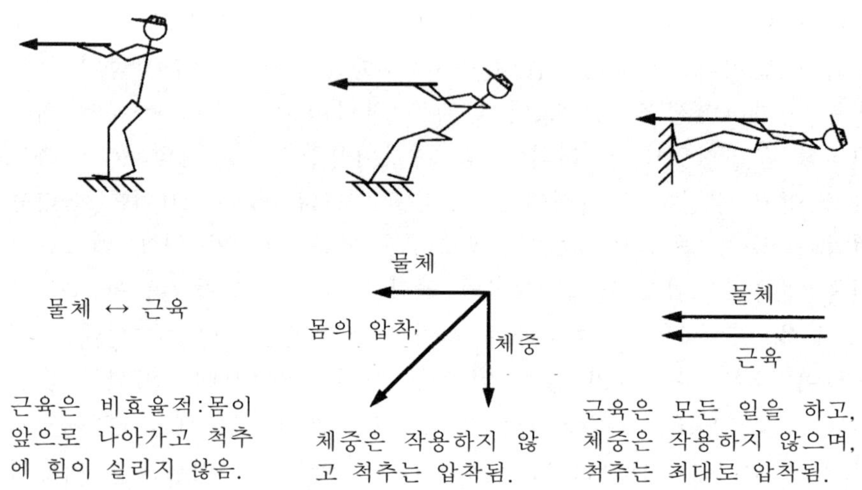

그림 9.3. 여러 가지 자세로 물체를 당기기: 꼿꼿이 설 때, 뒤로 젖힐 때, 수평일 때.

할 수 있다. 수평 자세인 사람은 체중 이상의 힘으로 물체를 당길 수 있다. 꼿꼿이 선 것과 수평인 곳 사이의 중간 자세에서는 체중과 근육이 함께 작용하는데, 이 때 뒤로 젖히는 가장 좋은 각도는 체중과 힘 사이의 관계에 의해 결정된다.

줄다리기를 할 때 어떻게 줄을 당겨야 유리한지를 알려주는 자료가 있다. 눈은 당기는 물체를 바라보고, 밧줄은 허리 높이로 하여 당기는 것이 좋다. 밧줄을 낮게 해야 체중이 지레의 힘으로 작용하게 되며 쥐는 것도 더 효율적으로 된다. 힘세고 무거운 사람의 최대 힘이 63kg에 달하지만 지속적으로 가할 수 있는 실제적인 최대의 힘은 32kg이다. 무거운 돌을 움직일 때는 32kg도 과대 평가된 것이며, 물체가 움직일수록 가해지는 힘은 줄어든다. 그러므로 집단을 이루어 물체를 당길 때 한 사람이 기여하는 힘은 약 23kg에 지나지 않는다.

그러면 물체의 중량이 증가함에 따라 커지는 저항력을 계산해보자. 물체를 수직으로 들어 올리는데는 문제가 없다. 물체가 수평으로 움직이게 할 때 당기는 기술에 따라 저항력은 달라진다. 마찰, 위·아래로의 부딪침, 약간의 공기 저항 등은 모두 최소 수준으로 감소시킬 수 있다. 철도에서 철 바퀴를 철로 위에서 움직이게 하고, 경사를 완만하게 하는 것은 회전 저항을 줄이기 위해서이다. 불규칙한 물체를 연한 땅 위에서 당기는 것과 대조된다.

피라미드는 2.5톤의 돌 조각들로 이루어져 있다. 이 돌은 굴림대 위에서 일정 거리 이상 이동시키기에는 약간 무거운 것이기는 하지만 심하게 어려운 것은 아니고, 전체적인 일의 양이 더 큰 문제가 된다. 쿠프 왕의 초대형 피라미드의 설계자는 각각 2250kg 이상인 돌을 채석장에서 떠내고 운반하기 위해서 힘을 덜 들이는 기술을 생각했을 것이다. 노예나 농한기의 농부들이 먹고 잘 곳을 제공해야 해야 했으며, 속도가 더 큰 문제였다. 20년의 공사 기간동안 매년 수십만 개의 돌을 운반한 셈이고, 매일 300개의 돌 운반을 뜻하며, 농번기에는 공사가 중단되었다고 볼 경우 매일 500개의 돌을 운반한 셈이 된다. 피라미드 안의 방에 있는 돌들(어떤 것은 60톤이나 됨)의 운반은 더 기술적인 도전을 요한다. 그러나 이러한 일 조차도 1000톤의 돌 조각이나 500톤의 오벨리스크 앞에서는 무색해진다.

그러면 작은 돌을 이용하여 쌓지 않고 왜 적게는 2톤이나 되는 커다란 돌을 이용하였을까? 과거의 건축물 중 중국의 만리장성만이 이집트 피라미드의 크기를 능가하는데, 만리장성은 27kg의 벽돌을 이용하여 축성되었다. 필자의 생각으로는 이집트인이나 중국인이나 이론적으로 설계를 했을 터이지만 파라오의 회계 책임자는 중국 황제의 회계 책임자와는 다른 기준을 이용하였다 채석장에서 돌 떠내는 비용은 표면적에 따라 증가했을 것이다. 돌 조각이 클수록 크기에 비해 표면적이 작다. 2250kg의 돌은 27kg 짜리로 쪼갤 경우보다 표면적이 1/4도 되지 않는다. 채석장에서 돌을 잘라낼 때 크게 자르는 것이 작게 자르는 것보다 시간이 덜 걸리고 한 곳에서 많은 사람이 모여 서로 방해받으면서 작업할 필요가 없다. 이집트인들은 돌을 자른 뒤 표면을 매끄럽게 연마했는데, 이렇게 하기 위하여 톱날 홈에다 계속 모래를 넣었을 것이다. 이 일은 신속히 할 수는 없으므로 파라오의 수명이 공사 기간을 결정했을 것이다. 피라미드의 돌을 운반하는 일보다 돌을 자르고 모양을 갖추는 일에 더 초점을 맞추어서 생각해 보아야 할 것 같다. 이와는 달리 벽돌의 경우는 표면적에 따른 경비는 벽돌을 서로 결합시키는 모르타르 경비를 초과하지 못한다. 따라서 전체 경비는 체적에 비례하며 크기가 크다고 유리하지는 않다. 이 때 27kg의 벽돌이 인간공학적으로 좋다. 만리장성에서 약간 경사진 코스에서는 최적 크기보다도 약간 더 큰 벽돌이 이용되기도 했다.

사람의 힘만으로 이러한 대형 공사가 이루어졌다는 사실 때문에 인부들의 노고를 과대평가하기 쉽다. 커다란 동상을 움직이게 할 때 이집트인들은 인부들의 힘을 동시화 시키기 위하여 북을 이용한 것 같다. 이는 물체를 지속적으로 당긴 것이 아니라 간헐적으로 자주 당겼음을 뜻한다. 위와 같은 이론들로 미루어 볼 때 16세기에 프랑스의 죄수들이 노예선을 젓는 것보다 거석을 스톤헨지로 운반하는 것이 힘이 덜 드는 일이었을 것이다.

땅 개간과 벌채

농업은 사냥이나 또는 가축 풀 먹이기보다는 한정된 땅에서 더 많은 사람을 먹일 수 있는 장점이 있으나 농사짓기는 쉬운 일이 아니다. 관개를 하지 않으면 작물을 심을 만한 땅은 이미 잡초들로 꽉 차있다. 따라서 기본적인 승부수는 우리가 나무를 어떻게 심느냐에 달려 있다. 초원을 개간하는 경작은 거의 2세기 동안 해왔다. 예전에는 농부와 도시인들이 살아왔던 유목 사회가 북미와 유라시아의 거대한 초원을 차지하고 있었다. 농경사회를 통해 우리는 관개를 제외하고는 삼림이 거의 없는 땅에 농사를 지어왔다. 그러면 어떻게 삼림을 삼림이 없는 농지로 만들 수 있는가?

첫째, 나무를 제거해야한다. 나무와 농작물은 모두 햇빛에서 자라고 그늘에서 생장한 농작물은 우리가 투자한 노동력에 비해 수확이 적다. 그래서 삼림속의 나무를 자르기 시작한 것이다. 북미에서 우리의 신화적 인물인 버냔은 도끼, 황소와 벌목꾼의 도움으로 초원을 만들었다. 두 장 이전에 서술된 도끼를 보면 나무를 넘어트리는데 돌도끼가 매우 효율적이고 강력함을 알 수 있다.

벌채는 개간하는데 있어 첫 작업과정이고 넘어진 나무를 제거하는 작업이 벌채보다 훨씬 더 힘들다. 나무의 무게가 상당할 뿐더러 나무의 수간(동체)를 굴리기 전에 가지들을 제거해야한다. 잎사귀가 없을 때 나무를 없애는 것이 더 낫다. 죽은 나무는 햇빛을 거의 차단하지 않게 될 것이다. 말이나 또는 트랙터가 끄는 농지경작의 경우 죽은 나무는 큰 장애가 되지 않는다. 몇 년간 큰 가지가 떨어지고 이따금 수간이 넘어지지만 큰 문제는 되지 않는다. 서 있는 수간에 붙어 기어오르는 많은 콩과식물과 같은 농작물에게 좋은 지지를 제공한다. 다른 한편으로는 건조하면, 서있는 수간을 태워 토양을 비옥하게 할 수도 있다.

그러면 나무를 어떻게 죽이는가? 쉬운 일은 아니지만 나무껍질을 둥글게 벗겨낸다. 즉 나무껍질 바로 밑 형성층 아래의 둘레를 자른다. 나무껍질이 벗겨진 나무는 곧 죽고 손잡이가 짧은 돌도끼는 나무껍질 벗기기에 제격이다. 아메리카의 동북부 인디안은 보통 나무껍질을 둥글게 벗기고, 서 있는 수간 가운데 농작물을 심었다. 이러한 농작법은 많은 제 3 세계에서 아직도 사용되고 있다.

그러나 나무껍질을 벗겨내면 나무는 건축자재와 연료로서 가치가 없어진다. 그래서 도끼가 등장한 것이고 효율적인 북아메리카 도끼의 발명과 확산의 동기가 되었음에 틀림없다. 동북부 아메리카는 울창한 삼림으로 뒤덮였고 겨울은 추웠고 벽난로는 효과적이지 못했다. 적은 인구와 빈약한 수송수단은 통나무 길과 다리뿐만 아니라 나무집과 나무땔감을 사용하도록 만들었다. 프랭클린은 18세기 중엽 "펜실바니아" 스토브를 말하면서 필라델피아까지 땔감나무를 운반해야 되는 거리에 대해 불평했다. 그 후 몇 년 후 나무를 사용한 거대한 철도 구각(構脚)을 건설하였다. 여러 가지 변형된 모양으로 폴 버냔의 도끼는 19세기까지 나무를 수확하는 첫 단계의 연장으로 사용하게 되었다.

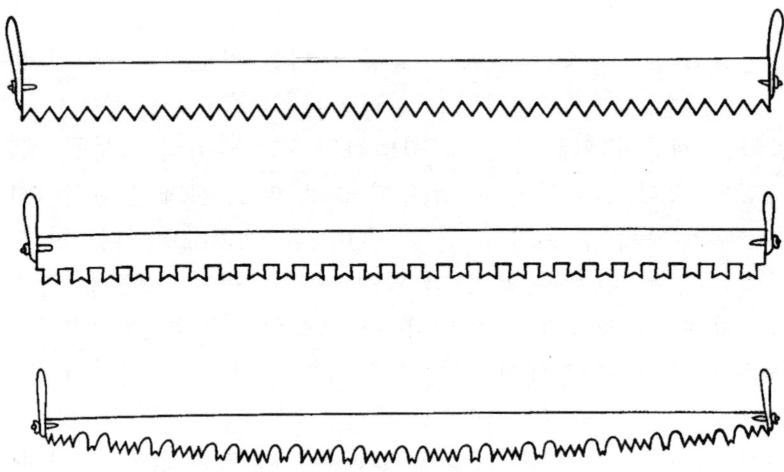

그림 9.4 가로톱(아래), 톱니모양의 톱과 M-모양의 톱.

나무는 유용한 제재목으로 전환될 때 에너지를 공급한다. 나무는 베어져서 운반되어야 하는데, 도끼는 나무 자르기와 많은 부수적 다듬기와 제거에 유용하게 사용되었다. 현대 도끼는 옛날 도끼보다 기능이 훨씬 월등하지만 최근에는 톱이 도끼를 대신하기 시작하였다. 즉 도끼의 역할이 서서히 감소한 것이다. 그리고 도끼보다 톱이 더 우세한 것은 동력화를 위해 최적이기 때문이다. 19세기에는 도끼로 자른 나무를 다듬고 수간은 동력화된 제재소로 운반하였다.

동력톱은 훌륭한 역사를 갖고 있지만, 동력톱보다 인간의 힘을 사용하는 톱이 도끼로부터 톱으로 전환하는 과정에 큰 기여를 했다. 20세기 초엽에 "베어버린" 그리고 "톱질한" 나무 사이의 용어구별은 시대착오적이었다. 우리는 보통 목수의 톱과 쇠톱을 잘 알고 있지만 둥글게 자르는 톱, 실톱과 작은 톱 등은 잘 알지 못한다. 그림 9.4에서 보는 것처럼 전체나무를 베고 톱질하는데 널리 사용되는 톱은 가로톱이다.

이 톱들은 노 젓듯이 인간이 낼 수 있는 최대의 힘을 발휘할 수 있게 한다. 사람들은 이 큰 톱들에 대한 역사적 발전에 대해 별로 관심을 갖지 않았다. 가로톱은 도끼가 1세기 전에 그랬듯이 19세기 북미에서 눈부신 발전을 했다. 처음에는 나무를 이동시키기 위해 사용했던 톱이 나무를 잘라 넘어트리는 도끼의 역할을 대신하였다.

이와 같은 현대 가로톱이 어떻게 효과적으로 사용되는가를 이해하려면 일반적인 작동과정을 보아야한다. 톱날을 전후로 움직이는 기본적인 생각은 석기시대로 거슬러간다. 날은 대부분의 나무톱처럼 톱니모양일 수 있고 또는 직선일 수 있다. 이미 전술한 바와 같이 이집트인들은 이 교묘한 방법을 사용하는 청동톱으로 돌을 잘랐다. 톱니모양의 연장은 나무 자르기에 더 낫다. 날카로운 날이라고 해서 효과적인 것은 결코 아니다. 톱니는 날의 뒤쪽 두께보다 톱질 자국을 약간 더 넓게 만들어야 한다. 이 때문에 톱니의 한 쪽은 왼 쪽 그리고 다음은 오른쪽으로 약간 바깥쪽 방향으로 벌려져 있다. 그 다음 톱니의 정확한 수가 나무와 접촉해야한다. 만약 톱니수가 적으면 나무에 박히고 너무 많으면 나무에 압박을 주지 못한다. 나무가 두꺼울수록 톱니는 더 거칠게 나있어야 한다. 너무 많은 작은 톱니는 톱밥이 톱니 사이에 낀다는 문제점이 있다.

통나무가 두꺼울수록 톱은 더 길어야하며 이는 톱밥을 효과적으로 제거한다. 더 긴 톱은 더 두꺼운 톱날을 가져야 단단함을 유지할 수 있다. 휘기 쉬운 톱날은 긴 톱질자국의 밑에 골고루 압박하지 못하여 자국이 평평하지 못하게 된다. 두꺼운 수간을 활톱으로 잘라보면 그 이유를 알 수 있다. 나무 자르는 톱은 두꺼운 칼날을 필요로 하고 더 넓은 자국을 만든다. 만약 톱니가 톱질자국처럼 넓으면 나무와 많은 접촉이 가능하다. 만약 톱니가 좁으면 톱질자국의 양 쪽에 있는 홈을 자른다. 그림 9.4는 중세의 회화에 나타나는 M-모양의 톱니를 갖고 있는 통나무 톱이다.

그림 9.5는 가로톱의 재단기와 갈퀴 잇빨의 작용을 보여주고 있다. 분리된 재단기는 두 개의 평행 홈을 만들고 갈퀴는 그 사이에 있는 십자형 제지섬유를 퍼낸다. 재단기와 절단기 사이에 큰 잘린 부분은 톱밥을 위한 공간을 제공한다. 적당히 잘 간 가로톱은 놀라운 속도로 움직인다.

재단기와 절단기의 분리가 어떻게, 언제 그리고 어디에서 시작했는지 알 수 없지만 19세기 중엽 북미였을 것이다. 현대 가로톱은

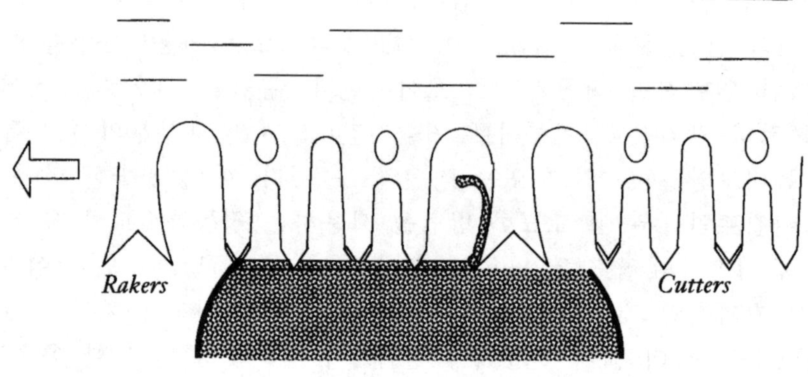

그림 9.5

적어도 1940년대 말까지 미국 벌채 공장에서 사용하였다. 동부에서 2인이 사용하는 톱은 그 길이가 5~8 피트이었고 북서부에서는 10 피트였다. 16 비트에 달하는 특별한 톱은 캘리포니아에서 거대한 붉은 삼나무를 베었다. 벌목꾼은 수간 위에 설치한 도약판에 서서 톱을 당기는데, 손에 의한 가로 자르기는 손과 팔을 사용하지 않고 다리로 힘껏 버티고 다리근육을 사용해야한다. 손으로 나무를 가로 자르는 것은 엄청난 힘을 요구한다. 한 측정에 의하면 인도의 벌목꾼들은 거의 500 와트 수준에서 일하는 것으로 나타났다. 이는 20세 미국 젊은이가 매우 힘든 일을 할 때 소모되는 대사율에 해당한다. 인도 벌목꾼은 500 와트 소모로 무엇을 달성했는가? 그들은 분당 200㎠를 자를 수 있었는데, 이는 10분에 20 인치(또는 50㎝) 수간을 가로 자르는 것과 같다. 이 속도는 매우 인상적이다.

　비록 성공적이지는 못했지만 경주용 보트 젓기의 기본동작과 2인 가로톱 작동을 결합한 사례를 들면 다음과 같다.(그림 9.6). 다리를 고정한 채 이물에서 고물로 향하는 자리에서 젓는 방법은 큰 근육을 잘 활용할 수 있다. 동력화 된 톱이 20세기 초에 등장했으나 경량 가솔린 엔진과 현대 톱사슬이 가로톱을 대신하기 시작하였다.

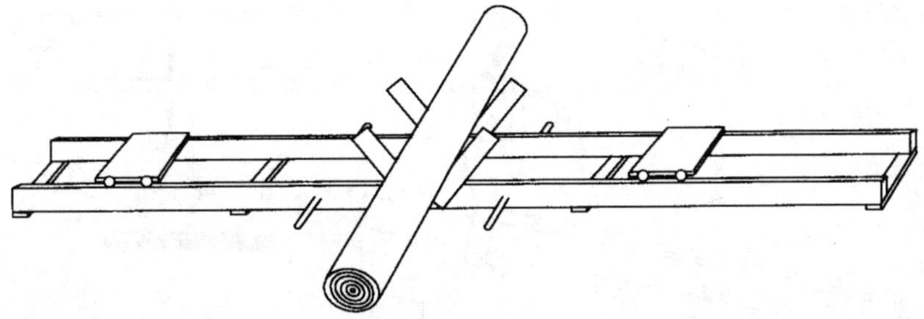

그림 9.6 통나무를 떠받히는 젓는 기계

제재목

요즘 벌목의 대부분이 제재소나 펄프공장에서 처리된다. 펄프제
조는 2세기 동안 진행되어왔고 인간의 근육에 의존하지 않았다. 실
제로 제재는 더 긴 역사를 갖고 있다. 지금도 휴대용 제재소가 가
끔 사용되지만, 보통 나무를 제재소로 운반한다. 나무의 긴 조각을
세로로 자르는 데는 많은 에너지가 필요하다.

전통적인 연장으로서 손도끼가 있는데 지금은 가로톱보다 보기
힘들다. 손도끼는 기본적인 도끼날을 갖고 있고 그 긴 축 주위에
회전하고 옆으로 자른다. 도끼날 자체가 천연 그대로의 손도끼로
쓰일 수 있다. 석기시대 도끼도 그렇게 사용되었고 북미의 인디안
도 나무 보트와 토템 기둥을 만드는데 사용했다. 짧은 또는 긴 손
잡이 손도끼는 통나무 표면을 잘라내어 원형에서 직사각형 단편으
로 만든다. 손도끼 작업은 체력만큼 기술을 요구한다. 손도끼는 싸
고 휴대하기 용이하나 시간이 걸린다.

톱은 나무를 세로로 자르는데 손도끼보다 더 유리하다. 그렇지
만 큰 통나무를 손톱질하여 널빤지를 만드는 것은 예사로운 일이
아니다. 이는 고대 이집트 사람들 이후 아직까지 지속되고 있다. 금
속 톱이 있는 곳에는 인간-동력 제재소가 사용되었다. 이와 같이 고
안된 새로운 장치를 큰 세로톱이라고 부른다(그림 9.7).

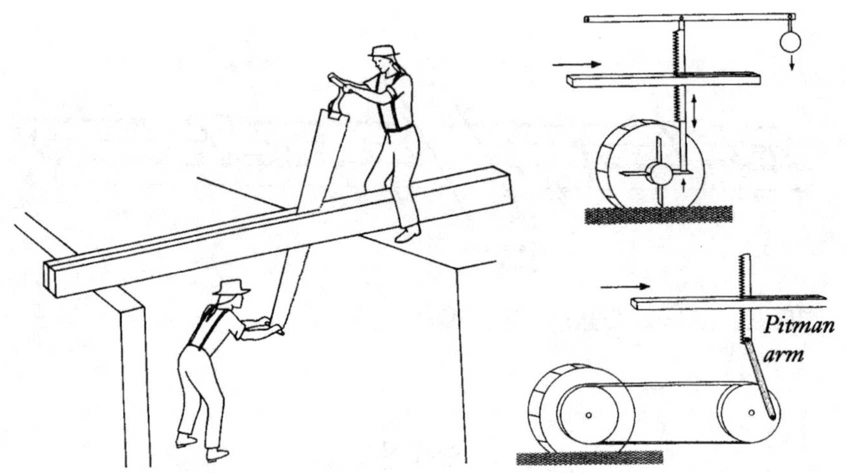

그림 9.7 큰 세로톱. 왼쪽에는 손으로 작동되는 한 톱; 오른쪽은 물레방아에 의해 작동되는 두 개의 톱. 후자 중 위쪽의 톱은 중세의 것이고 아래쪽의 톱은 현대의 것이다.

일반적으로(그림 9.7 참조) 통나무가 걸쳐져있고 한 사람이 밑에서 그리고 다른 사람은 위에서 위아래 톱질을 하는데, 이는 전형적인 세로로 톱질하는 모습이다.

인간의 힘을 사용하는 세로톱은 제 3 세계에서 아직도 사용한다. 수력을 사용하는 제재소는 1000년 전 유럽에서 사용되었고 최근에는 모터를 사용하는 세로톱이 등장했다. 결론적으로 우리는 역사적 변화에 대한 두 개의 공통적인 경향을 인식하게 된다. 도끼와 가로톱에 대한 얘기는 우리의 근육을 사용하여 인간이 얼마나 효율성을 제고시킬 수 있는가를 보여주는 사례이다. 더 좋은 연장과 기계는 더 열심히 일하게 만들고 더 효율적인 일의 성과를 창출할 수 있도록 한다. 제재소와 돛단배가 보여주는 것처럼 온갖 종류의 노동 절약 장치의 등장으로 인간은 근육을 사용하는 노동으로부터 해방되었다. 첫 눈에는 이 변화의 경향이 모순인 것처럼 보이는데, 이는 역사가들이 설명해야할 과제이다. 그러나 광의에서 보면 모순은 없다. 둘 다 모두 인간노동의 생산성을 재고시키는 방법을 제시하고 이는 궁극적으로 부를 창출한다. 노력에 비해 상대적인 생산증가는 강력한 동기 부여를 제공하고 결국 노동의 형태변화를 수용하지 못하는 러다이트(기계화에 반대하는 사람)의 노력은 수포로 돌아간다.

고 이는 궁극적으로 부를 창출한다. 노력에 비해 상대적인 생산증가는 강력한 동기 부여를 제공하고 결국 노동의 형태변화를 수용하지 못하는 러다이트(기계화에 반대하는 사람)의 노력은 수포로 돌아간다.

제 10 장
사역동물

큰 기계가 높은 벌통모양의 짐 더미들 사이에 서 있었다. 10마리의 말이 1마력의 5개의 긴 나무 지렛대에 매달려 있다. 운전자가 손에 긴 채찍을 쥐고 중앙에 있는 널빤지 단 위에 서 있었다. 짐꾼들이 그들의 쇠스랑을 들고 짐더미 위로 기어 올라갔고 손잡이들은 오랫동안 거친 손으로 만져서 윤이 날 정도로 닳아 있었으며 …… 불독의 으르렁거림과 같은 우렁찬 소리가 50배나 확대되어 공중으로 울려 퍼지고, 실린더가 속도를 모으는 것처럼 그 소리는 베이스에서 바리톤으로, 4입방 마일의 안개 낀 대초원 위로 울려 퍼지는 테너로 올라갔다. 섭식자들는 짐꾼을 올려다 보았고 테이블 위로 떨어지려는 짐을 신속하게 기계로 던지는 사람을 보았으며 손칼로 얇게 썰려고 하는 프랭크를 보았다. 그리고 나서 처음 2개의 도르레가 열린 입술 사이로 부드럽게 이동하였고 능숙하게 통들이 위로 잡아 당겨졌으며 그리고 큰 동작이 일어났다.

— 퀵(Hebert Quick), The Hawkeye

세계에서 제일 먼저 자동차를 사용한 부유한 사람들은 생존을 위하여 동물들이 사람보다도 더 많이 일했던 시대를 회상한다. 40에이커의 땅과 1마리의 노새는 남북전쟁 이후에는 별로 소용이 없게 되었다. 버낸은 그의 소 베이브를 가지고 있었고 알렉산더는 말 부셉팔루스를 타고 다녔다. 베두인(아랍인)은 낙타를, 사미족(라프인)은 사슴을, 이누이트족은 허스키를 타고 다녔다. 라마, 야크,

코끼리, 물소를 아직까지 교통수단으로 이용하는 곳도 있다. 동물들은 우리에게 음식과 피난처를 제공해 주고 우리를 보호해 줄 뿐만 아니라 배우자를 만나러 갈 때에도 우리를 도와준다.

비록 우리가 동물들의 많은 도움을 받고 있지만 우리들 주위에 있는 동물의 종 수에 비하면 가축화한 동물은 매우 적다. 그리고 단지 몇 종류의 가축이 기계적인 일을 한다. 가금류- 주로 닭, 오리, 비둘기, 칠면조, 거위, 타조 및 공작을 생각해 보라. 대부분은 식용이다. 비록 비둘기의 한 품종이 애완이고 2~3종류의 비둘기가 배달부로서 우리를 위하여 일을 한다. 포유동물도 마찬가지다. 고양이와 흰담비가 해충 박멸자로서 역할을 하고 토끼와 기니아피그는 식용으로만 이용된다. 이들 이외에 우리는 2가지 종류의 곤충을 예로 들 수 있다. 꿀벌은 꿀과 왁스를, 누에는 비단섬유를 우리에게 제공한다. 내가 언급한 모두는 우리의 경재가 부흥되기 전에 도입되었다. 우리는 다시 우리가 육종한 여러 동물들을 이용하기 시작했고 양육한 바이슨과 타조를 시골장에서 살 수 있게 되었다. 그러나 최근 우리가 이용하는 대부분은 수중재배를 하고 있다. 사역동물에 대하여 애기한다면 특별히 큰 포유류를 주목할 만하다.

사역동물들은 대부분 작은 동물이다. 그들의 수와 다양성이 19세기부터 감소하고 있지만 그들은 한 때 우리의 농업, 산업, 운송 및 종교적인 전통의 중심이었다. 가축화된 동물은 어떤 것들이 있는가? 오늘날 우리는 이들에 대해 차례로 목록을 만들어 볼 필요가 있다.

사역동물

소류(= 우제류, bovids)
염소(domestic goat): *Capra vircus* 55~210 Ib(25~95 kg)
양과 함께 최초로 가축화된 초식동물은 기원전 7,000년경에 남서 아시아에 서식했던 염소(Capra aegagrus)일 것이다. 염소는 다양한 기후와 음식에 잘 적응한다. 힘을 얻기에는 크기가 작지만 염소마차가 가끔 사용되고 때때로 고산지대에서는 여행자들의 짐꾼으로서 일을 한다.

소(domestic cow and ox): *Bos taurus* 1,000~2,000 Ib(450~1,000 kg)
중앙 유라시아와 남아시아에서는 각각 기원전 6,200년에, 이미 지금은 멸종한 원우(auroch, Bos primigenius)가 가축화 되었다. 아프리카의 제브소(zebu cattle)는 아마 원우의 아종에서 가축화 되었을 것이다.

물소(water buffalo): *Bubalus bubalis* 550~1,200 Ib(250~550 kg)
아시아와 중국의 남방에서는 기원전 4,000년경에, 지금은 희귀한 들소인 Bubalus arnee가 가축화 되었다. 물소는 아직도 남아시아에서 짐수레를 끌고 우유를 공급한다.

야크(yak): *Bos gruniens* 700~2,200 Ib(330~1,000 kg)
티베트와 히말라야에서는 지금은 매우 희귀한 야생야크 Bos mutus를 가축화 하였다. 가축화의 시기는 알려지지 않고 있다. 18피트의 고도에서조차도 짐수레를 잘 끌고 간다.

말류(=기제류, equids)
말(horse): *Equus caballus* 400~2,000 Ib(175~930 kg)
동유럽의 우크라이나 지방에서는 기원전 약 4,000년경에 야생말, Equus ferus를 가축화 하였다. 말들은 다른 가축에 비해 덜 변화되었고 스페인 사람들이 잃어버린 말들은 다시 야생에 쉽게 적응을 했다. 스페인 사람들은, 북아메리카 평원의 인디언들의 말을 이용한, 들소사냥 문화의 바탕을 마련하였다.

당나귀(donky): *Equus asinus* 약 550 Ib(250 kg)

중동의 이집트에서 기원전 약 3,000년경에 야생나귀인 *Equus africanus*가 가축화 된 것이다. 우리가 당나귀를 탈 수 있고 짐을 끄는데 사용하지만 크기가 작은 것이 단점이다. 그들은 오랫동안 노새의 아버지 노릇을 해왔다. 오늘날의 당나귀들은 그들의 선조나 야생나귀보다 작을지라도 나는 그들이 타고 다니기엔 충분하다고 생각한다.

노새(mule): *Equus caballus x Equus asinus* 약 1,100 Ib(500 kg)

암말과 숫당나귀의 잡종으로서 기원전 약 1,000년 전에 중동에서 처음으로 육종되었다. 노새는 뚜렷한 힘을 가지고 있고 무거운 짐을 운반하거나 끌 수 있으며 무더운 기후에서도 일을 아주 잘 한다.(숫말과 암당나귀의 잡종은 버새로서 노새보다 덜 유용하다.)

개류(canids)

개(domestic dog): *Canis familiaris* 3~200 Ib(1~800 kg)

개는 15,000년 전 늑대, Canis lupus가 처음으로 가축화 된 것이다. 늑대, Canis lupus는 100,000년 전의 현대 늑대 계통과는 다르다. 고의적인 선택에 의하여 변형된 동물 중 개 만큼 가축화된 동물은 없을 것이다. 사람과 개는 북반구의 여러 곳에서 사냥꾼으로서 한 팀이 되었을 것이다.

장비류(proboscideans)

인도코끼리(Asian elephant): *Elephas maximus* 5,500~12,000 Ib(2,500~5,500 kg)

기원전 2,000년경에 인도의 인더스벨리(Indus Valley)에서 처음으로 가축화 되었을 것이다. 육종이 인도코끼리를 그렇게 많이 변화시키지는 않았다; 그들의 영리함과 온순한 성격은 원래의 특성이다. 큰 코끼리는 국왕의 행차, 전투용 및 축제 등에서 더욱 돋보인다. 우리의 일상생활에서는 특별히 유용하지 않지만 그림 10.1에서 보는 바와 같이 큰 통나무를 힘 있게 아주 잘 끌고 간다. 큰 통나무를 나르는 데에는 인도코끼리가 제격이다. 말은 적합하지 않다.

아프리카코끼리(african elephant): *Loxodonta africana* 6,000～15,000 Ib(2,700～7,000 kg)

인도코끼리보다 훨씬 크다. 아프리카코끼리는 널리 사용되지는 않았다. 이들은 길들이기가 상당히 어렵지만 로마인 한니발 장군은 전쟁에 그들을 상용하였다. 한 믿을만한 소식통인 크루톤 블록은 이 예민한 동물들이 화살을 맞으면 빙빙 돌면서 자신의 군대에게 상처를 입히곤 한다고 지적한다.

낙타류(camelids)

라마(Llama): *Lama glama* 300～350 Ib(135～155 kg)

기원전 약 4,000년경 남아프리카에서 과나코(Lama guanicoe)로부터 가축화된 최초의 낙타류일 것이다. 라마는 타고 다니기엔 너무 작지만 훌륭한 짐꾼이다: 위도가 높고 , 물이 귀하며 극한 기온에서도 발걸음이 정확하고 잘 견딘다.

쌍봉낙타(bacterian camel): *Camelus bacterianus* 650～1,500 Ib(300～690

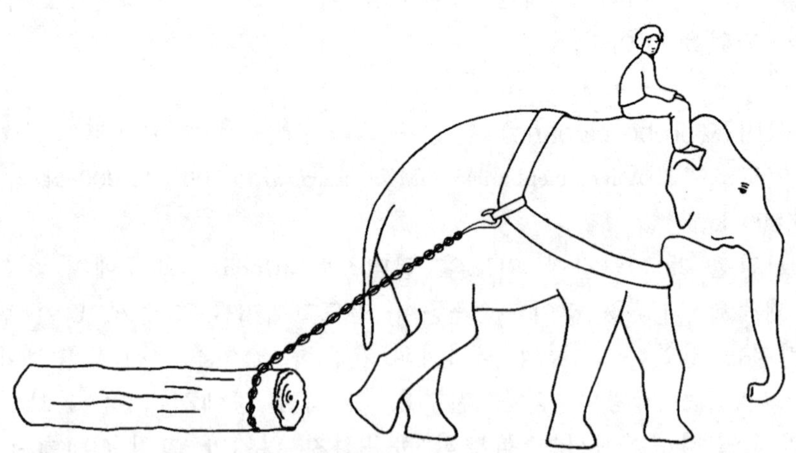

그림 10.1. 상대적인 크기를 보여주는 한 개의 통나무를 끌고 가는 코끼리와 기수.

kg)

중앙아시아에서 기원한 쌍봉낙타는 기원전 2,500년 전에 야생낙
타 Camelus ferus에서 가축화 되었을 것이다. 가축화된 낙타는 뜨거
운 사막에서 필수품인 음식과 물을 나르는 놀라운 지구력을 가지고
있다. 그들은 쟁기로 땅을 갈거나 또는 2륜 짐마차를 끄는데 이용
될 수 있지만 긴 다리 때문에 동작이 어설프다.

단봉낙타(dromedary): *Camelus dromedarius* 650~1,500 Ib(300~690 kg)
단봉낙타는 아주 우아한 짐승이며 알려지지 않은 조상으로부터
쌍봉낙타와 거의 같은 시대에 아라비아에 출현하였다. 쌍봉낙타의
특성을 가지고 있지만 쌍봉낙타 보다 더 빨리 달릴 수 있다.

사슴류(cervids)

북미산 순록(caribou, North America)
순록(reindeer, Europe): *Rangifer tarandus* 130~700 Ib(60~318 kg)
야생순록과 너무나 유사하여 언제 육종되었는지 애기할 수 없
다. 사람들은 분명히 그들의 젖과 고기를 이용하였고 또한 타고도
다녔다. 스칸드나비아와 러시아의 인접지역에서 삼족(라프인)에 의
해 수천년 동안 짐을 나르는 동물로 사용되었다.

북미산 큰사슴(moose, North America)
큰사슴(elk, Europe): *Alces alces* 450~1,800 Ib(200~825 kg)
스칸드나비아에서 길들여졌다. 사람들은 젖을 이용하고 타고 다
니는 데 이용하였다. 큰사슴이 고대에 가축화되었는지 어떤지는 확
실하지 않다. 그들은 현재 러시아에서 짐수레를 끄는 동물로서 성
공적으로 가축화 되었다.

우리는 이와 같은 일련의 종들에서 무엇을 알 수 있을까?
● 먼저 이 목록은 다양성을 과장하고 있다. 아프리카코끼리와
큰사슴은 결코 중요한 가축이 아니다. 그리고 다른 많은 것들도 단

지 지역에 따라 중요할 뿐이다.

• 그들은 모두 네발짐승으로서 정말 무거운 짐을 날랐는지는 확실하지 않다. 모두 네발의 선을 따라 만들어지는 완전 4변형 위에 짐을 실어야만 한다. 그렇지 않으면 그들은 뒤집어지거나 또는 짐의 무게가 네 다리에 잘 분배되지 않을 것이다. 나는 타조 또는 우리들 자신들처럼 네발짐승이 두발짐승처럼 짐을 나르는 방법을 배울 수 있을지 의심스럽게 생각한다.

• 이들 모두는 비교적 크고 공기호흡을 하는 포유류이며 크기는 우리들 자신과 유사하거나 또는 크다. 타조를 제외한 조류는 짐을 끌거나 운반하는데 적합하지 않다.

• 개를 제외하고 그들은 모두 초식동물들이다. 기본적인 생태학적인 이유로 육식동물의 먹이는 초식동물의 먹이보다 에너지가 많이 든다. 약간의 북미 인디언들은 가벼운 짐을 끌거나 운반하는데 개들을 사용하지만 개들은 특히 식물을 얻기가 힘든 북방의 에스키모인(이뉴잇)에게만 중요하다.

• 이들 초식동물들은 섬유질을 소화할 수 있거나 적어도 그들을 소화하는 원생동물들을 가지고 있다. 우리는 섬유질을 소화할 수 없다; 사람과 다른 포유류 및 조류는 식물의 씨앗, 과일, 다른 저장 유기물을 주로 먹는다. 이러한 동물들은 잎과 값 싼 식물을 먹을 뿐만 아니라 인간은 들판에서 풀 대신 밀을 생산하기 때문에 어느 정도 우리와 경쟁관계에 있다.

• 우리가 알다시피 이들 동물 중 하나가 사역동물로서 먼저 가축화된 것은 아니다. 개를 제외하고 이들 모두는 고기, 우유, 모피, 가죽, 섬유, 비료, 기타 작은 생산의 공급자로서 가축화되기 시작하였다. 이들 동물들은 여러 단계를 거치면서 점차적으로 사육되어 왔다. 가축화는 사소한 일이 아닐 것이다. 그러나 야생의 동물을 달래어서 일을 시키기보다는 훨씬 쉽다.

• 우리는 이들 가축이 기계적인 일을 하는데 있어서 한 유사한 순서를 발견할 수 있다. 모든 동물들은 짐을 운반하다가 사역동물로서 남게 되었다. 보다 큰 동물들은 여러 사람을 태우고 다녔다.

결국 대부분의 동물들은 짐을 끌게 설득되었다. 짐을 운반하고 끌어당기는 사람들은 동물과 협동하기 위하여 섬세한 조절을 해야 한다. 그러나 보다 중요한 것은 애정을 가진 사육자이고 기술은 부수적이다. 당신은 승마를 혼자 조절하기 위한 재갈, 고삐, 안장이 필요하다. 그리고 만약 짐을 끌기 위한 동물이라면 장비가 필요하다. 사역에 대한 비평적인 의견에 대하여 더 살펴보자.

크기와 에너지와의 관계

사역견은 적어도 무게가 100파운드이고 코끼리는 10,000파운드나 되기 때문에 우리와 비슷한 크기로부터 가장 큰 육상 동물에 이르기까지 그 크기 범위는 100배의 차이가 난다. 우리는 말없는 작은 포유류를 사용하지 않을 수 없다. 작은 전기모터들이 우리의 삶을 이끌고 간다. 우리는 책상 위에 있는 컴퓨터와 그 부속품들을 적어도 하루의 6시간은 사용한다. 어느 것도 내가 다람쥐집의 바퀴를 돌리기 위하여 발전기를 연결하고 내 노트북에 밧데리를 끼우거나 전기면도기를 충전시키는 것을 막을 수는 없다. 스스로가 귀찮아서 하지 않는 경우 외에는 어느 것도 막을 수 없는 것 같다. 사실 어떤 기본적인 생리기능은 지역의 만능 회사 대신 작은 조류나 포유류의 실용성에 대하여 신중히 고려해 봐야 한다. 복합적인 요인이 있지만 크기에 대한 이와 같은 문제에 주목해야 한다.

작은 동물은 근본적인 이점을 가지고 있다고 생각할 것이다. 한 마리의 개미는, 약간의 기본적인 근육의 이점을 가지고 있다는 것을, 자신의 무게와 같은 먹이를 여러 번 들어 올리는 행동을 통해 알 수 있다. 그러나 그와 같은 이점은 스케일이 큰 일을 개미가 점차적으로 해결하는 것을 우리의 직관으로 판단한, 일종의 속임수와 같은 것이다. 일이란 단어가 해결의 열쇠를 가지고 있다. 근육은 횡단면에 비례하여 힘을 발생시킨다. 작은 동물은 기하학적으로 큰 동물의 근 횡단면보다 용적이나 무게에 비하여 많은 근 횡단면을 가진다. 만약 모양이 크게 다르지 않다면 작은 물체가 큰 물체에 비해 용적에 비해 보다 큰 표면적 또는 근 횡단면을 가진다. 따라서 개미는 크기에 비해 많은 힘을 낼 수 있다. 그러나 근육이 할 수 있는 일은 근육의 용적에 달려있다. 따라서 큰 동물이 작은 동물보다 훨씬 많은 일을 할 수 있다. 개미는 비교적 무거운 무게를 들어 올릴 수 있으나 그것을 멀리 이동시키지는 못한다. 일(에너지)은 힘 × 그 힘이 어떤 것을 이동시킨 거리이다. 그리고 일의 보다 적절한 의미에서 개미는 이점이 없다. 생쥐도 마찬가지일 것이다.

당신은 작은 생물이 좋을 것도 없지만 나쁠 것도 없으므로 크기가 아무런 역할도 하지 않는다고 생각할 것이다. 결국 어떤 크기의 포유류의 근육은 몸 전체의 약 40%를 차지한다. 그리고 적어도 근육은 근육이다. 힘과 근육의 효과는 근육이 수축하는 속도에 의존한다는 것을 명심해라. 우리는 역시 어떤 의미 있는 시간동안 우리의 최대 근육 힘에 가까운 어떤 것도 발생시킬 수 없다는 것을 기억해야 한다. 우리의 심혈관 능력은 우리가 근육의 일부분만 사용할 때 한계에 부딪친다. 따라서 우리는 접촉할 베이스를 가지고 있다.

아마도 우리는 우리가 운반해야 할 사료를 실은 짐을 운반할 큰 동물을 어떻게 공급할 것인지 날카롭게 질문 할 수 있다. 우리는 한 마리의 코끼리를 사용해야만 하는가 또는 100마리의 개나 35마리의 라마 또는 25마리의 당나귀나 7마리의 말에게 그 짐을 나누어야만 하는가? 이들 모두는 그들 몸무게와 같은 무게의 짐을 운반할 수 있다. 더 나아가 이들 모두는 그들 자신의 덩치만한 짐을 운반하는데 같은 비율로 에너지를 사용한다. 그래서 우리는 짐과 자신의 몸무게를 구별할 필요가 없다.

기본적인 개념은 보다 큰 것이 보다 좋다는 것이다. 심혈관의 요인들, 특히 기초대사율과 대사의 궁극적인 목적이 말해주고 있다. 기초대사율은 몸무게를 따르지는 않지만 대신 몸무게가 증가하면 천천히 증가한다. 개와 코끼리를 생각해 보라. 코끼리는 개보다 100배 이상 무겁다. 코끼리의 기초대사율은 개의 100배가 아니라 개의 기초대사율보다 약 32배 크다. 다시 말하면 몸무게에 비해 코끼리는 자신의 활동에 개가 필요로 하는 에너지의 약 1/3을 사용한다. 만약 몸무게와 같은 짐을 끌거나 몸무게와 같은 쟁기 또는 짐마차를 끈다면 코끼리는 3제곱까지 승리한다.

개와 코끼리의 특이한 비교보다 훨씬 더 연관이 있는 것은 없지만 여러 가지 다른 요인들이 보다 큰 동물의 이점을 증가시킨다. 대사작용의 범위, 즉 기본 에너지의 소비가 증가될 수 있는 요인은 몸의 크기와 함께 증가한다. 개는 예외로 높은 대사작용의 범위를 가진다. 그리고 우리는 코끼리에 대한 좋은 자료를 가지고 있지 않으므로 우리는 100과 1,000 파운드의 이상적인 동물로 환산해야만 한다. 보통 크기보다 큰 동물이 활발히 활동할 때 기초대사율에 비교되는 보다 작은 동물의 1/3 높은 비율로 에너지를 소비한다. 따라서 보다 큰 동물은 자신의 몸을 유지하고 회복하는데 에너지가 적게 들 뿐만 아니라 소비한 에너지량에 비해 보다 작은 동물보다 힘든 일을 할 수 있다.

더 나아가 긴 다리는 보다 짧은 다리보다 앞, 뒤로 움직이는데 에너지가 적게 든다. 만약 우리가 움직이는 다리가 추처럼 작동한다고 가정한다면 우리는 보다 큰 동물이 같은 속도로 걷기 위하여 하나의 호 넓이로 그의 다리를 움직여서는 안 된다고 본다. 짧은 호와 낮은 빈도의 움직임은 근육이 기본적으로 낮은 속도로 수축할 수 있다는 것을 의미한다. 초반에 언급한 바와 같이 기본적인 낮은 속도는 에너지가 덜 들고 보다 효과적인 작동을 뜻한다

실제로 몇 가지 가능한 복잡한 상태가 많은 차이점을 만들지는 않는다. 첫째, 큰 동물들이 단지 작은 동물들보다 약간 빨리 간다는 것이다. 오래 전 힐은 그들이 같은 모양이라면 모든 동물들은 똑같은 속도로 달려야만 한다고 생각했다; 그 이유는 동물이 하고 있는 일의 대부분은 다리를 앞, 뒤로 이동시키는데 근거하기 때문이다. 둘째, 작은 동물과 큰 동물 사이의 모양과 한 걸음 한 걸음 에너지 보존 기작에 있어서의 차이점은 큰 동물에게 약간의 이점이 있도록 한다. 그러나 흥미 있는 것은 속도는 어떤 형태에 있어서는

크기에 따라 변하지 않는다. 가장 큰 포유류는 분명히 작은 포유류보다 앞서지는 않는다. 가벼운 무게의 기수를 태운 말은 그레이하운드보다 약간 빠르지만 달리는 치타보다는 느리다. 긴 다리를 가진 낙타는 기린보다 느리고 코끼리는 뚜렷한 속도가 없다.

이외에 빠른 속도는 짐을 운반하는 동물로서 우리에게 별다른 이점이 되지 못한다. 한 동물의 최대 보행속도가 보다 큰 문제인 것은 그 속도로 보행에서 속보까지 전환한다는 것이다. 알렉산더 연구팀의 노력에 감사하면서 우리는 전환점을 위한 좋은 공식을 가지고 있다. 전환은 엉덩이와 땅 사이 거리의 square root의 2.2배 속도일 때 일어난다. 표준 사람이 약 12분에 1마일을 가는 것과 동일하다. 만약 우리의 전형적인 100 파운드와 1,000 파운드의 동물이 같은 모양이라면 보다 큰 동물이 작은 동물보다 4.6배의 긴 다리를 가질 것이다. 그 것은 4.6 square root까지 빨리 걷거나 또는 약 2배 빨리 걸을 수 있다. 크기의 차이점을 고려하면 큰 거래는 없다.

보다 빨리 걷거나 달리기 위해서는 보다 많은 힘이 든다; 육상 선수들의 훈련은 우리가 보다 빨리 갈 때 단위 시간당 보다 많은 에너지가 소비되는 것을 우리에게 말해 준다. 속도는 주어진 거리를 가는데 있어서 에너지 값을 그렇게 많이 변화시키지는 않는다.

중간 결론: 에너지를 적게 소비하여 대사작용을 유지하고 근육을 보다 효과적으로 사용하기 위해서는 크기가 커야 한다; 심장혈관과 근육의 효과는 같다. 이와 같은 논의에 숫자를 붙인다고 생각해 보아라. 귀중한 동물들은 스스로 돌아다니고 자가운송 (self-transport)을 하는데에 최소한의 에너지를 지불한다.(짐을 운반하는데 드는 에너지는 자가운송에 드는 에너지와 비슷하다는 것을 기억하라.) 영리하고 인내심 많은 연구자들의 연구로부터 우리는 개미에서부터 말에 이르기까지 동물들에 대한 자료를 가지고 있다. 그림 10.2는 많은 노력의 결과를 요약한 것이다. 개미는 무거운 것을 들어올릴 수 있지만 말은 먼 거리를 힘들이지 않고 짐을 운반한다. 그 것은 주어진 무게를 주어진 거리까지 운반하는데 소요되는 에너지 면에서 보면 거의 1,000배까지나 이익이 된다.

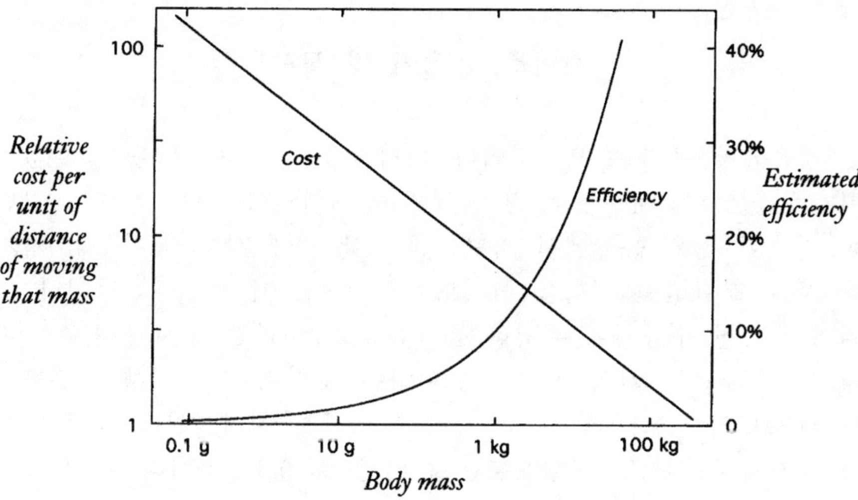

그림 10.2. 자가운송에 드는 최소한의 에너지가 몸무게에 따라 변하는 방법. 왼쪽과 바닥의 기하학적인 눈금을 주목하라(측정단위가 잘 표시되어 있다.).(R. McNeill Alexander, 1999).

우리는 보다 큰 동물이 보다 빨리 걷는다는 것과, 속담처럼 시간은 돈이다 라는 것을 잊지 말아야만 한다. 만약 각각의 트럭이 2배 빠른 속도로 짐을 운송할 수 있다면 트럭운송회사는 현재 소유하고 있는 많은 트럭의 절반만 가지고 있으면 될 것이다. 그래서 말은 보다 큰 생리적 효과로 목적지에 도착할 뿐만 아니라 보다 빨리 도착함으로써 에너지를 절약할 수 있다.

결국 몇 개의 연구결과는 가정과 추측에 더 가깝다. 한 연구에서 몇 마리의 힘 센 개들이 썰매를 끄는 반면 그들이 끌어당기는 썰매의 힘과 속도를 기록하였다. 개들은 10분 동안 몸무게당 4.5와트의 힘을 낼 수 있었다. 그것은 짐을 끄는 말이나 예일대학의 팀 9명이 노를 젓는 것에서 측정된, 몸무게당 3.7와트의 힘과 유사한 비율이다. 다시 말하면 개들은(그리고 말들은) 윌키 곡선(Douglas Wilkie's curve)에 가깝다. 크기도 중요하지만 좁은 범위 내에서 우리와 사역동물의 다른 요인들이 일반적인 규칙의 힘을 흐리게 한다. 비록 쥐와 햄스터의 힘있는 기술을 잊어버린다고 할지라도.

사이즈, 기울기 및 도시

지금까지 우리는 오르막이나 내리막을 걷거나 뛸 필요가 없는 평지에 있었다. 대부분의 경우 평지는 재미있다. 나는 허드슨 강변의 언덕이 많은 동네에서 자랐는데, 7살 경에 본 뉴저지주의 평지를 보고 감탄했던 경험을 아직도 기억한다. 지금은 캐롤라이나 고원의 온화한 구릉지에 위치한 듀럼(Durham)이라는 도시에 거주한다. 당시 듀럼은 두 개의 철길이 교차하는 곳으로, 남북전쟁의 유물로 탄생한 도시다. 산, 강, 항구 등의 두드러진 지리적인 특징이 없어 그 곳으로부터 어느 방향으로든지 떠날 수 있는 곳이다. 이 도시에 처음 온 사람의 경우 그러한 도시의 지면구획이 별나고 혼란스럽게 느끼게 된다. 평범한 직선적인 격자모양의 길은 방사상의 옛 큰 길 사이사이에 조금씩 배치되어, 마치 낯선 이가 방향을 잃도록 의도한 듯이 놓여있다. 이와 같은 여행 경로들은 그 형태와 지도에서의 이름으로 구별된다. 예를 들어 채플힐 가(街), 힐스보로 가, 록스보로 가, 올드랠리 가, 올드옥스포드 가 등은 그 길이 어디로 향하는지 일러준다. 직각으로 교차하는 곧고 넓은 길 사이에 점점이 주택가의 구불구불한 길이 있는, 최근에 생겨난 도시의 형태와는 반대의 형상을 그림 10.3에서 볼 수 있다.

지상에서의 경험은 이러한 방사상의 길이 하위의 더 좁은 길과는 달리 오르락내리락하지 않는다는 것을 알려준다. 그 길들은 고원에 흔히 나타나는 기울기를 피해 오늘날 마치 습관처럼 되어버린 파거나 메우는 과정을 거치지 않도록 설계되었다. 왜 그렇게 기울기를 피하고자 하였을까? 순수한 문화의 유물로 치부하면 안 된다. 왜냐하면 염세주의가 아닌 근육역학이 이런 사태를 가져왔기 때문이다.

동물이 오르막을 올라가는 상황을 생각해보자. 일상적인 이동과 몸의 유지 뿐만 아니라 중력에 반해 체중을 들어올리는 일까지 해야 한다. 일의 크기는 하중이 올라가야 할 높이 뿐만 아니라, 하중

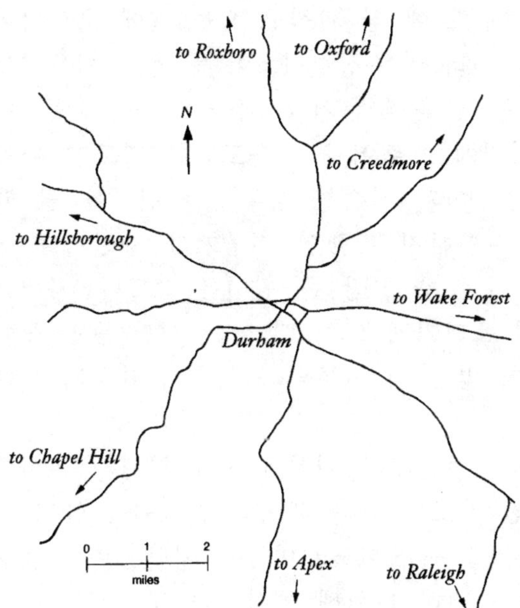

그림 10.3 1920년대 노스캐롤라이나의 듀럼으로부터 뻗어나가거나 들어오는 방사상의 길을 그린 지도. 이 길들은 이후 직선화 되거나 여정이 변경되었다.

자체에 따라 달라진다. 또한 일은 예상된 대사의 지출을 초래하는데, 이는 곧 체중에 비례한다. 그러나 우리가 방금 보았듯이 한 곳에서 다른 곳으로 이동하는 자가 운송의 비용은 체중에 비례하여 증가하지 않고 그보다 완만하게 증가한다. 몸의 유지와 기초대사의 비용도 체중에 비해 완만하게 증가한다. 그러므로 큰 동물은 자가 운송 및 몸의 유지에 필요한 비용에 비해 오르막을 올라가기 위해 지불해야 할 비용이 상대적으로 높아진다. 테일러와 그의 동료들이 이를 정밀히 계산 하였으므로 지금 가상적으로만 논의하는 것이 아니다. 실제로 15도 각도의 언덕을 뛰어 올라가는 침팬지는 평지에서 뛸 때보다 50%의 산소를 더 소모하는데 비해 생쥐는 그 차이가 훨씬 적다. 생쥐는 경로의 각도에 별 차이를 보이지 않으며, 다만 체중에 대비한 산소의 소모가 침팬지에 비해 더 빨라질 뿐이다.

  같은 언덕이라도 평지에서 움직일 때와 비교하면, 말이 수레를 끌 때 말 혼자 올라가는 것에 비해 더 느려지고, 사람보다 말이 더 느려지며, 개보다 사람이 더 느려진다. 듀럼은 장이 서는 도시로,

인근의 농부들이 말이나 노새, 소에 짐을 싣고 오는 길에 오르막이 없다면 훨씬 수월하였을 것이라고 주장한다. 아주 적은 기울기도 짐이 가득 실린 수레를 끄는 말을 늦추거나 세울 수 있기 때문이다. 이에 반해 다람쥐는 평지에는 뛰어가는 속도만큼 빠르게 나무를 올라 갈 수 있다. 우리는 이와 비슷한 상황을 자전거를 탈 때 경험하게 되는데 걸을 때 인지하지 못했던 기울기가 자전거를 탈 때 쉽게 인지된다. 그러나 이 경우 가장 큰 원인은 속도다. 자전거를 탈 때 오르막을 더 빨리 올라가게 되어 더 짧은 시간 동안 들어 올리는 일을 하게 되므로 더 많은 힘의 투입과 산출이 요구되기 때문이다.

우리의 길을 닦는 전술과 정반대의 현상을-내가 언젠가 파나마에서 관찰 한 것처럼-닦여진 경로를 따라 베어낸 잎사귀를 물고 집을 향해 가는 개미들에게서 볼 수 있다. 개미들은 최단경로를 택하는데, 오르락내리락하는 것을 피하기 위해 돌아가는 것을 거부하는 경우가 종종 관찰된다. 그러나 개미들은 이런 최단경로만 택하는 것이 아니라 불규칙적인 장애물을 가로질러 가는 것이 그 경로를 늘릴 경우 그 물체를 우회해서 가기도 한다. 그러나 내가 덧붙이고 싶은 것은 개미만큼은 아니라도 작은 동물의 경우 기울기가 극단적으로 커지면 그 양을 정확히는 알 수 없지만 분명히 추가로 에너지를 소비하게 된다는 사실이다. 바퀴를 러닝머신 위에 걷도록 할 수 있는데(버클리에서 다족류 연구실을 운영하는 풀이 특별히 이런 능력이 뛰어나다), 평지를 운동할 때 소비하는 에너지에 비해 45도 각도로 러닝머신의 기울기를 조정했을 때(겨우) 2배, 90도 각도로 조정했을 때(겨우) 3배의 에너지를 소모하였다.

그러므로 큰 동물은 전체적인 운송 면에서는 크게 유리하고, 속도 면에서 약간 유리하나, 기울기가 있는 경로를 갈 때 불리하다는 것을 알 수 있다. 때문에 한니발이 카르타고의 코끼리를 이끌고 알프스를 넘었다는 데 놀랄 수밖에 없으며, 이사야가 예언한 위대한 지도자에 의해 "험한 곳이 평지가 될 것이요"라던 예언의 의미를 한층 더 잘 이해할 수 있을 것이다.

짐 나르기

유쾌한 경험은 분명 아니겠으나 지난 장에서 인간이 체중의 절반 정도에 이르는 짐을 나를 수 있음을 보았다. 우리가 보는 다양한 짐승들에게 얼마의 짐을 실을 수 있을까? 짐승들의 경우, 짐의 무게가 네 다리로 분산되며 등위나 옆에 짐을 얹을 수 있는 형상을 가졌기 때문에 체중에 비해 더 많은 짐을 나를 수 있을 것으로 예측할 수 있다. 이와 반대로 말과 개를 제외하고는 인간의 대사가 더 효율적이므로 짐승들이 인간보다 짐을 덜 들 수밖에 없다고 예상할 수도 있다. 안전한(또는 인간미가 있는) 짐의 무게는 특정 종류의 동물에서도 매우 편차가 클 수 있으며, 각 동물의 몸무게도 매우 변이가 심하므로 정확한 수치를 예측한다는 것은 불가능할 수도 있다. 그러나 일반적으로 적당한 짐의 무게는 평균적으로 그 동물의 체중의 3분의 1을 넘지 않는다. 당나귀의 경우 체중의 50%까지 짐을 질 수 있다. 공표된 짐의 최대 중량과 동물의 최대 체중으로부터 라마는 체중의 60%를 넘는 짐을 질 수 있는 것으로 계산되나, 나는 두 수치 중의 하나가 틀렸거나 두 수치가 서로 양립할 수 없다고 의심한다.

이런 의미에서 우리 인간은 우리의 짐을 나르는 짐승들보다 더 짐을 잘 들 수 있다. 그러나 이런 계산에는 고래로 전쟁 입안자들을 숙고하게 만든 복잡한 문제가 포함되어있다. 짐을 나르기 위해 짐승을 이용할 경우 험한 길에서도 문제가 없음에도 불구하고 경사진 길에서의 열등함 때문에 문제가 된다. 한 연구에서 두 마리의 당나귀와 두 사람이 각각 제 체중의 3분의 1이 되는 짐을 지고 걷도록 했다. 약간의 짐을 더 얹었을 때 사람들이 이전보다 수행능력이 조금 떨어지는 것을 감안하더라도 당나귀들이 인간들보다 좀 더 손쉽게 짐을 날랐다. 그러나 아주 완만한 경사(2%)에서 인간들이 당나귀보다 나았다. 평균 80kg의 체중을 가진 인간은 같은 경사를 올라갈 경우 내려갈 때 보다 50%의 힘이 더 들었지만, 174 kg

의 당나귀는 같은 일을 하기 위해 2배의 힘이 더 필요했다. 다시 한 번 보거니와, 덩치가 더 클수록 경사지에서의 수행능력이 더 낮아진다.

그러므로 음식의 섭취량 대비 나르는 짐의 무게로 환산하면 쉽게 걸을 수 있는 평지에서는 짐승들이 인간보다 짐을 더 잘 나르는데, 이는 동물들의 상대적인 기초대사율이 낮기 때문이다. 동일한 기준으로 보았을 때 인간과 비슷하거나 약간 큰 동물들은 인간만큼 짐을 잘 나르지 못하는데, 이는 인간이 더 무거운 짐을 질 수 있기 때문이다. 나아가 더 많은 요소들이 계산을 복잡하게 만든다. 나르는 짐에 자신의 먹이도 포함된 경우 상황이 어떻게 달라질 지 생각해보자. 셀룰로오스로부터 에너지를 얻을 수 있는 동물의 경우 남들이 먹지 않는 재료를 먹이로 활용할 수는 있으나, 이것이 그 먹이의 중량이 가볍다는 것을 의미하지 않으며, 가벼운 먹이란 인간이나 개의 입맛에 맞는 고지방식을 의미한다. 물론 짐을 운반하는 개를 사역하는데 비용이 많이 드는 것은 아니지만 크기가 너무 작아서 상당히 큰 짐을 나르기 위해서는 여러 마리의 개가 필요하다. 이 두 가지 요소는 그들의 인상적인 대사율과 끌어당길 때의 힘의 분출을 상쇄해버리기 때문에 인간들이 더 효율적이다. 한 비교에 따르면, 한 마리의 말은 여섯 명의 인간이 먹는 만큼을 소비하지만, 여섯 명의 사람은 한 마리의 말이 질 수 있는 짐보다 훨씬 많이 또 한 마리의 말이 끌어 옮길 수 있는 짐보다 조금 더 질 수 있다.

이로 인해 짐승을 이용해 운송할 때 다른 방법을 사용하게 된 것이다. 앞에서 보았듯이 말의 경우 질 때보다 끌 때 더 많은 짐을 옮길 수 있기 때문에, 짐승에게 짐을 져서 나르게 하기보다 짐차를 끌어 옮기도록 하는 것이 낫다. 그래서 우리는 짐차에 대해 신경을 써야하는데, 짐차는 짐승보다 바닥상태에 대해 민감하기 때문이다. 발굽이 달렸든 안 달렸든 상관없이 말은 염소나 개보다 덜 융통성이 있지만, 가장 훌륭한 짐차보다 발밑의 상태에 대해 덜 까다롭다. 바퀴가 달린 운송기관을 평평하고 단단한 표면에서 이동시키는 것은 그 비용이 거의 들지 않기 때문에 기차가 자동차보다 거의 한 세기나 먼저 출현한 것이다. 그러나 그 운송비용이라는 것은 길이 울퉁불퉁해지거나 물러지면 크게 치솟는다. 그러므로 짐승을 이용해 짐을 끄는 것과 지는 것을 단순히 비교하기는 어려운 것이다. 19세기 미국의 서부에서는 말이나 소가 끄는 대형포장마차를 유지보수하는 것이라고는 계속 사용하는 것 뿐이었던 시대에 평탄치 않은 길을 지나 록키 산맥을 넘었다. 그러나 그 지역은 숲이 우거진 언덕길이 거의 없는 건조한 평원이었다. 한 세기 전, 숲이 우거진 동부의 애팔래치아 산맥에서의 시나리오는 완전히 달랐다. 최근에 쓰여진 워싱턴의 전기에서는 브래독 장군의 군대가 거주지를 떠나 현재의 펜실베니아의 피츠버그(Pittsburgh)에서 패배할 때까지 백 여 마일의 거리를 얼마나 힘들게 이동해 갔는지에 대한 언급이 있다. 당시의 워싱턴은 신중하기에는 너무 젊고 생각이 투박하여 "넓고 잘 닦인 길이 필요한 느리고 무거운 대형포장마차 대신 여러 마리의 말에 짐을 지워 이동하라고 재촉하였다. 미개척지의 좁은 길에서는 말이 훨씬 적합할 것이기 때문이다. 그러나 브래독 장군은 그것이 비록 나아갈 길을 힘들게 개척해야하는 것을 의미할지라도 대량의 포화와 탄약을 포장마차 행렬로 운반하는데만 집착하였다."

지속적으로 짐승들에게 짐을 지게 한 것은 운반로가 거의 없거나 조악했기 때문이지 그것이 전통이거나 기술 수준이 낮았기 때문은 아니다. 비교적 진보한 북유럽에서도 길이 너무 나빠서 바로 몇 세기 전까지도 짐을 진 짐승들이 주요 운송수단이었다. 중세의 영국에서 영주의 곡식을 시장으로 운반하는 것은 소작농의 의무라서 일상적으로 밀, 호밀, 귀리 등의 곡식을 수송했다는 기록이 많다. 등짐을 진 짐승을 이용한 당시의 운송능력은 짐차를 끌었을 때와 비교하여 절반에 불과했고, 농부들은 그 대가를 치뤄야만 했다. 15세기 영국의 양모상인이 바퀴를 이용한 운송수단을 사용하지 않았음을 다음 기록을 통해 알 수 있다: "커다란 짐짝을 말의 등에 올려 수송했는데, 로마에 정복되기 전부터 사용하던 윌트셔와 햄프셔 다운의 옛길을 지나 순례자의 여로를 따라 써레이와 켄트를 지나

메드웨이의 항구에 도달하였다.”

그러므로 상황은 혼재되어 있다. 군대는 가능한 사람을 동원해 운송하는 것을 선호했으나, 그 방법에 전적으로 의존하지는 않았다. 전투에 동원될 수 있는 운반자(사람이든 짐승이든)를 이용하는 것이 그럴듯해 보여도 이는 이론상 그럴 뿐 실제상황에서는 별 도움이 되지 못했다. 병사들은 “패배에 의한(defeat)” 고통보다 “발로부터의 (de feet)”의 고통 때문에 지치며, 등짐이나 짐차를 끌었던 말은 훌륭한 기마대를 만들지 못하기 때문이다. 전통적인 행상인은 직접 짐을 지고 다녔지만 미국 서부의 광부는 화물운송용 당나귀를 몰고 다녔다; 등반을 하는 사람은 정상을 홀로 오를 수 있으나, 하이킹을 하는 사람은 그들의 멋진 속눈썹 때문만이 아닌 다른 이유 때문에 라마를 데리고 다닐 것으로 추측할 수 있다.

제자리에서 일하기

구세계의 고대인들은 도기를 만들거나 썰매의 움직임을 용이하게 하는 것 외에도 바퀴가 유용하게 쓰일 수 있음을 발견했다. 또한 짐을 지거나 짐차를 끄는 것 말고도 가축을 부릴 수 있음도 발견했다. 가축이 한 자리에 고정된 바퀴를 돌림으로써 여러 가지 유용한 작업을 수행할 수 있음을 깨닫게 된 것이다. 이것이 비록 지난 세기에 그 중요성이 줄어들기는 했으나 수천년 간 이어진 기술의 기초가 되었다. 이러한 순환하는 장치를 앞으로 “트레드밀”이라 부를텐데, 이 용어가 일반적으로 포함하는 장치보다 좀 더 다양한 장치들을 포함한 용어로 사용하겠다. 이 장치는 공통적으로 정해진 위치에, 회전하면서 짐승의 근력으로 구동한다; 이런 장치는 현대의 멋진 운동기구와는 전혀 비슷하지 않다. 사람이나 가축이 트레드밀을 돌리는 것을 보면, 짐승과 이를 돌리는 노예나 죄수 사이에 거의 차이가 없음을 알 수 있다.

그림 10.4에서 보는 것처럼 3가지 기본적인 트레드밀의 설계로

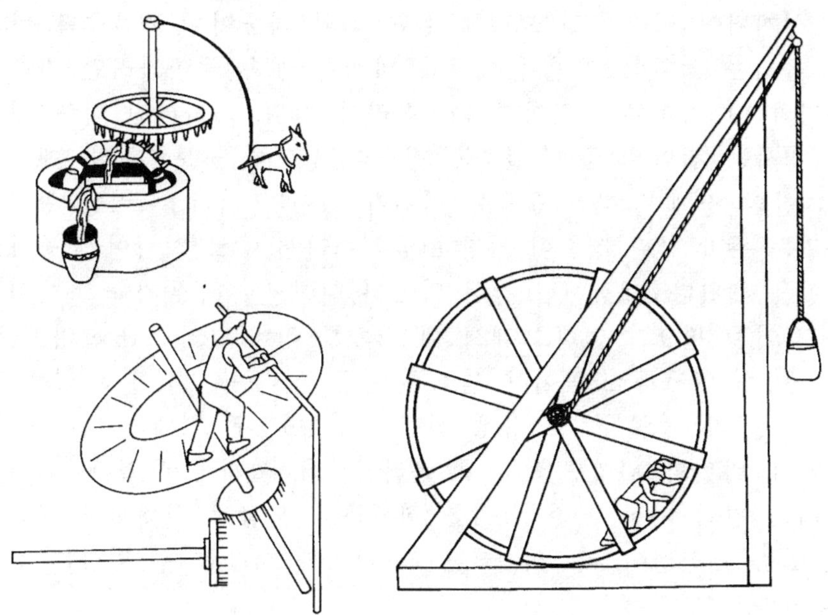

그림 10.4 세 가지 트레드밀 장치. 짐승이 원을 그리면서 걷거나, 사람이 회전하는 기울어진 디스크 위를 기어 오르거나, 여러 명의 사람들이 장바퀴 속을 기어 올라 크레인을 작동한다.

구분할 수 있다. 가장 오래된 설계는 세로축을 가로로 연장한 것이다. 짐승이 단조롭게 원을 그리면서 걸어감으로써 축이 돌아간다. 동물 자체가 회전하기 때문에 이 장치는 자전거 페달처럼 진정한 (비교적 현대적인) 크랭크를 필요로 하지 않는다. 세로축은 연강에서 제구실을 하는 부분과 직접 연결되어 있을 수도 있고(예를 들어, 돌 사이로 곡식을 빻듯이), 그 축이 오늘 날 우리가 베벨 기어라고 부르는 장치를 쌍으로 사용하여 가로축을 돌림으로써 우물로 내려가는 들통들을 올렸다 내렸다 할 수도 있다.

두 번째 트레드밀은 애완용 설치류의 장(cage)에 장착된 운동용 바퀴와 유사한 형태로, 가축이나 사람이 걷거나 기어오를 수 있는 거대하고 속이 빈 바퀴의 형태를 지닌다. 첫 번째 설계에서 구동자가 짐을 끌던 형태와 달리, 이 장치는 구동자가 경사를 기어오르도록 설계되어 있다. 트레드밀에 실린 짐의 하중이 무거울수록 바퀴를 돌리는 저항이 커지기 때문에 바퀴가 계속 돌아가려면 가축은 바퀴의 더 가파른 부분까지 기어올라야 한다. 가팔라진 바퀴 내부의 경사는 짐의 하중에 걸맞는 짐승의 생산력을 보증한다. 애완용 설치류의 장에 장착된 운동용 바퀴가 있기는 하나, 이러한 형태의 바퀴는 두발 달린 짐승이 가장 효율적이라서 주로 사람이 구동자의 역할을 해왔다. 새장처럼 갇혀 있는 형태이므로 구동자를 길들이거나 묶어둘 필요가 없다(그래서 이 장치를 장바퀴(cage wheel)라 불렀다). 이는 구동자로 곰이나 염소를 이용 했다는 기록에서 엿볼 수 있다. 한 때 형벌장치로 유행 했던 약간 변형된 형태의 바퀴는 구동자가 바퀴의 바깥면을 걸어 올라가도록 설계되어 있다. 이러한 형태는 장의 자동 조절 장치를 희생하고 사람에 의해서만 구동될 수 있는 제한점이 있으나, 더 작은 바퀴를 사용할 수 있다는 장점이 있다.

세 번째 설계 역시 짐승이 중력에 반해 기어오르도록 하지만, 일정한 경사의 움직이는 플랫폼을 걸어 올라가도록 설계되어 있다. 바로 우리에게 친숙한 휘트니스 센터의 트레드밀이 여기에 속한다. 그 플랫폼은 짐승을 지지할 수 있을 만큼 견고해야 하나, 두 개의 회전하는 드럼의 외부를 돌아갈 수 있을 만큼 유연해야 하는 좀 더 복잡한 형태의 기계 장치이다. 그러나 경사가 일정하기 때문에 구동자에 대한 제한이 적은 편이다. 일의 양은 경사를 조절하거나 구동자 자신에 의해 조정할 수 있다. 이와 같은 세 번째 설계는 비교적 최근에 만들어졌으며, 19세기 미국의 농촌에서 많이 사용되었다. 장바퀴에서와 마찬가지로, 구동자를 묶어두기 위해 특별한 장치가 거의 필요하지 않은 설계다. 그러나 얄궂게도 구동자를 묶어야만 했던 최초의 설계는 고대인들에게 특히 어려운 문제를 일으켰다.

이외의 설계(또는 기본형태의 변형된 설계) 또한 유용하다. 사람이 두꺼운 판자에 앉아 기울어진 디스크의 바깥쪽을 발로 밀어 움직이는 장치도 있고, 같은 가장자리 부분을 짐승이 걸어 올라갈 수도 있다. 또는 회전하는 세로바퀴의 바깥쪽에 달린 가로장을 아래로 끌어내릴 수도 있고, 바퀴에 걸쳐진 느슨한 사슬을 끌 수도 있다. 현대의 운동기구 설계자들이 르네상스시대의 위대한 기술자였던 아그리콜라 또는 바우어(1494~1555), 라멜리(1531~1608?), 베란지오(1551~1617)의 설계도를 숙지하면 매우 훌륭한 장치를 만들 수 있을 것이다.

우리는 예전의 트레드밀의 효과나 효능에 대해서 아는 게 별로 없다. 그것의 다양한 종류나 신기한 역사에 관한 책을 찾을 수 없었지만, Boswell이나, 최소한 Dava Sobel이나 Stephen Ambrose같은 것이(오래된 맷돌과 같은 종류들) 주목할 만하다. 효능이 뛰어나지 않으리라고 생각하겠지만, 생각보다 효율적이라, 힘들여서 만들 가치가 있었다. 옛날이지만, 수레나 물레 다음에 출현하였는데, 중앙아시아나 인도에서 유래된 것 같다; 조셉 니담도 중국에서 6세기 이전에 사용했다고 주장하지는 않는다. 그 지역에서는 주로 물을 끌어 올려 사용하였으므로 두레박 줄을 움직이게 할 버벨 기어의 발명은(별로 필요하지 않았으므로) 지연되었을 것이다.

그리스 사람들도 기원전 400년경, 회전식 곡식용 방아의 상석을 회전시키는, 비슷한 트레드밀을 사용한 것 같다. 1세기경 폼페이가 망할 즈음, 로마사람들은 노예나 당나귀들을 사용하여, 그림 10.5의 mola asinariae같은 매우 효과적인 곡식방아를 돌렸다.

회전통 바퀴는 로마사람들이 고안한 것이다. 현재 남아있는 것 중 로마공학을 가장 잘 설명하고 있는 것은 비트루비우스의 설명이고, 수에토니우스같이 덜 전문적인 자료에도 언급되어 있다. 얕은 돋을새김 조각에서 분명한 형태를 볼 수 있고, 폼페이 유적에서도 흔적들을 찾아볼 수 있다; 그 중 한 종류가 최근 재생되었다. 그것은 곡식 방아와 마찬가지로, 사람이나 당나귀의 힘에 의존하고 있다. 그러한 바퀴 장치는 크레인의 모터에 부착되어, 높은 구조물이 건축될 때 돌덩이를 들어올리는 역할을 하였다. 수세기가 지난 후 동일한 트레드밀 크레인이, 기술적으로 더 진보한 사회에서 멋진 중세 성당들을 짓는데 큰 역할을 하였다. 어떤 자료

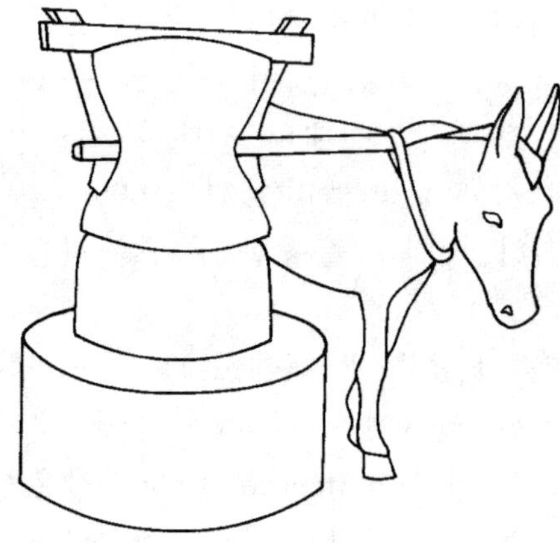

그림 10.5. 로마시대의 곡식방아인 mola asinariae. 이 그림은 당나귀가 돌리고 있는 고대 장비이다.

에 의하면, 직경이 16피트이고, 가로 길이가 8피트인 통 바퀴에 6명내지 8명이 매달려서 일을 하면, 1톤짜리 물체를 들어올려 27피트 운반하는 일을 한 시간에 40회나 할 수 있었다고 한다. 8명이 그 일을 한다고 볼 때, 한사람이 하는 능률은 100와트가 약간 넘는다. 기계로 치면 괜찮은 편이고, 사람이 한다면(계속 일하지 않았던 사람이라면) 상당히 힘든 경우다. 물론, 힘이 덜 필요하면 일꾼도 적어진다; 스미튼의 18세기 자료에 보면 일꾼 1명이 약 90와트의 능률을 갖는다.

물을 퍼 올리는 일은 항상, 고정된 근육을 사용하는 엔진의 주된 작업이었고, 우리는 아직도 손으로 작동시키는 펌프를 사용하고 있다. 샘이나, 강이나, 목조선의 선체에서 작업하려면, 먼 거리를 움직여야 하는 경우가 많다. 어느 로마 광산에서는 8쌍이 움직이는 트레드밀 대형 바퀴로 물을 약 100피트 가량 퍼 올렸다. 곡식방아나 돌을 들어올리는 일에만 이러한 종류의 엔진이 필요한 것은 아니다. 중세 유럽에서는 제재소, 말뚝 박기, 밀가루 반죽기계, 선적 크레인, 풀무 등의 작업에 트레드밀을 이용하였다. 그 뒤에 구이용 꼬챙이를 돌리기 위하여 개를 이용하는 경우도 나타났다.

8세기경 중국 사람들은 사람이 돌리는 외륜선용 트레드밀을 사용하였는데, 니담이 관심을 표시하는 아시아 기술 중 하나이다. 그 배열방식은 두 가지 효과적인 장치를 결합하고 있다. 앞서 본 바와 같이, 트레드밀은 효능이 매우 뛰어나다. 동시에, 배를 끄는 노 젓는 바퀴는, 들어올리는 프로펠러같이 효과적이진 않지만, 작은 배의 노보다 훨씬 편리하다. 노로 움직이는 선체 길이는 선체 표면이 끌어당기기 때문에 덜 진행하게 되어, 노나 노잡이는 조절하기가 어렵다. 그렇다고 노잡이가 많으면 노가 무겁기도 하거니와 여럿이 작동하는 일도 불편하다. 넓적하고 높은 노 젓는 바퀴는 사소한 기계적인 문제만 일으킬 뿐, 쉽게 트레드밀에 결합시켜 배 한가운데 낮은 위치에 놓을 수 있다. 이 장치는 노만큼 좋을 뿐 아니라 제한된 장소를 항해하는 얕은 물 선박의 스크류 추진기보다 낫다; 반대 방향으로 회전하는 1쌍의 측면 바퀴를 장착한 배는, 그 배 길이만큼 짧은 거리에서도 회전할 수 있다. 초기에 대양을 항해하는 증기선은 이러한 노 젓는 바퀴를 사용하였다; 그 당시 비효율적인 석탄을 때는 증기 엔진에도 불구하고 이것을 사용한 것은, 이 추진 성능의 우수성을 말해주고 있다. 1950년대까지 덩치에 비해 꽤 귀엽게 생긴 노 젓는 바퀴를 단 증기선이 허드슨 강을 왕래하곤 하였는데, 그것은 내가 경험한 것 중 가장 즐겁고 편안한 교통수단이었다.

19세기는 트레드밀 기술의 전성기로 불리는데, 그 대조되는 두 장소는 초원과 감옥이다. 1880년경 시작된, 40마리 말이 끄는 콤바인은 밭을 다니며 밀을 수확하고 탈곡하였다. 그전에는 탈곡하려면, 그림 10.6에 있듯이, 대개 말이 작동시키는 고정된 탈곡기에 의존하였다. 이 기계는 사람들이 해체한 후 필요한 농가에서 가져가 사용할 수 있게 만들어졌다. 이 장 시작부분의 인용문은 아이오와 농장에서 탈곡하는 날을 묘사한 것이다. 이 큰 기계는 그 전날 늦게 도착하여 새벽이 되기 전에 설치되었다; 하루 종일 일한 후, 다시 기계를 해체하고 옆 농가로(그 기계를 끄는 말들이) 운반하였다. 재미있는 것은, 원을 그리며 돌아가는 동물들에 의하여 움직이는 이 복잡한 큰 기계가 가장 오래된 트레드밀과 반대로 배열된다는 것이다. 남북전쟁 이후에 출판된 대중잡지인 *Prarie Farmer*(초원의 농부)

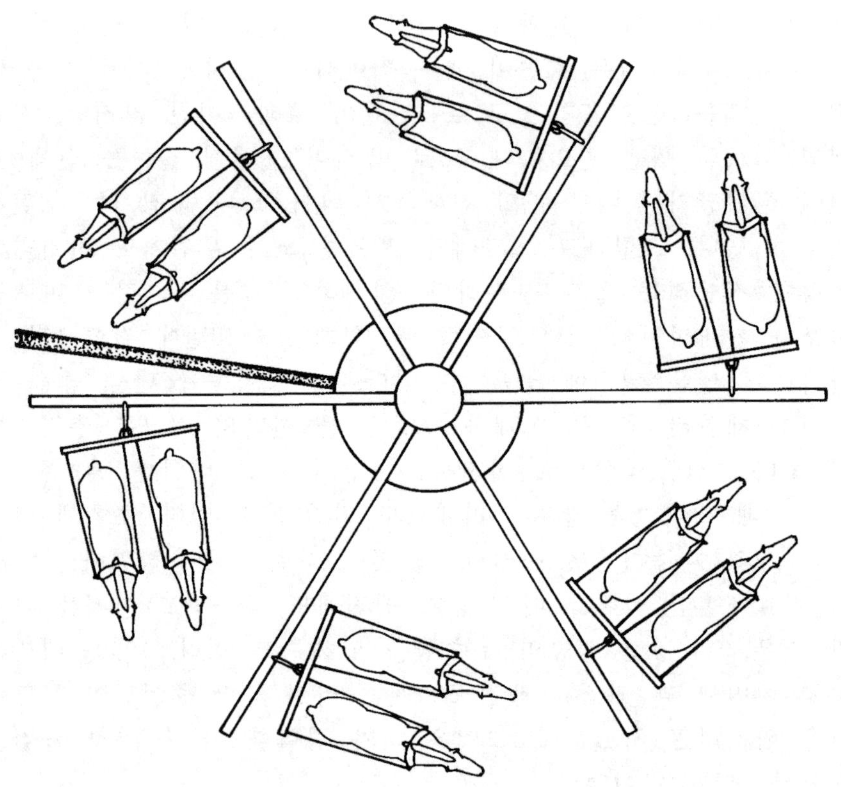

그림 10.6. 19세개의 북미의 큰 대형 탈곡용 트레드밀을 위에서 본 그림. 이 모형
은 동물이 한 바퀴 돌때마다 방사형 축을 한번 넘어야 한다. 다른 모형은 이 축이
동물위로 뻗어있어 그럴 필요가 없다.

는, 트레드밀과 판매광고에 관한 사항으로 가득 채워져 있다. 미해
군 항공모함보다 더 큰 것은, 회전 살을 돌리는 말을 20마리까지도
사용하였다.

　그러나 19세기에는 대부분의 미국 기계가 작아져서, 1마리 내지
4마리 말이 끄는 일반 용도의 기계로 변화하였다. 이 기계는 주로
세 번째 트레드밀 모형을 사용하고, 롤러(roller) 두개와 경사진 벨트
를 사용하였다. "벨트"는 현대 독자들이 오해할지도 모르는데, 가로
나무판을 나란히 묶어 고정시킨 것을 롤러 사이에 놓고 미끄러져
가는, 움직이는 발판 같은 것이다. 그림 10.7은 한 두 마리 말이 끄

는 열린 트레일러이다. 이것은 동력장치를 뺀 트랙터처럼 작동하였는데, 나무톱질같이 힘든 잡일을 할때 창고에서 끌고나와 어디서나 할 수 있었다. 이러한 다용도장치는 1890년까지도 판매되어 20세기까지 사용이 되었다.

 방사형 살이 있는 수평형 제분기의 사용도 비슷하게 변화하였다. 어떤 작업에는 이 둘이 비슷하게 사용되었다. 살은 단순해지고, 커지고, 크기나 잠재력에 비해 가벼워졌지만, 그 대신, 동물을 더 재촉해야 하고, 매회전시 동물이 수평 작동축을 구르게 만들어졌다. 디딤판은 더 작아지고 쉽게 빨리 작동하게 되었지만, 동물들은 더 힘들게 굴러야 하였다. 두 배나 효과적이라고 광고하였지만, 그렇게

그림 10.7. 19세기 북미 농가에서 흔히 사용한 작은 운반용 디딤판.

무리한 주장은 아니었다. 경사진 벨트나, 수직형 바퀴라면, 동물이 올라타며 작동 시킨다; 살이 달린 바퀴라면, 동물이 끌어야 한다. 그렇다. 수레가 말 위에 짐을 얹어서 운반하는 것보다 더 저렴한 비용이 드는데, 그건 바퀴 때문이다. 동물이 커질수록 오르는 힘이 커서 힘이 좋아 진다; 끄는 경우는 크기에 별 상관이 없다. 그러나 크기가 커서 생긴 이점은 앞에서 본 단점이 되는데, 단순히 앞으로 가는 것보다 경사면을 올라가면, 큰 동물일 경우 비용도 그 만큼 많이 든다.

트레드밀 장치는 말같이 큰 힘을 이용한 형태만 있는 것은 아니다. 판매되고 있는 가정용 기계의 경우, 제조사가 강조하는, 개, 염소, 양, 심지어 어린이도 충분히 할 수 있는 버터 휘젓는 기계도 있다. 트레드밀 기술을 보면, 기계화가 반드시 근육을 대신하는 동력 장치화를 의미하지는 않는다. 근육과 작업을 효과적으로 결합시켜 그 과정을 개선하거나, 사람대신 동물을 사용하여 쉽게 일하도록 함으로써 노동을 절약하기도 한다.

그러나 그 기술은 19세기가 끝나기 전에 쇠퇴해지기 시작하는데, 고정된 엔진을 장착한 증기기관이 말 대신 개발되었기 때문이다. 우리는 초기의 증기력에 의한 기술에는 주의를 두지 않고 있다. 이 엔진은 내연기관보다 연료도 적게 들고, 무게도 적지만, 인구가 적은 곳에서만 활용도가 좋게 나타났다. 증기를 이용한 외연기관은 내연기관보다 훨씬 낮은 온도에서 작동하므로, 설비시 멋진 금속이나 정밀 기기가 필요하지 않고 수리도 까다롭지 않다. 게다가, 연소 가능한 것은 무엇이든지 사용할 수 있다. 나는 40년대에 한 번 우리 동네에서 비상 작업하는데 동원된, 장작을 때며 작동하는 증기식 제설기를 본적이 있다. 필요한 장작 나무는 눈이 늦게 치워진 거리에 사는 사람들이 마련하였다; 아마 그 당시에는 장작나무들이 도로를 따라 쌓여 있었을 것이다. 북미 지방의 농가 박물관에는 아직도 커다란 증기식 자가 추진 트랙터를 전시하고 있는데, 그 전의 청소부나 트레드밀같이, 이집 저집 옮겨 다니며, 도착한 후 고정되어, 동력원으로 사용되었던 것이다.

　　트레드밀의 또 다른 중요한 용도는 형벌용이었다. 그 부분에 대해, 그 유명한 옥스퍼드 영어사전의 T자 부분은, 20세기의 전환기에서 비로소, 트레드밀의 형벌 사용을 인정하고 있다. 형벌을 통해 얻는 생산력; 멋진 조합이 아닌가. 죄수들은 일하도록 강요되는데, 어떤 경우는 매우 심하였다. 트레드밀 형벌은 희귀한 종류가 아니었다. 19세기 후반 다윈의 유명한 방어자였던 헨리 헉슬리는 "그를 트레드밀 하는데(감옥에) 보내는 법이 있으면 그 법에 기꺼이 찬성할 텐데"라고 반대자에 대해 불평하였는데, 다른 사람들이 그가 말하는 의미를 다 알 것으로 생각하였다.

　　콧트렐과 카밍가는 산업혁명 이전의 기술에 대한 책에서, 19세기 초 오스트렐리아 사람들은 범죄시 70와트의 힘으로 하루에 12시간이나 일하였는데, 어떤 이들은 트레드밀에서 일하느니 교수형이 낫다고까지 주장하였다. 스미튼이 계산한 90에 비해(숫자의 오차를 고려할 때) 그 수치는 적은 게 아니다. 25%의 효율을 가정한다면, 280와트의 대사율(기초 대사량을 제외한)에 해당 하므로, 12시간을 지속하려면 3000칼로리 이상의 초과 양분섭취가 필요하다.

　　트레드밀은 영국만의 "교정" 장치는 아니었다. 뉴욕시의 최신 역사를 보면, 19세기 초기에 사용되었다고 하는데, "죄수의 건강과 도덕을 고려한 트레드밀의 기원, 설치, 작동, 효과를 다룬 트레드밀의 역사와 함께, 죄수의 처우 및 섭생, 또한 감화제도의 일반적 견해"라는 장황한 제목의 1824년 미국 논문을 인용하고 있다. 이 논문은 트레드밀 동력에 관한 자료도 제시하고 있다. 그림 10.8에 나와 있는 뉴욕 트레드밀에서 죄수들은, 바퀴에서 튀어나온 발판위에 8명이 올라타고 있으며, 바퀴는 지름이 약 5 피트(1.57 미터) 조금 넘고 일분에 3번 돌아가고 있다. 죄수의 체중이 132 파운드(60 킬로그램)라면, 죄수는 거의 140와트의 힘으로 일해야 한다. 그 보고서에 따르면, 책임당번제에 따라 한 사람이 삼분의 일 동안 쉰다면, 지속적으로 생산되는 힘은 하루에 10시간 이상, 90와트 이상이었다. 스미튼의 자료는, 유쾌하지 않은 섭생법과 마찬가지로, 다시 한번 확인되고 있다.

그림 10.8. 1824년 당시의 벨뷰(Bellevue)소재 뉴욕시 감옥소의 트레드밀.

물론 현명하게 사용하면(상식적인 의미로), 트레드밀은, 유산소운동을 할 수 없는, 투옥된 사람에게 좋은 일 일수도 있다. 이것은 죄수를 위한 운동과 벌칙을 합한 것으로, 감옥소 빵집을 위한 곡식 방아 찧기 같은 유용한 작업이 될 수도 있다. 뉴욕 트레드밀에 관한 보고서는 보면, 육체적 손상이 거의 없는 것을 강조하고 있는데, 그것을 보면, 죄수들의 건강을 위해 강제로 사용하였다는 주장도 일리가 있는 것 같다. 트레드밀을 하는 이들에게는 음식도 충분히 제공되었다. 그러나 형벌의 성격은 분명해 보이는데, 다루기 어려운 죄수나 반항하는 이들이 트레드밀 형벌을 받은 후 재빨리 그 태도를 바꾸었다는 주장으로 보아 그렇게 추측할 수 있다. 대부분의 죄수들은, 부모를 죽인 잔혹한 살인자 보덴스가 아닌 단순한 방랑자였다.

드물지만, 아직도 트레드밀이 존재한다. 1950년경 북 아프리카에서 작동하고 있는 것을 한 동료가 본적이 있고, 다른 하나는 비슷한 시기에 지중해 발레리 군도 중 하나인 이비자(Ibiza)에서 사용되었다. 더 최근에는 스타이르마스터(Stairmaster) 훈련 기계같이 보이는 것을 사람이 계속 올라타며 작동하는 펌프로서, 방글라데시에서 관개작업에 흔히 사용되는 페달 펌프가 보고 되었다.

제 11 장
소와 말

소에 관한 한 나는 어디에서나 성공을 거두었다. 그러나 말은 그리 성공적이지 못 하였다. 특히 암놈 말은 유머에 자주 나오지만 고지대에서 키운 말들보다 선역(腺疫, strangles 말의 전염병 중 하나)에 잘 걸리는 것이 흠이며, 그 외 다른 장애는 눈과 다리에 주로 발생한다. 만약 망아지에 어떤 장애가 생긴다면 당신은 푼돈을 받고 팔아버리게 될 것이며. 다리가 부러지는 등 사고가 생긴다면 당신은 그들을 살 처분, 즉 없애버리지 않으면 안 된다. 소라면 다른 방도가 있었겠지만. 왜냐하면 그럴 경우 푸줏간에 내다 팔 수도 없어서 그 고기덩어리는 농장에서 사용하는(비료나 사료로) 수밖에 없다.

— 몬로우(Prou De Monroy), 1796

지구상의 동물 중 2개 과에 속하는 동물들만이 짐수레를 끄는 일에 이용되고 있다. 말과에는 말, 당나귀, 노새가, 소과에는 소, 야크, 물소가 그들이다. 말은 인간과 훨씬 친숙하고 패션에도 자주 이용된다. 도시에서 짐을 끄는 일에서 말보다 적당치 못한 암소, 거세된(고환을 제거한) 수소들(고환을 제거하면 수소가 암소처럼 온순해진다)은 은퇴하여 시골 마을에서나 이용되게 됨으로써 서구에서는 말이 도시에서 운송수단으로의 역할을 해 왔다. 속도감 있는 자동차 경주에 식상한 사람들 사이에서는 오늘날에도 경주 말은 경마에서 뜻밖의 경쟁상대의 자리를 굳건히 지키고 있다(경마에 특별한 관심을 기울이고 있다). 즉 그들은 그들만의 박물관, 국제 말 박물관을 가질만한 가치가 충분하다. 그들은 아직도 우리의 문학과 유머의 좋은 소재로 사용되며, 우리들은 승마상(말을 타고 있는 조각상)과 심지어는 말을 위한 묘지까지 만들어 놓고 있다. 비록 역사적인 제1위는 소에게 돌아간다 해도. 발람(구약성서의 민수기 22장 23절에 나오는 히브리의 예언자)은 당나귀를 타고 다니기는 했지만 당나귀가 밭을 가는 일에 이용되거나 수레를 끌었다는 기록은 없다. 따라서 과거 농가의 장비들은 말보다는 소에게 더 적합한 작업을 위한 장비를 필요로 하게 되었다.

　말이나 소 어느 쪽도 그들만의 세계인 자연계에서는 물론 아무 것도 끌지 않는다. 짐을 운반하거나 사람을 태우는 것은 동물 자신이 뱃속에 내장(위, 간, 소장, 대장과 같은)을 갖고 있는 거나 새끼를 밴 암놈이 뱃속에 태아를 갖고 있는 것과 다를 바 없지만 다만 한 가지 그 양이 많고 적은 차이 뿐이다. 이에 비해 수레를 끄는 것은 동물을 이동 기구로 사용하는 것이다. 그러나 이는 동물의 진화과정에 비추어 볼 때 진화 과정과는 전혀 다른 방법으로, 또 사람이 정상적으로 자전거를 타는 것과는 또 다른 일이다. 동물이 수레를 끄는 것이 어려운 일이라는 것은 놀라운 일이 아니다. 놀라운 것은 마차를 끄는 것이 일상적인 일이고 널리 보급된, 그리고 끊임없이 행해지는 일과가 되었다는 것이다.

마구들

　오늘날까지도 아시아에서는 많은 수의 소들이 짐수레를 끌고 있다. 한 평가기관의 보고에 의하면 인도에서만 7천만 마리의 소가 일을 하고 있는데, 그 노동력을 환산해 보면 인도 전체의 전력 발전량과 거의 맞먹는 양이라는 것이다. 짐수레와 소를 연결하는 것은 더 이상 간단해 질 수 없다. 소 한 마리가 끄는 수레를 보면 그림 11.1에서 보는 것과 같이 실린더 모양의 빗장인 멍에는 포크(소

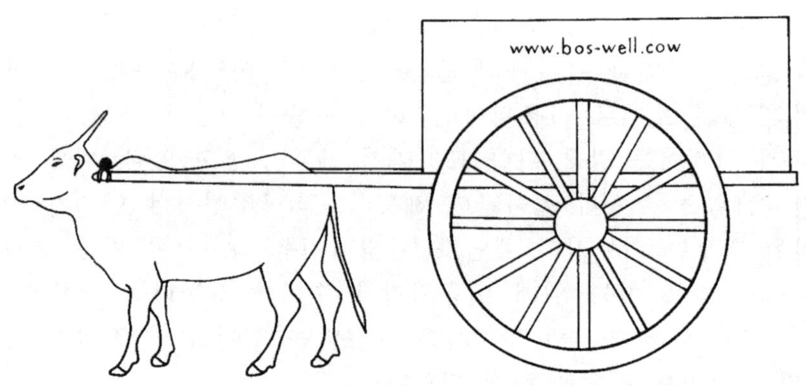

그림 11.1. 남부 인디아에서 사용되고 있는 것과 같은 소가 끄는 수레

를 수레에 연결하기 위해 수레에서 소 쪽으로 포크모양으로 나와 있는 장치)의 앞 끝을 연결한다. 포크와 멍에는 수레를 소와 연결시키며 멍에는 양 어깨사이에 있는 육질의 지방덩어리 혹 앞쪽을 누르고 있는 모양이며 이 멍에로 수레를 끌게 된다. 이 지방덩어리 혹은 중국이나 인도산 제뷰(zebu)종의 소에서 특히 잘 발달되어 있다. 일반적으로 끈(목띠)이 소의 목 주위에 둘러져있고 이것은 목걸이보다는 약간 굵다. 이것은 수레가 혹을 내리치거나 수레의 무게가 뒤쪽으로 쏠리면 멍에가 위로 치솟는 것을 방지하기 위함이다 . 2 마리가 끄는 마차의 경우 멍에는 수레의 앞쪽에 위치한 싱글 폴의 양쪽으로 뻗쳐있다. 이러한 배열은 수 천년동안 이어져 내려왔지만 그 주된 결점은 소의 혹이 멍에를 끌어당기는 일을 함으로써 혹에 궤양을 유발하는 것이다.

소는 암소이건 수소이건 수레를 끄는 일에 안성맞춤이다. 그러나 그들은 지친 듯 느릿느릿 걸으며 아무리 짐을 적게 실은 때에도 매우 느리게 움직이는 짧은 다리의 동물이다. 이에 반해서 말은 보다 열심히 수레를 끌며 더 빨리 움직인다. 짐을 적게 실은 때에는 오랜 시간동안이라도 빠르게 움직일 수가 있다. 사람들은 투우에는 많은 흥미를 갖지만 암소경주에는 흥미가 없으며, 소 기병대가 있다는 말은 들어 본 적이 없다(세계 어디에도 없다). 그렇지만 수레를 끄는 일에는 소가 제일이다. 말과는 거의 6천여 년 동안 가축으로서의 역할(집일을 하는 동반자로서)을 잘 해 왔지만, 짐을 나르는 일과는 달리 마차를 끄는 일을 한 것은 기껏 지난 천년 남짓한 동안에 지나지 않는다. 일찍이 인류는 소와 말을 수레를 끄는 일에 알맞은 동물로 생각하고 수레를 끄는데 필요한 마구들을 조합시켜 왔다.

이러한 역사적 배경이 말이 수레를 끌도록 하는 데 어려움이 있음을 암시하고 있다. 말은 신대륙(여기에서는 아메리카대륙을 뜻함)에서 진화되었고 재래종 말들이 짐을 끄는 일에 그들의 능력을 집중하는 데 적어도 2가지 기회를 가졌다. 그 첫째 경우는 지난 빙하기 후에 도착한 수렵생활을 하던 구석기 시대의 인간들이 북아메리카의 평원에서 말들을 발견하였으나, 그 말들은 그 후 얼마 안 가서 멸종되고 말았다. 하지만 그 멸종의 책임이 인간에 있는 것은 아니다. 즉 이들을 사냥하지도 않았고, 또는 박해하는 등의 행동을 하지도 않았다는 것이다. 그 후 말들이 유라시아의 스텝지대(시베리아의 수목이 없는 대초원 또는 유럽의 남동부·아시아 남서부의 대초원)에 나타남으로써 사람에 의해 길들여졌을 것으로 추측할 수 있으나 사실은 그렇지 않다. 16세기에 스페인은 멕시코의 북 쪽으로 영토를 확장하였으며 이 때 그들이 데리고 간 상당량의 말들이 야생화 되어 북아메리카에서 이들이 멸종 된지 약 1만년 만에 새로운 동물상의 한 부분으로서 그 종을 추가하게 되었다. 이 시기에 원주민들이 그 말들을 가축화하였으나 단지 승용과 짐을 나르는 용도에 그쳤다. 구대륙(유라시아를 가리킴)에서는 말, 당나귀, 그리고 나중에는 노새 등이 마구가 채워질 때까지 승용과 짐을 나르는 용도로 수 천년동안 이용되었다. 그 후 수 천년동안 말은 가벼운 군용 전차와 경주용 마차를 빠르게 끄는 데에만 이용되었다. 고대인들이 무거운 짐을 운반하기 위해 소보다 말을 이용하는 것에 더 관심을 가졌다는 것은 소를 이용하는 어려움을 거듭 강조하고 있는 것이다. 경량(가벼운 짐)에 기초를 둔 기갑부대, 말이 끄는 전차는 고대 수메르와 바빌로니아에서 처음으로 개발되었으며 비슷한 시기에 중국에서도 개발되었다. 그 후 전쟁 시에 군사들이 말을 탄, 즉 기병대가 만들어진 것은 그보다 뒤인 페르시아와 그리스에서 동시에, 또는 어느 한 쪽에서 시작된 것 같다. 왜냐하면 유라시아의 말들은 그 크기가 너무 작기 때문에. 북아프리카의 큰 말들이 주로 이동하는 데 이용되었으며 페르시아 인들로부터 마술(馬術)을 배우는 것은 물론 알렉산드리아 군대(알렉산더 대왕의 군대)를 태우는 데 이용되었다.

전차는 고대 그리스의 꽃병에 새겨진 그림에 자주 등장하는데 이를 통해서 그들이 말을 어떻게 이용하였는지를 알 수 있다. 한 마리가 끄는 전차는 차대의 앞부분에서부터 위로 뻗치고 말의 뒤를 가로지르는 장대(지주)를 한 개 갖고 있다. 그러나 2마리, 4마리가 끄는 전차가 더 자주 나타난다. 그림 11.2에서 보는 바와 같이 4마리가 끄는 전차에서 지주는 두 말 사이에서 앞으로 나가있어서 보기에도 이상하지 않도록 되어있다. 그러나 그것은 멍에와 목 띠에

그림 11.2. 네 필의 말이 끄는 그리스식 전차에 네 마리 말의 배열 상태. 노스 캐롤라이나에 있는 랄레이 박물관에 소장되고 있는 화병에 그려진 그림(여기 에서는 간단하게 그렸음)

연결된 앞 끝이 높다는 같은 특색을 갖고 있다. 역사적, 실험적 증거로 봐서 말의 경우 이러한 방법으로는 효과적으로 끄는 일을 할 수가 없다. 고전적 증거는 1931년에 한 퇴역한 프랑스의 기병대 장교인 리챠드의 측정(치수)에 의해 이루어졌다. 그는 그러한 멍에와 목띠를 가지고 짐을 끌 경우 말은 현대의 마구를 가지고 끄는 말이 끌 수 있는 무게의 1/4 내지 1/3 정도밖에 끌 수 없다는 것을 증명하였다. 이러한 비효율적인 문제들은 전차 등이 사용되면서 다소 나아졌다. 그렇게 작은 마차를 4마리의 말이 끈다는 것은 자동차에 커다란 엔진을 장착하고 기어는 낮은 것(저단)으로 하고 그 외에는 모든 것을 빠뜨려 버린 것처럼 우리 눈에는 어리석어 보인다. 가로지르는 큰 융기들은 전차가 갖고 있던 큰 바퀴를 채용하였다. 그러나 그 바퀴들은 그 구조가 너무 가벼워서 평평한 지점에서 발전되었다. 만일 그 바퀴들이 붙박아진다면. 아데나(Athena, 고대 그리스 신화에 나오는 지혜·예술·전술의 여신)는 밤에 그의 전차를 들어 올려서 바퀴를 떼어낼 특별한 부하 여신이 필요했다. 후일 로마법에 따르면 2마리의 말이나 노새가 끄는 마차는 오늘 날 우리가 비행기로 실어 나르는 무게인 400파운드(180킬로그램)이나 나가는 짐을 혼자서 나를 수 있는 사람 둘을 경호하는 것만도 못했다.

르페브르 드 노뜨(Lefebvre des Noettes) 후 우리는 전통적으로 마차를 말에 연결하는 방법이 적당치 못한 것은 말에서는 소의 높은 어깨가 없기 때문으로 돌렸다. 그래서 멍에를 채울 수 없었으며 목띠가 모든 하중을 받게 되었다. 그때까지는 멍에 대신에 목띠의 장착은 목띠가 후방은 물론이고 위쪽으로도 끌 수 있다는 것을 의미하였다. 목띠는 목에서 아래 부분으로 달리는 대롱(여기에서는 기관을 말함)을 통해 숨을 쉬는 동물에게는 가장 좋지 못한 방향인 목과 직각을 이루었다. 그래서 하중이 증가되면 말은 숨이 막히게 되었으며, 가벼운 짐을 실은 때에는 앞으로 질주할 수가 있는 반면에 보다 무거운 짐을 실으면 꼼짝 할 수 없게 되었다. 그러나 그것은 문제의 일부분에 지나지 않았다.

불리한 조건은 다른 두 개의 인자에서 비롯되었다. 하나는 그림

11.3에서 보여주는 바와 같이 멍에와 목띠가 짐을 너무 높게 단다
는 것이다. 그들의 무게에 대하여 말의 다리는 소의 다리보다 길다.
이 동물에게 어떻게 로프를 맬 것인지 한 번 상상해 보라. 허리나
엉덩이 높이 정도면 아마 적당할 것이다. 거대한 무리가 썰매를 끄
는 고대 이집트의 부조에서 보면 말들의 어깨 너머로 로프가 있는
것을 볼 수 있다. 그러나 그들이 똑바로 서서 앞으로 대하고 있는
자세는 로프의 위치와 마찬가지로 일상적인 노동을 하고 있는 자세
가 아니라 오히려 어떤 예식의 자세라고 하는 것이 어울린다. 만약
당신이 당신의 어깨 너머로 로프를 매어야 한다면 뒤로 밀어 넣기
위해 몸무게와 근육의 힘을 합하여 그 자리에서 앞으로 많이 굽혀
야 할 것이다. 이에 대해서는 몇 장 뒤에 언급하겠다. 당신의 전방
의 힘은 뒤에 지고 있는 후방의 힘과 균형을 이루고 있다. 네 발을
가진 동물인 말은 선택권의 유용성을 감소시키면서 두 발을 가진
사람들처럼 쉽사리 굽히지(구부리지) 않는다. 말은 몸통의 방향이
고정된 것처럼 행동한다. 이런 체형에서는 후방의 힘의 위치가 높
으면 높을수록 몸은 뒤로 기울어지는 경향이 있다. 이는 말의 앞다
리를 지면에서 떼어내는 것을 의미하며, 근육은 말의 체중의 일부
분으로만 반작용을 할 수 있다. 다음과 같은 동작을 취해 보면 더
쉽게 이해 할 수 있을 것이다. 즉 카펫 위에 서 있는 장난감 말(또

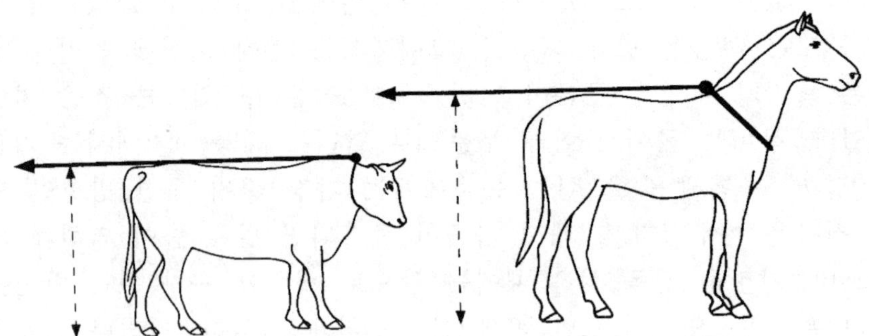

그림 11.3. 높은 멍에를 한 소와 말에서는 화살 표 방향의 선을 따라 힘이 작용된
다. 지렛대가 크면 클수록 말의 전면을 들어올리는 경향이 있음을 주목하라. 소와
말은 같은 몸통 길이와 같은 다리(발) 놓임(자세)을 갖고 수레를 끌어 왔다.

는 네 다리를 가진 다른 구조물, 예를 들면 의자)과는 다른 높이로 매어진 줄을 뒤로 잡아당겨 보는 것이다.

다른 불리한 조건은 힘의 집중력이다. 띠는 말의 신체의 앞부분에 하중을 받게 한다. 그래서 하중은 큰 긴장감으로 작용하게 되며 힘을 쓴 부위에 의해 나누어진다. 판자 위에 앉아 있는 것은 좁은 기차선로 위에 앉아 있는 것보다 안정감을 준다. 체중은 변함이 없는데 판자는 체중을 넓게 분산시켜 긴장감을 감소시킨다. 소의 멍에 역시 같은 문제를 가지고 있지만 우연치 않은 소의 해부학적 특성인 충격을 흡수할 수 있는 지방덩어리 혹이 힘의 집중을 감소시킨다. 우리는 종종 우리 자신이 짐을 질 경우, 남극탐험에서 시련을 겪은 스콧(영국의 탐험가)처럼 우리는 가슴에 격자모양으로 끈을 맨다.

멍에 대신 흉대(마차를 끌기 위해 마차에서부터 말의 목 부분에 연결시킨 끈)와 목 띠는 훨씬 더 효과적이었으며 그것은 중국과 서양에서 다 같이 사용되었음을 알 수 있다. 그것은 하중을 줄여 주고 목 부위에 장착함으로써 기관(숨관; 코에서부터 폐에 이르는 공기의 통로)이 죄어지는 것을 줄여 줄 수 있을 것이다. 그러나 그것은 여전히 하중을 집중시켰다. 이 문제에 대한 해결은 유럽에서는 중세기 초에, 아시아에서는 9세기나 10세기 초에 이루어졌다. 그림

그림 11.4. 이 말은 현대의 목띠를 갖추고 있다. 하중은 보다 아래로 내려가고 잘 분산되어있다.

11.4에서 설명하고 있는 것은 견고하지만 충격을 흡수하는 현재의 말 목 띠(말의 목 부위에 다는 마구)이다. 목 띠는 이 세 가지 문제를 모두 해소시켜 주었다. 첫째, 말의 기관(trachea, 氣管)에 가해지는 힘을 최소화하였으며, 둘째, 힘의 높이를 낮추어 주었으며, 셋째, 견대(肩帶 pectoral girdle, 해부학 용어로 어깨부위를 말함)에 있는 여러 가지 뼈로 힘을 분산시켜 주었다. 그것은 매우 중요한 것이다. 말 한 마리가 다른 말의 앞쪽에서 마구를 장착할 수 있도록 그것은 장대에 의한 것과 같이 하중에 대해 길이로 된 끌잇줄(말이나 소가 수레를 끌기 위한)에 매어질 수 있게 되었다. 도로의 폭은 두 마리의 말을 옆으로 나란히 매는 것, 즉 병렬연결을 제한할 수 도 있다. 그러나 앞뒤로 연결하는 직렬연결은 이런 제한을 받지 않는다. 병렬연결은 도로가 정비되어 있지 않은 시골에서는 중요하다. 그리고 도시의 거리 디자인에도 그 유용성이 반영되고 있다. 미국 서부의 솔트레이크 시티(미국 유타주의 수도)와 오스트레일리아의 내륙 도시인 발라라트(Ballarat)와 벤디고(Bendigo) 등은 그들의 넓은 시가지 도로를 여러 마리의 말이 끄는 마차가 U 턴을 할 수 있도록 만들었다. 길이로 된 끌잇줄은 마차를 끄는 데는 안성맞춤이나 말 한 마리가 한 줄을 혼자 끌고 나갈 수가 없기 때문에 포장마차대(미국 서부 개척시대의 포장마차대)는 쉽게 후진시킬 수가 없었던 것이다.

우리의 언어는 말을 수레에 매는 경우와 소를 수레에 매는 경우 각기 서로 다른 특징을 나타내는 단어를 보존하고 있다. 동사를 예로 들면 "소에는 멍에를 얹는다(yoke oxen)" 라고 하고, 말에는 "마구를 채운다(harness horses)"고 하며 집합명사로 한 쌍의 소를 영어로는 "yoke of oxen" 라고 하지만 한 수레에 맨 여러 필의 말을 나타낼 때는 "team of horses" 라고 한다.

**소는 한 마리 두 마리, 말은 한 필 두 필.

말과 관련된 장치 및 기술

효과적으로 말을 말뚝에 매려면 또 다른 기술을 필요로 하게 되는데, 현대 도시인들에게는 익숙하지 않은 기법이다. 막대에 비하여 봇줄을 사용하면 말들을 연속적으로 묶는 데는 도움이 되지만, 평형을 유지하는데는 다소 문제가 있다. 만약, 말 또는 소 두 마리를 달구지나 쟁기에 각각 별도로 연결한 후, 두 마리를 함께 나란히 매게 된다면 누가 끌게 될 것인가? 게으르고 느린 놈은 전혀 짐의 무게를 느끼지 못할 것이다. 또한, 안쪽에 위치한 놈이 짐 무게의 대부분을 지탱하며 끌고 와야 할 바깥쪽에 위치한 놈에게 별다른 요청 없이도 회전이 가능하겠는가? 이러한 문제점을 해결할 수 있는 방법은 물추리막대를 사용하는 것인데, 이는 육상수송 역사에 있어 매우 중요한 도구로 활용되어 왔다. 이러한 물추리막대(그림 11.5)는 마치 생물의 진화과정을 그림으로 나타낸 도표와 비슷한 구조이다. 결정적으로, 각각의 동물들은 항상 옆으로 댄 막대의 끝 부분을 끌게 된다. 이러한 기구를 사용하면, 동물들은 완전히 나란한 상태에 있지 않더라도 비교적 효과적으로 끌 수 있게 된다. 막대의

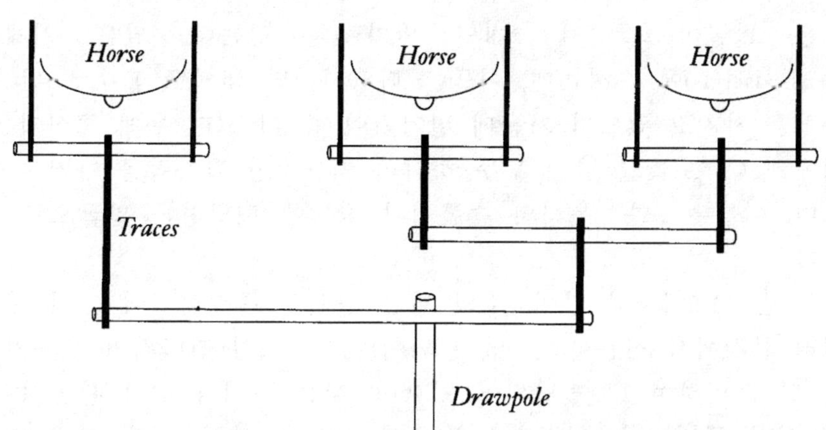

그림. 11.5. 비슷한 힘을 가진 세 마리 말을 묶을 때 사용되는 물추리막대 구조

상대적인 길이는 동물의 수나 동물의 수송 능력에 따라 달라질 수 있다. 더욱이, 물추리막대는 충격을 흡수하는 역할도 하며, 동물들의 갑작스런 당김으로부터 수레가 떨어져 나가는 것을 막아준다. 이러한 기능은 소에 비하여 말의 경우, 더 중요하게 작용한다. 또한 수레가 회전을 할 때, 마치 자동차의 기아변속과 마찬가지로 일정하게 중심을 잡아주는 역할도 한다.

물추리막대는 11세기 경에 사용되기 시작했는데, 이는 말의 마구가 사용되기 시작한 직후의 일이다. 초기에 사용되었던 기구를 확인하기가 쉽지는 않지만, 그 비슷한 예는 북부 프랑스 지역(Bayeux Tapestry)에서 볼 수 있는 약 70미터 길이에 51센티미터 정도 되는 아마포에 그려진 그림에서 찾아 볼 수 있다. 지금은 이 융단이 프랑스 Bayeux에 있는 예전에 주교저택으로 사용되었던 곳에 전시되어 있는데, 영국이 노르만을 정복한 전쟁(the Battle of Hastings)을 기념하기 위해 묘사한 자수에 나타나 있으며 1066년과 1077년 사이에 만들어진 것으로 알려져 있다.

세 번째로 중대한 고안 장치로는 편자(말굽)를 들 수 있는데, 이 또한 비슷한 시기에 사용되기 시작했다. 소과와 말과 사이에 볼 수 있는 발의 구조적 차이는 오늘날 이들을 분류하는 기준이 되고 있다. 소과는 우제류(Artiodactyla)에 속하며, 이러한 동물은 모두 짝수인 2개 또는 4개의 발가락을 가지고 있다. 특히 소과에 속하는 동물은 발굽이 갈라져 2개의 발가락을 갖는다. 말은 기제류(Perissodactyla)에 속하는데, 이들은 다양하지만 대체로 홀수로 된 발가락을 가지고 있으며 가운데 발가락이 좀 더 크며 무게 중심이 여기에 있다. 오늘날 말은 모두 하나의 기능적인 발가락을 가지고 있으며, 이들은 모두 우리의 손톱이나 발톱에 해당하는 말굽으로 걷는다.

그림 11.6에서와 같이, 소의 발은 말처럼 특수화되어 있지 않고 여러 환경에서 적응할 수 있게 되어 있다. 소의 전반적인 운동자세는 말에 비하여 덜 발달되어 있으며, 짧은 다리와 대사 활동이 적은 것이 특징이다. 일반적으로 소는 어느 곳에서나 잘 걸어 다닐

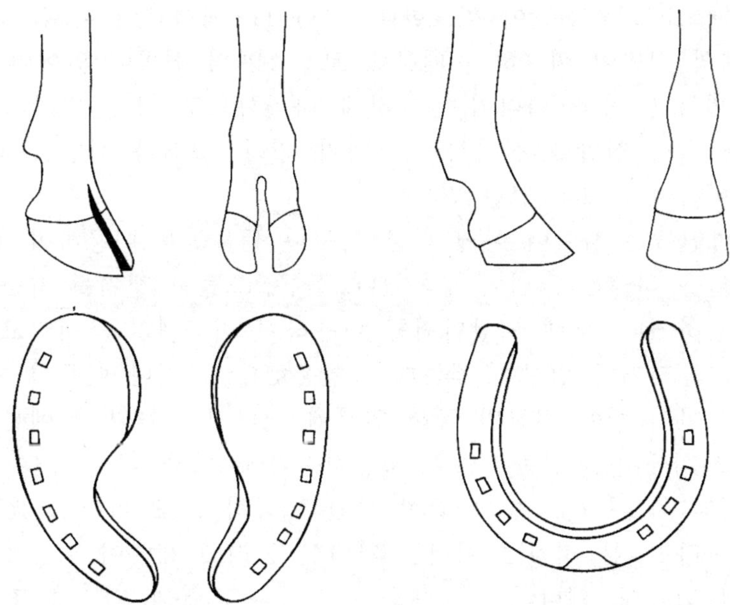

그림 11.6. 소와 말의 다리, 그리고 각각의 발굽에 씌운 신발. 소는 한 다리에 2개의 신발이 필요하기 때문에 모두 8개의 신발이 있어야 한다.

수 있게 되어 있다. 이에 반하여, 말은 중앙아시아나 북아메리카와 같은 건조한 초원지대에서 보다 더 잘 달릴 수 있게 되어 있으며, 이들의 특수한 발굽구조는 이러한 환경에서 진화된 결과로 볼 수 있다. 편자를 박지 않은 말들이 서부 아메리카로 건너갔으며, 오늘날 야생마들이 노스캐롤라이나의 해안을 형성하고 있는 모래톱 섬에서 잘 지내고 있다. 습기가 많지 않거나, 바위가 많은 곳이 아니라면 말들이 지내는데 별다른 문제가 없다. 그러나 돌로 된 아스팔트나 습기가 찬 땅에서는 발굽에 금이 가거나 썩기 쉽다. 발굽에 덧을 씌우지 않고 징을 박기 시작한 것은 약 900년 전의 일이다. 편자의 실용성에 대해서는 반론의 여지가 없으며, 특히 중세기에 사육했던 말과 같은 큰 동물의 경우는 더욱 그러하다. 오래된 옛 편자의 크기로 볼 때, 13세기와 15세기 사이에 편자의 크기가 증가한 것으로 보인다.

물론, 소들도 신발이 필요한데, 그림 11.6에서와 같이 한 다리마다 2개의 신발이 필요하기 때문에 모두 8개의 신발이 있어야 한다. 소의 발톱은 땅을 디디기 편리하게 바깥쪽으로 약간 벌어져 있으며, 한 개의 신발을 신어서는 효과가 없다. 그러나 신발의 효과는 말에 비하여 비교적 덜한 편이다.

로마인들은 사람이 아닌 다른 도구나 동물들을 이용하여 효과적으로 일을 하려는 노력이 부족했다. 물론, 그들도 쟁기를 가는데 소를 이용하거나, 노새와 당나귀를 이용하여 허드렛일을 시키고 물레바퀴를 돌리거나 방아를 찧는데도 활용했다. 그러나 이들이 기여한 것은 로마의 힘에 비하면 극히 일부에 지나지 않는다. 노예를 고용하는 사회에서는 일반적으로 노동력절약에 대한 기술혁신이 거의 이루어지지 않는다. "이와 같이 값싼 노동력이 또 어디 있겠는가?"라고 한다면, 본 저자는 이러한 간단한 논리에 대하여 의문을 가질 수밖에 없는데, 왜냐하면 노예들도 식사와 의복과 거주할 집을 마련해 주어야 하며, 심지어 자본투자까지 해야 하기 때문이다.

그러나, 중세기에는 노동절약 기술이 크게 향상되고 매우 정교해졌음을 알 수 있다. 즉, 노가 없이도 배를 항해할 수 있게 되었으며, 물레방아와 풍차의 발명 등이 바로 그 예이다. 로마인들도 물을 이용하여 곡식을 빻는 것을 알았으나, 그들은 이를 일반화하지는 않았다. 1086년 영국 왕 윌리암 1세 때의 토지대장(Domesday Book of England)에 의하면, 그 당시 영국 내에는 약 5,624종류의 제분기가 있었다고 기록되어 있다. 풍차는 원래 페르시아 또는 아프가니스탄에 유래한 것으로 알려져 있으나, 오늘날과 같이 수평축을 갖춘 풍차는 중세기 때 북유럽에서 발명되었다. 이러한 발명은 물레방아를 돌리는데도 그 기술이 적용되었는데, 특히 물이 부족한 나라에서 물레방아를 돌릴 만큼 충분한 양의 물줄기를 얻지 못하는 경우에 더욱 효과적으로 사용되었다. 말이 보다 더 효과적으로 끌 수 있도록 수레와 달구지의 디자인이 개선되었을 뿐만 아니라, 힘의 손실이 없도록 개량되었다. 따라서 기술적으로 개선된 장치를 개발하고 또한 이를 끌 수 있는 말이나 동물들을 사육함으로써 점차 사람의 힘에 의존하지 않게 되었다.

상당수의 역사학자들은 화이트가 지적한 바와 같이, 중세기는 많은 기술적 발전이 있었던 시기였으며, 이는 여러 사람들이 예술 및 문학적 측면에서 문예혁명 이전(Pre-Renaissance)을 암흑시대라고 보는 것과 대비된다. 파이프오르간, 기계식 시계, 양복바지, 펠트제작, 스키, 비누, 나무통, 알코올 증류, 자석 나침반, 화약, 인쇄, 외바퀴 손수레, 채광기술의 개선, 금속세공술 등과 같은 수많은 발명이 이루어졌다.

쟁기에 의한 밭갈이

대부분의 사람들은 식물을 식용으로 하고 있다. 지금으로부터 약 만 년 전, 사람들은 보다 식물을 손쉽게 얻기 위해서 농사를 짓기 시작했으며, 인류의 역사상 사회적으로 중요한 많은 혁신이 일어나게 된 시기다. 우리가 척박한 땅에 씨를 뿌리지만 않는다면, 개선된 농사기법을 통하여 많은 수확을 거둘 수 있을 것이다. 그러나, 자연은 때때로 이를 허락하지 않는 경우도 있다. 새나 쥐들이 씨를 먹거나, 바람에 의해 씨가 날아가 버리는 경우, 뿌리를 내리지 못하게 되는 등, 여러 가지 장애요인이 있다. 따라서 수확량을 높이기 위해서는 땅을 잘 다듬는 일이 매우 중요한데, 이는 씨앗이 떨어졌을 때 흙 표면 밑으로 잘 덮이게 되어야 하며, 또한 비가 왔을 때 흡수가 용이해야 하고, 잡초들을 제거하거나, 씨앗을 먹는 동물의 접근을 막을 수 있어야 하기 때문이다. 어떻게 하면 토양을 잘 다듬을 수 있을까? 이를 위해 나무로 된 밭갈이 막대가 효과적으로 널리 사용되어 왔다. 이러한 목재기구는 비교적 적은 언덕에 씨를 뿌릴 때 효과적이며, 특히 경작되어 있지 않고 별다른 잡목이나 잡초가 없는 노출된 토지에 적합하다. 아직까지도 신대륙에서 이루어지고 있는 대부분의 원시적인 농사는 괭이형태로 된 기구가 사용되고 있다.

대부분의 경우, 쟁기로 땅을 일구는 것이 잡초를 제거하고 토양을 부드럽게 하며, 또한 남아있는 그루터기를 없애는데 훨씬 더 효과적이다. 어떻게 밭을 가는 것이 좋을까? 인력으로는 비효율적이며 한계가 있다. 중국에서는 밭갈이 할 때, 한사람은 앞에서 끌고 뒤에서는 또 다른 사람이 밀면서 조정하는 식으로 일을 하는데, 이는 비교적 얕고 적은 양의 토양을 일구는데 적합한 방법이다. 큰 동물의 힘을 이용하여 밭갈이를 할 수도 있다. 오늘날 트렉터는 보다 신속하게 작업을 할 수 있으며, 여러 쟁기를 동시에 끌 수 있고 또한 유지비도 비교적 적게 드는 장점이 있다.

경제적으로 더 이상 효과적이지는 않지만, 아직까지도 동물들이 쟁기를 끄는데 이용되고 있다. 나는 1940년경 허드슨 계곡에서 말을 이용하여 작은 구획정리 작업이 이루어지고 있던 것을 지금도 기억한다. 내가 60년대 중반에 노스캐롤라이나에 처음 도착했을 때, 뒤뜰에 채소밭을 경작하고 있던 한 나이 든 부부로부터 아파트를 빌린 적이 있다. 매년 봄이 되면 한 남자가 노새를 데리고 끌고 와서 밭을 갈곤 했었는데, 잘 익은 토마토의 수확량이 굉장했다.

인류의 역사상, 쟁기는 중요한 도구 중에 하나로 발전되어 왔다. 쟁기를 제작하고 사용하는 데는 세 가지 중요한 요소가 결정되어야 한다. 첫째, 쟁기를 어떻게 디자인하고 만들 것인가? 둘째, 갈아야 할 토양의 종류는 얼마나 되는가? 셋째, 어떻게 동물을 이용할 것인가? 로마 시대에는 밭갈이가 비교적 쉬운 일이었다. 왜냐하면 지중해 지역과 중동지방은 비교적 토양이 부드럽고 적당히 잘 갈아지는 땅이기 때문이다. 그러나 로마인들은 땅을 두 번 갈아야만 했는데, 두 번째는 첫 번째의 오른쪽 방향을 지나가게 갈았다. 따라서 그들은 흙덩어리를 부수면서 써레질한 후, 씨앗을 뿌렸다. 로마인들은 쟁기의 쇠끝을 뾰족하게 함으로써 목재로 된 쟁기에 비하여 쉽게 땅을 팔 수 있도록 만들었으며, 빗 모양의 쇠 날을 이용하여 써레질로 이용했다. 물론, 소를 이용하여 쟁기를 끌게 했다.

중세기는 다른 많은 도구와 마찬가지로 쟁기에 관해서도 기술상 많은 변화가 있었던 시기다. 프랑스의 위대한 역사가인 브로치는

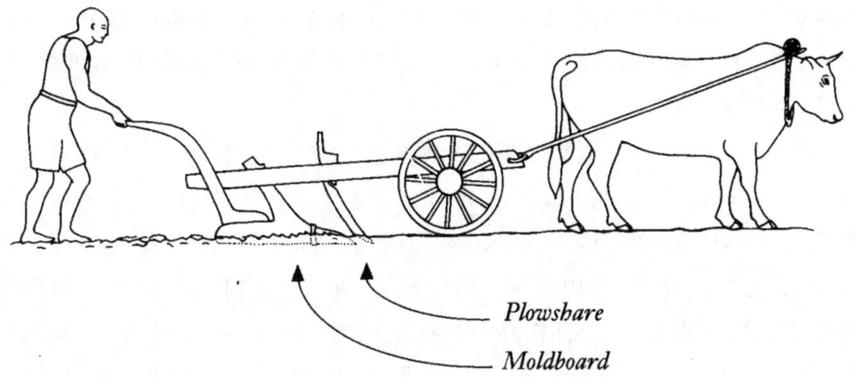

그림 11.7. 중세 북유럽에서 볼 수 있었던 소, 쟁기, 그리고 이를 사용하고 있는 농부의 모습.

쇠로 된 쟁기가 더욱 강해지고, 무거워져서 한 개만으로도 충분히 땅을 갈 수 있을 정도로 발전했다고 설명했다. 무엇보다 중요한 점은 북유럽의 습기 찬 토양도 충분히 깊게 팔 수 있도록 무거운 쟁기를 제작함으로써 이전에 버려진 땅을 개간하여 경작지로 활용할 수 있게 되었다. 이러한 무거운 쟁기들은 일부 편리한 보조 장치들에 의해 더욱 실용성을 갖게 되었다. 13세기경에 사용된 전형적인 쟁기는 뒷부분에 주형판이라고 부르는 장치를 달고 있다. 그림 11.7에서와 같이, 주형판은 파 낸 흙을 밀어내게 된다. 중세의 농부들은 일정한 깊이로 땅을 파기 위해 두 가지 고안 장치 중에 하나를 사용했다. 쟁기의 앞부분에 바퀴를 달아서 전방으로 나아갈 수 있게 했다. 평평한 땅 위로 바퀴가 굴러감에 따라, 쟁기는 바퀴와 보습의 상대적인 높이에 따라 일정한 깊이로 땅을 팔 수 있게 된다. 또 다른 방법은 앞부분에 미끄럼판을 장착하는 것으로 깊이를 조절할 수도 있다. 결국, 소나 말에 의해 쟁기를 끌게 된다. 이와 같은 여러 가지 보조기구들은 많은 효과를 가져왔다. 적은 노동력으로 보다 많은 땅을 개간할 수 있게 됨으로써 식량증산이 가능하게 되었으며, 보다 효과적인 윤작에 의해 생산력을 높이게 되었다. 이러한 변화는 어렵게 짓던 농사일이 다소 쉬워지면서 노동력을 다른 일에도 확대할 수 있는 계기가 되었다. 일의 효율성이 높아짐에 따라, 그들은 여유분의 동물들을 식용으로 사용하게 되면서 고기나 지방의 소비가 촉진되었다.

이러한 중세의 농업혁명은 결과적으로 또 다른 변화를 가져오는 계기가 되었다. 즉, 유럽의 문화적, 정치적 무게 중심이 북유럽으로 옮겨가게 되었으며, 또한 유럽의 문명이 인도나 중국에 앞서는 계기가 되었다. 이와 관련하여, 화이트는 동양이 왜 침체하게 되었는지를 한번 생각해 볼 필요가 있다고 했다. 인도나 중국은 정상적인 속도로 점진적인 발전을 했다. 이에 비하여 서양은 이러한 도구개발 및 기술의 발전 속도가 중세기부터 빨라지게 되었다. 북유럽에서 생산량이 급격히 도약한 시기는 약 서기 1,000년 이후이며, 이는 집단성장이 정상적으로 제약을 받고, 도시화가 증가되는 시기라고 볼 수 있다. 더욱이, 14세기 때에 유행한 흑사병은 유럽인구의 약 1/3(약 2,500만명)을 사망하게 했으며, 이는 결과적으로 노동력의 결핍을 가져오게 했다. 이러한 도구의 개발과 기술의 발전은 노동력의 손실을 대치할 수 있게 되었으며, 오히려 생산량이 증가됨에 따라 자원이 풍부해지게 되었다.

북미 사람은 또 하나의 혜택을 받았다고 볼 수 있다. 생산량이 증가된 몇 세기 후, 북유럽에서 사용하던 무거운 쟁기는 새로운 아메리카 대륙으로 옮겨졌으나, 키가 큰 풀들이 자라고 있는 중서부 지역의 초원지대에서는 제대로 갈아지지 않았다. 19세기 중반에는 대초원지대를 경작할 수 있는 새로운 기술적 발전을 가져오게 되었다. 즉, 완전히 쇠로 만들어진 디어(John Deere)의 쟁기가 바로 그것이다. 이러한 변화는 시로 표현될 만큼 의미가 크다. 미국의 작곡가 톰슨이 1937년에 작곡하여 아직까지 불리고 있는 "대초원을 개간하는 쟁기(The Plow that Broke the Plains)"에서 찾아 볼 수 있다.

제 12 장

살상무기

인간에게 삶의 미학이란 없다 ; 죽음의 미학이라는 관점에서 본다면 인간은 자연, 그 자체를 초월하고, 화학적 기계적 방법을 총동원 하여, 질병과 가난으로 죽음을 재촉한다. 인간이 인간을 죽이는 싸움에서 창, 활, 나팔 따위의 무기는 옛말이 되었다. 이제 인간은 그 손가락이 닿기만 하면 인간에게 숨겨진 모든 분자적 에너지를 무력화 시키는 경이적 방법을 가지고 있다. 평화라는 면에서는 인간은 초보자이다. 인간이 만든 산업기구에는 오직 탐욕과 나태가 있을 뿐; 인간의 마음은 온통 사람 죽이는 무기에 놓여 있다.

— 쇼, 인간과 슈퍼맨에서

만일 누군가 나처럼 평범한 사람이 새로운 폭탄을 손에 쥔다면, 오! 칼에 의지하여 살고자 하는 자에게 말한다… 이 폭탄을 그대의 피에 굶주린 목구멍에 퍼붓고 말 것이라고!

— 켈리, 죽마놀이에서

인간은, 특히 남성은, 다른 동물을 해칠 수 있다. 인간은 먹이나 공간을 확보하는 경쟁에서 다른 동물에게 위험한 존재다. 인간이 영양분으로 동물의 고기를 먹어야 하는 것은 아니지만, 대부분 인간 사회는 여건이 허락하면 다른 동물의 고기를 즐겨 먹는다. 곡식이나 생선이 육류음식을 대신할 수 있는 경우에도 사람들은 사냥, 낚시 등 여가 활동을 즐긴다. 인간은 인간이 아닌 동물에게만 위험스러운 존재가 아니다. 인간은 다른 인간을 죽여서는 안 된다는 강력한 금기마저 말살하였다. 인간의 이러한 괴상한 버릇과 같은 행동은(일부 침팬지도 마찬가지임) 인간이 무기를 만들 수 있는 능력과 강력한 사회조직화와 더불어 인간을 다른 어떤 동물보다도 침략적인 동물로 만들어 놓았다.

근육의 힘을 이용한 공격법

근육의 힘을 이용하여 때려눕히는 방법은 많다. 무딘 물체로 세게 치기; 뾰족한 물체로 찌르기; 뾰족한 것을 던지거나 쏘기. 그 방법으로는 선 자세; 말에 탄 채로; 여러 사람이 포위한 채로 하는 방법이 있다. 꽤 단단한 그리고 큼직한 돌을 던진다는 것은 파괴적 수준의 운동량을 이동시킨다는 뜻이다. 돌에 나무, 고기덩이, 머리칼, 심지어는 당나귀 턱뼈와 같은 생물체의 일부를 묶어서 던졌다는 이야기는 과장인 듯 싶다. 아마도 날카로운 금속을 붙여서 던졌으리라. 두 장 앞에서 생물학자들이 그 지방의 생물을 분류 할 때 사용한 방법을 염두에 두고, 먼저 무기의 종류를 분류하는 체계를 생각해보자. 근력을 이용한 무기부터 분류해보자. 먼저 현 위치와 무기가 손을 떠난 직후의 위치에너지 차이 이외의 무기 자체가 지닌 에너지를 사용하느냐 그렇지 않느냐에 따라 무기를 분류 해보자. 칼로 찌르는 경우는 움직이는 신체의 위치에너지가 칼의 위치에너지를 증가 시키는 것은 아니다. 그러나 탄력에 의해 모양이 변하는 활의 경우 위치에너지가 활에 저장되는데, 화살에 가속이 붙어 발사되면 천천히 저장된 에너지가 빠른 속도로 뿜어 나온다. 다시 무기를 이동성이나 크기에 따라, 개인이 손에 쥐고 혹은 짊어지고 걸어서 이동시킬 수 있는 것과 끌거나, 수레를 이용하여 발사장소로 이동시키거나 아니면 그곳에서 조립하여야 하는 것으로 나눌 수 있다. 자 이제 무기를 체계적으로 살펴보자.

1. 위치에너지를 축적 시키지 않는 무기들

A. 휴대용 무기

직접 던지거나 휘두르는 돌멩이. 손에 돌이 쥐어지면 맨손보다 훨씬 파괴적이다. 무엇보다도 돌멩이를 손에 쥠으로써 생기는 무게의 증가는 그로 인한 속도의 감소를 상쇄하고도 남는다. 또 다른 이점은 돌멩이의 단단한 표면을 이용한 일격은 피부가 벗겨질 염려가 적을 뿐만 아니라, 맨손보다 타격도 크다. 돌멩이를 던지는 것도 비록 처음 돌멩이가 손을 떠날 때 움직이는 팔과 돌멩이가 운동량을 나눠 가져야 하지만 돌멩이를 손에 쥔 채 가격하는 것 못지않게 효율적이나. 날려늘거나, 가격하거나, 던질 때 돌멩이를 함께 사용하는 행위는 인류의 출현 이전부터 존재했음이 틀림없다. 왜냐하면 인류 출현 직전의 동물이나 침팬지의 앞발이 오늘날 우리의 팔과 비슷하기 때문이다.

직접 던지거나 휘두르는 창, 작살, 탈, 검. 가격할 때 속도가 같을 경우, 가격하는 방향이 정확하여야 더욱 깊이 찌를 수 있다. 매우 거칠고 다루기 힘든 동물을 잡기 위해서는 끝이 무딘 돌보다는 날카로운 돌이 더 필요하다. 자연에 존재하는 물체 중 적당한 날카로움을 지닌 물체는 찾기 어렵다. 팔과 운동량을 공유하면서 운동량을 최고로 하는 적정한 무게와 날카로움을 고루 갖춘 물체는 더욱 찾기 어렵다. 그래서 인간은 오랫동안 생체재료를 찾아 헤매고 그 재료를 변형하기 시작했다. 고대의 석기가 인간의 뼈보다 숫자가 훨씬 많다. 이러한 사실이 부분적으로는 석기의 보존의 우수성을 의미하기도 하지만, 오랫동안 도처에서 사용된 석기 무기의 보편성을 입증하기도 한다.

부메랑과 같은 막대기 던지기. 건조된 나무는 그리 밀도가 높지 않다. 보통 돌보다 여섯 배나 가볍다. 따라서 나무로 된 발사물은 돌보다 여섯 배나 부피가 나간다. 같은 모양이라면 표면적은 3.3배

그림 12.1: 막대기 던지기. 사냥할 때 던지는 막대기는 부메랑처럼 돌아오지는 않는다.

직경은 1.8배나 크다. 여기에 두 가지 문제점이 생긴다. 표면적이 큰 까닭에 비거리가 줄어들게 되고, 직경이 큰 까닭에 다루기 어렵다. 적어도 던질 가치가 있는, 충분한 무게를 지닌 물체인 경우는 그렇다. 공을 손으로 던져서 사냥을 하거나, 전투를 하는 문화는 없다. 그러나 마른 나무는, 날카롭기가 거의 어느 금속에도 뒤지지 않는다. 나무는 자연 그대로 혹은 가공된 상태라 하더라도 쪼개지는 일이 거의 없다. 돌이 쪼개지면 비교적 부드러운 표면이 새로 생기지만, 나무 조각은 쪼개지면 들쭉날쭉한 거친 표면이 생긴다. 이런 거친 표면이 생기도록 하는 데에는 많은 에너지가 요구된다. 따라서 나무를 쪼개는데에는 많은 힘을 필요로 한다. 나무는 딱딱하고 밀도가 높다. 나무는 견고하지만 쉽게 변형이 가능하다. 따라서 나무로는 여러 모양을 만들 수 있다. 특히 길쭉한 모양을 만들 수 있다. 길쭉한 나무 조각, 즉 막대기를 던질 때, 가운데를 붙잡지 않고 흔히 한쪽 끝을 붙잡는다. 실제 이런 행위는 팔의 길이를 가장 긴 중지 밖으로까지 연장하는 효과를 가져온다. 그림 12.1처럼 휘두르면, 막대기(너무 무겁지 않다면)는 손보다 빨리 움직이고, 손에서 빠져나가 어떤 손아귀에 쥘 수 있는 공보다도 멀리 날아갈 수 있다. 막대기 던지기의 또 다른 장점은 그 크기와 회전 운동이다. 막대기에 의한 절단은 절단면이 넓다. 막대기를 날려 여러 마리의 새를 겨냥했다고 하자. 막대기를 사용하면 같은 무게나 부피의 공을 사용했을 때보다 새를 잡을 확률이 높다. 막대기의 회전운동 또한 커다란 운동량을 지닌다. 나는 언젠가 섣불리 던진, 그것도 운동량을 거의 잃은 부메랑에 맞아 본적이 있는데, 꽤나 지독한 멍이 든 적이 있다.

나무, 창 던지기, 창 던지기 장치. 팔의 실질적인 길이를 연장하는 수법을 좀 더 응용한다면, 팔의 길이를 연장해주는 구실만 하는 막대기를 생각할 수 있다. 창던지기- 북미에서 쓰는 "아트라틀" 혹은 "아타틀" 이라는 말과, 그렇게 잘 알려지지는 않았지만 "우메라" 라는 말이 이 만년 동안이나 같이 사용되어 왔다. 말할 것도 없이, 그림 12.2에서 보여주는 바와 같이 이들 장치는 가벼운 무게의 창의 비거리를 크게 증가 시킨다. 창던지기에 흠뻑 빠진 아마추어 투창선수 들은 몇 번 시험과 시합을 해보고는 이 장치가 힘과 정확성

그림 12.2: 기구를 이용한 창 던지기, 창 끝에 빈 공간이 있어 그곳에 기구를 넣을 수 있다.

에서 뛰어나다고 칭찬한다. 이런 창던지기 장치는 활에 대해서 잘 모르는 호주의 원주민 사이에서 아직도 사용되고 있다. 숙달된 사람은 이 장치를 이용하여 먼 거리까지도 정확하게 창을 보낼 수 있어, 이 무기가 이제 쓸모없다는 회의론을 잠재운다. 이 장치의 큰 단점은 모든 에너지가 사냥감을 향해 사용되지 못하고 낭비된다는 점이다. 그렇다고 에너지 낭비가 그렇게 심한 편은 아니다. 그 까닭은 이 창 발사 장치의 무게가 창 보다는 작고 또 발사장치의 무게 중심이 창의 무게 중심보다 쏘는 사람 편에 가까이 있기 때문이다. 여기서 뭔가 한 가지 내가 이상히 여기는 것이 있다. 공은 그냥 던지고 창은 발사 장치를 이용하여 쏜다. 왜 공을 던질 때는 속도를 증가시키기 위해 실질적인 팔의 길이를 늘여주는 보조 장치를 사용하지 않는가? 즉 하키 할 때 쓰는 스틱 비슷한 장치를 쓰지 않는가 하는 점이다. 실제 북미 원주민 사이에 라크로스라는 스포츠가 있는데, 이 경기에서 사용되는 기구가 무기로 응용되었다는 이야기는 못 들어 보았다.

투석기. 골리앗의 죽음이 대변하는 것은 근력에 의한 무기의 지대한 역할이 아니다. 창던지기 장치처럼 투석기도 쓸모가 잇다. 투석기에 대해서도 그 기능을 옹호하는 사람과 열성지지자가 있다. 창던지기 장치처럼 팔을 연장하는 기능은 같지만(그림 12.3), 투석기는 장력을 이용한다. 그래서 투석기는 회전시켜서 사용하고 원심력의 효과에 의해 회전 시 팽팽한 장력이 유지된다. 한편 적당한 세기의 장력은 압축, 뒤틀림, 구부러짐 같은 요소보다 사소한 문제로서 투석기를 사용할 때 그 무게가 주는 문제점은 극히 적다. 중세에 사용되었던 석발기는 대단히 큰 투석기였는데 그 무게로 인한 문제점은 다른 곳에서 있었다.

바람총. 몸통근육을 최대로 이용한 무기이다. 바람총(1)(그림 12.4)의 원리는 허파로부터 가능한 세게 많은 양의 공기를 내뿜어 내는데 있다. 사용되는 근육은 갈비뼈사이의(늑간) 근육, 흉부와 복

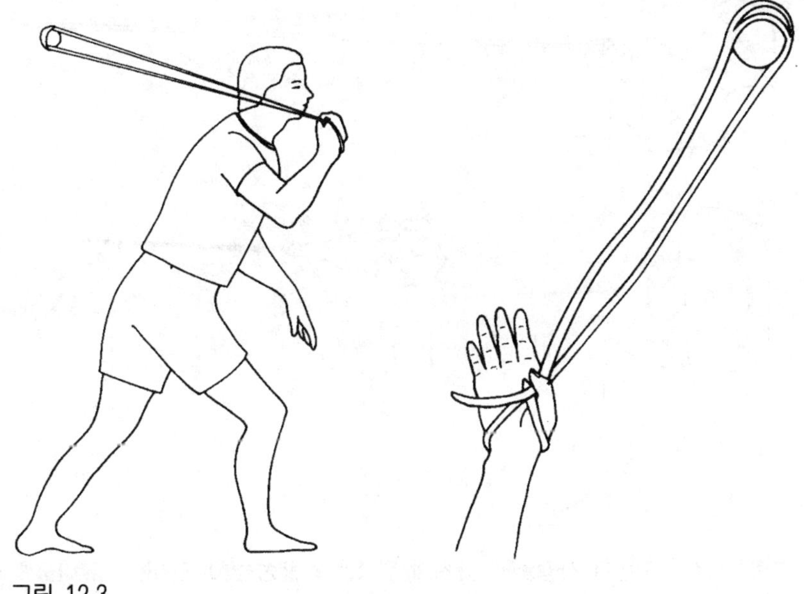

그림 12.3.

부를 격리시키는 횡격막 근육, 복부직장과 같은 복벽 근육 등이다. 쏘는 물체가 튜브를 통해 나가는 동안만 속도를 얻는 까닭에, 효과적인 바람총을 만들려면 길게 만들어야 한다. 길이에 제한을 주는 요소는 내뿜는 공기의 부피이다. 실제로는 최대분출 공기량보다는 조금 적은, 생리학자들이 말하는 폐활량이 제한 요소이다. 따라서 튜브의 직경이 크면, 길이가 짧아야 한다. 즉, 튜브의 단면적과 길이와의 반비례 관계가 성립된다. 이 관계가 바로 표창의 크기를 결정한다. 또한 내뿜는 숨의 최대 압력은 내뿜는 속도가 증가할수록 줄어드는 까닭에 바람총의 체적은 더욱 제한적일 수밖에 없다. 바람총은 흔히 국지적으로 사용된 무기로 여겨졌다. 여기서 국지적이란 말은 아마존 밀림 전체 그리고 여러 다른 문명에서도 사용되었다는 뜻이다.

　도끼. 어떤 이유에서인지 도끼의 역할은 이야기나 그림에서 그리 대단치 않다. 고대서사시의 주인공 울프와 그의 친척들은 도끼를 휘둘러 그 효과를 과시하였다. 대체로 도끼는 무겁고, 부담스러

그림 12.4 바람총의 작용원리. 표창의 뒤쪽에 식물성 솜이 붙어 있어 바람총
의 구멍을 메 꾸어 주고, 표창이 안정되게 날아가도록 한다.

운 휴대무기로서 그 무게 중심이 휘두르는 사람의 팔의 바깥쪽으로
향한다는 이점이 있다. 도끼를 잘 내려치면 대단히 강력한 효과가
있다. 그러나 민첩성에 있어서 검의 상대가 되지는 못한다. 아마도
도끼는 말 탄 사냥꾼이나 기병이 사냥감이나 적이 아래쪽에 있을
때 마치 폴로 경기에서 뗏매로 내려치거나 하키에서 스틱으로 칠
때처럼 중력을 이용한 효과를 볼 수 있다. 도끼의 사용은 에너지
절약이라는 관점에서는 어긋나지만, 전쟁에서 싸우는 전사는 그런
것을 고려할 겨를이 없다.

B. 비휴대용 병기

공성(攻城) 망치(말뚝 박는 드롭해머). 이것은 너무나 둔감하여
서 조준이 잘되지 않는다. 이 망치를 이용하면 크게 속력을 내서
치지 않아도 그 자체의 질량으로 인하여 돌로 된 성벽도 부서뜨릴
수 있었다. 이것은 일꾼들이 달리기를 하여서 앞으로 밀 수도 있으
며, 진자처럼 앞으로 밀어 올린 다음 그 반동에 다른 무기를 올려

서 요새를 공격할 수도 있다. 그래서 우리는 가장 단순하게는 끝이 보강된 기둥에서부터 정교한 포획 엔진에 이르는 모든 장치들을 집결한다. 그 뿐만 아니라 장비가 충분하지 않은 상황에서는 일치된 집단의 노력 여하에 따라서 고질량과 저속을 결합하여 수비군들은 위에서부터 아래로 온갖 불쾌한 것들을 떨어뜨린다. 벽의 가소성을 감소시키는 효과적인 방책으로는 외벽에 두꺼운 목제를 사용하거나 벼랑을 만드는 것이다. 그러나 목제를 사용하는 것은 인화성에 문제가 있으며, 벼랑은 기어오르지 못할 만큼 수직 벽을 만드는데 어려움이 있다.

II. 발사에 앞서 에너지를 저장하는 무기

A. 휴대용 병기

활과 화살. 궁술의 기원은 연대를 알 수 없을 정도로 고대에 속한다. 활과 화살은 인류가 침투하였던 곳이면 어디에나 사용 흔적이 발견되며, 활을 만들 적절한 재료가 없는 호주와 몇몇 장소만이 예외이다. 기본 구조가 매우 간단하기 때문에 차이라면 기원의 독자성으로 지역적 관습을 반영하고 있는 것이다. 그래서 궁술이 어디에서, 언제, 얼마나 빈번히 발명되었는지 확실치가 않다. 그 무기 자체는 남아 있는 것이 없지만 거대한 동물들의 뼈 속에 박힌 화살촉이나 화살촉의 유물 자체가 궁술이 광범위하게 사용되었음을 입증하고 있다. 활과 화살은 창이나 석창살에 비하여 무게가 훨씬 적게 나가기 때문에 큰 어려움 없이 이를 구분할 수 있다.

궁술이 가지는 장점은 활을 서서히 휠 때 에너지를 저장할 수 있는 활의 능력과 활을 놓았을 때 신속하게 에너지를 방출하는데 있다. 활은 첫째로 재질(또는 복합 재질)이 무게에 비하여 높은 단계의 탄성 에너지를 저장할 수 있어야하며, 그 다음에 위치 에너지의 대부분을 화살의 운동 에너지로 전환시킬 수 있어야한다. 상투적인 표현으로 신장 에너지의 저장성과 탄성치 양쪽이 모두 높아야 한다. 목재는 이들 특성이 다양하다. 북유럽에서는 주목이 특히 이

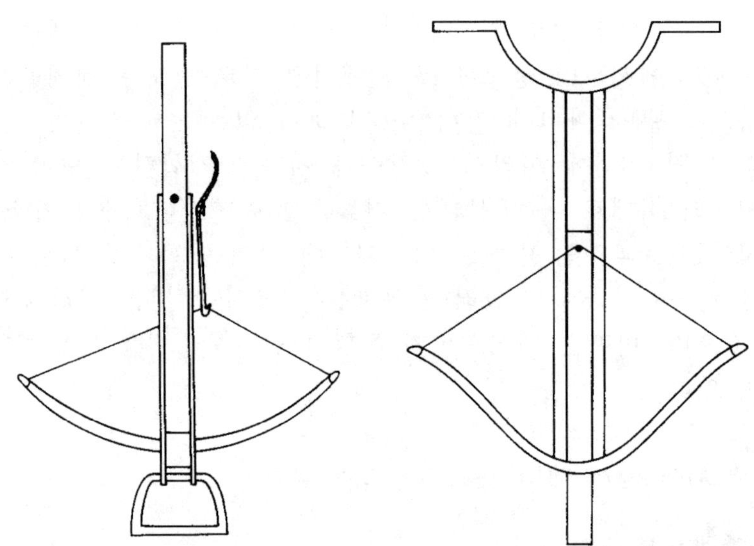

그림 12.5. 격발식 활(좌)과 복궁(우). 격발식 활의 궁수는 한 발을 고리에 넣고 아래로 밟으면서 활 줄을 당긴다. 복궁의 궁수는 무기의 윗 부분을 배에 데고 활을 휘기위해서 활을 아래로 민다.

에 적합하며, 북미에서는 물푸레나무와 뽕나무과의 오세이지 오렌지가 활을 만드는데 가장 좋다. 활을 구부리면 표적을 마주보고 있는 쪽의 방향은 늘어나고 화살 줄이 있는 쪽은 압축된다. 여러 고대 종족들은 몇 가지 재질을 복합적으로 사용하면 더 좋은 활을 만들 수 있음을 알았다. 이를테면 표적 방향의 장력을 받쳐 주는 데는 힘줄이, 화살 줄이 있는 쪽의 압축에는 뿔 재료를 사용하는 것이다. 이는 물론 명공들로 하여금 심하게 잡아당기더라도 상이한 재질이 붙어있게 하는 접착제를 개발하게 하였다.

격발식 활과 복궁(gastraphetes). 전통적인 궁술에서는 고정된 자세에서 표적을 향하여 활을 당긴다. 당김과 조준을 동시에 하는 것은 어느 정도 발사율을 좋게 한다. 그러나 궁수의 근육 일량을 최대화하지는 못한다. 그 뿐만 아니라 에너지를 저장하는데 있어서 양의 조절이 불가능하다. 팽팽한 활일수록 서서히 잡아당겨서는 당겨지지를 않는다. 근력을 사용하는 두 가지의 비슷하면서도 다른 개인 병기에도 이 같은 제한이 있다.

그 두 가지 중 격발식 활은 전통적인 활과 비슷하며 후대에 광범위하게 사용되었다. 격발식 활은 그림 12.5의 왼쪽에서 보는 것과 같이 작은 활을 가로대에 고정시켜 놓았으며 활대가 화살 위치와 평행하게 가로대를 따라가게 하였다. 특징이라면 궁수가 활대를 권양기(윈치)에 걸고 활대가 걸쇠에 걸릴 때까지 뒤로 잡아당긴다는 것이다. 그 다음 활대의 집게부분에 살을 집어넣고, 조준한 다음, 방아쇠를 당기면 걸쇠가 튕겨 나오면서 화살이 나간다. 격발식 활은 크기에 비하여 대단한 파워를 낸다. 뿐만 아니라 격발식 활은 계속적으로 근육을 사용하지 않고도 즉각 발사할 수 있도록 준비된 상태를 유지할 수 있으며, 자세가 좀 불편하기는 하여도 말을 탄 상태에서도 사용할 수 있다. 콜러리지의 한 고대 선원은 단 한발로 결정적인 알바트로스(골프에서, 한 홀에서 기준 타수보다 3타수 적게 홀인하는 일)를 날리기도 하였지만, 발사율이 낮은 것은 전쟁에서보다는 사냥에 용도가 더 큼을 의미한다. 그렇기는 하지만 살촉이 방패나 갑옷을 뚫을 수 있었기 때문에 군사용으로도 오랜 동안 잘 사용되었다.

그림 12.5의 복궁(gastraphetes)은 이름이 의미하는 바와 같이 배활이다. 이는 활을 배에다 데고 휘는 데서 연유한 것이며, 공이치기를 잡아당겨 준비를 완료한다. 차이가 있다면 활을 휘는 방식이다. 활줄과 활 끝을 뒤로 잡아당기는 대신 활의 중심부를 앞으로 민다. 배에 대고 있는 총 개머리의 뒤쪽 끝에 굽은 가로대를 고정시키도록 두 손으로 활의 가운데를 잡고 앞으로 밀면 된다. 이 병기의 이름은 그리스 기원으로 씨실리의 시라큐스(아르키메데스는 아님)일 것으로 보인다.

B. 비휴대용 병기

("투석기"는 때로는 차이가 있기도 하지만 다음의 두 가지 병기에 각각 적용되는 용어이다. 그렇기 때문에 그 명칭은 두 가지 모두에 대하여 속칭을 사용하는 것이 가장 좋다고 생각한다. 즉, 무거

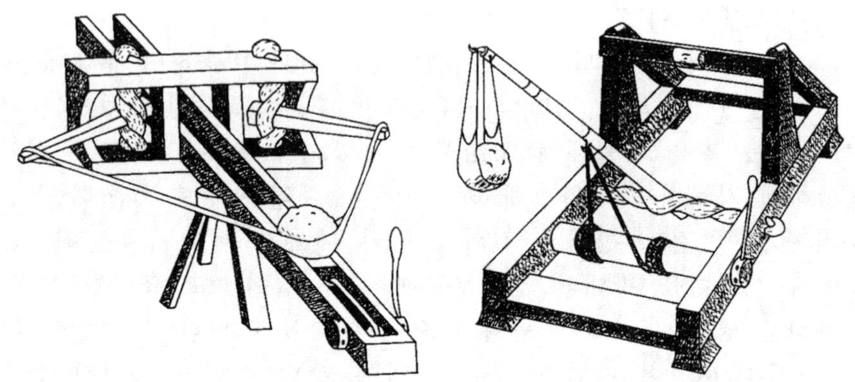

그림 12.6. 발리스타(좌)와 아니져(우). 각각의 투석기에 감기 대의 끝에 손잡이가 있을 것이며, 손잡이 길이가 더 길었을 것으로 생각된다.

운 살을 던지는 엄청나게 큰 근력 엔진이다.)

발리스타(Ballistae, 투석기의 일종). 그림 12.6에서 보는 바와 같은 발리스타 투석기는 고대 그리스, 로마, 및 지중해 문명의 기술적 정교성의 수준을 잘 나타내고 있다. 우리가 알고 있는 투석기는 주로 로마시대의 기술자인 비트루비우스가 제작한 것이다. 그는 일반적으로 이해할 수 있는 다양한 세부적인 내용들을 자기 것 인양 묘사하였으며, 현대 분석가들도 그 세부적인 것들을 그렇게 상상 내지는 논쟁의 대상으로 삼아왔다.

발리스타 투석기는 에너지를 비트는 힘(염력; 捻力)으로 저장하며, 그 방식이 모형 비행기에 고무줄을 감아서 프로펠러를 돌려서 나는 것과 같은 원리다. 그러나 투석기에는 신축성이 훨씬 적은 재료가 사용된다. 뒤로 감아주면 각각의 팔이 힘줄 다발을 비틀게 된다. 이를 놓아주면 다발이 강력하게 풀리면서 팔이 앞으로 회전하게 되며, 탄환을 날리게 된다. 힘줄은 우리가 앞장에서 상세하게 설명한 내용을 상기하지 않으면 에너지 저장 재질로 특이한 선택인 것처럼 생각될지도 모른다. 우리가 달리기를 할 때 한 발짝 한 발짝 뛰는 것은, 캥거루가 뜀을 뛸 때와 마찬가지로 힘줄에 에너지를 저장하여 사용한다. 자연의 유산으로 힘줄은 질량으로 보았을 때 강철 스프링 이상으로 엄청난 양의 위치 에너지를 저장할 수 있다. 동시에 그 탄력성은 90%를 상회하며 염력으로 저장된 에너지의 십분의 구를 기계적 에너지로 전환시킨다. 대조적으로 목재는 이와 같은 생물학적 불가피성이 없다. 나무는 여분의 탄성으로 바람에 위험할 정도로 흔들린다. 일부 건조된 목재는 적절한 탄성을 가지고 있어서 활로 사용될 수 있어 다행일 정도이다. 그러나 힘줄은 아킬레스건이 될 수도 있으며 투석기의 핵심 소재이지만 쉽게 못쓰게 되며, 다발을 교체하려면 시간이 걸린다.

그림 12.6을 보라. 두 명의 포병이 격발시에 방출될 에너지를 저장하기 위하여 탄환 받침을 뒤로 감은 것으로 보인다. 한 쪽에 한 명씩 두 명 이상의 병사가 권양기의 방사 스파이크를 당겼을 것으로 보기는 어려우며, 여러 명이 교대로 감기 작업을 분담하였을 것으로 보인다. 마찬가지로 그림에서 이 투석기의 전 모형에는 하나의 회전 팔과 한 다발의 힘줄이 사용되었다. 아니져(onager)라는 이름으로 비슷한 것을 암시하지만 지금은 남아 있는 것이 드물고 반동 총으로 악명이 높다. 투석기에 무거운 팔 대신에 비교적 가벼운 한 쌍의 팔을 사용하므로 에너지의 발산을 유효하게 하여 발포 후 팅김이 없게 하였다.

가장 큰 대형 투석기는 약 40kg되는 돌덩이를 400야드까지 던질 수 있다. 그 정도 크기의 돌덩이는 카트헤지(Carthage)와 같은 고대 전적지에서 수도 없이 발견된다. 당시에 궁수가 350야드 거리에서 쏘았으므로 포수들은 안전에 문제가 없을 만큼 충분한 거리에서 투석을 하였다. 가벼운 탄환을 사용한 경우면 더욱 먼 거리에서도 쏠 수 있었을 것이므로 훨씬 유리하였다. 탄환을 쏘는 규정을 보면 알겠지만 거대한 중량 때문에 원거리를 가는 데 있어서는 수행에 불리한 면도 없지 않았다.

힘줄에 대하여 조금 더 설명을 하면, 힘줄은 변형된 에너지의 저장이 잘되고 탄력성이 좋아야 하며 잘 늘어나지 않는 것이라야 한다. 잘 늘어날 경우에는 근육이 수축할 때 근육이 늘어나게 되어 뼈대의 움직임은 줄어든다. 힘줄은 장난감 비행기에 동력을 부여하는 고무 밴드처럼 잡아당길 수는 없다. 한 쌍의 팔을 길게 휘두르더라도 힘줄은 늘어나 보았자 10% 미만이며, 지나치면 끊어진다. 각각의 힘줄에 많은 힘을 주어서 늘어나지는 않더라도 힘줄 다발을 꼬기만 하면 목적이 달성되는 것이다. 신축성이 아주 적은 줄의 꼬임을 결코 얕보아서는 아니 된다. 나무로 된 의자가 흔들려서 밑에 가로대를 다시 붙일 경우를 살펴보자. 이럴 때 풀칠을 한 다음 조각을 끼어 맞추고 의자의 다리 사이에 줄을 매어서 비틀어 주면 단단하게 고정시킬 수 있다. 그렇게 하면 다리에 손상을 입히지 않고도 큰 압력을 가할 수 있으며 값비싼 가구 고정용 집게를 사지 않아도 된다. 또한 강력한 로프와 적절한 장소에 막대기 또는 나무만 있다면 같은 방법으로 구덩이에 빠진 소형 자동차도 끌어 올릴 수 있다. 또는 열정이 있다면 나일론 줄을 힘줄 대신 사용하여 투석기를 만들어 볼 수도 있다.

트레부체트(Trebuchets, 투석기의 일종). 그림 12.7에서 보이는 이들 구형 중세 엔진은 에너지를 탄성으로 저장하지 않고 중력으로 저장한다. 트레부체트 투석기는 달리기 형이 아니라 걷기 형처럼 작동한다. 탄환이 달린 긴 팔을 잡아 당겨서 내려, 하중을 들어 올린다. 이를 격발시키면 하중이 내려가면서 팔이 위로 솟구쳐 앞으로 나가게 된다. 팔 끝에 긴 줄에 달린 주머니 속의 탄환은 바른 각도로 방출되면 더 높게 멀리 날아간다. 린 화이트처럼 존경받는 사람들은 트레부체트 투석기의 성능이 발리스타 투석기를 능가한다고 주장하여 전문가의 광신적 애국주의가 중세 사학자들의 판단을 흐리게 한다. 양자에 대한 간단한 판단이 지나치게 달라서 대단한 차이인 것처럼 부각된다. 특히 트레부체트는 훨씬 더 크다. 그래서 팔을 당겨 내리려면 많은 사람이 필요하고, 탄환으로는 최소한 죽은 말 한 마리 크기 정도를 던질 수 있다. 트레부체트는 감염성 질환으로 사망한 송장을 포위 공격할 요새의 성벽을 넘어 던질 수 있으며 이는 발리스타로는 도저히 불가능하다. 100% 미만의 탄력에 대하여 염려할 필요가 없으며, 중력에 의해서 집어넣는 만큼 위치

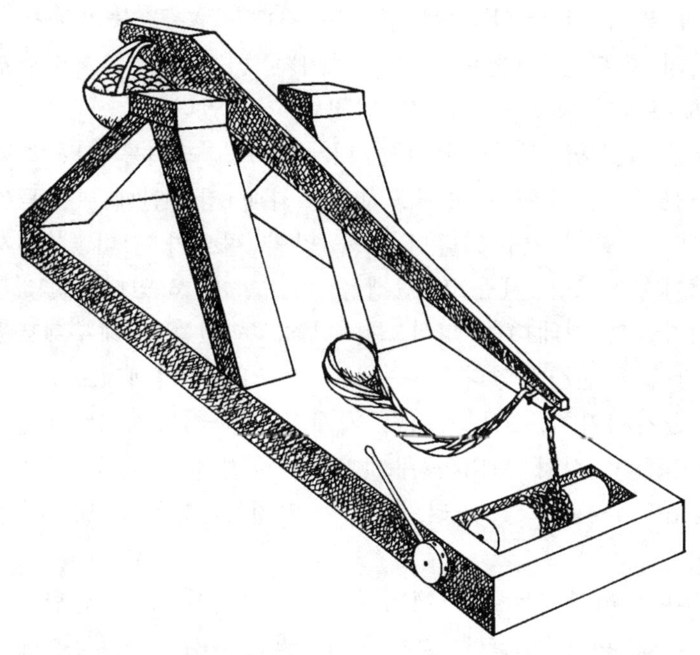

그림 12.7. 평형력 트레부체트

에너지를 활용할 수 있다. 작동을 염려할 필요도 없을뿐더러 삭아 없어질 부속도 없다.

그러나 트레부체트의 장점을 상쇄하는 심각한 장애 요인들이 있다. 내리미는 하중이 가지는 대부분의 에너지는 탄환으로 가는 것이 아니라 여러 번 사용하려면 엄청나게 클 수밖에 없는 하중과 투식 필을 가속하는데 사용된다. 탄환의 하중을 견뎌야 할 뿐만 아니라 투석 후에 그 자체 또는 기계의 다른 부품을 파괴하지 않고 멈춰서야 한다. 투석기의 탄환을 담고 있는 활대는 두개의 회전 팔을 제외한 나머지 부분에 인장력을 올려놓고 있다. 인장력 하중은 가벼운 케이블이나 줄로 연결되어 있다. 이와는 대조적으로 탄환이나 평형력 하중은 트레부체트의 팔을 휘게 한다. 그리고 휨은 더 많은 하중을 요구하므로 돌출된 빔은 케이블에 비해 훨씬 두꺼워야한다. 이 제한 요소로 인해서 트레부체트의 최대 사정거리는 발리스타 투석기보다 훨씬 짧다. 최대 사정거리는 발사 순간의 속도에 의해서 결정되며 투석 팔 끝의 줄에 걸리는 최대 속도를 능가하지 못한다. 투석 팔의 속도가 빠를수록 정지하기가 더 어렵다. 저속으로 발사하더라도 트레부체트의 척력은 엄청난 것이었다.

오늘날 초소형 전자공학기술 세계에서도 크기를 막론하고 조작이 단순한 기계가 현대 유행을 떠나 최대 장점인데, 큰 물건을 멀리 던진다는 즐거움이 있다면 더욱 말할 필요가 없다. 그래서 사람들은 트레부체트를 세우고 경쟁을 하기까지 하였다. 몇몇 보도에 의하면 영국의 캐네디는 피아노를 던질 수 있는 트레부체트를 세워서 큰 만족을 선사하였다. 처음에는 소규모로 기계적으로 복잡하면서도 상품가치가 없는 타자기나 기계식 계산기와 같은 것을 던지는 데서 시작하여 점차 부피와 무게가 큰 물건을 던졌을 것이다. 또는 낡은 컴퓨터를 쨍그랑 소리가 나게 던지는 것을 시도하였을 지도 모른다.

초기의 트레부체트에는 에너지 저장 장치가 없이 탄환줄이 달려 있는 팔과는 반대쪽 끝에 줄을 매고 많은 사람들이 동시에 매달려서 잡아당겼다. 줄을 당겨 미사일을 발사한 격이다. 이 줄다리기 트레부체트는 중국에서 기원하였으며, 유럽에서는 7세기말 아랍인들에 의해서 처음으로 선을 보였다. 한때는 주목의 대상이었던 고전적인 평형력 트레부체트는 지중해 기원이며, 12세기경에 만들어진 것이다.

무기 속의 물리학

우리는 지금까지 여러 종류의 무기들을 만나보았다; 그렇다면 이러한 무기들을 사용하는 목적은 무엇인가?

- 당신은 먹잇감을 맞출 확률을 극대화하길 원하는데, 이는 효과적으로 조준을 하거나, 불확실한 조준을 상쇄시킬 발사속도의 증가를 원하는 것이라 할 수 있다.

- 당신은 또한 맞췄을 때 죽이거나 무력화하기에 충분한 파괴력을 지닌 무기나 투사체를 원한다.
- 당신은 적당한 명중률과 파괴력을 유지하면서, 가능한 먼 거리에서 먹잇감을 강타하여 위험을 최소화하길 원한다.

이러한 상호 작용하는 목표들은 타협점을 요하게 되는데, 이는 게임의 규칙 하에 바탕에 깔린 물리적 변수간의 작용에 의존적인 특성을 보인다.

속력, 크기, 그리고 범위

우리가 고속도로 순찰대에게 받는 주의사항처럼, 속력은 죽음이라는 결과를 낳는다. 추가로 알려주는 것처럼, 정지거리는 단순히 속력에 비례하여 증가하지 않는다. 근력을 쓰는 무기라 해서 이러한 규칙을 넘어서는가는 중요하지 않으며, 완전히 닮은 것도 아니다. 두 번째 주의사항이 어떻게 투사체에 적용되는지 한번 살펴보도록 하자.

상황을 단순화하여, 가능한 먼 거리에 도달할 수 있는 각도로 위를 향해 던져진 구형의 투사체를 생각해보자. 좀 더 단순화하여, 물체에 작용하는 저항을 무시하고 외부에서 작용하는 힘은 중력뿐인 세계를 상정해보자. 이 때, 투사체의 크기나 발사속도와 상관없이 가장 먼 거리에 도달할 수 있는 상향 각도는 45도이다. 투사체의 모양이나 밀도는 전혀 상관이 없다. 이 투사체를 여러 가지 속력으로 던져서(실제로는 계산기나 컴퓨터 상에서) 수평거리로 얼마나 날아가는지 보도록 하자(계산기나 컴퓨터 상에서). 여기 그 결과를 표로 정리해보았다.

속력을 두 배로 하였을 때, 도달거리가 네 배로 늘어남을 알 수 있다. 차를 세우는 순간과 같이, 더 빠르면 더 멀리가게 된다. 단지 힘의 근원이 다를 뿐이다: 브레이크에 의한 마찰이 지구의 중력으로 바뀌었을 뿐이다. 어떤 동물은 그러한 속도로 투사체를 던질 수 있는데, 그 중 가장 빠른 것이 잘 친 골프공의 처음 속력보단 못하

발사 속도		최대 사정거리	
20 mph	8.9 m/s	27 ft	8.1 m
40 mph	17.9 m/s	107 ft	32.7 m
60 mph	26.8 m/s	240 ft	73.3 m
80 mph	35.8 m/s	429 ft	130.8 m
100 mph	44.7 m/s	669 ft	203.9 m

지만, 강속구 투수가 던지는 야구공 속력에는 버금갈 것이다(골프공이나 야구공 모두 근육의 힘에 의해 날아간다).

발사 속력(화약 폭발 냄새를 연상시키는, 총구 속력이라는 단어로도 불린다)에 대해서는 부연 설명이 좀 필요할 듯하다. 투사체는 그것이 손, 활, 총구를 떠나는 순간의 속력을 절대 넘어서진 못한다. 그러므로 가속은 투사체가 떠나기 전에 일어나야 한다. 뉴턴의 운동 제2법칙에서 알 수 있듯, 힘은 질량과 가속도의 곱과 같다. 만약 당신이 어떤 고정된 양의 힘만 쓸 수 있다면, 무거운 물체를 가벼운 물체를 던지는 것과 같은 가속도로 던질 수 없을 것이다. 우리는 종종 가속이 뛰어난 차를 "빠른" 차로 혼동하곤 하는데, 가속과 속력은 다르다. 속력은 가속도에 시간을 곱한 것과 같다. 만약 가속 시간을 연장할 수 있다면, 더 큰 발사 속력과 긴 사정거리를 얻는 것이 가능하다. 다른 특성은 모두 같고 총신이 긴 총이, 앞에서 언급한 바람총처럼 투사체를 더 멀리 쏠 수 있다. 권총의 경우 짧은 총신을 보상하기 위해 큰 총알을 사용한다. 지금의 얘기는 어디선가 들어본 듯 할 것이다; 이전에 작고, 다리가 짧은 동물이 큰 도약력을 갖기 위해 어떻게 큰 가속을 얻을 수 있을 지에 대해 언급했었다. 같은 힘으로 최대한 잡아당긴 상태에서, 화살이 더 뒤로 잡아당겨진 활이 더 먼 거리로 쏘게 될 것이다.

이 상황에 저항을 집어넣게 되면, 더 이상 깔끔하고 정돈된 결과는 나오지 않는다. 저항은 유체역학을 끌어들이게 되는데, 이는 꼴사나운 혼란스러움으로 인해 물리학자들이 기술자들이나, 복잡한 문제들을 그냥 지나치지 못하는 실용주의자들에게 대부분을 맡겨버린 주제이다. 저항이 걸리는 세계에서 물체의 형태는 문제가 된다. 우주선이 아닌 비행기는 유선형이어야 하며, 가장 먼 거리로 날릴 수 있는 발사각도도 교과서에 나온 45도 보다 낮아지게 된다. 크기 또한 문제가 되는데, 작은 물체는 큰 물체에 비해 부피나 질량 대비 저항을 받는 면이 더 크게 된다. 저자는 여러 해 동안 생물 유체역학을 가르쳐왔으므로, 뛰는 벼룩이나 폭발적으로 방출되는 곰팡이 포자 덩어리와 같이 작은 투사체의 운동과 싸워야했다. 수업에서 사용하기 위해, 적당한 근사치의 저항을 적용하는 프로그램을 만들어, 비행경로를 계산했다. 그 수치들은 이 문제를 정량적으로 섭슨하게 했다.

크기가 다른 구형의 투사체들을 살펴보자. 이들의 밀도는 물의 3배이며, 이는 던져질 바위로는 적당한 수준이다. 이제 이들이 모두 시속 90킬로미터의 속력(시속 56마일, 혹은 초속 25미터)으로 발사된다고 가정하고, 컴퓨터가 각각의 최대 도달거리와 그 때의 발사각도(수평보다 상향으로)를 계산해내도록 하였다. 저항의 영향은 어떠할 것인가? 저항은 최대 도달거리(여기서는 63.6미터 혹은 209피트)에 붙는 세금으로 볼 수 있으며, "저항세"는 투사체가 저항이 없을 때, 해수면 높이에 닿는 최대 도달 거리의 퍼센트 단위로 표현될 수 있다. 그러한 투사체에 대해 다시 표로 정리해 보았다.

지름	질량	발사각도	도달거리	저항부담
200.00 mm	12.6 kg	42°	62.8 m	1.3 %
63.00 mm	0.393 kg	41°	57.4 m	9.8 %
20.00 mm	0.0126 kg	40°	46.9 m	26.3 %
6.30 mm	0.393 g	38°	32.8 m	48.4 %
2.00 mm	0.0126 g	35°	17.1 m	73.1 %
0.63 mm	0.393 mg	30°	5.9 m	90.8 %
0.20 mm	0.0126 mg	17°	1.5 m	97.6 %

(각각의 열은 바로 위의 돌보다 3분의 1이 약간 못 미치는 등비 급수로 나타나며, 이는 미터법으로 표현할 때 가장 잘 맞아떨어진다. 질량을 파운드 단위로 환산할 경우에는 2.2배가 되며, 도달거리를 피트로 나타내면 3.3배로 나타난다.)

지름이 8 피트(200 mm)에 28 파운드가 나가는 바위는 저항으로 인한 도달거리 단축이 1.3%로 무시할 만한 수준이며, 심지어 2.5 인치(63 mm)에 1 파운드가 약간 못되는 작은 돌도 10% 정도의 도달거리 단축이 있을 뿐이다. 물론, 저항이 이러한 구형 투사체에 미치는 영향은 유선형일 때에 비해서는 몇 배나 더 된다; 저항은 구체에 대해 가장 심하게 작용한다. 그러나 크기가 더 작아질수록, 상황은 더욱 나빠진다. 4분의 1 인치(6.3 mm) 크기의 조약돌은 저항이 작용할 때, 없을 경우의 반밖에 날아가지 못 한다; 아마 다비드는 골리앗에 매우 가까이 있었을 것이다. 눈에 겨우 보일만한 0.2 mm의 모래알은 마치 돌처럼, 던지자마자 떨어진다. 저항의 영향은 중력보다 더 하므로, 발사 후의 속력은 빠르게 줄어든다. 투사체는 조금이라도 속력이 있을 때 앞으로 나아가기 때문에, 작은 발사각이 좋다. 더구나 이런 작은 구체에서는(우리가 탈 것도 아니므로), 모양에 따른 차이가 거의 없으며, 유선형일지라도 별로 도움이 되지 않는다.

그래서 크기에 따라 사정거리와(우리가 앞으로 다루게 될) 충격이 정해진다. 우리는 저항이 별로 작용하지 않는 돌을 들어 올릴 만큼 충분히 큰 생명체이다. 하지만 단지 우리는 충분히 클 뿐이다. 개미귀신(개미를 잡는 구멍을 파는 곤충)에서 토끼에 이르는 몇몇 다양한 동물들은 정말로 빠른 땅파기와 접목된 형태로 투사체를 던진다. 어떤 풀쐐기는 생존을 위해 날쌘 포식자에게 배설물(유충의 똥) 덩어리를 던지기도 한다. 그럼에도 불구하고 사람 외에는 투사체를 무기로 사용하는 동물이 거의 없다; 유인원은 우리만큼 크지 않은가. 내가 말했듯, 영장류의 지능에 대한 신뢰는 아니다; 이건 크기와 필요한 민첩성의 조합 이상의 것이다. 미국너구리는 민첩성이 있지만 분명히 크기가 맞지 않다. 개미는 모래알을 운반하는데, 벼룩과 같은 탄성 저장장치를 갖춘 개미와 비슷한 곤충을 생각해 볼 수 있다. 하지만 그런 식의 곤충 투사체는 우리와 같은 1~10% 가 아닌 80~90%의 '세부담'이 있을 것이다.

당신은 아마 이 문제에 의문이 들기 시작할 것이다. 어떤 한정된 힘을 지닌 동물이 어느 거리만큼 물체를 던지려고 할 때, 투사체의 크기와 발사속도 사이에서 타협점을 찾아야 한다. 크기가 더 작으면, 발사속도는 더 커질 것이다. 그러나 1인치 정도의 지름에, 시속 50마일 정도로 날아가는 구형의 돌의 경우, 크기가 작아지면 같은 발사속도로 날려도 도달 거리가 오히려 짧아진다. 그렇기 때문에 커진 발사속도에 의한 약간의 거리증가를 보기는 힘들다. 크기를 더 줄이게 되면, 작은 크기에서 오는 발사속도 증가는 대기저항에 의해 모두 사라지고 말 것이다.

우리는 속도의 또 다른 이점인 살상력에 주목하였지만, 부족한 면이 없지 않다. 우선 지금의 주제에서 떠나 또 다른 관점에서의 역학을 살펴보아야 하겠다.

덩치 큰 발사대

투사체를 궤도에 보낼 때, 무기가 아닌 부분이 움직이는 바람에 낭비되는 노력은 어느 정도인가? 창을 던지는 경우, 창 전체가 날아가게 된다. 소비되는 것은 단지 팔을 움직이는 것이지만, 그 정도의 소비도 사실 고려할 만한 정도가 된다. 창 투척기를 사용한다면, 우리가 한 일과 우리가 만든 운동량에 창 투척기의 질량과 속도가 세금을 부과하지만, 팔로 던지는 것보다 창은 훨씬 빠른 속도로 움직인다. 중세의 공성 망치(battering ram)는 추와 연결하기 위해 쓰인 밧줄 이외에는 별달리 낭비될 질량이 없다. 바람총(blowgun)은 얼마 되지 않는 공기의 질량이 낭비될 뿐이다. 활은 화살보다 훨씬 무거워서 상당히 비효율적일 것으로 생각되지만, 활은 화살만큼 빠르게 움직이지는 않아서 운동량으로 보자면 괜찮은 편이다. 발리스타(ballista)는 이런 이점을 가지고 있지만, 어찌 보면 노포와 비슷한 고대의 대형 투석기 아니져(onager)는 단단한 투석 팔을 가져서 이점이 없다. 이 이름이 붙게 만든 반발력은 이런 낭비를 반영한다. 투석기는 내려오는 추에 더해서, 투사체와 비견될만한 질량과 속도를 가지는 거대한 팔 때문에 끔찍할 정도로 효율이 낮아 보인다. 무기의 여러 부분이 다른 방향으로 움직인다고 해서 달라지는 건 없다. 투석기는 한 쪽 팔이 올라가며 앞으로 가고 다른 쪽 팔은 내려가며 뒤쪽으로 간다. 활의 대는 앞쪽으로 움직이고 총은 뒤쪽으로 반동한다. 어느 쪽으로 움직이건 간에 질량을 움직이게 하기 위해서 불필요한 에너지가 소모된다. 우리 근육이 직접 투사체, 즉 무기에서 실제로 쓰이는 부분을 움직이게 하고 다른 것이 움직이지 않는다면 가장 효율적인 방법이 될 것이다.

이제 이 이차적인 세금을 측정할 필요가 있다. 투사체의 질량과 전체 움직이는 부분의 질량 간의 비는 크게 도움이 되지 않는데, 이는 무기 나머지 부분의 속도를 고려하지 않았기 때문이다. 또한 이 방법은 지레의 원리도 고려하지 않았고, 활이 화살의 속도와 이동 거리를 증가시켜 주는 것도 고려하지 않는다. 일종의 가상 질량을 도입하면 문제가 간단해 진다. 동일한 세금 하에서 투사체와 같은 속도로 움직인다고 가정했을 때 해당하는 질량으로 가상 질량의 크기를 정하자. 실제 무기에서는 투사체보다 빨리 움직이는 부분은 없기 때문에 이 가상 질량은 투사체를 제외한 무기의 질량보다 항상 작게 된다. 이 새로운 변수를 도입하면, 무기의 질량 효율성의 척도로서 투사체의 질량과 총 유효 질량의 비, 즉 투사체의 질량을 투사체의 질량과 가상 질량의 합으로 나눈 값을 사용할 수 있다. 완벽하게 효율적인 무기는 투사체 외에는 움직이는 부분이 없으므로 1의 값을 갖게 된다. 혹은 이 문제를 똑같은 무기에 대해 가상 질량이 없는 경우에 비해 상대적인 손실을 의미하는 "질량세"라는 용어로 표현할 수도 있다(질량에 대한 지금까지의 이야기는 어딘가 마르크스적인 구석이 있다).

다양한 무기들은 어느 정도 다른 질량세를 가질까? 발표된 보고들에 제시된 자료를 약간의 가정을 통해 하나로 정리한 것이 다음 표에 나타나 있다.

화살을 쏘는 동안 활이 거의 움직이지 않기 때문에 이들이 더

	질량세
0.6 kg의 창을 손으로 던질 때	40 %
같은 창을 창 투척기로 던질 때	17 %
로마식 노포	30 %
투석기	90 %
활과 화살	50 %
바람총	14 % 이하

낮은 값을 가져야 하는 것이 아닌지 의문을 가질 수 있다. 긴 활의 가상 질량은 실제 질량의 5퍼센트 정도로 상당히 낮은 값을 갖는 다. 하지만 활이 1.5 파운드 정도의 무게를 가지고, 화살은 고작 1온 스 정도라 전체적으로 비효율적인 것으로 계산되었다. 활과 화살에 대한 질량세는 30에서 60퍼센트 정도인데 현실성이 없을 정도로 아 주 무거운 화살을 쓴다면 가장 낮은 세금을 물게 된다. 손으로 던 진 투사체의 경우는 던지는 팔의 질량이 일정하기 때문에 투사체가 가벼울수록 세율이 높아진다.

질량 효율성이라는 부분은 어찌 보면 모순일 수 있는 현상을 설 명해 준다. 효율적인 무기는 작동자가 투입한 운동 에너지의 거의 전부를 투사체에 전달해야 한다. 만약 발사되는 투사체가 없다면 어떻게 되는 것일까? 문제가 생길 수 있다. 활을 처음 쏘는 사람들 에게는 화살을 쏘지 말고 시위를 당긴 채 잡고 있으라는 주문을 종 종 한다. 시위가 천천히 앞으로 움직이면서 투입된 에너지가 작동 자의 근육으로 되돌아가지 않는 한, 활은 부러질 것이다. 궁수가 활 을 천천히 앞으로 움직이는 자체가 문제가 되는 것이 아니다. 당기 는 동안 근육으로 힘을 더 쓰면 더 큰 힘을 낼 수 있고 더 좋은 효 율을 얻을 수 있었던 것을 상기해 보라. 그들의 더 큰 질량 효율성 때문에 화살이 없는 노포도 같은 문제를 야기할 것이다. 투석기는 질량 효율성이 낮기 때문에 비교적 문제를 덜 야기하지만 말이다. 그럼에도 불구하고 투사체가 장착되지 않았다면 투석기의 팔을 멈추는 데 더 많은 부담이 주어질 것이다. 이쯤에서 당신은 던지는 시늉만 하며 실제로 아무 것도 던지지 않을 때 천천히 움직이는 당신의 팔에 힘을 실을 수 있다. 성취감의 문제를 넘어서, 당신은 아마 헛스윙을 할 때보다 공을 쳤을 때 더 좋은 느낌을 받을 것이다.

하지만 우리는 야구 방망이나 골프채를 그저 휘둘러서 그들의 질량에 의해 엄청난 질량세를 물 수도 있다. 라크로스 채와는 달리 야구 방망이는 그들의 투사체를 때려서 움직이게 해야 하기 때문에 훨씬 무거워야 한다. 공과 방망이가 충돌할 때 충분한 운동량을 전달할 필요가 있기 때문이다. 야구 방망이는 야구공에 비해 여섯 배나 무겁고, 야구공과 거의 비슷한 속도로 움직이므로 85퍼센트에 이르는 질량세를 가진다. 골프 드라이버는 1.62온스로 정해진 골프공에 비해 7~8배 더 무거워서 손잡이 부분의 무게는 제하더라도 70퍼센트에 이르는 질량세가 붙는다. 무기의 움직이는 부분이 투사체보다 무거워야 하는 이유를 느끼고 싶다면 배드민턴 채로 테니스공을 쳐 보라. 이런 큰 질량세 때문에 야구 방망이나 골프채, 테니스 라켓 등은 우리의 역사적으로 중요한 무기 목록에 오르지 못하는 것이다.

에너지와 운동량

한 가지 모순을 생각해 보자. 지금까지 고려된 중요한 변수에는 힘과 일, 에너지, 일의 양이 있었다. 근육은 에너지를 이용해서 힘을 만들고, 일을 한다. 일은 근육의 에너지 산출량으로 간주할 수 있다. 일양은 에너지 혹은 에너지 투입량, 산출량을 시간으로 나눈 값으로 일을 하는 정도를 말한다. 이제부터 우리는 이제껏 우리가 단지 느슨하게 비유적인 의미로만 써 왔던 운동량이라고 하는 역학적으로 중요한 변수를 도입할 것이다. 운동량과 에너지(특히 운동에너지)는 질량과 속력이라는 두 변수를 다른 방식으로 고려한 것이다. 이 모순적인 차이가 무기류에서 아주 중요한 문제를 제기한다.

운동 에너지, 즉 운동에 의한 에너지는 질량과 속도 제곱의 곱이다(이 분의 일 곱하기 질량 곱하기 속도의 제곱). 속도가 두 배로 되면, 운동 에너지는 네 배가 된다. 달리 말하자면 어떤 물체에 일정한 에너지를 투입하는 경우, 두 배의 속도를 얻기 위해서는 질량을 사 분의 일로 줄여야 한다. 한 편, 어떤 물체가 투사체인 경우, 속도를 두 배로 하면 이동한 거리는 네 배가 된다. 무동력 미사일과 같은 투사체는, 저항을 무시하고 이상적인 발사 각도를 가정한다면, 이동한 거리가 속도의 제곱에 비례하기 때문이다. 고로 일정한 에너지를 투입하면, 무동력 미사일의 이동 거리는 그 무게가 감소한 만큼 증가하게 된다.

한편, 운동량은 질량과 속도를 곱해서 구한다. 뉴턴은 이를 움직임의 양이라고 불렀다. 일정한 에너지를 투입했을 때, 속도를 두 배로 하면 어떻게 되는지 생각해 보자. 속도를 두 배로 해서 질량을 사 분의 일로 하면 운동량은 절반이 된다. 동일한 운동 에너지 하에서 두 배의 속도는 절반의 운동량을 의미한다. 이것이 왜 중요한가? 미사일이 목표에 맞았을 경우 그 효율성은 운동 에너지보다는 운동량에 관계하기 때문이다. 보다 이해하기 쉽게 말하자면 절반의 운동량으로 치는 것은 절반의 세기로 치는 것이다. 질량을 줄이면 이동 거리는 이득을 보지만, 충돌 시 운동량은 손해를 봐야 한다.

왜 에너지가 아니라 운동량이 이렇게 결정적인가? 모든 충돌에서 전체 운동량은 변하지 않고, 투사체와 목표물이 갖는 운동량의 합은 충돌 전과 후에 동일하기 때문이다. 투사체의 운동량이 클수록 목표물에 가해지는 운동량 변화도 크다. 운동량 변화가 클수록, 가해지는 피해도 크다. 크고 느린 투사체는 작고 빠른 투사체에 비해 더 큰 운동량을 갖기 때문에 같은 양의 에너지를 더 잘 쓸 수 있다. 저임피던스 투석기인 트레뷰체는 고임피던스 발리스타보다 더 좋아 보인다. 하지만 어떤 측면에서는 꼭 그렇지도 않다. 느리게 움직이면 더 많은 피해를 주지만 짧은 거리 밖에 움직이지 못한다. 운동 에너지를 운동량으로 효율적으로 바꾸는 데는 전투용 도끼와 공성 망치가 가장 효율적인 것으로 보인다. 즉, 사거리가 없는 무기는 다른 제한이 없는 한 가장 무거운 것이 좋다. 정리하자면, 또 다른 효율성으로 생각할 수 있는, 투입한 에너지에 대해 얻는 운동량은 속도가 느릴수록 증가한다.(이런 측면에서 이상적인 속력은 영이다. 그러나 이는 운동량과 운동 에너지를 영으로 만들기 때문에 실제로 불가능하다. 하지만 이 모순적인 경우에 어차피 무기가 목표에 도달하지 못할 것이므로 고려하지 않기로 하자.)

요약: 만약 일정한 양의 에너지가 투자된다면 이동 거리와 운동량은 서로 균형을 이룬다. 속도를 두 배 증가하여 네 배 멀리 날아가게 한다면 투사체의 질량은 네 배 감소한다. 그 결과로 운동량은 반이 된다. 아래의 표는 상호 연관을 갖는 여러 변수들이 어떻게 경쟁하는지를 명확히 보여준다. 편의상 기호는 생략하고 상대량 만을 표시했다.

운동 에너지	속도	최대 사거리	질량	운동량
1	1	1	4	2
1	2	4	1	1

다음 장에 고려될 주제들에 대해서도 충돌 전후에 운동량 보존의 개념이 사용될 것이다. 긴 창을 앞으로 하고 말을 타고 다른 기수를 향해 돌진한다고 생각해 보자. 창과 당신의 운동량이 충돌을 통해 대부분 전달될 것이다. 당신의 질량은 감소하지 않기 때문에 속도가 분명 감소할 것이다. 말이 그 직전에 갑자기 속도를 줄이지 않는다면 당신은 다른 쪽으로 수치스럽게 밀릴 것이다. 만약 당신의 발이 등자에 꼭 맞아서 앞으로 기대고 있지 않다면 말이다. 앞으로 잘 기대고 있다면 충격 시 받는 힘을 말을 통해서 땅으로 전달할 수 있을 것이다. 운동량의 관점에서 보자면 이제 당신의 운동량에 말의 운동량까지 더해져서 훨씬 많은 충격을 전할 수 있을 것이다. 게다가 충격 시 속도의 변화를 함께 견딜 커다란 말이 있다면 속도는 적게 변할 것이다. 즉 더 큰 질량은 속도 변화의 감소를 의미한다. 안장과 등자가 있다면 말과 기수는 하나의 단위로 움직

일 수 있고, 말을 탄다는 것은 단지 높고 빠른 좌석을 갖는 것 이상을 의미한다. 안장과 등자는 기수를 상대보다 더 유리하게 해 준다.

충격량

투사체의 발사와 비행경로에 대해서는 충분히 이야기했다. 그 중 어느 것도 날아가서 충돌하는 것만큼 중요하지는 않다. 이제 신기하지만 결정적으로 도움이 되는 약간의 물리학을 고려해보자. 우리는 충돌 시 힘에 대해서 이야기했다. 그렇다면 어느 정도의 운동량이 충돌 시에 힘으로 선환되는가? 운동량은 힘에 대응하는 것이 아니라 물리학 교과서 외에는 별로 다루어지지 않은 충격량이라는 변수에 대응한다. 충격량은 간단히 말하자면 힘과 충격이 일어나는 시간의 곱이다. 어떤 것도 순간적으로 일어나지는 않는다. 다만 바위가 성벽을 칠 때는 화살이 동물을 뚫는 것보다 더 짧은 시간이 걸릴 뿐이다. 주어진 운동량에 대해 짧은 시간 동안 접촉하면 더 큰 힘이 전달된다. 전쟁에서는 벽에 최대의 힘을 주는 것이 중요하기 때문에 둥근 바위나 대포알이 유리하다. 먹이를 움직이지 못하게 하는 데는 접촉 시간을 줄여 강한 힘을 주는 것보다 뚫고 들어가 내상을 입히는 것이 더 낫기 때문에 뾰족한 투사체가 주로 쓰였다. 절대적으로 분리할 수는 없겠지만, 전쟁에 쓰이는 무기와 수렵에 쓰이는 무기는 인간 문명의 크고 부서지기 쉬운 인공물과 작고 무른 자연물의 대조로 생각할 수 있다.

부서지기 쉬운 정도? 잘 쌓은 벽도 무너진다. 두개골이나 거북의 껍질과 같은 것도 깨질 수 있다. 다만 보기보다 덜 부서질 뿐이다. 크기? 작은 동물일수록 가속을 쉽게 할 수 있다. 다시 한 번 말하자면 힘은 시간 곱하기 가속도이다. 질량이 작은 경우, 부상을 입을 정도의 힘을 감수한다면 더 큰 가속도를 얻을 수 있다. 바위로 다람쥐를 맞추면(바위가 다람쥐를 나무나 다른 바위에 짓이겨 버리지 않는다면) 거의 부상 없이 함께 쓸려 지나갈 것이다. 운동량이 다람쥐에게 거의 전달되지 않기 때문에 충격량(힘 곱하기 시간)은 크지 않다. 단순이 으깨버릴 것이 아니라 내상을 입힐 목적이라면 작은 먹이감은 뚫고 들어갈 수 있는 작고 빠르고 날카로운 투사체-화살이나 총알 같은 것-로 잡는 것이 먹이를 날려 버리는 큰 투사체로 잡는 것 보다 낫다.

포식자보다는 먹이의 입장에서, 공격자보다는 목표물의 입장에서 어떻게 하면 타격을 줄일 수 있을지 생각해 보자. 단단한 껍질이나 두개골은 뚫리지는 않겠지만 미스터리 살인 사건의 주된 방식인 둔기에는 약점을 보인다. 중장갑은 안정감을 주기 때문에, 종종 눈속임이긴 해도, 입고, 방패와 함께 들고 다니며, 말에 씌우기도 한다. 하지만 종종 더 나은 생각이 떠오른다. 권투 선수는 몸을 뒤로 빼서 접촉 시간을 최대화함으로써 충격으로 인한 힘을 줄인다. 포수는 말랑한 글러브를 내밀고 있다가 공이 들어오면 다시 뒤로 빼는 방법으로, 머리나 몸통에 맞았다면 큰 부상을 일으켰을, 시속 90마일이 넘는 공을 계속해서 받아낸다. 갑옷처럼 보이진 않더라도, 효율적인 갑옷은 바구니와 여러 겹의 깃털로 만들어졌다. 플로리다에 사는 한 스페인 사람은 인디언의 화살을 멈추는 데 사슬 갑옷보다 여러 겹의 천이 낫다는 사실을 발견했다. 잭슨의 그림과는 달리 미국 남북 전쟁에서는 양쪽 진영 모두 돌벽보다는 흙벽이 더 낫다는 사실을 알게 되었다. 이런 개념은 갑옷을 입은 아르마딜로나 갑충, 거북, 멸종한 글립토돈트와 같은 생물들에 대해 한 가지 사실을 알려준다. 그들은 만약 발로 차거나 주먹질 당하는 데 특별히 강한 것이 아니라면, 날카로운 이빨이나 발톱에 아주 약함에 틀림없다.

제 13 장
무기의 사용

1918년부터 1924년까지 나는 캘리포니아 군사 학교를 열심히 다녔는데, 이 학교는 미서 전쟁(美西; 미국과 스페인의 전쟁, 1898) 당시의 기술 수준으로 운영되었다. 그때 나는 말안장 없이 말을 타는 법을 배웠는데, 그 이후로는 말을 싫어하게 되었다. 등자(鐙子)쇠(마구의 일부로 말안장 위의 손잡이를 뜻함, 역자 주)에 대한 나의 열망은 보다 진보된 단계의 기병대 훈련으로 인해서 더욱 확고해졌다. 그 당시 북부 미국 군대에서는 창이 널리 사용되지 않았기 때문에 나는 창기병은 아니었다. 그러나 나는 아마도 기병도를 들고 기갑 부대열의 최전방에서 전력으로 질주했던 하나 뿐인 살아있는 미국 중세연구자이리라. 우리는 가상적인 적을 위협하기 위해서라기 보다는 말이 무엇엔가 걸려 넘어질지도 모를 가능성에 직면해 있는 우리 스스로에게 용기를 북돋기 위해서 코멘치족(북미 인디언)처럼 큰소리를 질러댔나. 우리의 능자쇠는 중요한 위안이었다. 등자쇠의 도래가 기마부대의 전쟁 중에 새로운 가능성을 열어주었다는 것을 의심하는 이들은 분투하고 있는 기마부대의 작전 현장에 가서 등자쇠 없이 말을 타도록 해 보아야 할 것이다.

— 화이트, 중세연구가

효율적인 무기 만들기

맨손은 사람들에게 세심한 작업을 잘 수행 할 수 있게 할지 모르지만, 물리적인 효율을 위해서는 도움을 필요로 한다. 따라서 우리는 돌로 타격하고, 도끼로 찍어내며 큰 칼로 찌르게 된다. 효과적인 무기란 종종 에너지와 효율에 의존하게 되며, 가끔은 간접적으로 힘에 의존하기도 한다. 그러나 우리는 우리가 상호의존적 변수를 다루고 있다는 점을 잊을 수 없을 것이다.

힘 곱하기 속도는 효율과 동등하다. 만약 우리가 내야하는 효율이 고정된다면 먼 거리를 갈 수 있을 만큼 충분한 속력을 더하는 것이 우리가 써야 할 힘을 정해줄 것이다. 그러나 근육계는 그러한 방법으로 작용하지 않는다; 가장 좋은 출력은 수축력과 당기는 속도의 특정 연합에서 나온다. 결국 이것은 여러 관련 요소들에 의해 결정되는데, 거의 관련된 부하의 성질과 관련이 있다. 대개의 경우, 다른 도구의 도움이 없이 인간의 팔과 몸통에서 나오는 힘과 속도는 너무 세거나 너무 느려서, 발사체(화살이나 무기)를 사용하여 커다란 사냥감의 이빨이나 발톱, 뿔, 발굽으로부터 일정한 거리를 유지하면서 그들을 죽이기에는 적합하지가 못하다.

어떻게 하면 외부로 가해지는 일률을 일정하게 유지하면서 적은 힘으로 더 빠른 속도를 낼 수 있을까? 에너지를 저장하지 않는 간단한 무기의 경우, 가장 쉬운 방법은 투석기나 창을 쏘는 장치에서처럼 우리의 팔을 내뻗는 것이다. 우리는 생리학적인 복잡성 위에 외부의 복잡성을 쌓아나가고 있다 : 충분한 속도를 내는 것이 결과에 어느 정도 영향을 미치는 것일까? 더 빠른 속도는 어느 정도 정확성에 영향을 미치는 것일까? 최소 질량의 발사체는 어떻게 그 질량에 충분한 힘과 견고함을 부여 할 수 있을까? 장치의 전반적인 질량과 구조는 어떻게 내보내는 발사체의 질량이나 모양과 맞아 떨어질 수 있을까? 최적의 투석기나 창 쏘는 장치의 디자인은 그리 간단한 것이 아니다. 정량적인 분석의 어려움은 우리 조상들의 경험적인 업적들의 대단함에 대해 깊은 인상을 준다.

그러나 우리의 조상들이 투석기나 창 쏘는 장치를 사용하는 기술은 정교한 디자인이나 물리학의 현명한 사용만큼이나 중요하였다. 더욱이 대부분의 경우 궁극적으로 에너지를 저장할 수 있는 무기들이 그렇지 못한 것들을 대체시켜 나갔다. 완전히 고정되어 있는 것은 아니지만 우리가 내보낼 수 있는 힘은 여전히 심각하게 제한되어 있고, 에너지 저장량도 힘의 증폭과 마찬가지다. 다시 말하지만 힘은 단위 시간당 에너지이다. 유입되는 에너지의 양이 적더라도 시간이 지남에 따라 많은 에너지가 축적되는 것이다. 이 축적된 에너지는 발사하는 순간에 강한 수준의 힘으로 분출될 수 있다. 이것은 소규모의 사냥꾼들이 멧돼지나 들소에게 활을 쏠 때 유리하다. 즉 짧은 시간에 충분한 화살이 표적에 맞아 쓰러지게 하는 것이 사냥감들이 두 번째 사격이 있기 전 서둘러 도망가게 하는 것보다 나은 것이다.

이와 반대로, 전쟁은 대개의 경우 반복되는 무기의 사용에 의존하며, 얼마나 자주 발사할 수 있는가가 그 무기의 질을 결정하는 중요한 기준이 된다. 근육이 가지고 있는 모든 힘을 제공한다고 가정한다면, 근육이 내는 힘의 한계가 전체 시스템을 제한하게 되는 것이다. 근육이 할 수 있는 일을 들여다보게 되면, 매우 중요하면서도 경시되어져 온 오래된 전쟁 무기에 대한 시각을 다시 보게 된다.

90 파운드(40 킬로그램)의 돌을 400미터까지 쏠 수 있는, 굉장한 범위와 효율을 가진 커다란 노포를 생각해보자. 앞 장에서 살펴보았듯이 최대 투척거리는 발사될 때의 속도에만 의존하게 되는데, 이는 시간당 약 140마일(초당 63미터)은 되었을 것이다. 발사체의 운동에너지는 발사 속도에 질량의 제곱치의 절반을 곱하면 얻을 수 있는데, 이는 한 번 발사하는데 약 80,000줄 정도이다. 만약 질량세(질량에 의한 손실)를 30%, 소 힘줄의 불완전한 복원력으로 인한 손실이 10%, 잡다한 다른 손실(마찰, 불필요한 운동)이 약 10%정도라고 가정한다면 포수는 발사체의 운동에너지로 소비되는 에너지의 두 배 정도의 에너지를 가해야만 할 것이다. 그것은 한 번 발사하

는데 약 160,000줄 정도를 의미한다. 또한 포수들은 특별 훈련과 음식으로 단련되어 뛰어나게 잘 훈련된 포수들임을 생각해야 한다. 아마도 그들은 일인당 약 200와트의 힘을 낼 수 있었을 것이다. 두 명의 포수가 얼마나 빨리 발사체를 발사대에 장착할 수 있었을까? 와트는 초당 줄의 값이다. 따라서 필요한 160,000줄을 두 명의 포수에 해당하는 초당 400줄로 나누면 400초라는 계산이 나온다. 분으로 환산하면 6분 40초 정도이다.

　이는 두 건장한 포수가 약 매 7분당 한번의 발사를 할 수 있다는 것을 의미한다. 발리스타(노포, 돌을 발사하는 옛 무기)의 설명서에 따르면, 두 사람 이상의 동시적인 사용은 불가능해 보인다. 그들은 아마 앞에서 발사체를 싣고, 뒤에서 크랭크를 연결해야 했을지도 모른다. 그러나 그것은 단지 약간 속도를 올려주는 정도였을 것이다. 일력(power)—윌키 곡선에 의해 주어지는 인력의 최대 산출량—은 소 힘줄의 공급이 어려운 만큼이나 심하게 노포의 효과를 제한했었을 것이다. 이러한 사실은 90 파운드의 발사체(돌)로는 요새에 약간의 손상밖에 입히지 못함에도 불구하고 왜 그리스와 로마 두 나라 모두 비트르비우스에 의해 묘사된(가상으로) 더 큰 노포를 만들지 않았는지를 짐작하게 한다.

　트레부케라는 중세의 투석기는 그 끔찍한 크기와 비능률성에도 불구하고 수없이 많은 포수를 허용함으로써 노포의 효율의 제한을 교묘히 피해갔다. 대략적으로라도 얼마나 많은 사람들이 주어진 모델을 작동했는지를 모르는 상태에서는 비슷한 계산조차도 할 수 없다. 하지만 우리는 여전히 효율의 문제를 인식할 수 있다. 지난 장에서 말했듯이, 원래의 견인 투석기는 평형추에 의존하는 것이 아니라 한 무리의 사람들이 아래로 끌어당기는 저울대의 줄에 달린 신호에 의존하는 것이다. 이들은 130 파운드(60 킬로그램) 정도를 적군에 의해 상처 입기 쉬울 만큼 가까운 거리인 90 미터 정도의 거리에 던질 수 있었다.

　어떻게 그것을 사람의 인력작업으로 해 나갈 수 있을까? 만약 방해요인 없이 45도로 적당히 던진다고 가정했을 때 시간당 68마일

(초당 30미터)의 발사 속도가 요구된다. 130 파운드(60kg)의 적재량 당 27,000줄(1/2 × 60 × 30²)의 운동에너지가 되는 것이다. 만약 각 각의 포사수가 50 파운드(223뉴톤)의 힘—협동과 위치의 문제는 아 마도 더 큰 힘을 불가능하게 했을 것이다—으로 3피트(약 1미터)만 큼 아래쪽으로 잡아당겼다면 일인당 220줄을 공급한 것이다. 만약 효율이 완벽하다고 가정하더라도 그 무기는 여전히 120명 이상의 포사수가 필요했다는 계산이 나온다. 아마도 실제적으로는 200명이 필요했을 것이다. 결국 적은 수의 포사수만이 장애 없이 적당한 방 향으로 당길 수가 있었을 것이다. 이 견인 투석기는 다수의 사람을 수용할 수 있었으며, 투척물(돌)과 거리의 조합을 획득하려면 많은 수의 사람들을 이용해야만 했다. 알려진 바에 따르면, 서기 708년, 신드(인도)에 있었던 회교도들은 그러한 무기를 사용하기 위해 500 명을 동원하였다고 한다. 다음의 결론은 당연한 것처럼 보여 진다, 즉 인간은 에너지의 비축 없이는 큰 바위를 상당한 거리로 던질 수 는 없지만 견인 투석기는 빈번히 발사될 수 있었다. 100와트 정도 의 일률 수준에서 한 사람은 2초마다 220줄의 에너지를 공급할 수 있다. 발사와 재장전은 그것보다 시간이 더 걸렸음에 틀림이 없기 때문에 견인 투석기에 실제적인 일률의 한계란 존재하지 않았다.

현대적인 계산에 따르면 평형추 투석기는 500 파운드(225킬로그 램)의 발사체를 260미터까지 발사할 수 있었다. 이는 견인 투석기의 무게로는 4배이고 거리로는 3배에 해당하는 것이다. 이 투석기는 시간당 110마일의 초기속도(초당 50미터)와 300,000줄에 해당하는 역학적 에너지를 필요로 하였을 것이다. 같은 정도의 일을 하려면, 견인 투석기의 경우에는 모든 사람이 최고의 효율로 일한다고 했을 때에도 거의 1,400명의 사람들을 필요로 할 것이다. 따라서 평형추 투석기는 노동력이 절감되었고 그것을 발사체의 무게와 거리의 조 합에 비축할 수 있었다. 여전히, 10톤의 평형추를 계속해서 당기는 것은 쉬운 일은 아니었을 것이다. 합리적인 재현율(발사속도)은 보 존하면서 작동시키는 사람들의 수를 줄이는 과정에서, 평형추 투석 기는 실제적인 한계로서 일률을 재도입하였음이 틀림없다. 물론 그

것은 기념비적으로 무거웠다. 만약 중량물을 비실용적으로 높은 위치까지 올리지 않는 한, 중력을 이용하여 에너지를 저장하는 것은 발리스타를 가지고 탄성을 이용하여 저장하는 것보다 더 많은 무게를 필요로 한다.

1346년에 크레시에서 프랑스와의 전쟁에서 영국이 승리를 가져오는데 결정적인 역할을 했다고 알려진 큰활은 어떠한가? 우리는 다른 어떠한 종류의 발사무기보다도 이 큰활에 대해 많은 것을 알고 있다. 특히 우리는 이 활들이 얼마만큼의 힘을 가지고 얼마나 잡아당겨지는지 알고 있어서 계산을 간단하고도 좀 더 정확하게 할 수 있다. 이 같은 간단한 활에 가해진 에너지는 끌어당기는 거리의 절반(14 인치 또는 0.35 미터) 곱하기 최대 끌어당기는 힘(70 파운드 또는 300 뉴턴)으로 계산할 수 있다, 즉 50 줄이 조금 넘는 값이었다. 만약 우리가 종전과 같은 200 와트의 최대 힘을 가정한다면, 궁수는 매초마다 4개의 화살을 쏠 수 있다는 재미있는 결과를 얻게 된다. 훨씬 약한 100 와트라 할지라도, 궁수는 초당 2발을 쏠 수 있다. 예전 또는 현재에도 개별적으로 장전해야 하는 화살을 그와 같은 속도로 발사할 수 있는 궁수는 없다; 인체의 최대 효율이 궁술을 제한하지 않는다.

사실, 큰활을 쓰는 고대 궁술가는 활쏘는 속도에 있어 상당한 속도에 도달해 있었다. 내가 읽어 본 바에 의하면 추정이기는 하지만 분당 6번의 조준된 발사에서, 분당 12번의 조준되지 않은 발사까지의 수치를 본 적이 있다. 수세기 이후에 개발된 전장식 장총인 머스킷은 이 활에 비해 2배에서 6배정도까지 발사속도가 느렸다. 그러나 만약 궁술가가 호흡에 의해 제한받지는 않더라도(속사에 따른 운동량의 증가로 인한 숨가쁨, 역자 주), 빠른 활쏘기가 매우 힘든 일이라는 오래된 얘기를 부인할 수는 없을 것이다. 이러한 문제의 일부분은 궁술가가 하체의 근육에 비해 훨씬 덜 발달된 팔과 어깨의 근육을 주로 사용한다는 데서 기인한다고 하겠다.

무기를 위한 힘

이전 장에서 서술한 무기 중에 발리스타만이 효율의 제한이 있는 것처럼 보인다. 근육이 할 수 있는 다른 종류의 힘은 어떠한가? 이 힘에 의해서는 어떤 제약이 주어지는가?

고대 포병들이 어떤 일을 해내야 했었는지 다시 한번 보기로 하자. 거대한 노포로부터 투척물을 원하는 방향으로 보내는데 160,000줄의 에너지가 필요하다는 사실을 상기해보자. 에너지나 일은 힘(파운드 또는 뉴톤)과 거리(피트 또는 미터)의 곱으로 계산되어진다 만약 두 명의 사람이 낼 수 있는 힘의 양을 안다면, 발사체와 그것의 지지대를 끌어당기기 위해 얼마만큼 잡아 당겨야 하는지 계산할 수 있다. 고대에는 크랭크의 쓰임새가 적었지만, 노포에서는 비슷한 것이 사용되었다. 그림 7.10이나 12.6에서 보는 것 같은 돌출된 손잡이가 달린 캡스턴(배의 닻을 감아 올리는 도르레 같은 장치, 역자주)은 후에 보다 실질적인 배의 타륜으로 발전되었다. 우리는 두 남자가 그림 12.6에서와 같은 손잡이를 당길 때의 힘을 110파운드(500뉴턴) 정도라고 추정할 수 있을 것이다. 이 수치는 물리학자인 코테렐과 캐밍가가 그들이 맥주를 사주기로 약속하고 실험에 응한 오스트레일리아 학생들을 대상으로 측정한 값의 최대치의 절반에 해당하는 수치였다. 이 경우 학생들은 최적의 자세에서 고정된 로프를 당겼고, 그것도 단지 잠시 동안만 힘을 사용하였다. 그들의 160,000줄(뉴턴 곱하기 미터)을 500뉴턴으로 나누면 320미터가 된다. 따라서 이 캡스턴의 손잡이는 한번의 발사를 위해 적어도 320미터 돌아야만 한다. 만약 캡스턴의 둘레가 10미터라고 하면(방사형의 손잡이가 바깥쪽으로 5.2피트 또는 1.6미터 돌출되었다고 가정), 한 번 발사할 때마다 32번 회전을 하여야만 완전히 320미터를 당길 수 있었을 것이다. 만약 앞서의 계산에서처럼 그들이 6.7분에 한번씩 발사하려면, 그들의 몸이 지탱한다는 가정하에 최대한의 힘을 발휘하여 캡스턴을 분당 5번, 즉 12초에 한번 꼴로 회전시켜야 한다.

그 12초에는 각 손잡이를 중앙의 실린더에서 빼내어 다시 꽂아 넣어 그것이 앞쪽을 향하게 하는―이 과정이 캡스턴이 한번 회전할 때 최소한 두 번 즉 6초에 한번 필요함―시간이 포함되어야 한다. 다른 대안―여러 개의 고정된 손잡이를 사용하는(배의 타륜에 있는 것 같은)―은 그 병기의 나머지 부분이 땅에서 5 피트 이상 올려져 있는 것이 요구되었다.

그 두 사람은 열심히 일해야 할 뿐 아니라 빨리 일해야 했다, 즉 노포는 일률과 힘에 있어서 조작자(포수)들을 거의 최대한도로 사용하였다. 하지만 결과는 불가능한 것이 없음을 암시하며, 또한 우리에게 손잡이가 딸린 캡스턴이 얼마나 커야하는지에 대한 아이디어를 주고 있다. 만약 캡스턴의 크기가 작다면 놀랄 만큼 빠른 회전을 요구할 뿐 아니라 그 작동을 완수하기 위해 사람의 근육이 얼마나 열심히 일을 해야 할까도 생각해 보게 한다. 두 사람이 한 캡스턴을 작동시킬 수 있었을까? 내 생각에는 노포의 양쪽방향으로 실린더가 연장되어 나와 있어 각 사람은 그 자신의 손잡이를 당겼을 것이다. 어떤 도면들(사실 현대의 추측이지만)은 그런 형태의 배열을 보여주고 있다. 하지만 몇몇의 도면에서는 노포에 아주 극단적인 캡스턴이 달려 있음을 보여주기도 한다―손잡이가 매우 길고 아주 가는 실린더에 슬라이더로부터 나온 줄이 감싸고 있는 형태가 그것이다.

우리가 본 바와 같이 궁수가 활을 쏘는 일을 하는데 있어 국부적인 힘이 문제를 나타낼 수 있을 정도로 아주 부족한 근육을 가지고 있다 하더라도 전반적인 일률에는 제한이 없다. 하지만 활의 일반적인 인력이 70 파운드라는 수치는 힘의 제한을 암시한다. 그러한 힘으로 시위를 당기기 위해서는 훈련이 필요하다, 즉 건장한 사람일지라도 그것을 단번에 해낼 수는 없다. 그렇지만 이것이 아주 극단적이지는 않다. 즉 그것은 다룰 수 있는 최대한의 힘을 말하는 것이 아니라 훈련된 궁수가 발사 최대속도로 활을 쏘는 때를 얘기한다고 보면 된다. 더 큰 힘은 더 빠른 속도를 주며, 이는 다시 증가된 거리, 수평 궤적, 더 큰 투과도를 의미한다고 볼 수 있을 것이다. 또 다른 의미에서는 그것은 더 무거운 화살의 사용을 가능하게 한다. 70파운드의 긴 활은 1온스의 화살을 250야드 까지 쏠 수 있고, 200파운드의 긴 활은 390야드 까지 가능하다.

이런 관점에서 보면 활이 기능적으로 더욱 좋아질 수 있는 여지가 있지만, 그 활들은 전통적인 군대의 긴 활 궁수에 의해 제작되던 주목나무의 훌륭한 작품보다 더 정교해져야 한다. 단순 활의 문제점은 당기는 힘이 당기는 거리와 함께 증가하는 방식에 있다고 보여 진다. 궁수는 일정한 힘으로 당기는 것이 아니라 화살이 당겨질 수 있도록 힘도 증가하는 방식으로 당겨야 한다. 더욱 안 좋은 것은 활을 발사할 때 화살이 앞으로 나아갈수록 화살에 걸린 줄의 힘이 감소하는 것이다. 지금 우리가 생각하는 궁수의 하는 일이란 끌어당기는 힘의 절반과 끌어당기는 거리의 곱에 해당된다고 알고 있었던 것을 상기해 보자; 그것은 끌어당기는 힘을 증가시키는 것에 대해 생각해 보게 한다. 여러 기술들이 궁사로 하여금 당기는 전체 길이에 대해 당기는 전체(즉 절반이 아닌 1에 해당하는) 힘을 거의 나타나도록 해주고 있다. 아마도 그러한 장치들 중 가장 고대의 것은 나가는 방향과 반대로 휘어진 활이다. 고대 그리스의 꽃병과 조각에선 이 휘어진 활의 모습을 아주 자주 볼 수 있다. 요즈음에 우리는 복잡한 복합 활을 살 수 있다. 이러한 복합 활은 활시위가 중심을 달리하는 활차위에 걸쳐 있으며, 여러 가지 고도의 기술들로 활용하고 있다.

석궁은 궁사가 다룰 수 있는 제한된 인장력에 대한 한 가지 해결책을 제공한다. L자 모양의 크랭크는 화살을 더욱 강하게 당기게 해준다. 그리고 만약 필요하다면 천천히 당길 수도 있다. 석궁은 보통의 활보다 더욱 복잡한 기술을 뜻하며, 보통의 활보다 적어도 3만년이나 후에 나왔다. 그것은 중국에서 기원했으며 로마 제국 후반기에나 서구에도 등장한 것 같다. 석궁은 영국의 노르만 정복시기인 1066년경 유럽대륙에서도 일반화되었다. 그러나 이 석궁을 맞은 사람들의 부상이 너무도 심각하여 1139년 라테란 공회의는 적어도 그리스도인들에게 대해서는 그것의 사용을 금지시켰다.

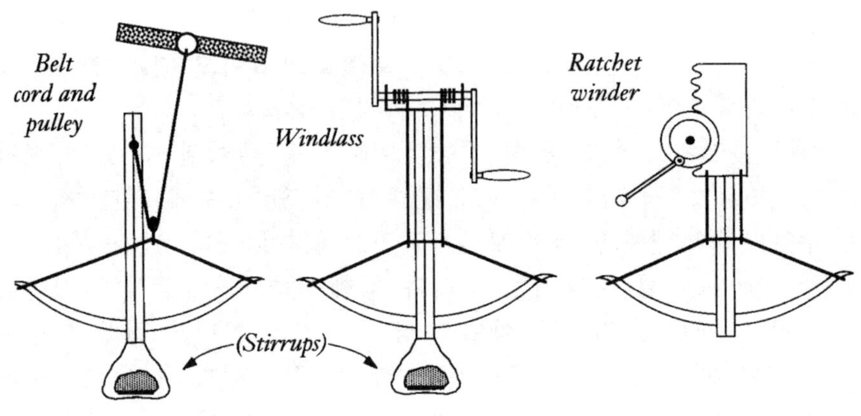

그림 13.1

석궁의 실제 사용에는 기본적인 장점들을 상리기 위해 많은 정교한 장치가 덧붙여졌다. 그림 13.1은 끈을 당기고 활을 휘는데 사용한 몇 가지의 예를 보여준다. 발로 지지하는 석궁에서는 훨씬 더 많은 근육이 활시위를 당기는 데 이용될 수 있다. 도르래가 달린 활의 경우 그 힘은 두 배로 증폭될 수 있다. 지레로 작동하는 석궁의 경우에도 여전히 더 큰 힘으로의 증폭이 가능하다. 크랭크에 의해 작동되는 석궁의 경우 더 큰 힘으로의 증폭도 가능할 뿐 아니라 에너지를 천천히 공급할 수도 있지만, 손으로 작동하는 장치에서는 조금 불편한 동작들이 포함된다. 어쨌거나 효율적인 단순 활에 비해 훨씬 짧아진 무기는 훨씬 더 큰 힘으로 당길 수 있게 되었다. 한나라(기원전 206~기원후 220) 시대의 기록에서는 이 당기는 힘이 190~380 파운드 정도로 추정된다. 현대의 석궁으로 발전되어 오면서 오늘날에는 1200 파운드 정도에 이르는 당기는 힘이 사용되기도 한다.

긴 활과 석궁 사이에는 많은 차이점이 있지만, 그 다양한 요인들 중 대다수는 결론을 내리는데 있어 복잡함을 더해주고 있다. 석궁의 경우 그들의 강한 당기는 힘과 어느 정도 균형을 맞추기 위하여 긴 활이 석궁의 화살을 당기는 것에 비해 조금 덜 당겨진다—긴 활이 30 인치 이상인데 반하여 석궁은 종종 1피트 미만이다. 그것을 상쇄하기 위해 석궁의 화살은 긴 활의 화살보다 조금 더 무거우며, 따라서 그것들은 쏘는 동안 더 높은 가속도에도 견딜 수 있다. 이리하여 석궁은 긴 활에 비해 아주 조금 더 빠르고 더 멀리 쏘지만 더 맹렬한 타격을 입힌다. 간단히 말하자면 긴 활에 비해 석궁은 갑옷을 뚫는데 더 장애가 적은 무기이다. 그것은 또한 사격수의 근육으로부터 지속적으로 힘을 공급하지 않아도 방아쇠를 잡아당긴 채 유지할 수 있고, 그것의 작은 외형은 말 위에서 사용할 수 있게 한다. 반대로 긴 활은 두 배 내지 여섯 배 더 자주 쏠 수 있다. 그 세세한 요인들은 비교하는 특색들과 권위자가 언급하고자 선택한 특색들의 면면에 달려있다. 각각을 옹호하는 성향이 무기에 관한 문헌에 스며들어 있는 것이다.

중국인들은 연발이 가능한 석궁을 고안하고 사용했다. 이러한 석궁에서는 대략 12발 정도의 화살 탄창이 석궁표면에 부착되어 있었다. 그러나 그들은 단지 가벼운 화살들만을 쏘았고 그것들은 종종 침투하는 능력의 한계를 보완하기 위해 독이 발라진 화살촉을 사용하게 되었다.

독이 발라진 발사체에 대한 언급은 종종 그것들이 사용되었던 다른 무기인 취관(불어서 쏘는 화살)과 그것을 사용하는데 필요한 힘에 관해 생각해보게 한다. 무게의 효율성에 있어서는 취관은 우리가 고려했던 다른 어떤 무기에 비해 명백히 우수하다. 취관 안의 바람만이 발사체와 함께 움직이게 되고, 그 바람의 양은 발사체 무게의 10퍼센트 이하 정도만으로 충분하다. 취관들은 1피트에서 6내지 8피트까지 그 크기가 다양하지만 가장 작은 콩알총을 제외하고는 모두 같은 방법으로 작동한다.(작은 것들에서는 혀가 폐에 이미 압축해 두었던 공기들을 제어하는 밸브의 역할을 한다.) 사용자는 허파 속의 공기 일부를 가능한 한 강하게 내뿜어야 한다. 한 사람이 내쉴 수 있는 최대 부피인 생체 용적은 가장 큰 취관에서만 중요하다. 반면 주요 요소는 바로 최대 호흡 압력이다. 그러나 그러한 최대치는 무한히 숨을 들이쉰 뒤 내뿜을 때의 측정치를 말하므로 공기를 전혀 뿜어내지 못한다. 그래서 내부 부피가 증가할수록 부는 사람이 발생시키는 압력은 그만큼 낮아진다. 출력은 압력과 유출 속도의 곱으로 나타나지만 다른 요소들 또한 충분히 영향을 미칠 수 있기 때문에 단순한 결과치는 추관의 디자인에 믿을만한 방향을 제시해주지 못한다.

한 사람의 생체 용적의 약 절반에 해당하는 2 리터의 부피를 가진 커다란 취관을 가정해보자. 총 길이를 2 미터로 하면 단면적은 1.5 제곱인치(10 제곱센티미터)에 지름은 1.4 인치(3.6 센티미터)가 될 것이다. 사람은 3/10 기압(30,000 파스칼) 정도의 최대 호흡 압력을 발생시킬 수 있다. 이 경우 힘은 압력과 단면적의 곱($Pa \cdot m^2$)이므로 30 뉴튼 정도의 힘이 필요하게 되는 셈이다. 내경에 꼭 맞는 1 온스짜리 발사체(화살 하나의 무게에 해당)는 그 질량에 비해 비현실적인 강한 마찰 저항을 받게 되므로, 대신에 더 무겁고 그래서 더 느린, 4 온스(100 그램)짜리 발사체를 가정해 보자. 힘과 질량으로부터 가속도를 계산해 보면(F=ma) 약 $300 \, m/sec^2$ 또는 $30 \times g$ 정도가 된다. 이 가속도와 관의 길이로부터 발사 속도를 계산해보면 약 80 mile/hr(35 m/sec)이 된다. 이러한 속도로부터 저항이 없을 경우 최대 발사 거리를 계산하면 134 야드(122 미터)가 나온다.

이 계산 결과는 그리 나쁘진 않다. 발사체는 큰 활의 화살보다 발사 거리는 더 짧지만 질량은 더 크다. 이는 더 높은 수준의 운동량에 해당하는데, 전통적인 화살이 1.2 정도인데 비해 이것은 3.5에 달한다(익숙하지는 않지만 단위는 $kg \cdot m/sec$ 이다). 이러한 운동량은 석궁의 화살과 맞먹는 수준이다. 왜 무장한 기사들에 대항하여 이러한 취관을 사용하지 않았을까? 적어도 세 가지 요인들이 취관에 대한 위의 단순 계산치의 효용성을 감소시키는 것으로 사료된다. 첫째는 최대 호흡 압력에서 기인한다. 이러한 가상적인 취관을 사용하는 데에는 겨우 10분의 1초가 걸리기 때문에 부는 사람이 발생시키는 압력은 더 낮아지게 된다. 비록 대부분은 훈련에 달려 있는 것이긴 하지만, 우리에겐 훈련받은 소수의 취관 사용자들의 호흡 데이터가 전무한 상태이다. 두 번째는 관 속에서 발생하는 여러 가지 마찰로 인한 감소이다. 심지어 관통에 느슨하게 맞는 발사체조차 마찰에 의한 감소를 발생시키고 발사체 주위 공기의 손실을 막기 위한 깃털이나 식물 섬유들도 감소를 발생시킨다. 게다가, 시간당 80마일까지 도달하는 튜브 내 풍속은 상당한 액체 역학적 물리적 마찰을 내포하고 있다. 세번째, 일정한 내부직경을 갖는 긴 튜브는 심지어 대나무와 같은 자연의 튜브로부터도 원시적인 기술로는 만들기가 쉽지 않다.

나의 동료 슈미트-닐슨(Knut Schmidt-Nielsen)은 친절하게도 나에게 그의 아마존 강의 취관과 이것의 다트(화살 또는 발사체)를 관찰할 수 있는 기회를 부여해 주었다. 그 관의 길이는 2.25 미터(7.4 피트)이고, 내부 직경은 10 밀리미터(0.4 인치)이며, 상당히 거친 내부 표면을 가지고 있다. 동부 에콰도르의 Waorani의 전형적인 취관은 약간 다른데, 전하는 바에 의하면 2.75 미터 길이에 12 미리미터(0.5 인치)의 직경으로 최고의 날숨에 대한 능력의 10% 미만의 볼륨이라고 한다. 슈미트-닐슨의 취관의 다트는 상당히 가벼운 1.5 그램(약 20/ 온스)이고 그들의 취관 내에서 공기가 새는 것을 막기 위해 어떤 종류의 식물 섬유조직(아마도 케이폭)을 이용한다. Waorani 다트 무게는 약 2.5 그램이다. 이렇게 가벼운 다트에서 질량의 부담은 약 10%만큼의 양도 안 된다. 하지만 이것이 유일한 문제점인 것이다.

만일 우리가 최대 호흡 압력을 1/3 기압 정도로 관대하게 계산했을 때, 튜브 내의 속력은 거의 시간당 200 마일이거나, 초당 84 미터로 마찰이 없다고 가정하면 최고 700 미터 이상을 발사할 수 있는 거리가 나오게 된다. 대단한 것처럼 보이기는 하나 이러한 수치는 다트(발사체)가 없을 때라도 그렇게 가는 튜브 내에서 시속 200 마일 정도의 빠른 속도를 내기 위해서, 1/3 기압보다는 훨씬 높은 불어내는 압력이 필요하다는 점을 고려하면 그 의미가 많이 감소하게 된다. 튜브 내의 액체 역학적 물리적 저항을 고려하면 이 수치는 약 시간당 56 마일 또는 초당 25 미터까지 속도를 떨어뜨리게 된다. 발사 순간의 추진력은 가상의 커다란 취관의 경우 단지 이 수치의 100분의 일 정도 일 것이다. 적당한 정도의 마찰력을 고려하고 나면, 우리의 이러한 발사 거리에 대한 추정치는 약 90 피트(28 미터)

정도로 줄 것이며, 또한 충돌 시 속도는 시간당 단지 30마일 또는
초당 13미터 정도로 나빠지게 될 것이다. 더욱이 이 정도의 수치도
우리가 먼 거리를 날려 보내기 위해 정확도는 포기하고 39도의 각
도로 발사하는 것을 가정하고 계산한 것이다. 발사체의 충돌시 운
동량은? 이것은 아마도 무시할 정도일 것이다 즉, 긴 활에서 사용
하는 화살의 약 2% 정도에 불과하다.

　내가 폐가 제공할 수 있는 압력과 부피에 관한 알려져 있는 수
치와 적당한 수치의 마찰력에 기초해서 이러한 계산을 수행한 후,
인류학을 전공하는 나의 동료인 처칠은 나에게 이 취관에 관하여
그의 전공분야에서 얻어진 데이타를 제시하였다. 한 값은 취관의
최고 효율적인 발사 범위를 56피트(17미터) 정도로, 또 다른 값은
100피트 정도라고 하였는데, 이는 내가 계산한 최적의 값인 90피
트를 잘 뒷받침해 준다고 보여 진다.

　따라서 취관(불어서 쏘는 활)은 짧은 거리, 낮은 침투성을 갖는
무기로서, 독이 묻은 화살 끝을 사용하며, 아마도 피부가 얇은 사냥
감의 사냥에 사용되었을 것이다. 이 취관의 한계는 횡격막과 늑간
의 근육의 힘에서 기인하는 최대 호흡 압력에 의존하게 된다. 그럼
에도 불구하고, 취관은 정확도가 뛰어나고, 길어서 불편한 면도 있
으나 빽빽한 열대우림 지역을 지날 때 들고 다니기 편리하다는 장
점이 있다.

말에 대한 논의로 돌아가서…

　앞서 동력원으로서의 동물에 대해 언급 했을 때, 무기체계의 한
구성요소로서 이용된 말의 역사에 대해 잠시 뒤로 미루었다. 그리
스-로마 시대의 말들은 주로 가벼운 마차를 끄는데 이용되었다. 마
차는 안정성에 문제가 있긴 하지만, 그리 무겁지 않기 때문에 말을
이용해 충분히 끌 수 있었다. 말을 전쟁에 이용하는 일은 그 군사
적인 필요성 뿐만 아니라 효율성도 떨어지는 일이었다. 그리스의

역사가이자 군인이었던 크세노폰은 페르시아로부터 철수하는 그의 그리스 동포들에게 다음과 같이 말하였다.

우리는 만 명의 기병대가 단지 만 명의 군인과 같다는 것을 기억해야 한다. 전쟁에서 말에게 물어뜯기거나 발에 차여서 목숨을 잃은 자는 아무도 없다. 전쟁을 통해 임무를 완성한 것은 다름 아닌 사람들이다. 기병대는 말의 등에 올라타 우리보다 높은 곳에 있었지만, 그들을 공격하는 우리 뿐만 아니라 말에서 떨어질 수도 있다는 것을 두려워하였다. 하지만 우리는 단단한 땅 위에 버티고 서서 우리를 공격하는 군사들에게 강력한 창검을 휘두를 수 있었고 또한 우리가 공격하고자 하는 목표물을 보다 효율적으로 공략할 수 있었다. 기병대에게 있어 우리보다 유리했던 점은 오직 한 가지, 우리보다 훨씬 안전하게 도주할 수 있었다는 것 뿐이다.

그 후로 매우 빠른 시간 내에 필립과 알렉산더 그리고 그들의 마케도니아인들은 기병대를 효율적인 군대로 변모시켜 놓았다. 한니발장군은 로마를 상대로 기병대를 매우 효과적으로 이용하였으나, 로마군대는 그 후로도 말에 크게 의존하지 않았다. 하지만 중세시대에 접어들면서 말은 보다 다양하게 이용되기 시작했다. 마구와 가름대를 이용하여 말을 보다 쉽게 끌 수 있게 되면서 경작을 위한 동력원으로서 말을 쉽게 이용할 수 있을 뿐만 아니라, 안장과 같은 도구를 통하여 말에 올라타기도 한결 쉬워졌다. 화이트는 그의 저서의 마지막장에서 다음과 같이 지적하였다.

730년경에 유럽전쟁사에 있어 획기적인 전환을 가져온 사건이 있었는데, 그것은 인도로부터 중국을 거쳐 유럽에 등자쇠(stirrup)가 소개된 것이었다. 등자쇠는 기술의 역사에 있어 굉장히 흥미로운 소품인데 값싸고 제작하기 쉽지만 군사들이 말의 등에 올라타 할 수 있는 행동의 폭을 급격히 증가시켰기 때문이다. 군사들이 무릎의 힘으로 말위에 올라타 있으면 창을 휘두르는데 그들의 팔 힘밖에는 이용하지 못한다. 그러나 안장머리와 안장꼬리의 지지대에 등자쇠를 통해 측면 쪽의 지지를 더해줌으로써 말과 사람은 하나가 될 수 있다. …… 타격을 가할 때 더 이상 사람의 힘만 이용되는 것이 아니라, 말과 사람의 힘을 함께 실어서 타격을 할 수 있게 된다. 따라서 등자쇠로 인해 사람의 힘이 동물의 힘으로 대체될 수 있었으며 이것은 전형적인 서양 중세 전쟁방식인 기병 간 충돌전투의 기술적인 기초가 되었다.

안장과 등자쇠가 활을 주무기로 사용한 기병대에 미친 영향에 대해서 조금 언급을 하면, 활시위를 당기는 것은 그리 어렵지 않기 때문에 사람이 안장 없이 말에 올라타 화살을 날릴 수는 있다. 긴 활은 비효율적일 수 있으나 고대의 그림을 보면 말에 올라탄 사람과 센타우루스(반인반마)까지도 짧은 활을 이용하는 것을 알 수 있다. 말위에 올라타 있는 것에는 그리 관심을 가질 필요가 없었지만, 화살의 속도나 정확성은 크게 향상되었다. 우리는 아직도 실생활에서 어떤 이슈가 결정된 이후에 언어적인 공격을 하는 경우에 "Parthian shot"이라는 표현을 쓰고 있다.(일반적으로 parting shot이라고 변질됨). 파르티안인들은 지금의 이란지역에서 살던 사람들로서 전쟁 시 퇴각하거나 위장 퇴각할 때 말을 타고 추격자들과의 안정 거리를 확보한 상태에서 뒤를 보며 화살을 날리는 것에 능했는데, 이는 오로지 말 위에 견고하게 위치한 사람만이 말의 진행방향과 반대방향으로 등을 돌려서 활을 쏘는 위험을 견뎌낼 수 있는 것이었다.

안장과 등자쇠가 단지 기수에게 도움을 준 것 뿐만 아니라 유럽의 봉건제도를 지지하는데도 역할을 했는지에 대해서는 역사학자들마다 그 의견이 다르다. 화이트는 특히 후자의 견해를 옹호하는 입장을 취했다. 하지만 나는 갑옷으로 완전무장하고 말에 올라탄 기사들이 유럽대륙의 잠재적인 군사자원을 합리적으로 사용할 수 있었는지가 궁금하다. 갑옷은 인상적이기는 하지만 매우 번거롭고, 공격받기 쉬우며 또한 값도 비싸다. 무거운 갑옷으로 뒤덮힌 기마와 기수가 과연 목표물이 움직였을 때 손쉽게 방향을 전환할 수 있었을까? 무게와 작전수행능력은 서로 역함수관계에 있는 것이다.

기병대는 19세기까지 지속되어 왔으며, 그 흔적은 20세기에서도 찾아볼 수 있다. 말을 탄 사람은 걸어 다니는 사람보다 훨씬 빠르게 이동할 수 있고, 이것은 지휘를 한다거나 정찰 또는 순찰하는데 있어서는 매우 중요한 요소이다. 그러나 중무장한 기병이나 기사들은 수세기전에 사라졌고, 이는 총기류의 등장으로부터 그 이유를 찾을 수 있다. 나를 비롯한 몇몇 사람들은 이와 같은 설명에 대해 불충분함을 느낀다.

무엇이 근동력 무기의 소멸을 가져왔는가?

보다 큰 주제, 즉 언제, 어디서 그리고 왜 총기류가 근동력 무기들을 대체하게 되었는지 생각해보자. '언제'에 대한 답변은 간단하다. 중세말기이다. 대포는 14세기 중반 무렵부터 실제전투에 등장하기 시작했고, 휴대가 간편한 연소화기들은 적어도 두 세기 후에 보편화되었다. 이와 같은 연소화기들의 등장은 네 세기 후의 연소기관들의 등장과 그 맥락을 같이 한다. 연소화기와 연소기관 모두 근동력에서 비롯된 것들을 대체하게 된다. 대포는 구식 보병총들보다 앞서 나온 것이고 뉴코먼 대기압펌프는 증기선과 증기기차에 보다 적합한 엔진들에 의해 대체되어 나갔다.

그러나 연소화기와 연소기관의 등장사이에 놓여있는 4세기의 간격은 또 다른 의문을 낳는다. 증기기관을 개발하는데 대포의 개발보다 더 큰 기술적인 도전이 필요하였단 말인가? 이 점에 의문을 제기할 만한 이유가 있다. 13세기 영국 맨섬인들은 위스키를 제조하는데 있어 대규모의 증류시설을 이용하기 시작했다. 또한 그 위스키는 인기가 좋아서 1300년경에 그 남용을 제한하고자 하는 법률들이 만들어지기도 하였다. 게다가 기본적인 증류기술은 구체적으로 사용되지는 않았지만 수세기 이전부터 사용가능한 상태였다. 이와 같은 증류장비들은 간단한 증기기관들의 것과 유사한 것들이었다.

아마도 경제적인 측면에서 4세기 간격의 이유를 찾을 수 있을 것이다. 산업용 기관들의 개발은 정부로부터 어떤 보조도 받지 못하였고 그 도입문제는 합리적인 경제적 비교에 달려있었다. 이와는

그림 13.2

대조적으로 군사적 비이성적 성향은 인류의 역사와 함께 해온 것이었다. 예를 들어 15세기 중반에 스코틀랜드사람들은 Mons Meg이라 불리는 거대한 대포를 만들었는데, 이것은 천 파운드에 이르는 대포알을 날려 보낼 수 있는 것이었다. 그러나 이 거대한 대포를 전쟁터로 옮기는 일 조차 현실적으로 어려운 일이었고 따라서 첫 시험발사 이후 사용되지 못하고 새로 제작되어야만 했다. 그 대포는 에딘버그 성벽 위에 올려져 놓았으며, 런던탑에 있던 한 세기 정도를 제외하고는 오늘날에도 그 성에서 볼 수가 있다. 군사적 기술 집착에 대한 보다 최근의 예들은 이름만이라도 언급될 필요가 있다. 제펠린 비행선, 마지노선, 탄도미사일 요격용 미사일 등등……

 "어디서"에 관한 질문에 대해서는 유럽이라고 쉽게 답변할 수 있다. 중국은 유럽에게 화약을 공급하였지만, 아메리카 대륙에는 화약이 공급되지 않았다. 중국은 매우 일찍부터 실질적인 정치적 단일체를 이루어왔으며 여러 방향으로부터의 침략에 대한 충분한 장벽들을 갖춰놓고 있었다. 중국의 군대는 매우 안전하게 보전되어 올 수 있었으며, 내부반란은 오래 지속되지도, 힘을 혁신시킬 수 있는 자원을 갖지도 못하였다. 이와는 반대로 서부유럽은 정치적으로 극심하게 분열되었고 이로 인해 그들 간의 전쟁이 끊이지 않았으며 동부유럽, 중앙아시아, 중동지역, 그리고 서북부 아프리카로부터 간헐적인 침략을 받아왔다. 따라서 더 나은 무기체계에 대한 욕구는 더 이상의 이성적 접근을 요구하지 않았다.

다음의 예가 위의 설명을 뒷받침한다. 중국인들은 로켓을 발명하였지만 군사적으로는 거의 이용하지 않았다. 그러나 18세기 후반 군사적 불안지역인 남부 인도의 알리 정권은 화약연료 로켓을 개발하였다. 이 무기는 18세기말에 영국을 상대로 대단히 유용하게 사용되었고 영국 또한 유사 무기의 개발을 서두르게 되었다.

"왜"에 대한 질문에 대답하기는 매우 어려운 문제이다. 화학적 방법을 이용해 보다 효과적으로 살상하기 위해서 라는 것이 그나마 명백한 답변이다. Du Pont 회사의 모토를 왜곡하면 그들의 첫 번째 생산물은 화약이었다는 것을 잊을 수 없다. 영국의 기술역사학자 가드웰은 다음과 같이 말하고 있다. 총의 결정적인 이점은 권총을 효율적으로 이용하기 위해 힘세고 숙련된 사람을 필요로 하지 않는다는 것이다. 실제로 모든 사람이 총을 잘 사용할 수 있다. 갑옷으로 무장한 기사나 기병들은 값싼 총을 갖고 있는 군인들을 상대할 수 없었다. 화이트는 자신의 저서에서 말하길, 1595년 엘리자베스의 군대에서 큰 활이 공식적으로 총으로 대체되었을 때에도 활은 여전히 기술적으로 우월한 무기였다. 그러나 총은 숙련되지 않은 병사들에게 활보다 효율적이었고, 이것이 결정적인 이유가 되었다.

위의 말들은 너무 과장된 듯하다. 누구나 총을 쏠 수는 있지만, 화약과 탄알을 장전하고 느리게 타는 성냥으로 총구내의 화약을 점화하고 또한 전쟁 중에 이와 같은 작업을 반복적으로 실행하기 위해서는 훈련을 많이 할 필요가 있다. 총기는 말을 타고 사용하기에 활보다 적합함에 틀림없지만, 짧은 활이나, 개량된 석궁들도 좋은 무기였을 것이다. 이러한 점에서 활강총은 기술적으로 결정적인 우월성을 확보하지는 못했을 것이다.

1326년 플로렌스에서 화약을 이용한 포가 처음으로 등장하여 한 기술평가관청에서 그 포에 대한 보고서제출을 의뢰 받았을 때 효율성에 대한 평가기준은 중세기의 투석기였을 것이다. 최초의 포는 조잡하고, 번거로우며, 비효율적이었다. 제작하는 것 뿐만 아니라 연료를 공급하는 것 또한 비용이 많이 들어갔다. 또한 정확도를 요하는 곳에는 이용할 수가 없었으며, 장전해서 발사하는데 시간이 많이 걸렸다. 또한 화약의 조성과 연소가 일정하지 못하여 같은 곳에서 발사된 경우에도 같은 지점을 두 번 이상 맞추기가 쉽지 않았다. 1326년과 백 여년 후의 기술평가들은 모두 중세의 투석기와 별반 다를 것이 없다는 결론에 이르고 있다.

나는 보다 비합리적인 이유로 역사를 보다 잘 설명할 수 있다고 생각한다. 총기류, 특히 대포류는 자기편에게는 감동을 주지만, 상대편에게는 매우 위협감을 주게 된다. 뿔나팔소리나 우렁찬 고함소리처럼 인위적으로 생산된 것이라도 전쟁에 있어 소리는 중요한 역할을 하게 된다. 인간의 귀는 소리가 더 커질수록 민감하게 반응하기 때문에 대포소리는 분명 더 큰 역할을 했을 것이다: 뒤뜰에서 갑작스럽게 충격적인 음악이 연주된다면 이상하게도 아무소리도 들리지 않게 된다. 또한 총기는 연기와 화약 냄새를 내뿜기 때문에 투석기나 석궁과는 달리 사람의 여러 가지 감각을 자극할 수 있다. 물론 결국에는 총기가 근동력 무기들을 능가하게 되었다.

위의 논쟁과 관련된 증거로서, 처음으로 돌아가 로켓보다 대포를 선호하는 성향을 생각해보자. 로켓은 중세시대에 주기적으로 이용되었다. 불꽃놀이로부터 알 수 있듯이 화약은 폭발력 뿐만 아니라 적당한 추진력도 만들어낸다. 대포와 로켓 모두 관으로부터 발사체를 쏘아 올리지만 로켓이 발사관에 보다 적은 힘을 전달하게 된다. 한 가지 이유로 연로는 안정적으로 소화되고 따라서 로켓에서의 내부압은 보다 천천히 그리고 보다 안정적으로 증가하게 된다. 또 다른 이유로 로켓은 발사관을 출발한 이후에도 자체적으로 추진력을 갖추고 있어서 발사체가 발사관에서 갖는 속도는 최고속도일 필요가 없고, 발사관 내에서의 속도가 사정거리를 결정하지도 않는다. 그러므로 로켓발사관은 대포보다 훨씬 가볍다; 최근의 전투에서는 각개병사가 대전차 공격용 로켓을 사용하고 있다. 대포가 대포의 발사체보다 50배나 더 무겁다는 사실에도 불구하고 선상에서도 대포를 더욱 선호하게 되었다. 무거운 대포들을 수면 위쪽에 장착하고 있는 전함들은 오히려 무거운 짐들을 수면 아래쪽에 싣고 있는 상선들보다 배로서의 가치가 떨어지게 된다; 몇몇 부끄러운 예로, 전함들이 출항하면서 전복한 경우들이 있다. 로켓이 기술적으로 문제가 없음에도 대포를 선호하였다. 로켓은 굉음을 뿜지 않고 획 하고 날아가 버린다.

미국인들은 사냥을 통해 생계를 이어가고 그들만의 탁월한 활을 이용하는 것이 보다 유리한 전쟁형태를 띠고 있었지만 총기로부터 깊은 인상을 받았고 활을 계속 사용하기보다는 권총과 대포를 수입하기 시작했다. 미국인들은 1775~1776년 겨울, 무거운 대포들을 뉴욕주의 티콘데로가 포트로부터 힘겹게 끌고 가서 뉴 잉글랜드를 지나 보스톤외곽의 구릉지로 이동시켰다. 미국 독립전쟁당시 영국인들은 대포소리에 놀라 철수하기 시작하였으며 다시는 그 도시로 돌아오지 못하게 된 것이다.

미국인들은 대규모의 총기수요를 감당할만한 금속제조산업을 갖고 있지 못하였으며, 화약제조 또한 전쟁의 폭발적인 수요를 감당할 만한 수준에 있지 못하였다. 전쟁당시 프랭클린은 활과 화살의 사용을 재검토하기도 하였다. 그 이유는 다음과 같다.

첫째, 일반적인 총과 마찬가지로 활을 이용해 정확한 사격이 가능하다.

둘째, 하나의 탄알을 장전하고 발사하는 동안 4발의 화살을 쏠 수 있다.

셋째, 활을 사용하게 되면 화약연기로 인해 시야를 가리는 일도 피할 수 있다.

넷째, 발사된 화살의 활강 모습은 적들로부터 공포감을 갖게 하고 따라서 적의 행동을 방해할 수 있다.

다섯째, 화살을 맞은 자는 화살을 몸에서 빼내지 않는 한 전투력을 상실하게 된다.

여섯째, 활과 화살은 총과 탄약보다 보다 쉽게 공급될 수 있다.

이와 같은 이유에도 불구하고 프랭클린은 프랑스로부터 총과 화약을 공급받기 위해 최선의 노력을 다하였으며 대서양을 가로질러 끊임없이 총기류를 공급받았다.

현재에는 매우 일부분의 사람들만이 총기사용에 접근할 수 있는 상황이기는 하지만 이와 같은 주제는 아직도 논의될만한 일이다. 인류학자들이 말하길, 화약은 재생되지도 않고 굉장히 비싸지만, 이처럼 비용 대 효율성과 상관없이 총기만큼 매력을 가지고 있는 것은 없다고 한다. 하지만 여러 논쟁들로 인하여 단순히 총과 근동력 무기들을 비교하기는 쉽지 않다. 한 연구로부터 아마존 원주민들은 엽총을 이용하여 활과 화살 또는 분무총을 이용할 때보다 사냥의 효율성을 높이고 있는 것을 알 수가 있지만 탄약을 사들이기 위해 추가비용이 들게 된다. 또한 좀더 숙련된 사냥꾼의 경우에는 작은 먹잇감을 잡을 때는 분무총을 이용하고 값비싼 탄약은 좀 더 큰 먹잇감을 사냥하기 위해 비축해 두기도 한다.

제 14 장
고기로 먹는 근육

…나는 늑대가 쥐를 통째로 먹는다는 사실을 잊고 있었다. 사실 해부해보면, 이 같이 작은 설치류는 대부분의 지방을 피하나 근육 조직 보다는 복강 내부, 장간막에 고정된 형태로 저장하지 않았던가. 그건 변명의 여지가 없는 실수였고, 나는 서둘러 그러한 오류를 수정했다. 그 때부터 연구가 끝나는 순간까지 나 또한 가죽만을 제거한 채 쥐를 통째로 먹었고, 그때마다 지방질에 대한 허기가 사라지는 것을 느꼈다.

> — 모왓(Farley Mowat), '절대 울지않는 늑대(Never Cry Wolf)' 중에서

…살 속에 있는 콜라겐 섬유의 또 다른 목적은 부서지는 것을 막는 것이다. 이 것은 동물에게는 이로울지 몰라도, 그 동물의 살을 먹고자 하는 사람에게는 상당히 불편한 일이다. 다시 말해, 고기를 질기게 만드는 것이 콜라겐인 것이다. 그렇다고 자연의 섭리가 채식주의자 편에 서있는 것만은 아니다. 엘라스틴이나 근육이 견디기 힘든 온도에 두면, 고기 속의 콜라겐은(젖어있을 경우 훨씬 연한 물질인) 젤라틴으로 변화하도록 자연의 섭리가 되어있기 때문이다. 즉, 고기를 요리하는 과정에서 굽거나 튀기거나 혹은 끓이는 동안 대부분의 콜라겐 섬유는 젤라틴(젤리나 아교 형태)으로 변하게 된다. 이러한 과학은 신의 은총에 대한 우리의 믿음을 회복시켜준다.

> — 고돈(James E. Gordon), '구조, 즉 사물이 무너지지 않은 이유(Structures, or Why Things Don't Fall Down)' 중에서

먹을 수 있는 동력원인 근육은 에너지 공급원으로서도 기능을 할 수 있다. 어떤 특정한 물질이 식용으로 사용되기까지는 여러 자연과학적 사회적인 역사와 관련이 있고, 따라서 육식의 역사는 근육에 대한 적절한 설명을 통해 완성될 수 있다. 우리가 동물의 다른 부분도 먹기는 하지만, 정육점 진열대를 보면 알 수 있듯 근육이 가장 많이 다루어진다.

융통성이라는 마지막 요소가 주는 많은 이득을 우리는 쉽게 잊는다. 너무 늙어서 더 이상 일할 수 없는 동물은 음식으로서 재활용될 수 있다. 또한 식량이 떨어진 탐험대는 운송수단을 먹고 도보로 이동하면 된다. 스스로 움직일 수 있는 식량은 작은 노력만으로도 운반이 가능하기도 하다. 사람의 역사에 비추어볼 때, 이러한 이점들은 매우 크게 작용했을 것이다.

1804년부터 1806년까지 루이스와 클라이 미국의 미시시피 강과 태평양 해안 사이를 왕복한 원정은 미국인들 사이에서 그 어떠한 탐험보다도 유명하다. 그들은 주로 걷거나 여행도중 직접 만든 작은 선박을 이용하였다. 그렇지만 그들은 가능하면 말을 이용하여 짐을 운반하였다. 일부 기본적인 식량은 가져갔지만 필요한 만큼 충분한 양은 가져갈 수 없었기 때문에 대부분의 식량을 사냥에 의존하였고 부족한 것은 원주민들과 물물교환을 통해 구했다. 하지만 사냥과 물물교환 어느 쪽도 안정적으로 식량을 공급하지는 못했다. 결국 결정적인 순간에 가장 큰 힘이 되었던 것은 물물교환을 통해 얻은 짐 운반용 말이었다. 아래는 루이스가 1805년 대륙의 중앙에서 다소 서쪽으로 치우친 곳을 탐험할 때의 탐험일지이다.

9월 14일. 우리가 가지고 있던 고기 꾸러미가 모두 바닥을 드러냈다. 그래서 할 수 없이 망아지 한 마리를 죽였다. 그날 저녁 풍성한 만찬을 가졌다.

9월 16일. 우리는 동이 트기 전부터 네 마리의 사슴을 보았다. 하지만 아직 그들 중 어느 하나도 잡지 못했다. 결국 어쩔 수 없이 저녁을 위해 두 번째 망아지를 죽였다.

9월 17일. 우리는 몇 마리의 꿩을 사냥했다. 그러나 이것만으로는 우리의 배고픔을 달랠 수 없었다. 우리는 또 한 마리의 망아지를 죽였다.

9월 20일. 오후 한시가 되어 우리는 작은 냇가에서 휴식을 취했다. 그리고 말고기로 배부른 식사를 하였다.

10얼 2일. 식량이 바닥을 드러냈다. 오후에 사냥을 나간 이들이 돌아왔지만, 초원에 사는 작은 늑대 한 마리만을 잡아왔을 뿐이다. 우리는 결국 말 한 마리를 죽여 식사를 하였고 환자들에게도 공급하였다.

이 탐험일지가 비록 절망적인 분위기를 보여주지만, 탐험기간 동안 어느 누구도 굶주림이나 사고로 인하여 목숨을 잃지 않았다. 게다가 질병으로 죽은 한 명을 세외하고는 모두 건강하게 돌아올 수 있었다.

이런 일이 있은 후 1세기가 조금 지나서 아문센과 3명의 노르웨이 동료들은 개가 끄는 썰매를 이용하여 남극대륙의 해안에서부터 남극점까지 고난에 찬 탐험을 하였다. 남극대륙에는 살아있는 생물이 존재할 가능성이 전혀 없기에 개의 사료조차도 운반해야만 했다. 그들의 세심한 계획은 다단계 로켓을 이용한 우주탐사 계획과도 같았다. 운반물품이 줄어감에 따라 개들의 필요성 역시 줄어들게 되었고, 개들은 차례로 살아남은 개들의 먹이로 혹은 조리되어 탐험가들의 음식으로 사용되었다. 계획이 너무나 잘 짜여져 있었고 모든 면에서 절약되었기에 탐험에서 돌아왔을 때에는 식량이 남았었다. 하지만, 노르웨이 외부에서의 반응은 그리 달갑지 않았다. 탐험가들이 그늘의 개들을 먹은 것은 다소 정당하지 않은 방법이라 받아들여졌고 남극점에서 돌아오다 죽은 스콧은 비록 탐험에는 실패하였지만 진정한 영웅으로 인정받았다. 스콧의 탐험에서는 기대 이하의 운송수단이었던 조랑말이 죽은 이후에도 그것을 음식으로 사용하지 않고 버렸던 것이다.

음식으로서의 근육

근육은 인간에게 훌륭한 음식이 될 수 있다. 그러나 인간은 개나 고양이에 비해 훨씬, 거의 돼지와 비슷한 수준의 잡식성 동물이다. 따라서 굳이 고기를 먹을 필요는 없다. 실제로 지구상의 인구의 대부분은 아주 적은 양의 고기만을 섭취한다. 계산에 의하면 지구상의 인구가 현재의 절반으로 줄어든다 하더라도 다량의 육식을 유지하기에는 인구가 너무 많다는 결론이 나왔다. 그렇지만, 고기를 먹지 않는다면 우리는 영양균형을 맞추기 위해서 더 많은 신경을 써야 한다. 필수 아미노산과 다른 중요한 영양소를 얻기 위해서 단순한 채식이 아닌 조화로운 채식을 해야 하는 것이다. 대부분의 채식주의자들은 콩과식물과 곡물을 함께 섭취한다. 콩류는 곡물에 부족한 리신(lysine)을 보충해주고, 곡물은 콩류에 부족한 메티오닌(methionine)을 보충해 준다. 예를 들어, 옥수수 토틸라(옥수수빵)에는 콩을, 밥에는 달(dal;마른 콩)이나 두부를, 밀빵에는 땅콩버터(사실 땅콩은 견과가 아닌 콩과임)를 함께 먹는다.

균형 잡힌 식사를 하는데 있어 고기의 가장 큰 이점은 그것이 우리와 같은 하나의 생물체를 이루는 가장 큰 부분으로서, 우리 몸의 구성성분의 대부분을 포함하고 있다는 점이다. 그럼에도 불구하고, 고기만으로는 잘 균형 잡힌 채식을 할 때만큼 오래 살 수는 없다. 고기와 함께 약간의 섬유질(식물에서만 얻을 수 있다)을 함께 섭취하는 것이 훨씬 이로우며, 고기만 먹게 되면 칼슘이 부족해 질 수도 있다. 칼슘은 근육의 수축에 꼭 필요하지만, 몸 안의 대부분의 칼슘은 뼈에 저장되어 있어 고기에는 부족하기 때문이다. 또한 근육에는 아스코르빈산(비타민 C)이 없기 때문에, 고기만 먹는 경우에는 결국 괴혈병에 걸리게 된다. 이러한 괴혈병은 오랜 항해 생활을 하는 사람들에게는 치명적으로, 스콧 팀이 남극 탐험 중에 죽게 된 주요 원인이기도 했다.

다른 음식을 통해 영양분의 보충을 받는다 하더라도, 육식위주의 식단은 단백질이 필요 이상으로 포함되어 있어 단백질 대사과정에서 생성된 부산물의 과다축적으로 해로운 영향을 미칠 수 있다. 최근 발표된 논문에서는 임신 초기의 입덧은 그러한 해로움으로부터 임산부와 태아를 보호하기 위한 것이라는 흥미로운 견해가 제시되었다. 그러한 가설을 지지하는 이유 중의 하나로 저자들은 채식 문화를 가진 사람들은 입덧을 하지 않는 다는 사실을 지적했다.

균형 잡힌 식사를 떠나서 생각하면, 고기는 고 에너지 음식이다. 순수 지방이나 식물성 기름만이 단위 무게당 에너지가 고기보다 더 클 뿐이다. 대부분의 인류역사에서 이러한 사실은 매우 매력적으로 작용했을 것이다. 기근은 빈번한 일이었고, 살찐 사람이 기근상태에서 더 오래 견딜 수가 있었다. 표 14.1은 대표적인 육류의 함유 에너지량을 보여준다.

먼저 표를 해석할 때 주의할 점은, 탄수화물과 단백질이 100g당 400kcal를 가지는데 반해 지방은 900kcal를 가진다는 믿음을 버려야 한다는 것이다. 그러한 수치는 순수한 성분일 때만 적용되며, 우리는 단지 지방만을 순수한 형태로 섭취할 수 있기 때문이다. 따라서 말린 쌀이나 콩가루 단백질은 수치로 나타낼 수 없다.

여기서 중요한 것은 고기 속에 있는 약간의 지방으로 인해 에너지 함유량이 큰 차이가 난다는 사실이다. 근육은 충분한 에너지를 섭취하고자 하는 사람에게는 좋은 식량이 될 수 있으며, 지방이 함유된 근육은 더욱더 유용하다. 알버트는 고기의 가격과 콜라겐 양 사이에는 반비례 관계가 있다고 지적한 바 있다. 이와 유사하게, 정육점에 가보면 지방 함유량과 가격 간에 직접적인 상관관계가 있음을 알 수 있다. 쇠고기의 경우에 '최상급'은 46%, '상등육'은 40%, '우량급'은 34%, '표준급'은 27%, '최하급'은 24%의 지방을 함유하고 있다. 지방이 많은 거위나 오리 고기는 그렇지 않은 닭이나 칠면조보다 값이 더 비싸다. 양고기 중 지방이 많은 부위가 기름기가 적은 다리 부위보다 더 비싸다. 그러한 상관관계에는 한 가지 뜻밖의 특이한 점이 있다. 그것은 지방이 단지 많은 열량만 제공하기 때문에 고기에 지방이 많아지면 다른 영양소의 함량은 적을 수 밖에 없고, 따라서 고기의 가격은 에너지 함량을 제외한 다른 모든 영양소의 함량과 반비례한다는 것이다.

종류	에너지 밀도		지방함량
	kcal/gjoule/kg		(%)
샐러드유	880	37,000,000	100.0
동물성 지방(돼지기름, 쇠기름)	750	32,000,000	80.0
호두	650	27,000,000	64.0
지방이 많은 조류(거위, 껍질포함)	370	16,000,000	33.6
지방이 적은 조류(닭가슴, 근육)	105	4,400,000	4.4
야생조류(오리, 근육)	140	5,900,000	5.2
날지못하는 새(타조, 근육)	130	5,500,000	2.8
지방이 많은 동물(돼지)	500	21,000,000	51.0
지방이 없는 가축용 소(양지머리)	175	7,400,000	9.3
작은 동물(야생토끼, 근육)	135	5,700,000	5.0
큰 동물(사슴, 근육)	125	5,200,000	4.0
큰 동물(들소, 근육)	110	4,600,000	1.8
지방이 많은 생선(고등어, 근육)	190	8,000,000	12.2
지방이 적은 생선(넙치류, 근육)	80	3,400,000	0.8
거북이(근육)	90	3,700,000	0.5
개구리(뒷다리 근육)	75	3,100,000	0.3
오징어(몸통, 다리)	85	3,600,000	0.9
바닷가재(복부, 집게발)	90	3,700,000	1.9
쌀, 끓인 것	110	4,600,000	0.1
옥수수, 삶은 것	85	3,600,000	1.0
감자, 삶은 것	75	3,200,000	0.1
당근, 생 것	40	1,700,000	0.2
시금치, 생 것	25	1,000,000	0.3

분명히, 우리는 기름진 고기를 좋아한다. 콜라겐이 많아서 질긴 고기는 갈아서 소세지를 만들어 먹는다. 이러한 소시지라 할지라도 대부분 다량의 지방을 함유하고 있다. "성공한다(bringing home the bacon)."는 표현에는 우연인지는 몰라도 식용 육류제품 중 지방이 가장 많이 포함된 부분이 언급되고 있다. 식용을 목적으로 하는 가축을 키울 때마다 인류는 지방함량이 높은 고기를 선택해왔다. 야생 맷돼지 고기는 상업적으로 팔리는 돼지고기보다 지방함량이 높다. 동력으로 사용되는 말고기 또한 소고기나 돼지고기에 비해 적은 지방을 함유하고 있다. 무게당 에너지함량을 높이기 위해서는 더 많은 사료비용이 든다. 더 많은 에너지를 얻기 위해서는 더 많은 에너시를 투자해야하기 때문이다. 그러나 지방이 적은 가축을 선택함으로서 사료 값을 절약하는 것은 경제적으로 이득이 될 수는 없다. 지방함량 감소에 따른 시장가격 하락 폭이 사료비용 절감비보다 크기 때문이다. 날씬한 포유류나 조류의 근육은 지방함량이 2~5%이지만, 이러한 고기를 정육점에서 사기란 쉽지 않다. 양, 들소, 사슴 등의 포유류와, 조류인 타조, 껍질 벗긴 닭의 가슴살 정도가 선택할 수 있는 폭의 전부이다. 그나마, 이들 중 실제로 판매되는 것은 양고기와 닭 가슴살 정도 뿐이다.

그렇다면 농경시대 이전의 사람들은 현재 우리가 가축들로부터 얻을 수 있는 고지방 고기를 얻을 수 있었을까? 확신하건데 아주 "특별한" 경우에만 가능했을 것이다. 철새(혹은 계절에 따른 이동성 포유류)들은 이주하기 전에 체내에 지방을 축적한다. 온혈동물(동면에 관계없이)은 겨울을 나기 전에 가장 뚱뚱해진다. 따라서 가을에 잡히는 곰이나 거위는 아주 좋은 영양식이었을 것이다. 흔히들 우리는 뚱뚱한 것은 건강에 해로울 뿐 아니라 진화적인 관점에서나 영양학적 또는 미용적인 측면에서도 나쁜 요인으로 작용한다고 말한다. 그러나 육체적인 아름다움은 그것이 번식에 도움을 줄 때를 제외하고는 생명체가 살아가는 데 중요하게 작용하지는 않는다.

우리는 주로 지방을 통해서 에너지를 저장하기 때문에 작은 동물보다는 큰 동물의 고기를 선호한다. 큰 동물은 지방을 재빨리 사용할 수 있도록 근육에 저장한다. 이에 반에 작은 동물은 상대적으로 피하층에 더 많은 양의 지방을 저장한다.(이 단원의 앞부분에서 언급된 모왓은 피하지방은 고려하지 않았다. 아마도 동물의 껍질을 벗겨낼 때에 지방층이 함께 떨어져 나왔을 것이다.) 큰 동물에 비해서 작은 동물은 열을 발생하는 부피에 비해 열이 손실되는 표면적의 비율이 상대적으로 크기 때문에 보온작용을 할 수 있는 지방층을 더 두껍게 유지해야 하는 것이다.

많은 인류학자들이 주장하는 바와 같이, 거대한 포유류의 근육에 대한 선호는 우리가 현재와 같은 모습을 갖추는 데에 중요한 요인으로 작용했을 것이다. 인류는 채집생활로부터 시작하기는 하였지만, 곧 사냥을 하게 되었고, 약 250만 년 전에는 도구를 만들기 시작하여, 그와 동시에 침팬지들이 사냥하는 것보다 훨씬 큰 먹잇감을 사냥하기 시작하였다. 초기 인류는 큰 동물을 사냥하기 위해서 협동 조직 사회를 형성하였을 것이다. 언어 역시 크고 위험한 동물들을 사냥할 때, 사냥꾼들이 보다 잘 협력하기 위해 개발되었을 것이다. 그리고 아마도 개와 함께 사냥함으로써 더 큰 동물들을 잡을 수 있었기 때문에, 인류는 이 당시 처음으로 가정에서 개를 기르면서 함께 사냥을 하기 시작하였을 것으로 생각된다.

인류가 다른 가축을 기르기 시작한 것은 거대 포유류의 근육을 얻고자 함이 가장 큰 이유이었을 것이다. 우유를 마시는 사람도 있었지만, 대부분의 성인들은 젖당을 분해할 수 없기 때문에 장에 부담을 주게 된다. 우유를 성인이 먹을 수 있도록 하기 위해(그리고 유통기한을 늘리기 위해서도), 젖당이 없는 요구르트나 치즈 등의 다른 제품으로 만들게 되었다. 가죽은 매우 오래 가기 때문에 사냥감에서 조금만 얻어도 충분했다. 가축의 배설물은 비료로써 유용하긴 하지만 농업에 큰 영향을 끼치지는 않았다. 가축의 힘은 사육을 시작한 훨씬 뒤, 마구를 씌우는 기술이 발달한 후에야 이용할 수 있었다.

육식에 대한 내용은 더 일반적인 측면에서 말하자면 다음과 같다. 5종류의 거대 유인원들(고릴라, 오랑우탄, 피그미침팬지(bonobos),

침팬지(chimpanzees), 인간은 약간은 다른 방법으로 지구에서 함께 살아가고 있다. 이들 모두는 잡식성이긴 하지만 육류 소비량은 각기 다르다. 고릴라는 때때로 흰개미를 잡아먹을 뿐이다. 오랑우탄은 주로 과일, 곤충, 새알 등을 먹으며, 피그미침팬지(Bonobos)의 경우 주변에 육류가 널려있어도 거의 먹지 않는다. 침팬지는 육류를 즐겨 다른 포유류를 잡아먹기도 하지만 여전히 그들의 식성은 채식주의에 가까우며, 일정한 거리 이상으로 사냥을 나가지는 않는다. 이에 반해 인간은 수렵과 목축을 모두 하는 가장 육식성인 유인원이다. 인간은 유인원 중 유일하게 두발로 걷고 뛸 수 있어 사냥을 위해 선택되어졌다고 할 수도 있을 것이다. 육식성이 증가함에 따라 먹는데 투자하는 시간은 감소한다. 고릴라는 깨어있는 시간의 거의 절반을 음식을 먹는데 사용한다. 반면 인간의 경우, 식탁에 음식이 올라오기까지 필요한 간접적인 과정에 들어가는 시간을 제외하면, 음식을 먹는데 드는 시간은 매우 짧다. 사회적 공격성 역시 육식성과 함께 증가한다. 나는 그러한 느슨한 상관관계가 불가분의 관계가 되지 않기를 바란다.

인류학자 스탠포드는 최근 저서에서, 사냥이라는 행위가 현 인류가 지금의 모습으로 발전하는데 있어서 어떤 역할을 했는지에 대해 제시하고 있다. 그는 침팬지와 인간에게 있어서 고기는 좋은 영양 공급원으로서의 가치 이상으로 사회적인 가치를 지닌다고 역설한다. 두 종 모두에서 남성(수컷)이 대부분의 육류를 공급한다. 인간이 사냥한 고기에 여러 방면에 걸치는 상징성을 부여하고, 전설 또는 문화적 이론에까지 적용시키는 것과 마찬가지로, 침팬지 역시 육류의 공급을 통해 수컷의 사회적인 위치를 평가한다. 스탠포드는 "고기는 단순히 영양이 풍부한 음식 그 이상의 의미를 지닌다. 고기는 남성에 의해 통제되는 사회적인 화폐로 사용되어 가부장적인 인류의 전통사회와 영장류의 사회를 구성하는 필수적인 요소로 작용하였다"고 말했다. 셰익스피어(Shakespeare)는 "시저(Caesar)는 어떤 고기를 먹고 자랐기에 그렇게 위대한 인물이 되었는가?"라는 고상한 말을 남겼다.

위대한 유인원인 인간은 다른 동물들과 그다지 다를 바가 없다. 육식성인 고양이와 사자는 이따금씩 그들의 음식을 먹고, 초식성의 토끼나 가젤은 끊임없이 풀을 뜯는다. 육류처럼 많은 에너지가 농축된 음식을 제공해줄 수 있는 대체품은 단 한 가지 뿐이다. 식물의 잎이나 줄기가 아닌 에너지가 집약된 부분, 즉 과실, 씨앗, 뿌리, 줄기와 같은 부분이다. 장내의 원생동물들의 도움을 받아 섬유소를 분해할 수 있다 하더라도 식물의 잎이나 줄기 부분에서는 그다지 많은 양의 양분을 얻을 수가 없다. 식물의 줄기나 잎에서는 많은 에너지를 얻을 수가 없고 또 소화시키기 위해 필요한 장기가 너무 크기 때문에, 초식만 하면서 날 수 있는 생물은 거의 찾아볼 수 없다. 나방과 나비가 가장 가까운 예가 되지만 이들은 애벌레만이 잎을 먹고 변태를 하는 과정에서 초식에 필요한 내장을 축소시켜 영양분이 많은 수액을 먹는 성체로 변한다. 새들 역시 씨앗, 곤충, 벌레, 수액 등과 같은 좋은 에너지원만을 찾아다닌다.

여러 종류의 고기

포유류의 허리 근육에 해당하는 필레미뇽(요리중의 하나)은 골격 안에 위치한다. 그렇기 때문에 일상에서 부딪히거나 멍드는 일이 드물기 때문에 질긴 콜라겐 등의 연결조직이 적어서 요리 했을 때 부드러운 살코기가 된다. 그래서 동물고기 가운데서는 가장 연하다. 아마 조갯살이 여기에 대적할만할 것이다. 새우 살은 좀더 단단하며 외부의 딱딱한 껍질을 벗기고 먹어야 한다. 다른 별미는 오징어이다. 오징어는 외부의 거죽을 수축해서 내부에 있는 물을 뿜어내서 헤엄친다. 우리가 먹는 부분은 이 외부 거죽과(가끔 속을 다른 재료로 채워서 먹는 요리도하지만) 다리(촉수)이다. 오징어 촉수나 거죽은 뼈가 없기 때문에 근육들 사이의 단단함을 유지하기 위해서는 콜라겐 성분을 많이 함유하고 있다. 이 때문에 요리책에서는 불로 살짝 데치라고 주의를 준다. 너무 가열해 버리면 콜라겐이 서로 엉켜 붙어버려서 너무 단단해져서 먹지 못할 정도로 딱딱해지기 때문이다.

말고기는 소고기, 돼지고기, 사슴고기에 비해 더 달콤하다고 한다. 왜냐하면 말고기가 동물의 당분에 해당하는 글리코겐을 더 많이 함유하고 있기 때문이다. 글리코겐은 고기가 숙성되면서 나오는 효소에 의해서 또는 요리할 때 가해지는 열에 의해서, 요리의 마지막 단계인 먹는 동안 입속의 침의 작용에 의해 당분으로 분해 된다. 동물은 콜라겐을 지방보다 빠르게 활용하기 때문에 멀리서 수송관을 통해 수송하기 보다는 바로 사용하는 곳에 저장한다. 이점이 유산소 운동인 달리기 선수에게는 매우 중요하다. 앞에서 본 바와 같이 밀은 소나 사슴에 비해 월등히 우수한 달리기 선수다. 소의 경우 목숨을 건 투우에서도 지속적으로 달리지 않는다. 하지만 사람들이 말을 타고 사냥개를 풀어서 사냥을 하는 경우 말은 빠르게 그리고 또 지속적으로 달려 수 십 킬로씩 달리기를 한다. 이렇게 달리기를 한 말의 혈액은 거의 치사량에 해당되는 스트레스를 받을 때의 양상을 보인다고 한다. 말고기를 먹는 사람들은 적은 수이다. 하지만 많은 사람들이 한 번쯤은 말고기를 맛보았을 것이다. 제2차 세계대전 당시 하바드 대학의 교수회관에서는 말고기 요리를 먹을 수 있었다고 들었다. 당시는 고기가 귀하였고 그래서 말고기 요리를 했었는데 인기가 있어서 전쟁이 끝난 후에도 계속 요리를 했다고 한다. 우리가 이미 앞에서 본 바와 같이 작은 포유류 동물의 고기가 큰 동물에 비해 지방이 적다. 조그만 설치류 동물의 고기가 지방이 적은 것은 그래서 당연한 것이다. 하지만 지방은 좋은 절연재료가 된다. 작은 포유동물은 큰 동물에 비해 체온을 잘 보존할 필요가 더 크다. 왜냐하면 몸의 표면적에 대한 체적의 비가 더 크기 때문이다. 따라서 지방을 외부로부터 체온을 보존하는 절연재료로 쓰는 동시에 에너지원으로 이용하는 것이다. 찬 물속에서 사는 포유동물의 경우 자신의 몸 부피의 거의 절반이나 되는 양의 지방을 표피아래 지방으로 축적한다.

요점을 정리하면, 동물의 살코기의 모양과 맛은 그 생물학적 기능과 밀접한 관계가 있고 인간이 가축으로 키우면서 변형을 시켰지만 크게 달라진 것은 없다.

동물의 근육에서 본 것 같이 곤충들도 금방 쓸 수 있는 연료의 종류가 다양하다. 예를 들면, 파리들은 글리코겐을 근육의 연료로 쓰지만 나비나 메뚜기들은 지방을 이용한다. 글리코겐은 쉽게 이동시켜 사용하고 빨리 분해할 수 있는 장점이 있고 지방은 많은 양을 저장하여 쓸 수 있는 장점이 있다. 동물은 글리코겐을 수분을 포함한 채로(식물의 경우 전분으로) 보관하기 때문에 100그램의 저장된 글리코겐에서 100킬로칼로리 정도의 에너지를 이용할 수 있다. 이에 반해 같은 양의 지방은 800킬로칼로리를 낼 수 있다. 그래서 파리는 기껏해야 한두 시간 쉬지 않고 날 수 있지만 사막의 메뚜기는 열두 시간이나 날 수 있고 공작나비는 수 천 마일을 이동할 수 있다. 이와 같이 곤충에서처럼 고등척추 동물도 자신의 생활에 따라 근육의 조건을 맞추어 다듬어 왔다.

인간이 육식을 즐기는 만큼 다양한 문화에서 허용되는 고기종류가 다양한 것 또한 흥미롭다. 어떤 문화는 아예 육식을 금하고 있기 때문에 그런 사람들에게 고기를 먹을 수 있는지 물어보는 것 초차 실례가 된다. 인류학자들의 보고에 따르면 소규모 집단에서 특정 종류의 동물의 고기를 먹지 못하게 하는 문화가 많이 존재하는데 비교적 규모가 큰 집단에서도 이러한 현상을 볼 수 있다. 전통적인 중국 사람들은 다양한 고기를 즐기는 반면, 인도사람들은 육식주의자 임에도 불구하고 먹는 고기가 한정되어 있다. 내가 중국 베이징의 한 작은 호텔에서 묵고 있을 때 창문을 통해 본 광경은 매일 아침 수레에 음식 찌꺼기를 모아 돼지먹이로 가져가는 것이었다. 하지만 인도의 남부지방이나 이스라엘에서는 이러한 광경을 볼 수 없을 뿐만 아니라 돼지역시 볼 수 없고 돼지고기란 구경을 할 수 없다. 문화의 차이로 돼지고기는 아예 허용이 되지 않는 것이다. 이러한 문화차이에 의한 "먹을 수 없는 고기"는 다음 논제를 생각하게 한다.

우리 자신을 먹는 것

기아 상태가 되거나 오래 굶게 되면 자연스럽게 몸속에서 일어나는 현상이기도 하다. 몸의 다른 부분도 그렇지만 근육의 경우는 우리 몸이 근육을 얼마나 쓰는지를 체크해서 새로운 근육을 형성하는데 필요한 물질들의 공급량을 항상 측정해 놓고 쓰지 않는 근육은 해체해서 영양분으로 흡수해 버린다. 예를 들어 우주선에서 오래지내는 우주인들의 근육상실 현상은 해결하기 어려운 문제 중의 하나이며 침대에 오래 누워있어야 하는 경우는 문제가 더 심각하다. 필이나 다리를 깁스해서 한달이나 그 이상 있다가 풀면 홀쭉해진 모습을 보게 된다. 이러한 현상은 후천적인 것이라 근육을 쓰지 않고 소파에 앉아만 지내는 그런 자손이 생기지는 않는다. 그렇다면 말도 안 되는 질문을 해 볼 수 있다. 신이 인간의 고기를 먹는 것을 원하지 않았다면 왜 인간의 근육을 만드셨을까? 물론 인간의 근육은 다른 동물의 고기처럼 먹을 수 있는 것이다. 따라서 이제는 인육섭취에 관하여 이야기 해보자.

이 책에서 가장 논쟁이 많을 수 있는 주제가 바로 인육을 섭취하는 것이다. 한 가지 이유는 도덕성과 감정을 상하게 되는 것이고 또 하나는 인류학자들의 예민한 숙제인 인종편견이나 유럽중심의 견해의 문제를 들추게 된다는 점이다.

약 이십년 전 어느 눈 덮인 산에서 고립된 사람들의 겨우에 생긴 인육섭취에 관한 책이 발간되었다. 언론의 관점과는 달리 학문적 관점에서 그 책은 충분하지 못 했다고 판단되지만 그 이후 많은 책들이 그 책의 내용을 옹호하였다. 인육섭취는 여러 종류가 있는데 생존을 위한 인육섭취가 행하여진 기록들이 있다. 유명한 예는 1820년 에섹스라는 배가 큰 고래에 부딪혀 파선되어 고립된 사건이 있었는데 이 사건은 멜빌의 작품인 '모비딕'에 영감을 주기도 하였다. 다른 하나는 1847년 도너라는 사람과 몇몇이 겨울에 미국 서부의 씨에라 네바다 산맥의 횡단을 시도하다 일어났다. 잘 알려지지 않았지만 더 큰 규모의 경우는 극심한 기근이나 전쟁포로 수용소의 경우 등이 있다. 생존을 위한 인육의 섭취에 공통적인 특징은 현대 인간 사회의 누구에게나 충격으로 다가 온다는 것이다. 먼저 가능한 모든 음식 공급원을 소진한 다음 시작되는데 먼저 기르던 가축, 다음은 주위의 야생동물 그 다음은 애완동물들까지 잡아먹게 된다. 그래서 농가에서는 잡아먹을 동물들에게는 이름을 붙여주지 않는 것이 관례이다. 인육섭취는 잘 아는 사람들의 관계나 혈연관계로 이루어진 그룹에서보다는 잘 모르는 여러 사람들이 불행한 사태를 같이 맞이하는 경우에 더 많이 일어나는 것으로 알려져 있다. 먼저 금방 죽은 사람 또는 얼어 죽은 사람의 인육을 서로 나누어 먹고 그 다음에는 살아있는 사람도 잡아먹게 된다. 이 책의 요점에 좀더 관련 있는 것은 인간의 배고픔이 어떤 단계를 거쳐 보통 우리가 가지는 혐오감을 극복하여 인육을 섭취하게 되냐는 점이다. 우리가 사냥을 해서 동물을 잡아먹는 것처럼 먼저 골격에 있는 고기를 먹고 그 다음은 심장이나 간과 같은 내장기관을 먹는다.

인육은 맛이 어떨까? 어떤 보고에 의하면 단맛이 나며 돼지고기와 맛이 비슷하다고 한다. 흥미롭게도 인간은 돼지처럼 잡식성이지만 고기 맛이 달다고 알려진 말처럼 인간도 유산소 운동의 전문가이다. 따라서 인육의 맛이 달고 돼지고기 맛과 비슷하다는 것은 생물학자의 편견 섞인 설명과 일치 한다. 또 어떤 이는 큰 육식동물들이 사람을 잘 잡아먹지 않는 이유는 사람고기가 맛이 없어서 일 것이라고 설명하기도 한다. 하지만 인간의 심리에 부정적 영향을 제외하면 인육도 먹지 못 할 것은 아닌 것 같다.

생존을 위한 인육섭취 외에도 여러 형태의 종교 의식적 인육 섭취가 있다. 이러한 경우 희생제물의 인육이나 전쟁에서 죽인 적의 고기를 먹는 사람은 그 인육을 먹음으로 해서 어떤 이득이 있다고 생각한다. 아즈택인들이 많은 종교 의식적 인육섭취를 했다고 알려져 있지만 보다 잘 기록된 경우는 뉴기니아의 포아족들이 가족이 죽은 뒤 죽은 사람을 존경하는 표시로 그 사람의 뇌를 먹는 것이었다. 하지만 이러한 습관은 완전히 익히지 않은 뇌를 먹음으로 전염

되는 광우병 때문에 문제가 생기게 된다. 실제로 이러한 인육 섭취는 1950년대에 자취를 감추었고 그 이후 사람의 광우병 발생 보고도 줄어들었다.

좀 더 논쟁거리가 될 만한 경우는 인간 사회에서 먹을 것이 모자라거나 없을 때 영양섭취를 위해 자신들의 구성원중의 일부를 먹는 경우이다. 이 또한 아즈택인들에 의해 이루어졌는데 이러한 사실을 쓴 책의 저자는 기르는 가축의 숫자가 넉넉하면 인육섭취를 하지 않는다고 말하고 있다. 또한 기독교가 전해지면서 양들을 키우는 것이 희생양이 되신 예수의 탄생보다 더 중요한 것이 되었다. 표면적으로 보면 영양섭취를 위해 서로를 잡아먹는 것은 영양분을 제공히면서 사람 수의 증가를 적절하게 해준다는 논리도 있을 수 있다. 하지만 여기서 간단한 셈을 해 볼 필요가 있다.

한 사람이 약 20킬로그램 정도의 먹을 수 있는 고기를 제공해 주고 그 고기 100그램 당 약 300킬로칼로리를 섭취 할 수 있다고 가정하면 기껏 해야 6만 킬로칼로리 정도가 나온다. 그리고 어른 한 사람이 하루에 필요한 영양분이 약 3천 킬로칼로리라고 한다면 하루에 1명을 20명이, 또는 영양분의 10퍼센트만 보충한다 해도 200명이 먹어야 한다. 이런 계산이라면 일년에 어른 두 사람이 살아남는 한 사람을 위해 희생되어야 한다는 셈이다. 그렇다면 종족의 삼분의 이가 없어지는데 영양보충의 정도를 줄여 5퍼센트만 인육으로 충족한다고 해도 부족의 반이 없어진다는 것이다. 인구의 자연증가를 최대한 3~4퍼센트로 잡아도 인육섭취를 영양보충의 차원으로 한나면 송족이 조만간 사라져 버릴 것이다.

만약 대부분의 영양분을 곡식에서 얻고 다만 단백질 부족을 메우기 위해 인육을 섭취한다면 어떨까? 채식만 한다고 해서 단백질 부족이 일어난다고는 볼 수 없지만 한번 계산을 해보자. 어른 한 사람이 하루에 필요로 하는 단백질 양은 50그램이며 어린이는 이보다 적게 그리고 임산부는 이보다 많이 필요로 한다. 단백질 성분은 지방이 있는 고기의 20퍼센트를 차지하므로 인육에서 나오는 20킬로그램은 4천 그램의 단백질을 제공해 준다. 이 양은 하루 80명이 필요로 하는 단백질 양이며 10퍼센트만 제공한다고 하면 800명을 먹일 수 있는 양이다. 다시 말하면 한명을 희생하면 일년 동안 2명에게 필요한 양의 단백질의 10퍼센트를 제공해 주는 것이다. 앞에서의 계산보다는 조금 덜 심각하지만 그래도 일년 사이에 종족의 3분의 1이 먹혀 없어진다면 그 종족은 유지되기 힘들 것이다.

그러한 종족은 다른 종족으로부터 끊임없이 사람들이 유입되기 전에는 인육섭취가 단백질이나 영양섭취의 수단으로는 쓰이기 힘들다는 것이다. 경제적인 측면에서도 남의 손실로 살아간다면 그 사회가 유지 될 수 없는 것처럼 종족의 일부를 희생해서 종족을 유지한다는 것은 불가능한 것이다. 이는 결혼을 하지 않아 출산을 하지 못하는 사회보다 더 빠른 속도로 인구가 줄어들 것이기 때문이다. 동물사회에서도 서로를 잡아먹는 경우가 있지만 이는 특별한 경우이거나 자연적으로 이해가 되는 경우이다. 거미의 경우 암컷이 수컷과 교미 후 잡아먹는 것은 태어날 자손들을 위한 영양섭취를 위한 것이고 수컷의 입장으로 보면 다음 세대를 위한 희생인 것이다. 무리를 정복한 숫 사자가 다른 숫 사자에게서 난 새끼를 물어 죽이는 것도 암 사자로 하여금 자신의 새끼를 배게 하는 방법으로 이해된다. 이제 이런 동물적 주제는 그만 다루기로 하자.

우리는 육식을 해야 하나?

동물 중에 인간처럼 잡식을 하는 종은 많지 않다. 인간은 많은 종류의 먹이를 먹고 생존할 수 있고 인간을 포함한 유인원은 셀룰로스를 분해하는 소와 말과는 다르지만 채식을 하는 종에서 유래되었다. 예를 들면 우리 몸은 아스코브르산을 스스로 만들지 못한다. 그래서 우리가 비타민 C라고 하는 아스코브르 산을 따로 섭취해야 하는 것이 채식동물의 특징인 것이다. 반면에 인간의 소화 기관은 다른 유인원들과 다른 것을 알 수 있다. 소장이 크고 대장이 상대적으로 작은데 이는 과실, 나뭇잎, 뿌리 등을 많이 먹는 영장류와 달리 양분이 농축된 먹이를 먹도록 변화된 것이다. 초식 동물들은 영양분이 적은 먹이를 많이 먹기 때문에 소화기관이 매우 크다. 코끼리나 고릴라는 양분을 섭취하기 위해 어마어마한 양을 먹어야 하기 때문이다. 하지만 우리 인간은 소화기관이 상대적으로 작으며 이는 버클리 대학의 밀튼 교수가 지적한 것처럼 인류가 다른 유인원에서 분리된 때부터 고기를 먹어 영양을 섭취 했을 것이라는 것이다. 이는 파커의 견지와 잘 일치되는데 그는 사냥이 인간사회를 특징짓는 중요한 역할을 했을 것이라는 것이다.

　그렇지만 오늘날 육식에 의존하는 식생활은 역사와 문화에 따라 아주 다양하다. 많은 사람들이 완전한 채식주의자이고 또 다른 많은 사람들은 아주 적은 양의 고기만 섭취한다. 이러한 현상은 농업혁명의 장기적 영향으로 이루어진 것이다. 농업을 시작한 시점을 일 만년 전으로 본다면 인류의 기록 역사 이전이지만 진화 상으로 보면 바로 어제 같은 시점이다. 다른 동물에서는 불가능하지만 우리 인간은 자신의 식생활을 고를 수가 있다. 과연 그러면 우리는 고기를 먹어야 하나? 세 가지 생리학적 고려가 필요하다.

　첫 문제는 단백질이다. 고기는 우리가 필요로 하는 필수 아미노산을 함유하고 있다. 약간의 고기를 섭취함으로써 다른 음식에서 아미노산의 조화를 맞추는 것을 걱정 할 필요가 없다. 많이도 필요 없으며 약 50그램이면 충분한데 이는 고기 몇 조각에 해당되며 이는 에너지를 공급하는 식사가 되기에 충분하다. 다음 두 번째 문제는 소량의 영양분, 즉 비타민과 미네랄이 그것이다. 물론 야채에도 존재하지만 거기에는 훨씬 적은 양이 존재하기 때문에 자라나는 어린이에게는 매우 중요하다. 채식만 하는 가난한 제3국의 아동들이 비타민이나 미네랄 결핍증이 많다는 증거가 있는데 철분, 아연, 칼슘, 비타민 B12 등이 그 것이다. 따라서 당신이 완전한 채식주의자가 되기로 결정을 하였다면 자녀들에게는 우유나 달걀을 먹이거나 종합 비타민과 미네랄 보조제를 꼭 먹이도록 해야 할 것이다.

　마지막 문제는 재미있게도 지방이다. 앞에서 이야기 한 바와 같이 모든 고기는 약간의 지방을 포함하고 있다. 이 지방은 농축된 에너지원인데 아주 소량만이 필요하고 우리가 몸에서 만들지 못하는 지방산을 제공해 준다. 이 지방을 섭취하면 에너지원으로 쓰는 다른 음식의 섭취를 많이 줄여도 된다.

소량의 지방을 먹어 음식 섭취량을 줄이는 것이 중요한가? 만일 지방이 전혀 없는 음식을 먹으면서 중노동을 한다면 소화기관에 무리를 줄 만한 양의 음식을 먹어야 할 것이다. 한번 양을 따져보면, 하루 4천 킬로칼로리가 필요한 노동자가 밥만 먹는다고 가정하면 쌀 100그램당 110킬로칼로리가 나오니까 하루에 쌀 3.6킬로그램으로 밥을 해서 먹어야 하는 것이다. 부엌에 가서 쌀의 양을 재보면 30공기의 쌀로 밥을 해야 할 것이다. 하지만 이와 똑 같은 에너지를 내는 지방의 양은 500그램에 불과하고 이는 약 두 컵에 해당되는 양이다. 따라서 지방은 섭취해야하는 음식의 양을 줄여준다. 길게 보면 지방이 적은 음식을 먹는다면 많이 먹어야 한다. 지방이 적게 포함된 고기는 쌀이나 감자와 비슷한 에너지원일 뿐 다른 음식의 섭취량을 순수한 지방만큼 줄여주지 못한다.

중요한 요점은 고기를 꼭 먹어야 하는 것은 아니다. 하지만 고기는 인간의 음식에서 필요한 부분이며 역사적으로도 중요하다. 육식을 하지 않는 많은 사람들 덕분에 인류의 인구가 오늘날처럼 많이 불어났는지 모르겠지만 그 이상은 문화와 습관 등의 문제로 내가 언급할 사항은 아닌 것 같다.

제 15 장
함께 끌어당기기

현재 이용 가능: 튼튼하고 믿을만한 선형 모터(운동 근육)

- 장기간에 걸쳐 세계적으로 현장에서 검증한 적절한 디자인
- 모든 모형은 "연료-세포"형 에너지 보존의 경제성을 제공하고 있으며, 보통 흔히 광범위하게 볼 수 있는 연료로 운행된다.
- 당장 쓸 수 있는 힘은 약하지만, 1/1,000초 내에 1 kw/kg 만한 힘으로 전환시킬 수 있다.
- 모듈의 구축과 아단위(亞單位)의 폭넓은 활동 범위 덕분에 다른 고질적인 기계적 문제점을 해결할 수 있다.
- 2개의 조절 체제의 선택
  (1) 외부 자극 방식. 다용도의 일반적인 목적의 단위. 피코줄 단위의 맥박에 의해 디지털 방식으로 조절됨. 낮은 수준의 에너지 유입에도 불구하고 신호 대 잡음비가 매우 높다. 에너지가 대략 100만 배로 확충된다.
  (2) 완전한 진동기를 가진 자율적 방식. 특히 펌프작용에 적합하다. 다음에 적합한 진동과 기계적 장애를 가진 모듈이 있다.
    (a) 고체와 현탁액(1초에 한번씩 혹은 그 보다 느리게 작용한다.)
    (b) 액체(2초에 한 번씩에서부터 1초에 100번까지 작용)
    (c) 기체(1초에 1000번까지 작용)
- 임의의 많은 여분 - 예를 들면, 미세한 조절이 필요한 곳에 붙박이 된 서보. 산소를 직접 관으로 나른다. 체온 발생 등.
- 먹기 좋음

— 윌키(Douglas Wilkie), 근육 생리학자

네모 안에 있는 내용은 기술 안내서에서 근육을 어떻게 기술하고 있는지를 보여주고 있다. 이것은 런던에 있는 전기기술자 연구소 강의록의 주요 부분에서 직접 혹은 약간 줄여서 인용한 것이다. 윌키는 이 분야를 적절하게 잘 다루고 있다. (1)항목은 우리가 앞에서 주로 논의하였던 것으로, 뼈에 부착되어 있는 "골격"근에 관한 것이다. (2)항목은 우리의 내장을 통하여 음식을 밀어주는 "평활"근(a)과 "심장"근(b) 그리고 수많은 곤충의 비행 근육(c)에 관하여 서술하였다.

근육에 관한 몇 가지 문제

우리는 이 책에서 근육에 관한 수많은 기본적 현상과 접하였다. 근육에 연료를 공급하고 수축을 조절하는 방법, 작고 큰일에 힘을 가하는 방법, 행동의 한계, 근육의 능력에 대한 전통적 근육 행동 장치의 조절, 가축의 근육 이용을 변화시키는 방법, 먹이 사슬을 따라 올라가서 서로의 제국을 무너뜨리는 무기 등을 통하여 근육의 구조와 기능으로부터 시작하여 우리가 이야기한 그 대단한 주제를 재음미함으로 결론을 맺었다. 그러나 여기에서 아직 다루지 않은 현상이 남아있다는 사실을 말하지 않고 끝을 맺을 수는 없다. 아마도 독자들은 이미 언급한 다양한 현상들 때문에 약간은 당혹스러워할 것이며 필자가 이제 할 말이 전혀 남아있지 않으리라고 상상해서는 않될 것이다.

날씨가 쌀쌀하면 우리는 몸을 떨게 되는데, 이 때에 우리의 근육은 어떤 특별한 기계적 작업을 하는 것은 아니고 단지 그 작업 중 발생하는 열을 얻는 이익을 취할 뿐이다. 기온이 낮은 시원한 아침에 커다란 곤충이 몸을 떠는 것을 볼 수 있는데, 비행 근육의 열 생성 떨림이 날개를 진동시키고 비행 근육의 온도를 높여 준다. 어떤 동물은 열 생성 근육을 가지고 있어서 그 이상의 단계로 진행시키는데, 열 생성 근육은 열 생성 이외의 기능이 전혀 없는 근육이다.

　다수의 어류 계통에서는 아직도 또 다른 기능을 위하여 근육을 변형시킨다. 근육 세포의 막이 1/10볼트의 전위를 가지고 있다는 사실에 주목할 필요가 있다. 자동차의 배터리에서 6개의 전지를 연결하여 2볼트가 아닌 12볼트를 얻는 방식으로 개개 전기반점을 일렬로 연결시키면 더 높은 전압을 얻을 수 있을 것이다. 어떤 어류는 주위에 전기장을 만들기 위해 비교적 적절한 총량 전압을 사용한다. 전기장의 일그러짐 현상은 어둡고 캄캄한 물 속에서 먹이나 회피의 대상을 감지할 수 있어서 아주 근사한 방책인 것이다. 전기뱀장어가 가장 잘 알려져 있지만 몇몇 어류는 한 술 더 떠서 수 백 전압을 생성하며, 이것은 먹이를 기절시키고 포식자를 퇴치할 만큼 충분한 전압이 된다. 이것은 당당한 변화를 추구하는데, 전기뱀장어의 전기반점은 몸 전체에 걸쳐 몸 양쪽에 배열되어 있고 체중의 절반이상을 차지한다. 우리는 이 책에서 배아기의 근육 발생과정, 근육의 미발생 방법, 계획된 세포의 죽음, 즉 세포자살 등의 중요한 주제에 대해서는 접해보지 못했다. 굶거나 몸을 잘 움직이지 않거나 우주승무원으로 업무를 수행할 때에 에너지원으로 사용하기 위해 근육을 분해하는 것이 운동 근육 미형성의 유일한 상황은 아니다. 근육은 정상적인 과정의 일부분으로서도 분해될 수 있다. 누에 같은 곤충은 번데기의 표피로부터 성체로 형성된다. 그리고 꼭 정해진 위치가 아니라 적절한 부위에서 즉시 날개가 돋는다. 곤충의 날개에는 근육이 없고, 적어도 초기에는 특정한 관을 가지고 있는데 액체로 재워져 있다. 주름상자를 조이듯이 복부를 누르면 내부 용액 압력이 증가하고 복부의 절지간 근육이 파괴되고 연료를 얻게 된다.

　창자를 통하여 음식을 밀어 이동시키는 "평활근"에 대해서나 심근에 관해서는 전혀 언급하지 않았다. 평활근에는 뼈를 둘러싸고 있는 재료에서 보여주는 가로 무늬가 없으나, 심근은 가로 무늬를 가지고 있어서 구조와 작용 양상에 있어서 차이점이 있다. 이식된 심장은 신경 연결이나 박동원이 필요하지 않다. 즉 스스로 작동한다. 혹은 오징어와 기타 두족류 연체동물에서는 특수하게 비스듬한 횡문근이 관찰되는데 이는 다른 근육보다도 더 긴 비례로 수축할 수 있다.

그리고 몇 가지 실용적인 문제

엄밀하게 기계적인 감각에서 보면 우리 인간이 그렇게 과도하게 일하는 것은 아니다. 그러나 우리는 생활에 집착하여 스트레스를 받는다. 우리의 근육 장비는, 초기 진화 역사에서 군악대의 북치는 사람처럼 잘 나가는 것이었지만 현재에는 부적합한 방법으로 반응한다. 그것은 사용하지 않으면 상실된다는 역동적인 생물학적 디자인의 오랜 전통으로부터 유래한다. 근육 절약 기술은 완벽한 기능을 가진 체제를 유지하기 위해 일하도록 요구하는 마지막 부분이다. 이에 대한 쟁점이 단순히 강하거나 결핍이라는 것만을 논하는 것이라면, 우리는 기술에 의존하여 결과를 얻는 손쉬운 길을 선택할 수도 있을 것이다. 나는 확실히 내 존재가 35% 혹은 45%의 근육으로 구성되어 있다는 사실에 무관심했었다. 불행하게도 현대사회의 현상들은 심장혈관계통이나 골격근을 유지할 수 있는 일상생활의 건강과 같은 문제에 더 관심을 가질 것을 요구한다. 그래서 다른 무수한 사람들처럼 나도 경제적으로 이익이 되는 심혈관과 같은 작업을 선택한다.

전체적으로 심혈관의 작용은 골격근의 작용보다도 더 중요한 것처럼 보인다. 만약 내가 선택을 해야 한다면 에어로빅 기구를 떠나기 전에 체중계를 포기할 것이다. 근육 강화 기구가 심혈관계에 별로 큰 영향을 미치지 않는 반면 유산소 운동은 근육에 직접적으로 작용하기 때문에 아직도 그러한 선택을 단순하게 생각한다. 그러나 양쪽 모두로부터 직접적인 기쁨을 얻는 것은 아니다. 이들은 대안을 상상할 수 있는 시간적 여유와 동기를 부여한다. 예를 들어, 21%의 산소를 포함하고 있는 정상적인 공기 대신에 그 보다 낮은 산소를 가지고 있는 공간에 앉아 있는 것은 어떨까? 아마도 신체의 각 조직에 적정량의 산소를 공급하려면 심장이 좀 더 열심히 작용하도록 설득하여야 할 것이다. 고공비행이나 고산 등산 시에 해당되는 운동을 생각할 수 있다. 그런데 아니다. 적어도 이 단순한 형태에서는 그런 양식으로 작용하지 않는다. 심장의 작용을 추가적으로 요청하는 중요한 자극은 산소가 아니고 탄산가스인 것으로 밝혀졌다. 근육 같은 조직이 탄산가스를 과량 배출하면, 탄산가스를 제거하고 꼭 같은 양은 아니지만 산소를 공급하기 위해 심장과 허파는 활동량을 증가시킨다. 우리가 영향을 받는 것은 낮은 산소량 때문이 아니라 공간 내의 높은 탄산가스량 때문이다. 이 시스템은 작동하기는 쉽지만 위험한 제안처럼 늘린다. 이때까지 심장 근육과 호흡에 필요한 근육만 어떤 자극을 받는 것으로 생각하였다. 자 그럼 죠깅, 노젓기 그리고 트레드밀(옛날 감옥에서 죄수에게 발로 밟아 돌리게 한 바퀴)으로 돌아가 보자.

만일 우리의 육체적 근육을 유지하는 것이 별로 문제될 것이 없다고 가정한다면, 비육체적 근육을 만드는 문제에 관해 생각해보자. 그것은 소위 생체모방기술이라는 새로운 분야에서 진행되고 있는 시도이다. 이 시점에서 좀 더 명확해진 것처럼 전통적인 엔진인 심장은 근육처럼 일하는 것 같지는 않다. 그 엔진은 일정한 크기와 온도에서 수축하지 않으며 넓은 범위로 작동하지도 않는다. 또 이장을 시작할 때 나열한 월키의 길라잡이와도 거리가 멀다. 인체공학과 유사한 항목들을 나열할 수 있다면 참으로 근사 할텐데 말이다.

정말 그런 것들이 가능할까? 생체모방기술은 시작할 때부터 자연주의적 낭만주의로부터 엄청난 괴롭힘을 당해왔다. 자연은 인간보다 더 좋은 것이고 자연은 완벽하게 디자인되었다는 등등의 주장을 굽히지 않았다. 실체와 접촉하기 위해, 무게에 비해 힘이 많이 배출되고 화학에너지를 기계에너지로 전환하는 효율에 있어서 근육보다 더 나은 엔진을 만들려는 노력은 매우 중요한 일이다. 디자인의 서로 다른 수준에서, 최고의 힘과 효율을 자랑하는 인간 기계가 목표라면 우리는 극단적인 비생물학적 기구인 크랭크(왕복 운동을 회전 운동으로 바꾸거나, 그 반대의 일을 하는 장치)의 사용을 주장한다. 자연 그 자체는 어떤 페달도 사용하지 않는다. 그러나 우리는 모든 인간이 힘을 제공한 항공기와 최상의 배에서 크랭크 페달을 사용한다. 후자의 이용법은 모두 날개나 꼬리를 칠 뿐만 아니라 추진기를 회전시키는 것인데 그래도 역시 아직 또 하나의 "부자연스러운" 기구이다.

아직도 우리의 능력을 확장시키기 위해 또 다른 엔진이 필요하다. 작고 짧게 작동하며 적절한 무게와 힘찬 효율을 가진 선형 모터가 제공되어야 한다. 예를 들어, 작은 테이프 녹음기의 작동 기작을 살펴보자. 한 두 서너 개의 모터가 벨트, 도르래, 지래대, 그리고 전동 장치등을 통합적으로 작동시킨다. 그리고 나서 당신의 손가락을 어떻게 움직이는지 생각해 보라. 손과 팔뚝의 운동 근육은 단지 단순한 골격 지랫대와 힘줄 밧줄처럼 협동 작업을 한다. 근육은 골격의 숫자를 능가한다. 수동적 요인을 교체하기 위한 능동적 모터의 증강은 반세기전의 매력 없는 거래였었다. 결국 모터는 조절인자를 요구하였다. 그러나 복잡한 전기 조절보다 값싼 것이 존재하는 세상에서 그 요구 대상은 우스운 것이 된다.

만일 당신이 바퀴 달린 기계로는 해결할 수 없는 작업까지도 거뜬히 해내는 걷는 기계를 만들 의도를 가지고, 특히 많은 작은 모터를 사용하려고 생각한다면 그것은 아주 멋져 보인다. 기계적으로 아주 복잡한 다리들을 고안하여 사용하기 위해서는 독립적으로 조절되는 모터의 다양성을 통해 편리성을 추구하여야 할 것이다. 운전자는 거대한 로봇 제어 체제에 일반적인 명령을 내리기만 하면 되기 때문에 운전자를 태우는 탈 것이나 로봇처럼 일하는 기계가 문제는 아니다. 이러한 것들은 필자가 처음으로 논의하는 것이 아니고 동일한 논쟁이, 이미 정상적 산업 기계인 로봇에서 지속되어 왔다. 이러한 소형 모터 가설이 특히 근육 같은 것을 염두에 두어야할 필요는 물론 없다.

그러나 근육의 기능을 가진 모터는 낮은 생산가로 만들어낼 수 있는지의 여부에 관계없이 신중하게 특별한 약속을 하고 있다. 현재로서는 근육을 대체할 좋은 보철물을 만들 수가 없다. 우리는 우수한 고관절(hip joint), 적절한 무릎 관절, 그럴듯한 혈관 그리고 정상적으로 성장한 신체의 일부를 대신할 수 있는 여러 가지 다양한 보철물을 만들 수 있다. 인공 심장이 있다고? 수 십 년 동안 연구를 거듭해 왔지만 우리는 아직도 이식 방법을 쓸 수 밖에 없는데, 항구적인 면역 거부 반응을 해결해야 하는 문제가 있다. 우리는 또한 앞서 이야기한 심근성형술 같은 것을 시도해 보아야 한다. 인공 심장은 이제 실용적으로 사용하는 단계에 왔고 관심의 대상은 생물학적 기원과 얼마나 많이 닮았는가 하는 문제이다. 판막 같은 것은 쉽게 만들 수가 있을 것이나. 적절한 보철 근육을 아직 만들 수 없는 문제점으로 다시 돌아가 보자.

　대체근육에 대한 약속을 지키기 위해 수없이 노력하였고 또 괄목할 만한 진전이 없었던 것은 아니다. 소위 전기활성 중합체는 이미 훌륭한 근육의 비율을 측정할만한 능력에 도달하였고 근육과 같은 작용 빈도와 비교적 단축된 거리에서 그렇게 할 수 있게 되었다. 최근의 노력과 발전에 따라, 독자들이 이 책을 읽을 때쯤이면, 필자가 말하는 것은 모두 과거의 역사가 될 것이다. 아마도 생체모방기술적 근육에 대한 상업적 이윤을 주는 좋은 참고문헌과 암시와 함께 여기에서 논의를 멈추는 것이 최선을 다하는 것이 될 것이며, 웹사이트 검색을 권고하는 것이 도리일 것이다.

　물론 엄격한 의미에서 보철 근육은 특히 생체모방기술적일 것을 요구하고 있지 않다. 어떤 것을 만드는데 있어서 인공적인 방법과 자연적인 방법은 두 가지 제조법에 따라 서로 다르다. 합성 액틴, 마이오신 등을 기초로 하는 실용적인 고안이 있을 것으로 예상하지는 않는다. 그리고 단백질을 전혀 사용하지 않아도 되는지 의심스럽다. 최근에 관심의 대상이 되는 물질 중에서 단백질이 관계되지 않는 것은 거의 없기 때문이다. 게임에 승리하기 위해서는 힘을 내는 측면에서 근육과 같이 일할 수 있는 어떤 것을 만드는 능력을 확보하여야 한다. 내부에서 근육처럼 일하여야 하고 기계적인 감각은 관계가 없다. 별로 강조하지 않았지만 자연의 특별한 완전성에 관한 주문을 심장에게 할 수 없다면 말이다. 진짜 근육을 원한다면 왜 동물을 공장으로 사용하지 않는가? 그러면 한 종에서 다른 종으로 이식하는 이종간 이식에 적절한 면역 중성 물질의 하나가 되도록 위장할 수 있을 것이다.

마지막으로, 아직 남은 일반적인 문제

우리가 보아왔듯이 근육은 일상적인 효소 반응과 마찬가지로 작용한다. 단백질은 효소로서 작용한다. 즉 다른 고분자물질의 구조를 변화시키는 가역적 변화를 통하여 작용한다. ATP를 공급하면 구조적 변화가 일어나고 그 과정에서 ADP와 인산기가 산출된다. 어떤 이온의 환경, 이 경우는 칼슘에 노출된 경우 체제의 변화가 일어난다. 그런 의미에서 모든 물질은 분자 구조와 생화학적 반응과 관계가 있다.

다른 점이 있다면, 나란히 그리고 끝과 끝을 이어주고, 우리의 영구적인 척도에서 운동과 힘을 더하여 배치된 막대한 수의 분자가 구조적으로 변화하는 방법이다. 이러한 분자적 사건을 넘어서서 근육 활동의 세계는 활동과 결과에 있어서 거시적으로 되었다. 이제 우리는 생리학과 생체역학의 세계로 들어간다. 분자적 사건은 생리학과 생체역학을 설명하고 어떤 의미에서는 정확하여야 한다는 것을 주장할 수 있다. 그러나 또 다른 의미에서 후자는 근육 분자 이상의 것에 의존하는 돌출된 특징과 행동을 가지고 있는 분리된 영역에 존재하고 있다. 이러한 영역은 큰 척도의 구조를 인식하여야 설명이 가능하다. 즉 뼈와 힘줄, 지렛대와 근육 장치 그리고 확산과 순환에 의해 물질을 공급하기 위한 거리에 관한 인식이 있어야 한다. 이러한 문제는 근본적인 현상과 원리에 편향적으로 환원될 가능성이 있다. 환원주의가 모든 과학의 특성을 결정지을 수는 없지만 우리 과학자들의 대부분의 작업을 정의할 수는 있다. 아직도 생리학과 생체역학의 이러한 문제가 생화학뿐만 아니라 물리학과 공학의 기계적 세계에서도 환원되고 있다.

현재의 설명과 함께, 단지 합리성 뿐만 아니라, 화학적보다는 물리적 환원주의가 과학의 중요성을 강조하는 것을 의미한다. 정보내용이 유전자에 의해 특수화되었을지 모르는 세계에서도 유전자와 별로 관계가 없는 일들이 다반사로 발생한다. 그러한 세계에 대한 통찰력 혹은 관심의 상실은 우리들로 하여금 앞장에서 보았던 몇 가지 현상을 설명할 수 있는 가능성을 상실하게 한다. 그것을 넘어서서 전체 생물체가 활동하는 방식에 관한 이 과학이 생물학의 중심이 되어야 한다. 만일 진화가 생명의 전략을 확립한다면, 기능에 관한 연구인 생리하은 전술을 취급할 것이다. 그 다음 진화의 핵심 기작인 자연선택이 뒤따를 것이다. 선택은 대부분 한 생물체의 생식적 연속 양상의 가치에 직접적으로 의존하고 또 세포나 생태계의 특성에는 간접적으로만 의존한다.

코페르니쿠스를 염려할 필요는 없다. 우리 각자는 우주의 중심에 서있다. 거리가 문제가 되는 것은 무엇인가? 우리가 존재하는 곳과 다른 장소와의 차이에서 유래된다. 어떤 시점에서 우리는 때를 결정한다. 우리가 지금 경험하고 있는 사례, 과거와 미래 사이를 나누는 선이다. 학문의 세계에서 편견이 발생하는 것은 학자 자신의 주장이 다른 사람 것보다 더 진실하다고 말해야 하는 것으로 알고 있기 때문이다. 필자는 생물학자이다. 나의 전공과 관계되는 선입견은 생물학에 관한 이해 없이 역사, 문학, 경제학, 예술을 이해할 수 없다는 믿음과 함께 시작된다. 동물과 식물의 특별한 전염병과 순화가 인간의 역사에 있어서 중요한 역할을 한다는 암시에 사람들은 별로 놀라워하지 않는다. 그러나 내 생각에 논쟁의 여지가 있고 또 부인할 수 없는 생각은, 우리의 행동과 심미적 선호가 진화적 전제에 영향을 미친다는 것이다.

우리는 생물체로서 유전하며, 동물, 포유류, 영장류, 사람과, 그리고 인간의 범주에서 탈출할 수 없다. 이것은 우리의 신체가 우리와 지구 사이의 중력으로부터도 벗어날 수 있다는 것 이상의 것이다. 그러한 현상은 우리가 고무적 권고에 근거한 충분한 지력, 대담함, 결정, 선택을 활용하기만 한다면, 모든 것이 가능하다고 선언하는 용감한 선언문의 핵심에 반기를 드는 것이다.

생물학이 우월하다는 선언은 우리의 자유로운 감정을 상하게 한다. 어떤 상한 감정은 인간 조건의 향상을 위한 훌륭한 시도와 완전한 사회를 창조하려는 어설픈 시도의 융합을 추적하여 밝혀낼 수 있다. 또 어떤 것은 다윈주의, 우생학, 그리고 최근에는 유전적 및 행동적 예정의 선언같이 생물학적 요청에 관한 주의를 잘못 적용시킨 예들을 찾을 수 있다. 다행히도 나의 생물학 연구 분야는 개인적 행위와 도덕성 같은 빈번한 논쟁들로부터 거리가 있다. 그러나 실수는 없다. 나는 생물학이 인간 세계의 버팀목이 된다는 사실에 설득 당한 채로 있다. 그러한 관점이 바로 이 책을 저술하게 된 주요 동기 중의 하나가 된다. 생물학적 억제가 정중함과 문화의 모든 관목아래 잠복해 있다는 신념은 사회적으로 자유로운 관점의 역설적 기초인가? 명확한 역설은 실제적 모순을 포함하지 않는다. 사회적 진보의 문제는 단순히 생각만으로 양탄자 밑을 청소할 수 없는 복잡성을 부가하여야 한다. 우리는 최상의 의문이 될 부가적 구성 요소를 포함하기만 하면 된다. 우리는 어떻게 생물학적 한계를 능가할 수 있을까? 이 질문에 대답하기 위해 우리는 진화적 의미에서 적합성이 사회적 욕망의 열쇠를 구성하지 않는다는 사실을 인식하여야 한다.

그러나 필자는 더 이상 현재 최상의 의도에 맞추지 못하는 진화의 어떤 단계에서, 생식적 연속에 유리한 행동과 생리학의 잡동사니를 돌아다니는 세 가지 주요한 길을 보고 있다. 다수의 인간이 가지고 있는 감수성과 포부를 모든 어린아이가 비슷하게 소유하고 있다는 것을 스스로 발견하는 과정을 확장하면서 우리는 우리의 행동을 신중히 조절할 수 있다. 원하는 작업을 위한 적합성을 증진하기 위해 인간의 조상이 처음으로 막대기, 뼈, 혹은 바위를 변형시킬 때에 시작하였던 것을 계속하면서 우리는 기술을 개발할 수 있다. 아무도 특수한 공식을 제시할 수는 없다할지라도 이 근육 항목에서 말한 모든 것은 일종의 3단계에 관한 일반적인 충고를 암시한다. 그것은 물론 '일차적 운동자(Prime mover)'를 포함하여 생물학적 특성에 관한 이해로 구성되어 있다.

찾아보기

〈ㅇ〉